Posicionamento pelo GNSS

Descrição, fundamentos e aplicações

João Francisco Galera Monico

Posicionamento pelo GNSS

Descrição, fundamentos e aplicações

2ª edição

Direitos de publicação reservados à:

Fundação Editora da UNESP (FEU)
Praça da Sé, 108
01001-900 – São Paulo – SP
Tel.: (0xx11) 3242-7171
Fax: (0xx11) 3242-7172
www.editoraunesp.com.br
www.livrariaunesp.com.br
feu@editora.unesp.br

CIP – Brasil. Catalogação na fonte
Sindicato Nacional dos Editores de Livros, RJ

M754p
2.ed.

Monico, João Francisco Galera, 1956-
Posicionamento pelo GNSS: descrição, fundamentos e aplicações/João Francisco Galera Monico. — 2.ed. — São Paulo: Editora Unesp, 2008.

Inclui bibliografia
ISBN 978-85-7139-788-0

1. Satélites artificiais em navegação. 2. Sistema de Posicionamento Global. I. Título.

07-3764. CDD: 526.1
CDU: 528.2

Editora afiliada:

A minha querida filha, Gabi,
minha esposa El e meus pais,
Chicão (in memoriam) e Julinha

Sumário

Apresentação à 2ª edição

A imaginação é mais importante que o conhecimento.
Albert Einstein

Quase sete anos se passaram desde a primeira edição do livro *Posicionamento pelo Navstar-GPS*. Uma grande evolução na área de posicionamento e navegação ocorreu nesse período, o que o leitor poderá constatar ao confrontar as duas edições. O termo Navstar-GPS foi substituído por GNSS, acrônimo de *Global Navigation Satellite System*, muito mais abrangente, razão pela qual esta nova edição não poderia conter apenas correções.

Enquanto na época da finalização da primeira edição as buscas na internet baseavam-se nas ferramentas Alta Vista e Yahoo!, atualmente é muito comum usar o Google. Pesquisas no Google com base na palavra GPS resultam em aproximadamente 252 milhões de resultados, mais de trezentas vezes superior ao obtido há sete anos. Embora muitos dos resultados possam não ser efetivamente sobre a palavra procurada, ou sejam repetidos, mesmo assim isso mostra o crescimento do interesse por essa tecnologia.

Nos últimos sete anos, o autor desenvolveu na FCT/UNESP várias pesquisas envolvendo GNSS, incluindo sua tese de livre-docência, orientações de teses, dissertações e trabalhos de iniciação científica, o que resultou em várias publicações. Em outros centros universitários e de pesquisa, no Brasil e no exterior, muitos artigos, dissertações e teses também foram publicados, resultando em maior abrangência de conhecimento sobre esse tema. Reuni-los de forma organizada e didática é um grande desafio. Mas um dos objetivos deste livro é pelo menos se aproximar disso, ainda que de forma não totalmente efetiva. O número de exemplos foi ampliado, procurando proporcionar a estudantes e pesquisadores da área a oportunidade de efetivamente compreender mais profundamente as várias nuanças envolvidas no GNSS e não apenas a obtenção de informações a respeito dele.

Nesta segunda edição há catorze capítulos, diferentemente da primeira, que contava com apenas dez.

O Capítulo 1 apresenta um breve histórico sobre posicionamento e navegação, com uma introdução às tecnologias GPS, GLONASS e Galileo. O 2 aborda os três sistemas de posicionamento e navegação (GPS, GLONASS e Galileo) de forma mais profunda, incluindo os segmentos espacial, de controle e de usuários

No Capítulo 3, atualizou-se o Capítulo 2 da primeira edição, abrangendo os sistemas de referências e suas realizações, de fundamental importância para os usuários do GNSS. Inserem-se nesse contexto os referenciais geocêntricos (celestes e terrestres), incluindo os mais recentes (ITR F2000 e 2005) e não geocêntricos, além de uma apresentação da situação atual no Brasil. Inclui ainda os procedimentos a serem adotados nas transformações entre referenciais celeste e terrestre, de acordo com a nova resolução da IAU (IAU 2000) e uma relação entre um referencial global e um local, importante para a análise de erros e da qualidade envolvida nos resultados obtidos com o GNSS.

O Capítulo 4 trata das coordenadas dos satélites, em especial como obtê-las a partir das efemérides transmitidas e precisas. Trata-se de uma atualização do Capítulo 3 da edição anterior.

No Capítulo 5 são introduzidas as observáveis GPS e os erros sistemáticos nelas envolvidos, bem como indicações de como reduzi-los. Em relação ao Capítulo 4 da edição anterior houve grande expansão em alguns tópicos, além da inclusão do tópico fase *Wind-up*.

Já no Capítulo 6 abordamos a Teoria da Estimação e dos Modelos Aplicáveis às Observáveis GNSS e os procedimentos envolvidos no controle de qualidade. Comparativamente à primeira edição, foram inseridos alguns novos tópicos, como a eliminação de parâmetros, a detecção de erros nas observações, as correções de modelo estocástico e as combinações lineares livre de geometria.

Apresenta-se, no Capítulo 7, uma descrição dos métodos de posicionamento que adotam as observáveis fase e pseudodistância, bem como uma introdução aos métodos que utilizam apenas a pseudodistância, caso do posicionamento por pontos simples e do DGPS, dos quais fornecemos dois exemplos.

O Capítulo 8 apresenta o posicionamento por ponto preciso (PPP), incluindo desde os fundamentos matemáticos básicos, resultados e serviços disponíveis online, até perspectivas para aplicações em tempo real, com exemplos, incluindo o PPP online.

No Capítulo 9 tratamos do método de posicionamento mais usado no GNSS, ou seja, o posicionamento relativo, com suas várias possibilidades: estático, estático rápido, cinemático pós-processado, em tempo real e em redes. Em seguida apresenta-se o problema da solução e da validação do vetor de ambiguidades, com a inserção de três exemplos: um para posicionamento relativo estático e outro relacionado com solução e validação do vetor de ambiguidades. O terceiro introduz o ajustamento de uma rede GPS.

O Capítulo 10 aborda a integração GNSS e Topografia, ou GNSS e observações terrestres, assunto muito citado na literatura nacional e com grande potencialidade de uso nos levantamentos envolvendo o georreferenciamento de imóveis rurais.

Apenas atualizações foram incluídas para a confecção do Capítulo 11, que se refere ao Capítulo 7 da edição anterior, tratando agora da integração de SIG e GNSS.

O Capítulo 12, uma atualização do antigo Capítulo 8, versa sobre os aspectos práticos envolvidos nos levantamentos GNSS, desde o planejamento até o processamento, análise da qualidade dos resultados e representação dos dados.

O Capítulo 13 evidencia diversas possibilidades de aplicações do GPS, sendo mais abrangente que o antigo Capítulo 9, e o 14 especula sobre o futuro do GNS.

O leitor poderá observar que houve readequação e ampliação dos vários tópicos apresentados na primeira edição. Muitas das especulações do Capítulo 10 da primeira edição tornaram-se realidade e, agora, estão apresentadas no contexto de capítulos específicos. Da mesma forma que na edição anterior, erros deverão ser identificados pelos leitores e pelo próprio autor. Com o objetivo de possibilitar, em um futuro próximo, uma versão de qualidade superior, será disponibilizado um tópico da página do Gege (Grupo de Estudo em Geodésia Espacial) na internet (http://gege.prudente.unesp.br) que deverá manter atualizadas todas as correções identificadas.

Espera-se que esta segunda edição possa continuar sendo útil àqueles que buscam mais informações e conhecimento sobre o assunto, quer os iniciantes, quer os mais experientes. Para os primeiros, recomenda-se que consultem os Capítulos 1, 2 (exceto seções 2.1.3.3), 3 (seções 3.1, 3.5, 3.6 e 3.8), 5 (seção 5.1), 7 e 13. Àqueles mais familiarizados com o tema, os Capítulos 3 (exceto seções 3.2, 3.3 e 3.7.1), 4, 5, 6, 8 (exceto seção 8.4), 9 (exceto seções 9.6.3 e 9.7.3) 13 e 14, além dos indicados aos iniciantes, não deverão apresentar problemas. Os demais capítulos são recomendados para os interessados em se aprofundar no assunto, quer em nível de graduação, quer de pós-graduação.

Para encerrar esta Apresentação, gostaria de, mais uma vez, expressar meus agradecimentos às várias pessoas e instituições que contribuíram com a realização deste trabalho. Primeiro, aos alunos de graduação em Engenharia Cartográfica e de pós-graduação em Ciências Cartográficas, que continuam sendo a fonte principal de inspiração. Segundo, à boa receptividade da primeira edição, com a impressão de quase 3 mil exemplares, número considerado alto para livros da área tecnológica. O objetivo principal do livro ainda é tornar disponível a alunos e demais interessados uma fonte de consulta para a primeira incursão sobre o assunto, permitindo-lhes alçar voos mais altos e seguros no mundo do GNSS.

Vários alunos contribuíram de forma direta com proposição de exemplos e resultados de pesquisas, bem como com a leitura crítica de alguns capítulos: Daniele B. M. Alves, Eunice Menezes de Souza, Haroldo Antonio Marques, Heloisa Alves da Silva, Luiz F. A. Dalbelo, Wesley G. C. Polezel, Luiz Fernando Sapucci, todos da pós-graduação em Ciências Cartográficas da FCT/UNESP, contribuíram em vários aspectos. Vários ex-alunos, hoje em atividades em diversos locais do Brasil, também deram suas contribuições, algumas expressas na Apresentação da 1ª edição. Depois vieram Marcelo L. Holzschuh (Gaúcho) e Renata Cristina Faustino, entre outros, com participações importantes em nosso grupo. Os integrantes do Gege, quer como ouvintes, quer como palestrantes, também deram sua contribuição. E vai aqui um "*thanks*" especial para o GPSR (Guilherme P. S. Rosa), em face de sua dedicação com a organização do Gege. Deve também ser mencionada a grande contribuição do dr. Leonardo Castro de Oliveira, do Instituto Militar de Engenharia (IME), pelas sugestões e críticas, e por aceitar por duas vezes produzir um texto para a "orelha" deste livro. O incentivo e as contribuições de vários colegas do Departamento de Cartografia da FCT/UNESP também foram muito importantes, em especial o dr. Paulo Camargo e Maurício Galo. As sugestões e críticas que em algum momento foram apresentadas pelo dr. Denizar Blitzkow (USP) e pelo dr. Silvio R. C. Freitas (UFPR) contribuíram positivamente com esta nova edição.

Por último, um agradecimento especial à minha família, e em especial a Élcia e a Gabi, pelo apoio imprescindível.

Em relação às instituições, contribuíram, quer com recursos para a realização de pesquisas e visitas técnicas, quer com bolsas para alunos, o CNPq, a Fapesp, a Capes, o DAAD (Alemanha), o PIGN (Canadá/Brasil) e a FCT/UNESP, em particular o Departamento de Cartografia, com o apoio e o incentivo às atividades de ensino, pesquisa e extensão.

Presidente Prudente, julho de 2007.

J. F. Galera Monico

Prefácio à 1ª edição

Foi uma honra muito grande a de haver sido convidado para preparar o prefácio a este trabalho. O caro colega professor dr. João Francisco Galera Monico tornou-se meu conhecido e amigo a partir de 1984, quando veio a Curitiba fazer o mestrado em Ciências Geodésicas na Universidade Federal do Paraná.

A dedicação intensa do professor Galera aos estudos e seus trabalhos, ao lado de seu potencial de pesquisa, garante sempre a qualidade e a prontidão dos resultados. Assim é que esta obra, preparada com esmero, propiciará aos estudantes de Ciências Geodésicas e Cartográficas os meios de progredir rapidamente e com firmeza em seus estudos para colocar o nosso país em posição adequada nos meios científicos.

O livro foi dividido em dez capítulos, de forma a abordar os temas em sequência didática. Em cada um, o autor foi capaz de introduzir os conhecimentos mais recentes, respaldados sempre em conceitos básicos vistos previamente.

Não obstante o título do livro, o autor não se furtou a descrever outros sistemas de navegação e posicionamento, em particular o GLONASS, cuja combinação com o GPS propicia um apuro ainda maior nos já ótimos resultados que este garante. No mesmo capítulo, o autor descreve o potencial futuro dos sistemas de navegação e posicionamento, incluindo o projeto do Sistema de Posicionamento por Satélite Europeu (Galileo). Dessa forma, o leitor dispõe de informações sobre o que existe e o que poderá existir em futuro próximo, podendo, assim, colocar-se em condições de acompanhar os desenvolvimentos que irão ocorrer na área.

Temos, no Brasil, uma falta muito grande de livros na área de Ciências Geodésicas e Cartográficas. Este livro vem, portanto, ao encontro dos anseios de todos nós que desejamos ver nosso país em condições iguais às das nações desenvolvidas. O professor Galera está prestando essa colaboração ao Brasil, permitindo que seus conhecimentos possam ser derramados além das fronteiras do Departamento de Cartografia da Faculdade de Ciências e Tecnologia da UNESP.

Curitiba, setembro de 2000

José Bittencourt de Andrade, Ph.D.
Professor titular
Universidade Federal do Paraná

Apresentação à 1ª edição

O GPS, acrônimo de *Global Positioning System*, tem-se tornado uma tecnologia extremamente útil e inovadora para uma série de atividades que necessitam de posicionamento. Podem-se citar aquelas relacionadas à cartografia, ao meio ambiente, ao controle de frota de veículos, à navegação aérea e marítima, à geodinâmica, à agricultura etc. A descrição de novas aplicações é uma constante na literatura especializada. Prever todas as possibilidades é uma tarefa difícil. Comparada com métodos convencionais, essa técnica permitiu aumentar a produtividade, associada à melhoria na precisão, além da redução de custos. Em muitos casos, conceitos antigos puderam ser postos em prática, em razão da facilidade que o sistema oferece.

Para o leitor ter uma ideia da quantidade de informações disponibilizadas sobre o assunto atualmente, basta citar que, em uma simples consulta na internet sobre GPS, no dia 16 de junho de 2000, foram encontradas 793.075 páginas no Alta Vista e 213.098 no Yahoo. Há ainda várias publicações sobre o assunto, quase sempre em inglês. Isso mostra que grande comunidade usuária emergiu. Temos percebido isso na FCT-UNESP, onde frequentemente somos procurados para prestar algum tipo de informação sobre o assunto. Parece ser este, portanto, um momento oportuno para apresentar um texto em português sobre posicionamento pelo GPS, abrangendo os mais variados aspectos. Essa ideia sempre recebeu o apoio de vários usuários e especialistas da área.

O texto está organizado em dez capítulos, dos quais segue uma breve apresentação.

O Capítulo 1 descreve sucintamente a evolução das técnicas de posicionamento, os conceitos básicos do GPS, incluindo os três segmentos do sistema: Espacial, de Controle e dos Usuários, e é encerrado com um histórico e descrição da situação atual da constelação GPS.

Os sistemas e redes de referências de fundamental importância para os usuários do GPS são abordados no Capítulo 2, onde também são inseridas as referências geocêntricas e não geocêntricas, bem como uma apresentação da situação atual no Brasil. Por último, apresenta-se a transformação generalizada de Helmert, com alguns exemplos de aplicações.

O Capítulo 3 aborda o assunto relacionado com as coordenadas dos satélites, em especial como obtê-las a partir das efemérides transmitidas e precisas.

Já o Capítulo 4 introduz as observáveis GPS e os erros envolvidos nestas, bem como indicações de como reduzi-los.

A Teoria da Estimação e dos Modelos aplicáveis às observáveis GPS, bem como alguma noção sobre controle de qualidade, está no Capítulo 5. O 6 descreve as técnicas de posicionamento disponíveis no momento, desde as mais simples até as mais avançadas.

O Capítulo 7 apresenta o GPS como uma alternativa na coleta de atributos para um SIG e o 8 abrange alguns aspectos práticos do GPS, desde o planejamento até o processamento, análise da qualidade dos resultados e representação dos dados.

O Capítulo 9 mostra as várias possibilidades de aplicação do GPS. Por fim, o 10 especula sobre o futuro do posicionamento por satélite, considerando outros sistemas existentes, como o Glonass, ou propostos, caso do Galileo. Além disto, descreve o Glonass e o GNSS.

Espera-se que o livro possa ser útil àqueles que buscam mais informações e conhecimento sobre o assunto, desde os iniciantes até os mais experientes. Para os iniciantes, recomenda-se que consultem os Capítulos 1 (exceto seção 1.5.2), 2 (seções 2.1, 2.5 e 2.6), 4 (seção 4.1), 6 (seções 6.1, 6.2, 6.2.1 e 6.2.1.1), 9 e 10. Àqueles mais familiarizados com o tema, os Capítulos 2 (exceto seção 2.7.3), 3, 4, 6 e 8, além daqueles indicados para os iniciantes, não deverão apresentar maiores problemas. Os demais capítulos são recomendados para os interessados em se aprofundar no assunto, em nível de graduação ou de pós-graduação.

Como se trata da primeira versão deste livro, incorreções são inevitáveis. O autor aceita críticas e sugestões dos leitores, de modo que seja possível, em um futuro próximo, apresentar uma versão de qualidade superior.

Para encerrar esta apresentação, expresso meus agradecimentos às várias pessoas e instituições que contribuíram para a realização desta tarefa. Primeiro, os alunos de graduação em Engenharia Cartográfica e de pós-graduação em Ciências Cartográficas, que foram a fonte de inspiração. O objetivo principal do livro é tornar disponível aos alunos uma fonte de consulta para a primeira incursão no assunto. Alguns deles contribuíram de forma direta, com proposição de exemplos e resultados de pesquisas. Os alunos Wagner Carrupt Machado e Luiz Fernando Sapucci, da pós-graduação em Ciências Cartográficas da FCT/UNESP, contribuíram em vários aspectos. Deve-se também mencionar a grande contribuição do dr. Leonardo Castro de Oliveira, do Instituto Militar de Engenharia, com sugestões e críticas, todas pertinentes. O incentivo e as contribuições de vários colegas do Departamento de Cartografia da FCT/UNESP também foram muito importantes. As sugestões e críticas do assessor da Edunesp contribuíram de forma efetiva para a qualidade final do texto. Por último, à minha família como um todo, e em especial a Élcia e a Gabi, pelo apoio imprescindível.

Em relação às instituições, contribuíram, quer por meio de recursos para realização de pesquisas, quer com bolsas para alunos, o CNPq, a Fapesp e a Capes. Agradeço à FCT/UNESP, em especial o Departamento de Cartografia, pelo apoio e incentivo às atividades de ensino, pesquisa e extensão.

Presidente Prudente, junho de 2000.

J. F. Galera Monico

1
Posicionamento e navegação: conceitos preliminares

1.1 Breve histórico sobre os métodos de posicionamento e navegação

Posicionar um objeto nada mais é do que lhe atribuir coordenadas. Embora atualmente esta seja uma tarefa que pode ser realizada com relativa simplicidade, utilizando-se, por exemplo, satélites artificiais apropriados para esse fim, determinar a posição foi um dos primeiros problemas científicos que o ser humano procurou solucionar. O homem sempre esteve interessado em saber onde ele estava; de início restrito à vizinhança imediata de seu lar, mais tarde o interesse se ampliou para os locais de comércio e, finalmente, com o desenvolvimento da navegação marítima, praticamente para o mundo todo. Conquistar novas fronteiras de modo que o deslocamento da embarcação fosse seguro exigia o domínio sobre a arte de navegar, ou seja, saber ir e voltar de um local a outro e determinar posições geográficas, em terra ou no mar. Por muito tempo, Sol, planetas e as estrelas foram excelentes fontes de orientação. Mas, além da exigência de habilidade do navegador, as condições climáticas podiam significar a diferença entre o sucesso e o fracasso de uma expedição (Dottori e Negraes, 1997). Em seguida, surgiu a bússola, inventada pelos chineses, que proporcionou uma verdadeira revolução na navegação. Mas ainda perdurava um problema: como determinar a posição de uma embarcação em alto-mar? O astrolábio, a despeito de seu peso e tamanho, possibilitava apenas a obtenção da latitude, sujeita a grande margem de erro. E só podia ser utilizado à noite, desde que houvesse boa visibilidade. Melhorias ocorreram no transcorrer dos anos, com a introdução de novos instrumentos, como o quadrante de Davis e o sextante. A determinação da longitude foi considerada o maior problema científico do século XVIII, o qual se encontra bem retratado em Sobel (1996). De qualquer forma, mesmo com os melhores instrumentos, a navegação celeste só proporcionava valores aproximados da posição, os quais nem sempre eram apropriados para encontrar um porto durante a noite. Com o avanço da eletrônica, alguns sistemas foram desenvolvidos, mas mesmo assim eles sempre apresentavam algum tipo de problema. Qualquer navegador provavelmente já deve ter ouvido sobre o Loran (*Long-Range Navigation System*), o Decca (*Low frequency continuous wave phase comparison navigation*) e o Omega (*Global low frequency navigation system*). Eles são baseados em ondas de rádio. Os dois primeiros funcionam muito bem na faixa costeira, onde há uma rede de estações para dar apoio ao posicionamento. No entanto, um inconveniente desses sistemas é a impossibilidade de posicionamento global, além da limitação em termos de acurácia,[1] em virtude da interferência eletrônica e de variações do relevo. O Omega, apesar de sua cobertura global, apresenta baixa precisão e os equipamentos são de custos elevados. Outro sistema desenvolvido, agora baseado em satélites artificiais, foi o NNSS (*Navy Navigation Satellite System*), também conhecido como Transit, cujas medidas eram baseadas no efeito Doppler (Seeber, 1993). Nesse sistema, as órbitas dos satélites eram muito baixas e não havia uma quantidade muito grande de satélites. Em consequência, não se tinha como obter posições com muita frequência. Mas, mesmo assim, esse sistema foi muito utilizado em posicionamento geodésico. Faltava, no entanto, uma solução que oferecesse boa precisão, facilidade de uso e custos acessíveis para os usuários.

A solução definitiva para o problema surgiu na década de 1970, nos Estados Unidos, com a proposta do NAVSTAR-GPS (*Global Positioning System*), sistema que revolucionou praticamente todas as atividades que

1 Acurácia é o grau de concordância entre o valor medido de uma grandeza e o considerado "verdadeiro" ou de melhor qualidade. Envolve efeitos sistemáticos (tendência) e aleatórios (dispersão).

dependiam da determinação de posições. Em paralelo e de forma independente, na antiga URSS, foi desenvolvido o GLONASS (*Global Orbiting Navigation Satellite System*), um sistema muito similar ao NAVSTAR-GPS. No final da década de 1990, a Agência Espacial Europeia propôs o desenvolvimento do Galileo. Esse sistema se encontra em desenvolvimento, sendo o primeiro satélite lançado no fim de 2005. Além disso, algumas expansões do GPS estão sendo desenvolvidas, como o WAAS (*Wide Area Augmentation Service*) nos Estados Unidos, o EGNOS (*European GPS Navigation Overlay System*) na Europa, o MSAS (MSAT *Satellite-based Augmentation System*) no Japão e o Gagan (*GPS Aided GEO Augmented Navigation* ou *GPS and GEO Augmented Navigation*) na Índia.

De forma geral, esses sistemas têm sido chamados de GNSS (*Global Navigation Satellite System* – Sistema Global de Navegação por Satélite), nome concebido em 1991, durante a 10ª Conferência de Navegação Aérea, quando a Associação Internacional de Aviação Civil (International Civil Aviation Organization – ICAO) reconheceu que a fonte primária para a navegação aérea no século XXI será o GNSS. O uso integrado desses sistemas também deverá revolucionar ainda mais todas as atividades que necessitam de posicionamento.

Uma breve introdução ao GPS e ao GLONASS, sistemas já adotados na prática, é apresentada a seguir, bem como alguns detalhes sobre o Galileo e algumas novidades recentes.

1.2 Introdução ao GPS

O NAVSTAR-GPS, ou apenas GPS, como é mais comumente conhecido, é um sistema de radionavegação desenvolvido pelo Departamento de Defesa dos Estados Unidos – DoD (*Department of Defense*), visando a ser o principal sistema de navegação das Forças Armadas norte-americanas. Ele resultou da fusão de dois programas financiados pelo governo norte-americano para desenvolver um sistema de navegação de abrangência global: *Timation* e *System* 621B, sob responsabilidade da Marinha e da Força Aérea, respectivamente. Em razão da alta acurácia proporcionada pelo sistema e do grande desenvolvimento da tecnologia envolvida nos receptores GPS, uma grande comunidade usuária emergiu dos mais variados segmentos da comunidade civil (navegação, posicionamento geodésico, agricultura, controle de frotas etc.).

É comum encontrar em textos sobre GPS que a sigla NAVSTAR significa *NAVigation Satellite with Time And Ranging*. No entanto, lendo o histórico sobre o desenvolvimento desse sistema, apresentado em Parkinson (1996, p.7), constata-se que NAVSTAR era apenas um bom nome para o projeto a ser proposto, e não uma sigla. Pode-se, portanto, depreender que esse nome é bem sugestivo da finalidade do projeto, pois conota "estrela da navegação".

Como o próprio nome sugere, o GPS é um sistema de abrangência global, que tem facilitado todas as atividades que necessitam de posicionamento, fazendo que algumas concepções antigas possam ser colocadas em prática. Exemplo claro é o que vem ocorrendo com o desenvolvimento da agricultura de precisão, um conceito estabelecido por volta de 1929, que só agora tem sido posto em prática, graças à integração de várias geotecnologias, entre elas o GPS (Stafford, 1996). Além disso, surgiram muitas outras aplicações, em razão da facilidade que o sistema proporciona na obtenção de coordenadas.

A concepção do sistema GPS permite que um usuário, em qualquer local da superfície terrestre, ou próximo a esta, tenha à sua disposição no mínimo quatro satélites para serem rastreados. Como será visto neste livro, esse número de satélites permite que se realize o posicionamento em tempo real. Para os usuários da área de Geodésia,[2] uma vantagem muito importante da tecnologia GPS, em relação aos métodos de levantamento convencionais, é que não há necessidade de intervisibilidade entre as estações. Além disso, o GPS pode ser usado sob quaisquer condições climáticas.

O princípio básico de navegação pelo GPS consiste na medida de distâncias entre o usuário e quatro satélites. Conhecendo as coordenadas dos satélites em um sistema de referência apropriado, é possível calcular as coordenadas da antena do usuário no mesmo sistema de referência dos satélites. Do ponto de vista geométrico, apenas três distâncias, desde que não pertencentes ao mesmo plano, seriam suficientes. Nesse caso, o problema se reduziria à solução de um sistema de três equações com três incógnitas. A quarta medida é necessária por causa

2 Geodésia é a ciência que tem por objetivo determinar a forma e as dimensões da Terra e os parâmetros definidores do campo de gravidade. Alternativamente, pode-se dizer que tem por objetivo determinar a posição de feições da superfície física do planeta, que varia com o tempo.

do não sincronismo entre os relógios dos satélites e o do usuário, que adiciona uma incógnita ao problema.

O GPS foi declarado operacional em 27 de abril de 1985, com 24 satélites em órbita, mas desde 1983 já estava sendo utilizado no posicionamento geodésico. No final de 2005, 29 satélites estavam operacionais e, em junho de 2007, havia trinta satélites. O sistema proporciona dois tipos de serviços, conhecidos como SPS (*Standard Positioning Service* – Serviço de Posicionamento Padrão) e PPS (*Precise Positioning Service* – Serviço de Posicionamento Preciso).

O SPS é um serviço de posicionamento e tempo padrão disponível para todos os usuários do globo, sem cobrança de qualquer taxa. Até o dia 1º de maio de 2000, esse serviço proporcionava capacidade de acurácia horizontal e vertical dentro de 100 e 140 m, respectivamente, e 340 ns (nanossegundos) nas medidas de tempo, com nível de confiança de 95%. Até essa data, o PPS proporcionava melhores resultados (22,0 m horizontal, 27,7 m vertical e 200 ns), mas era restrito ao uso de militares e usuários autorizados, o que se mantém até hoje. Esse nível de acurácia é obtido com o método de posicionamento mais simples de ser empregado com o GPS (posicionamento por ponto simples, também conhecido como autônomo). Com a aplicação de métodos mais avançados (posicionamento por ponto preciso e posicionamento relativo), o nível de acurácia melhora de modo considerável.

Na realidade, no posicionamento simples, o sistema sempre teve capacidade de proporcionar melhores níveis de acurácia, mas, ao que tudo indica, isso não era de interesse do DoD, haja vista que o sistema é global, o que poderia pôr em risco aspectos de segurança. Dessa forma, a limitação no nível de acurácia citada anteriormente era garantida pela adoção do AS (*Anti-Spoofing*) e da SA (*Selective Availability* – Disponibilidade Seletiva). O AS é um processo de criptografia do código P (seção 2.1.4.2), um dos códigos utilizados no GPS para realizar medidas de distâncias, visando protegê-lo de imitações por usuários não autorizados. A SA, ou seja, a proibição de obter a acurácia capaz de ser proporcionada pelo GPS, era consumada pela manipulação das mensagens de navegação (técnica *épsilon*: e) e da frequência dos relógios dos satélites (técnica *dither*: d). Para grande surpresa da comunidade usuária, essa técnica de deterioração da acurácia no SPS foi abolida do sistema à 0h TU (Tempo Universal) do dia 2 de maio de 2000, o que melhorou a acurácia em torno de 10 vezes. Com isso, foi anunciado um plano de modernização do GPS, cujos detalhes são apresentados adiante. Muitos outros detalhes podem ser encontrados em http://www.navcen.uscg.gov/gps/, além de vários outros sítios na internet. Em 18 de setembro de 2007 o presidente dos Estados Unidos aboliu definitivamente essa degradação dos futuros satélites GPS (GPSIII).

O GPS consiste de três segmentos principais: Espacial, Controle e de Usuários. Enquanto o primeiro está associado com a constelação dos satélites e seus sinais, o de Controle monitora e faz a devida manutenção do sistema. O sistema de Usuários do GPS é abrangente e continua a se ampliar. Detalhes desses segmentos fazem parte do Capítulo 2.

1.3 Introdução ao GLONASS

Similar ao GPS, o GLONASS foi concebido para proporcionar posicionamento 3-D e velocidade, bem como informações de tempo, sob quaisquer condições climáticas, em nível local, regional e global. Esse sistema também foi concebido no início da década de 1970, na antiga URSS, pela *Soviet Union's Scientific Production Association of Applied Mechanics,* e atualmente é desenvolvido e operado pela *Russian Federation Space Forces.* Em russo, a denominação oficial é *Global'naya Navigatsionnaya Sputnikowaya Sistema.* Da mesma forma que o GPS, o GLONASS é um sistema militar, mas ocorreram várias declarações do governo russo oferecendo o sistema para uso civil.

O GLONASS foi declarado totalmente operacional no fim de 1995, com uma constelação de 24 satélites. Mas, em decorrência da falta de lançamentos de novos satélites para substituir os mais antigos, ou aqueles que apresentassem problemas, o número de satélites decresceu consideravelmente. No fim de 2005 a constelação contava com apenas doze satélites e em alguns períodos esse número foi até menor. Por exemplo, no fim de 2006, apenas dez satélites estavam operacionais. Deve-se considerar, porém, que três satélites lançados no Natal de 2006 ainda não tinham entrado em operação naquele momento.

A precisão instantânea proporcionada pelo GLONASS, em um serviço similar ao posicionamento simples no SPS do GPS, é da ordem de 60 e 75 m, com 99,7% de probabilidade, para as componentes horizontais e verticais, respectivamente. Informações adicionais podem ser obtidas em http://www.GLONASS-ianc.rsa.ru.

Da mesma forma que o GPS, o GLONASS é composto de três segmentos, sendo o segmento de usuários muito menor que o do GPS. Informações complementares são apresentadas no Capítulo 2.

1.4 Introdução ao Galileo

A decisão do governo norte-americano de não autorizar outras nações a participarem do controle de uma configuração básica do GPS levou a União Europeia (UE) a desenvolver uma solução própria para o GNSS, quer com outras nações, quer sozinha. Em fevereiro de 1999 a UE fez uma recomendação para que os europeus desenvolvessem uma nova constelação de satélites para navegação. Isso foi resultado de muita pesquisa, desenvolvida de julho de 1998 a fevereiro de 1999 (Wolfrum et al., 1999).

Em junho de 1999, baseado nos trabalhos anteriores realizados pelo Fórum Europeu do GNSS, o Ministério dos Transportes Europeu concordou com a fase de definição desse sistema, denominado Galileo, que é a contribuição europeia para o GNSS. Este será um sistema aberto e global, com controle civil, que deverá ser completamente compatível com o GPS (e, provavelmente, com o GLONASS), mas independente.

A fase de definição compreendeu o período de 1999 a 2002, na qual se cuidou dos requisitos iniciais e da arquitetura do sistema. Dois estudos principais foram realizados: o primeiro denominado Gala, do Conselho Europeu (EC), sobre a arquitetura do sistema, e o segundo da ESA (*European Space Agency*), denominado GalileoSat, relacionado com o segmento espacial. Tratou-se de uma fase crucial, pois dependia dela a continuidade ou não do sistema.

Em seguida, com aprovação da continuidade do Galileo em 26 de março de 2003, teve início a fase de desenvolvimento do sistema, em que estão o planejamento e a validação do Galileo. Essa fase deve consolidar os requisitos iniciais, o desenvolvimento dos satélites e as componentes de terreno, bem como a validação dos satélites em órbita. O primeiro satélite experimental foi lançado em dezembro de 2005 e denominado GIOVE (*Galileo In-Orbit Validation Element*) A. O lançamento do segundo estava previsto para 2007. Os primeiros quatro satélites operacionais, de um total de trinta, devem ser lançados em 2008 para validação final dos segmentos espacial e terrestre. Os demais satélites operacionais devem ser lançados na fase de implementação do sistema, por um consórcio privado, momento em que o sistema deverá alcançar capacidade operacional. A fase operacional, na qual os serviços serão oferecidos e a manutenção do sistema iniciada, deve ter início em 2011 (COM, 2006).

O financiamento do sistema deve ser garantido pelo orçamento da UE, notadamente por intermédio da ESA e da rede de transporte europeia (*Trans-European Networks*). Além disso, fundos adicionais deverão ser obtidos, resultantes do envolvimento de outras agências ou instituições da UE, de cooperação internacional com outras nações, como Canadá, China, Israel, Japão e Rússia. Negociações com vários desses países já foram iniciadas. Ainda está prevista a adoção de uma parceria público-privada para obter financiamento complementar da iniciativa privada. Várias notícias sobre os problemas advindos dessa parceria têm sido divulgadas na imprensa especializada. Trata-se de uma estratégia diferente da adotada com o EGNOS (*European Geostationary Navigation Overlay Service*), que atendia apenas os países europeus. Informações complementares sobre o sistema são fornecidas no Capítulo 2. Para acompanhar o que vem ocorrendo com o sistema, o interessado pode consultar a página do Galileo, que pode ser acessada em http://europa.eu.int/comm/dgs/energy_transport/galileo.

1.5 Novidades: o sistema Beidou/Compass

A China, que no passado revolucionou a navegação a partir do desenvolvimento da bússola, lançou em 11 de abril de 2007 o quinto satélite de seu sistema de navegação e posicionamento. O sistema, denominado Beidou[33] (ou Compass), foi iniciado em 1983, baseado na ideia de utilização de satélites geoestacionários para essa finalidade. O primeiro satélite foi lançado em 2000 e a expectativa é que por volta de

3 Beidou é um nome chinês para uma constelação conhecida no Hemisfério Ocidental como Ursa Maior (ou *Big Dipper*).

2008 o sistema esteja pronto para serviços de navegação na China e em regiões vizinhas. E, gradualmente, poderá tornar-se um sistema global.

A partir das informações disponíveis atualmente, a China deverá lançar uma série de satélites para criar o sistema *Compass Navigation Satellite System*, que diferirá um pouco dos demais. Enquanto GPS, Galileo e GLONASS utilizam satélites de órbitas médias, o Beidou (ou Compass) deverá posicionar cinco de seus satélites em órbitas geoestacionárias, tendo os demais (por volta de trinta) órbitas similares às dos GNSS.

Não trataremos de detalhes desse sistema neste livro, mas o leitor deve estar atento para as novidades sobre ele. Informações complementares podem ser obtidas em http://www.vectorsite.net/ttgps_2.html#m2.

2
Os sistemas de posicionamento por satélite NAVSTAR-GPS, GLONASS e Galileo

2.1 NAVSTAR-GPS

O GPS foi concebido primariamente como um sistema de navegação (Seeber, 2003). Logo, o objetivo original do sistema era a determinação instantânea de posição, velocidade e tempo de um usuário, em qualquer lugar na Terra ou próximo a esta, independentemente das condições atmosféricas, em um referencial global e homogêneo, com base em medidas de distâncias. Essas distâncias são denominadas pseudodistâncias, em razão do não sincronismo entre o relógio do usuário e o dos satélites, o qual comparece como uma incógnita adicional no problema a ser resolvido. Logo, cada equação de distância (pseudodistância) apresenta-se com quatro incógnitas (três posições e o erro do relógio do receptor), requerendo que, no mínimo, quatro satélites estejam disponíveis para a realização de medidas simultâneas pelos receptores. Na realidade, na concepção do sistema assumiu-se que quatro ou mais satélites, com posições conhecidas, estivessem sempre disponíveis em qualquer lugar da Terra e a qualquer instante, permitindo a determinação em tempo real da posição do usuário, com a correção do erro do relógio envolvido no processo de medidas.

Para posicionamento de melhor qualidade, além das pseudodistâncias, faz-se também uso das medidas de fase de batimento da onda portadora, as quais permitem obter posições com alto nível de acurácia, embora haja algumas dificuldades adicionais, pois se trata de medidas ambíguas (seção 5.1.2).

O GPS, conforme citado no Capítulo 1, é composto de três segmentos: espacial, de controle e de usuários, descritos a seguir.

2.1.1 Segmento espacial

O segmento espacial consiste de no mínimo 24 satélites MEO (*Medium Earth Orbits* – Satélites de Órbita Média) distribuídos em seis planos orbitais igualmente espaçados, com quatro satélites em cada plano, em uma altitude aproximada de 20.200 km. Os planos orbitais são inclinados 55^0 em relação ao Equador e o período orbital é de aproximadamente 12 horas siderais. Dessa forma, a posição dos satélites se repete, a cada dia, aproximadamente quatro minutos antes em relação ao dia anterior. Essa configuração garante que, no mínimo, quatro satélites GPS sejam visíveis em qualquer local da superfície terrestre, a qualquer hora. As Figuras 2.1 e 2.2 ilustram, respectivamente, a constelação dos satélites GPS e a distribuição destes em cada um dos planos orbitais.

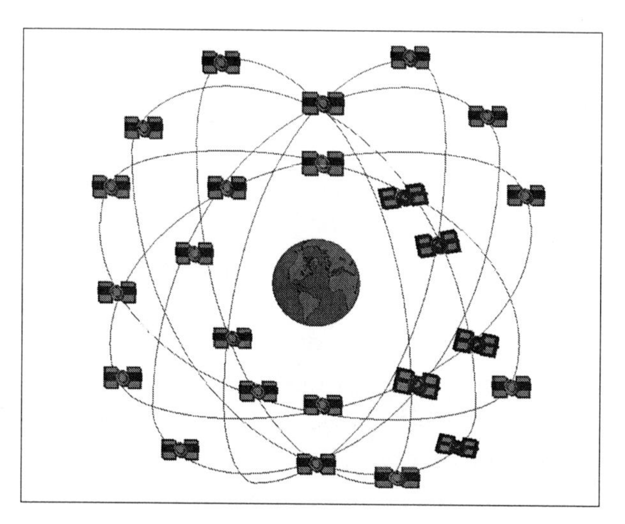

Figura 2.1 – Constelação dos satélites GPS.

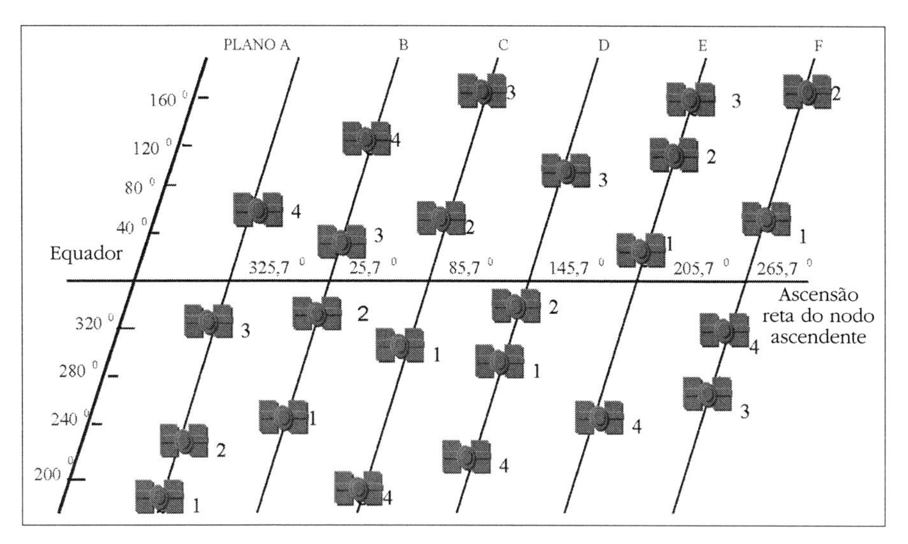

Figura 2.2 – Distribuição dos satélites na constelação final (SEEBER, 1993).

Na concepção original, quatro tipos de satélites fizeram parte do projeto NAVSTAR-GPS. Eles são denominados satélites do Bloco I, II, IIA e IIR.

Os satélites do Bloco I foram protótipos, e todos os onze planejados foram lançados. O último satélite desse Bloco, denominado SVID 12, foi desativado no fim de 1995.

Os Blocos II e IIA ("A" refere-se a *Advanced* – avançado) são compostos por 28 satélites, os quais se referem, respectivamente, à primeira e à segunda geração de satélites GPS. Trata-se dos satélites operacionais, planejados para dar apoio à configuração mínima de 24 satélites. Desses satélites, nove são do Bloco II (SVIDs 13 a 21) e dezenove pertencem ao Bloco IIA (SVIDs 22 a 40). Em relação aos satélites do Bloco II, os do Bloco IIA têm capacidade de comunicação recíproca. Além disso, enquanto os satélites do Bloco II podem armazenar apenas até catorze dias de dados de navegação, os do Bloco IIA têm capacidade de até 180 dias. Eles foram fabricados pela companhia Rockwell International. O primeiro satélite desse bloco pesava mais de 1.500 kg, com custo estimado em 50 milhões de dólares americanos (Hofmann-Wellenhof; Lichtenegger; Collins, 1997). Quando o sistema foi declarado operacional, em 27 de abril de 1995, todos os satélites pertenciam a esses dois Blocos. A Figura 2.3 ilustra um satélite do Bloco II.

Figura 2.3 – Satélite GPS do Bloco II.

Os satélites do Bloco II e IIA estão sendo substituídos pelos 22 satélites do Bloco IIR (SVIDs 41 a 62), a terceira geração de satélites, conforme a necessidade. Duas das vantagens desses satélites em relação aos anteriores são a capacidade de medir distâncias entre eles (*cross link ranges*) e calcular efemérides no próprio satélite (Seeber, 1993), além de transmitir essas informações entre os satélites e para o sistema de controle em Terra. Até setembro de 2007, dezesseis satélites do Bloco IIR ("R" refere-se a *Replenishment* – reabastecimento) haviam sido lançados. No primeiro lançamento, em 17 de janeiro de 1997, ocorreu uma falha. O segundo satélite, lançado em 20 de julho de 1997, entrou em operação em 31 de janeiro de 1998. Em 26 de setembro de 2005 ocorreu o 14º lançamento de satélites do Bloco IIR, sendo o primeiro satélite GPS modernizado (IIR-M1), razão pela qual é designado IIR-M. Os satélites do Bloco II-R foram fabricados pela companhia Lockheed Martin. Seu peso é superior a 2.000 kg, com custo da ordem de 25 milhões de dólares americanos, cerca de metade do custo de um satélite do Bloco II.

A quarta geração de satélites, que substituirá os do Bloco IIR, denomina-se Bloco IIF ("F" refere-se a *Follow-on* – continuação) e será composta por 33 satélites. Trata-se dos satélites que deverão incorporar a modernização do GPS.

Cada satélite carrega padrões de frequência altamente estáveis (césio e rubídio) com estabilidade entre 10^{-12} e 10^{-13} por dia, formando uma referência de tempo muito precisa. Os satélites do Bloco II e IIA estão equipados com dois osciladores atômicos de césio e dois de rubídio, ao passo que os satélites do Bloco I eram equipados apenas com osciladores de quartzo. Os satélites do Bloco IIR carregam osciladores de rubídio, e os do Bloco IIF poderão vir a carregar *Maser* de hidrogênio, o que há de melhor, atualmente, em termos de padrão de frequência.

Os satélites GPS têm sido identificados por vários esquemas de numeração. Entre eles pode-se citar o SVN (*Space Vehicle Number* – Número do Veículo Espacial), ou número NAVSTAR, o PRN (*Pseudo-Random-Noise* – Ruído Falsamente Aleatório) ou SVID (*Space Vehicle Identification* – Identificação do Veículo Espacial) e número da posição orbital. Neste livro, para evitar confusão, sempre que ocorrer identificação de satélites, ela estará relacionada com o número de seu PRN, que corresponde à identificação utilizada nas mensagens de navegação, que coincide com o SVID, já empregado no transcorrer do livro. Onde isso não ocorrer, o critério de identificação adotado será explicitado.

2.1.1.1 *Características dos sinais GPS*

Atualmente, cada satélite GPS transmite duas ondas portadoras: L1 e L2. Elas são geradas da frequência fundamental de 10,23 MHz, a qual é multiplicada por 154 e 120, respectivamente. Assim, as frequências (L) e os comprimentos de onda (λ) de L1 e L2 são:

L1 = 1575,42 MHz e $\lambda \cong 19$ cm;

L2 = 1227,60 MHz e $\lambda \cong 24$ cm.

Essas duas frequências são geradas simultaneamente, permitindo aos usuários, conforme veremos na seção 5.2.2.2 (b), corrigir grande parte dos efeitos provocados pela ionosfera. No futuro, quando o Bloco IIF estiver em operação, uma terceira portadora fará parte do sistema, a qual é designada L5, com frequência de $115{*}f_o$, ou seja, 1176,45 MHz (L5 = 1176,45 MHz e $\lambda \cong 25,5$ cm).

Os códigos que formam o PRN são modulados, em fase, sobre as portadoras L1 e L2. Essa técnica permite realizar medidas de distâncias, a partir da medida do tempo de propagação da modulação (Leick, 1995).

Um PRN é uma sequência binária de +1 e −1, ou 0 e 1, que parece ter característica aleatória. Como é gerado por um algoritmo, pode ser univocamente identificado. Trata-se basicamente dos códigos C/A e P.

O código C/A (*Coarse Acquisition*), com comprimento de onda por volta de 300 m, é transmitido em uma razão de 1,023 MHz. Ele é gerado com base no produto de duas sequências PR (*pseudorandom* – pseudoaleatórias), denominadas G1 e G2, cada uma com período de 1.023 bits. O código C/A resultante também consiste de 1.023 bits, com período de 1 ms (milissegundo). Cada satélite transmite um código C/A diferente, entre os 37 definidos no ICD-GPS-200C (DoD, 1997). Isso poderia causar dificuldades para um receptor GPS distinguir entre todos os códigos possíveis. No entanto, o código C/A faz parte de uma família de códigos (*Gold codes*) que tem como característica básica a baixa correlação entre seus membros. Isso possibilita a rápida distinção dos sinais recebidos, simultaneamente, de vários satélites (Leick, 1995). Ele é modulado apenas sobre a onda portadora L1. Esse é o código a partir do qual os usuários civis obtêm as medidas de distâncias que permitem obter a acurácia estipulada no SPS. Ele não é criptografado, embora possa ter sua precisão[1] degradada.

O código P (*Precise or Protected* – Preciso ou Protegido) tem sido reservado para uso dos militares norte-americanos e usuários autorizados. Ele é transmitido com frequência f_o de 10,23 MHz, o que corresponde a uma sequência de 10,23 milhões de dígitos binários por segundo. Essa frequência, maior que a do código C/A, faz que medidas resultantes do código P sejam mais precisas. Ele é gerado, matematicamente, partindo do produto de dois códigos PN, X1 e X2, que, por sua vez, também são gerados a partir do produto de dois outros códigos. O período do código X1 é de 1,5 s, o que corresponde a 15.345.000 bits ($1{,}5 \times (f_o = 10{,}23 \times 10^6)$). O período de X2 é de 15.345.037 bits. Essa combinação permite que se tenha um código resultante com duração de 266,4 dias ($15.345.000 \times 15.345.037 = 2{,}354 \times 10^{14} / f_o = 23010752{,}69$ s / 86400 s = 266,4 dias). No entanto, eles são arranjados de forma a produzir uma série de 37 sequências de códigos, mutuamente exclusivas, cada uma com duração de sete dias. Desse modo, para o código P,

1 Precisão é a dispersão de um conjunto de observações ou resultados experimentais. Boa precisão está associada a desvio-padrão pequeno. Entretanto, pode existir erro sistemático grande, caso em que a tendência seria alta.

tem-se 37 PRN. A cada satélite é atribuído um determinado PRN, que é modulado nas portadoras L1 e L2. Portanto, todos os satélites transmitem na mesma frequência, mas podem ser identificados pelo código exclusivo de cada satélite. Trata-se da técnica denominada CDMA (*Code Division Multiple Access* – Divisão do Código para Múltiplo Acesso) (Spilker, 1996), válida tanto para o código C/A quanto para o código P.

Como há um número menor de satélites em órbita, algumas das sequências dos códigos P e C/A não são utilizadas para eles, mas reservadas para outras aplicações, como transmissores terrestres (*pseudolites* – pseudossatélites). Trata-se dos PRN 33 a 37.

O seguimento de código atribuído a cada satélite é reiniciado a cada semana, à 0h TU, de sábado para domingo, criando a semana GPS, uma unidade de tempo muito importante para o sistema.

Embora o código P seja mais preciso, ele é criptografado quando o sistema está operando no modo AS, passando a ser denominado código Y. Esse código não está disponível para os usuários civis. Trata-se de uma versão segura do código P. O propósito principal é evitar que inimigos consigam fraudá-lo, mediante a geração de uma réplica (Spilker, 1996). Só a usuários autorizados são disponibilizadas informações sobre sua estrutura.

Com o anúncio da modernização do GPS em 1998 pelo DoD, entrou em cena o código civil L2C, a ser modulado na portadora L2, visando reduzir os problemas advindos do código Y. Também foi anunciada uma nova portadora, a L5. No início planejou-se que doze satélites do Bloco IIR seriam modernizados com o código L2C, com o primeiro lançamento previsto para 2003. No entanto, o primeiro satélite modernizado refere-se ao 14º lançamento dos satélites do Bloco II-R, ocorrido em 26 de setembro de 2005. Logo, em vez de doze, apenas nove satélites do Bloco IIR serão modernizados (IIR-M). A portadora L5, com frequência de 1176,45 MHz, será incorporada aos satélites do Bloco IIF. Essa portadora terá modulado sobre ela um código 10 vezes mais longo que o C/A, denominado neste livro código L5C.

O código L2C que está sendo incorporado aos satélites do Bloco IIR-M deverá apresentar melhor sensibilidade que o código C/A, disponível na L1. Ele usa um código CM (código de comprimento moderado) com 10.230 bits e um código CL (código de comprimento longo) com 767.250 bits. O código L2C é transmitido com frequência de 511,5

KHz. Logo, enquanto o código CM se repete a cada 20 *ms*, o CL se repete a cada 1,5 segundo. CM é o código que transporta os dados e CL é considerado o sinal piloto, não tendo dados modulados sobre ele (Mattos, 2004).

Os sinais básicos do GPS são ilustrados na Figura 2.4, inclusive o código L2C na portadora L2, bem como a portadora L5, os quais fazem parte da modernização do GPS. É importante frisar que apenas os satélites lançados a partir de setembro de 2005 têm o código L2C disponível e que a portadora L5 fará parte apenas dos satélites do Bloco IIF.

As mensagens de navegação, que fornecem as informações básicas para o cálculo das posições dos satélites, são também moduladas sobre as portadoras, em uma taxa de 50 bps (bits por segundo). Elas contêm parâmetros orbitais (elementos keplerianos e suas variações), dados para a correção da propagação na atmosfera, parâmetros para a correção do erro dos relógios dos satélites, saúde dos satélites etc.

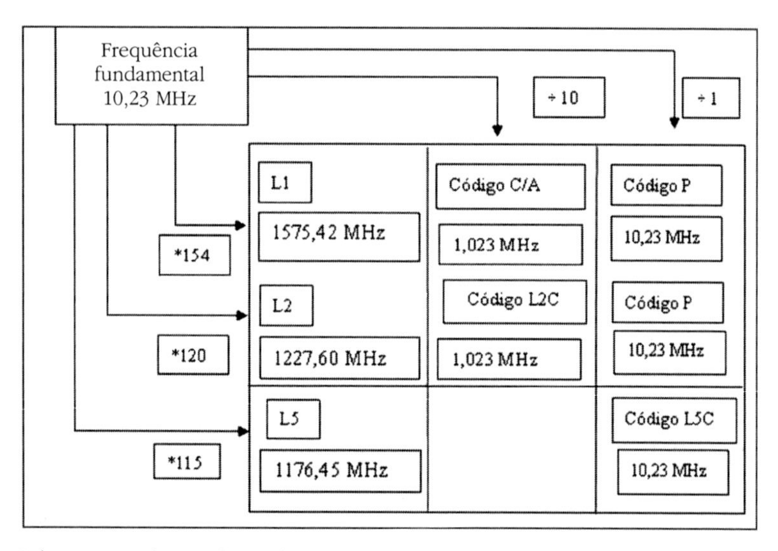

Figura 2.4 – Estrutura básica do sinal GPS.

Dessa breve explanação, pode-se observar que atualmente há três tipos de sinais envolvidos no GPS: as portadoras (L1 e L2), os códigos (C/A, L2C e P(Y)) e os dados (navegação, relógio etc.). Essa estrutura permite não só medir a fase da portadora e sua variação, mas também o tempo de propagação da modulação.

O sinal L1, para um instante t, pode ser descrito como (Langley, 1996a):

$$S_{L_1}(t) = A_p P_i(t) W_i(t) D_i(t) \cos(f_1 t + \phi_{n,L1,i}) + \\ + A_c C_i(t) D_i(t) \operatorname{sen}(f_1 t + \phi_{n,L1,i}) \tag{2.1}$$

Nessa equação tem-se que:

- A_p é a amplitude do código P;
- $P_i(t)$ é a sequência do código P (+1, –1);
- $W_i(t)$ representa a criptografia sobre o código P, que pode ser diferente para cada satélite $\{Y_i(t) = P_i(t)W_i(t)\}$;
- $D_i(t)$ é o fluxo dos dados com estado +1 e –1;
- A_c é a amplitude do código C/A;
- $C_i(t)$ é a sequência do código C/A (+1, –1);
- f_1 é a frequência da portadora L1; e
- $\phi_{n,L1,i}$ é o ruído da fase acompanhado do estado do oscilador.

O índice *i* representa o satélite em questão.

O sinal L2 tem uma estrutura mais simples porque contém apenas o código P, ou seja:

$$S_{L_2}(t) = B_p P_i(t) W_i(t) D_i(t) \cos(f_2 t + \phi_{n,L2,i}) \tag{2.2}$$

Na equação (2.2), $P_i(t)$ é novamente a sequência do código P para o satélite i, enquanto B_p representa sua amplitude e f_2, a frequência da portadora L2. Os instantes de geração dos dois códigos, dados e as portadoras, são sincronizados. O sinal L2 modernizado tem a seguinte estrutura (Enge, 2003):

$$S_{L_2}(t) = B_p P_i(t) W_i(t) D_i(t) \cos(f_2 t + \phi_{n,L2,i}) + \\ + A_{RC} L2C_i(t) D_i^{L2}(t) \operatorname{sen}(f_2 t + \phi_{n,L2,i}) + código\_militar \tag{2.3}$$

A primeira linha da equação (2.3) representa o sinal L2, como apresentado na equação (2.2). L2C é o novo código, resultante da multiplicação dos códigos CM e CL. O código CM é 10 vezes mais longo que o código C/A, enquanto o código CL é ainda mais longo, o que traz algumas vantagens ao sistema. Por ora pode-se citar a redução da probabilidade de falsa sintonia durante a aquisição do sinal e da interferência na correlação cruzada, de importância significativa quando o sinal é obstruído e, consequentemente, mais fraco que os sinais de outros satélites.

A Figura 2.5 ilustra a combinação de um dos códigos com uma das portadoras. Como os códigos PRN e as mensagens de navegação são fluxos de dados binários, só os estados +1 e -1 deixam a fase da portadora inalterada. A passagem de um *bit* do código de +1 para -1, ou de -1 para +1, causa uma variação de 180º na fase.

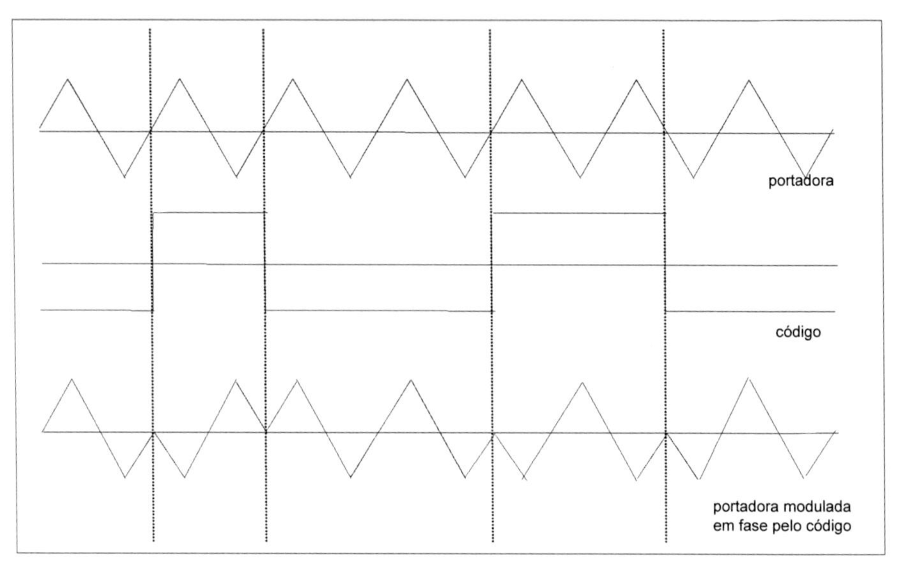

Figura 2.5 – Estrutura dos sinais dos satélites GPS.

Em razão do longo período do código P, torna-se difícil sintonizá--lo sem algum tipo de ajuda. O acesso direto ao código P só é possível para receptores bem sincronizados com o sistema de tempo GPS e posicionados em local com coordenadas conhecidas. Uma possibilidade seria utilizar osciladores de alta performance nos receptores, o que resultaria em custos inacessíveis para a maioria dos usuários. Por essas razões, esse sincronismo em geral é obtido via código C/A, pois este é de fácil aquisição. Porém, um dispositivo que realiza a correlação no receptor com os sinais recebidos dos satélites (*correlator*) deveria pesquisar, para cada satélite, um total de 15.345.000 bits de código (período do código X1), o que também se tornaria inviável. Isso duraria pelo menos o mesmo período (1,5 s) de transmissão do código. Para solucionar o problema, definiu-se o contador Z (*Z count*). Ele é composto pelo número de épocas de 1,5 s do código X1, desde o início da semana GPS (meia-noite de sábado para domingo), denominado HOW (*Hand Over Word* – Palavra de Transmissão), e pelo número da semana GPS correspondente (ver seção 2.1.5). Cabe lembrar que o período do código X1 é 1,5 s (Spilker, 1996). Logo, a partir do HOW, transmitido com as mensagens de navegação dos satélites, obtém-se o ToW (*Time of Week* – Tempo da Semana). Quando ele é conhecido e o receptor está bem sincronizado com o tempo GPS, a aquisição do código P poderá ser obtida nos próximos 6 segundos (Seeber, 2003, p.221).

Algo similar ocorre com o novo código civil L2C, pois ele é mais longo que o código C/A. Mas, como os receptores que rastrearão o código L2C também deverão rastrear o código C/A, esse problema fica reduzido. Outro aspecto importante diz respeito ao componente do código L2C livre de dados (sem modulação – código CL), o que deverá resultar em medidas da fase com melhor qualidade. Semelhante resultado deve-se esperar do código em L5, isto é, do código L5 C.

2.1.1.2 Estrutura da mensagem de navegação

Os dados de navegação GPS são modulados em ambas as portadoras, na razão de 50 bps, com duração de 30 segundos. Portanto, a duração de um bit é 20 ms. As informações contidas em uma mensagem perfazem um total de 1.500 bits, denominado quadro de dados (*data frame*). Ele é dividido em 5 subquadros, de 6 segundos de duração (300 bits) cada um, contendo dez palavras de 30 bits. O conteúdo de cada subquadro é apresentado na Tabela 2.1.

No início de cada subquadro aparecem duas palavras especiais, denominadas palavra de telemetria (TLM) e HOW. Quando as mensagens estão sendo enviadas para os satélites ou outra operação está ocorrendo, a palavra TLM é alterada. A palavra HOW contém um número que, multiplicado por 4, proporciona o ToW do próximo subquadro. O HOW é expresso em unidades de 1,5 segundo, contado a partir do início da semana GPS e com duração de uma semana, isto é, variando de 0 a 403.199.

Tabela 2.1 – Conteúdo dos subquadros da mensagem de navegação

Subquadro 1	TLM	HOW	Coeficientes para a correção do relógio do satélite Número da semana GPS e saúde do satélite Idade dos dados
Subquadro 2	TLM	HOW	Parâmetros orbitais
Subquadro 3	TLM	HOW	Continuação dos parâmetros orbitais
Subquadro 4	TLM	HOW	Almanaque para os satélites 25 a 32 (p.2, 3, 5, 7 8, 9 e 10) Modelo da ionosfera e diferença de tempo GPS-UTC (p.18) Informação do AS (Anti-*spoof flag*) e configuração de 32 satélites Saúde dos satélites 25-32 (p.25) Páginas reservadas e de mensagens especiais
Subquadro 5	TLM	HOW	Almanaque dos satélites 1 a 24 (p.1 a 24) Saúde dos satélites 1 a 24 (p.25)

Os dados dos subquadros 1 a 3 repetem-se nos quadros seguintes até que os dados sejam renovados. Já os subquadros 4 e 5, cada um com 25 páginas, contêm dados diferentes em cada quadro, haja vista que cada quadro conterá uma de suas páginas. Como cada quadro tem duração de 30 segundos, a obtenção do conteúdo completo dos subquadros 4 e 5 levará 12,5 minutos. A Figura 2.6 mostra o esquema da estrutura de um quadro.

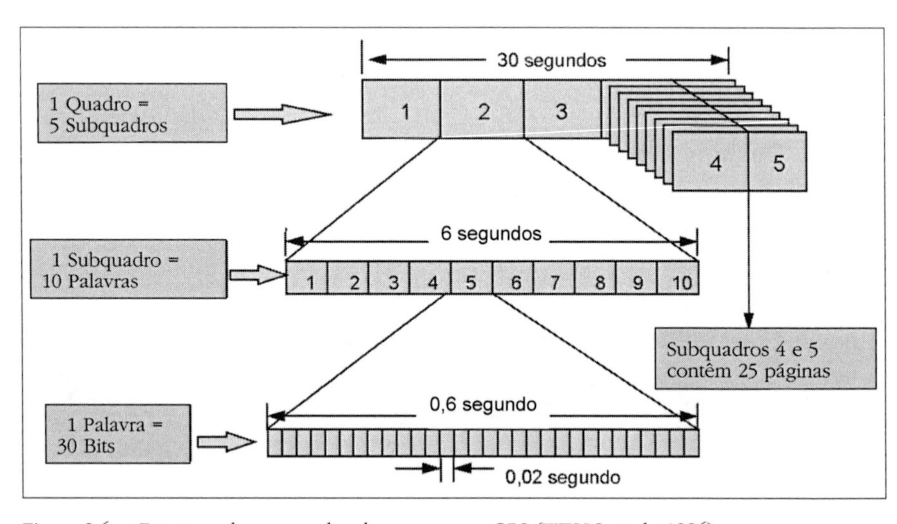

Figura 2.6 – Estrutura de um quadro de mensagens GPS (WELLS et al., 1986).

O almanaque dos satélites, contido nos subquadros 4 e 5, proporciona as informações necessárias para calcular posições aproximadas dos satélites, mesmo daqueles que não estão sendo rastreados. Trata-se de informações mais simplificadas que as contidas nos subquadros 2 e 3, mas essenciais para o planejamento de uma missão de posicionamento ou navegação com GPS.

Como a duração da transmissão de 1 bit de mensagem é 20 ms, tem-se que, durante esse intervalo de tempo, os códigos C/A (1,023 MHz) e P (10,23 MHz) se repetem 20 vezes, e o número de ocorrência de ciclos da portadora L1 é de 315.084.00 (Wells et al., 1986).

Com a modernização do GPS, essa estrutura deverá sofrer algumas alterações.

2.1.2 Segmento de controle

As principais tarefas do segmento de controle são:

- monitorar e controlar continuamente o sistema de satélites; determinar o sistema de tempo GPS;
- predizer as efemérides dos satélites, calcular as correções dos relógios dos satélites; e
- atualizar periodicamente as mensagens de navegação de cada satélite.

O sistema de controle é composto por cinco estações monitoras (Hawaii, Kwajalein, Ascension Island, Diego Garcia e Colorado Springs), três delas com antenas para transmitir os dados para os satélites (Ascension Island, Diego Garcia e Kwajalein), e uma estação de controle central (MCS: Master Control Station) localizada em Colorado Springs, Colorado. Essas cinco estações de monitoramento pertencem à AAF *American Air Force*; com as sete da NGA (*National Geospatial-Intelligence Agency*), antiga NIMA (*National Imagery and Mapping Agency*), compõem as estações monitoras GPS do DoD. A Figura 2.7 mostra a distribuição das estações monitoras e demais elementos do segmento de controle do GPS (Malys et al., 1997).

Cada estação monitora é equipada com oscilador externo de alta precisão e receptor de dupla frequência, o qual rastreia todos os satélites visíveis e transmite os dados para a MCS, via sistema de comunicação. Os dados são processados na MCS para determinar as órbitas dos

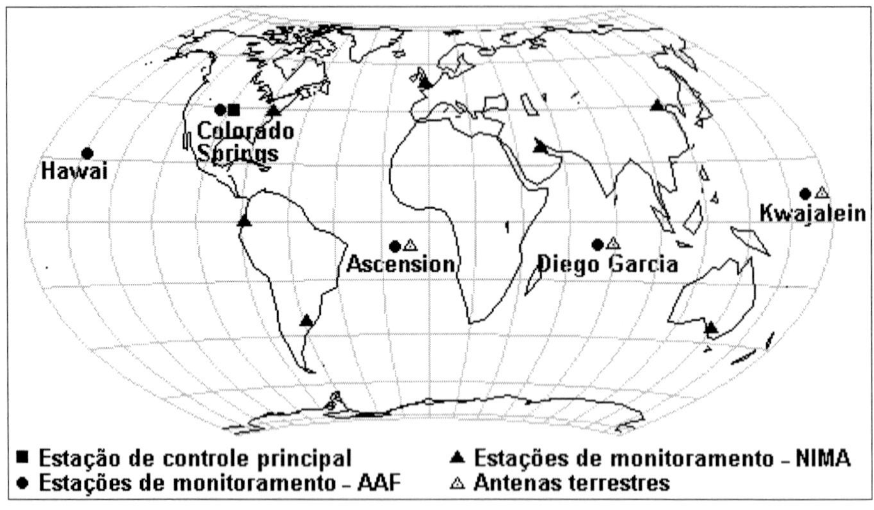

Figura 2.7 – Segmento de controle do GPS.

satélites e as correções dos relógios dos satélites, de modo que periodicamente as mensagens de navegação transmitidas (*broadcast ephemeris* – efemérides transmitidas) sejam atualizadas. A informação atualizada é enviada para os satélites a partir das antenas terrestres. Toda a infraestrutura do segmento de controle passou por atualização em setembro de 2007, incluindo receptores, computadores etc.

As estações de controle (*Monitor Station*) tiveram, originalmente, suas coordenadas determinadas em relação ao referencial WGS 72 (*World Geodetic System of* 72). Em janeiro de 1987 passou-se a adotar o WGS 84. O DMA (*Defense Mapping Agency*), antigo NIMA e atual NGA, realizou refinamentos do WGS 84, os quais culminaram com as realizações denominadas WGS 84 (G730), WGS 84 (G873) e WGS 84 (G1150) (seção 3.5). Foram nessas novas realizações que as estações de monitoramento do NGA (NIMA), mostradas na Figura 2.7, passaram a fazer parte das estações do DoD. Testes indicaram que o WGS 84 (G730) é compatível no nível do decímetro com o ITRF92 (*International Terrestrial Reference Frame* 1992) (Malys e Slatter, 1994), o WGS 84 (G873) apresenta compatibilidade melhor que 5 cm com o ITRF94 (Malys et al., 1997) e o WGS 84 (G1150) concorda com o ITRF2000 no nível de 1 a 2 cm (Merrigan et al., 2002). As datas em que as novas coordenadas passaram a ser utilizadas pelo segmento de controle operacional do GPS foram 29 de junho de 1994 para o WGS 84 (G730), 29 de janeiro de 1997 para o WGS 84 (G873) e 20 de janeiro de 2002 para o WGS 84 (G1150).

A distribuição geográfica das estações monitoras somente ao longo do Equador atende aos requisitos de navegação e várias outras aplicações, mas não é adequada para a determinação de órbitas altamente precisas, em particular para aplicações em geodinâmica. Isso em razão do reduzido número de estações, que torna a geometria um pouco deficiente. O IGS (International GNSS Service – Serviço Internacional GNSS), estabelecido pela IAG (*International Association of Geodesy* – Associação Internacional de Geodésia), tem capacidade de produzir efemérides com precisão da ordem de poucos centímetros em cada uma das coordenadas do satélite, podendo atender à maioria das aplicações que exigem alta precisão. Essas efemérides ficam disponíveis aos usuários no prazo de uma semana a partir da coleta dos dados. Atualmente o IGS também produz efemérides rápidas, denominadas IGR, com precisão da ordem de 5 cm, colocando-as à disposição dos usuários diariamente. Há ainda as efemérides ultrarrápidas (IGU), com precisão estipulada em aproximadamente 0,10 m para a parte predita (tempo real), e da ordem de 5 cm para a parte que apresenta latência de 3 horas. Detalhes são apresentados no Capítulo 4. Para acompanhar os avanços e acessar esses produtos, o leitor pode acessar a página do IGS (http://igscb.jpl. nasa.gov/).

2.1.3 Segmento de usuários

O segmento de usuários está diretamente associado aos receptores GPS, os quais devem ser apropriados para os propósitos a que se destinam, como navegação, geodésia, agricultura ou outra atividade. A categoria de usuários pode ser dividida em civil e militar.

Os militares fazem uso dos receptores GPS para estimar suas posições e deslocamentos quando realizam manobras de combate e de treinamento. Durante a operação *Desert Storm*, na Guerra do Golfo, em 1991, vários receptores GPS foram utilizados para auxílio no deslocamento nas regiões desérticas, onde praticamente não há feições factíveis de ser localizadas em um mapa. Esse fato foi muito noticiado pela imprensa, fazendo que o GPS passasse a ser uma tecnologia bastante conhecida do público em geral. Em outras guerras também muito foi noticiado o uso do GPS. Várias outras atividades militares fazem uso do posicionamento com receptores GPS, como a navegação de mísseis. Mas não são apenas os militares, que desenvolveram o sistema, que tiram proveito dessa valiosa tecnologia.

Atualmente, há grande quantidade de receptores no mercado civil, para as mais diversas aplicações, limitadas apenas pela imaginação dos usuários, o que demonstra que o GPS realmente atingiu sua maturidade. Uma breve descrição dos principais componentes envolvidos em um receptor, acompanhada da apresentação de alguns receptores, faz parte desta seção. Uma descrição detalhada de cada receptor torna-se impossível, além de rapidamente tornar-se obsoleta, em face do grande número de novos receptores que estão sendo desenvolvidos e postos no mercado. Para o leitor interessado em vários aspectos envolvidos em um receptor GPS, uma boa referência é Van Dierendonk (1996), além de vários trabalhos nos anais das conferências ION (*Institute of Navigation* – Instituto de Navegação). Receptores GPS por software também têm tido grandes avanços e há enorme variedade de publicações. Ver, por exemplo, Castillo (2002), Seeber (2003, p.570), Kelley e Baker (2006) e Borre et al. (2007).

2.1.3.1 Descrição dos receptores GPS

Os principais componentes de um receptor GPS, como mostrado na Figura 2.8, são (Seeber, 2003):

- antena com pré-amplificador;
- seção de RF (radiofrequência) para identificação e processamento do sinal;
- microprocessador para controle do receptor, amostragem e processamento dos dados;
- oscilador;
- interface para o usuário, painel de exibição e comandos;
- provisão de energia; e
- memória para armazenar os dados.

A seguir apresentamos uma breve descrição dos elementos mais importantes, baseada sobretudo em Seeber (2003).

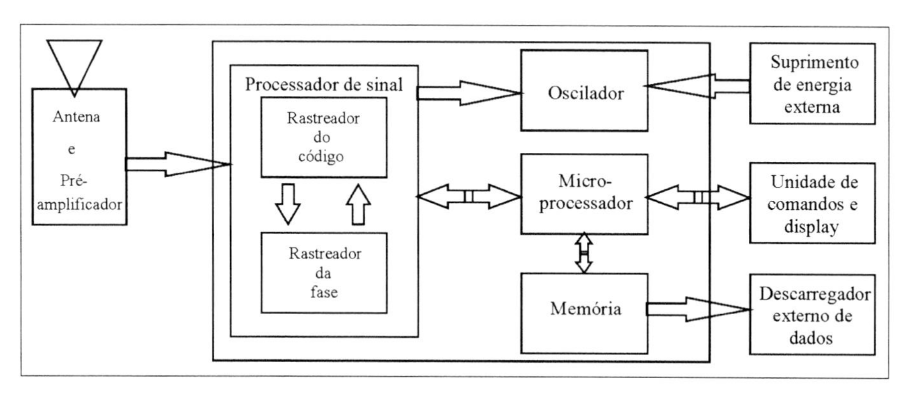

Figura 2.8 – Principais componentes de um receptor GPS.

(a) Antena

A antena detecta as ondas eletromagnéticas emitidas pelos satélites, converte a energia da onda em corrente elétrica, amplifica o sinal e o envia para a parte eletrônica do receptor. Em razão da estrutura dos sinais GPS, todas as antenas devem ser polarizadas circularmente à direita (RHCP: *Right-Hand Circularly Polarised*). A antena deve ter boa sensibilidade, para garantir a recepção de sinal fraco, e o padrão de ganho deve permitir recepção em todas as elevações e azimutes visíveis. Vários tipos de antenas estão disponíveis no mercado: *monopole* ou *dipole*, *helix*, *spiral helix*, *microstrip* e *choke ring*. Segundo Seeber (2003), um dos tipos de antenas mais usado é a *microstrip*, ideal para equipamentos GPS de pequeno porte.

Para levantamentos geodésicos, a antena deve garantir alta estabilidade de seu centro de fase em relação a seu centro geométrico e proteção contra multicaminhamento, isto é, sinais refletidos. Nesse caso, a antena também deve permitir a recepção das duas ondas portadoras (L1 e L2). A proteção contra o multicaminho (sinais refletidos) é normalmente efetivada com a instalação da antena sobre um disco de metal (*ground plane* – plano de terreno), ou pelo uso de *choke ring*. Esse último é um dispositivo composto por faixas condutoras concêntricas com o eixo vertical da antena, e fixado ao disco, cuja principal função é impedir que a maioria dos sinais refletidos seja recebida pela antena. Detalhes sobre esse assunto serão apresentados na seção 5.2.2.3. A Figura 2.9 mostra alguns tipos de antenas, entre elas algumas citadas anteriormente.

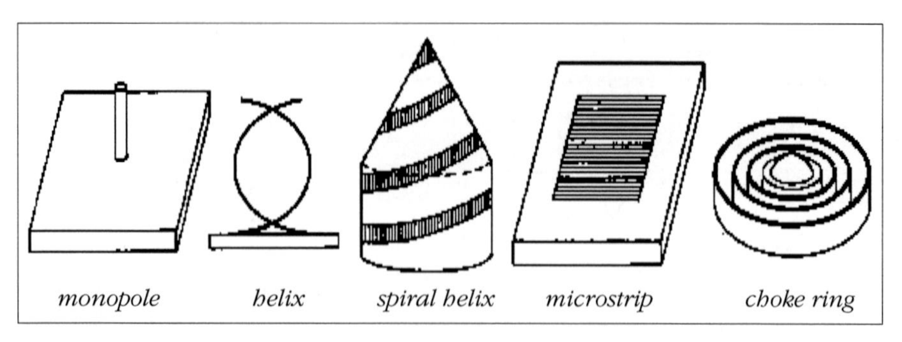

Figura 2.9 – Tipos de antenas GPS (SEEBER, 2003).

Os sinais GPS são muito fracos, tendo aproximadamente a mesma potência que os de TV, transmitidos por satélites geoestacionários. A razão pela qual os receptores GPS não necessitam de uma antena de dimensão igual à das parabólicas tem muito a ver com a estrutura dos sinais e a capacidade dos receptores de captá-los. A captação dos sinais GPS está mais concentrada no receptor do que na antena propriamente dita. De qualquer forma, uma antena GPS, em geral, contém um pré-amplificador de baixo ruído, que amplifica o sinal antes de ele ser processado pelo receptor (Langley, 1996b).

Os sinais GPS sofrem interferências quando passam através da maioria das estruturas. Algumas combinações de antena/receptor são capazes de captar sinais recebidos dentro de casas de madeira, sobre o painel de controle de veículos e na janela de aviões. Naturalmente, recomenda-se que as antenas sejam montadas com um amplo ângulo de visada, sem obstrução. Sob folhagem densa, em particular quando úmida, os sinais GPS são atenuados, de modo que muitas combinações antena/receptor apresentam dificuldades de captá-los. Atualmente, os esforços concentram-se no desenvolvimento e em melhorias de antenas capazes de ser integradas com telefone celular, as quais já vêm se tornando uma realidade (ver notícia no www.mundogeo.com.br de 8 de maio de 2007: "Google entra no mercado de celulares com receptores GPS").

(b) Seção de RF

Os sinais que entram no receptor são convertidos na divisão de RF para uma frequência mais baixa, denominada frequência intermediária

(FI), que é mais fácil de ser tratada nas demais partes do receptor. Isso é feito pela combinação do sinal recebido pelo receptor com o sinal (senoidal) gerado pelo oscilador do receptor. Normalmente, os osciladores dos receptores GPS são de quartzo, de qualidade melhor que os utilizados nos relógios de pulso. A maioria dos receptores geodésicos permite o uso de osciladores externos, como um padrão atômico. O sinal com a FI contém toda a modulação presente no sinal transmitido, mas a onda portadora se apresenta alterada em frequência. Essa alteração é a diferença entre a frequência recebida (original) e a gerada no oscilador do receptor. Em geral ela é denominada frequência de batimento da onda portadora (Langley, 1996b). Múltiplos estágios de FI são usados na maioria dos receptores, reduzindo a frequência da portadora em etapas. Finalmente, o sinal FI é trabalhado nos rastreadores do sinal (*signal trackers*), ou seja, nos canais.

(c) Canais

O canal de um receptor é considerado sua unidade eletrônica primordial, podendo o receptor possuir um ou mais canais. Os tipos de canais podem ser divididos em multicanais (canais dedicados), sequenciais e multiplexados.

Nos receptores multicanais, também denominados canais paralelos, cada canal rastreia continuamente um dos satélites visíveis. No mínimo quatro canais são necessários para obter posição e correção do relógio em *tempo real*. Se mais canais estiverem disponíveis, um maior número de satélites pode ser rastreado. Os receptores modernos contam com até doze canais para cada frequência, além de canais extras para outro sistema (GLONASS, por exemplo).

Nos receptores sequenciais, o canal alterna entre satélites dentro de intervalos regulares, em geral não coincidentes com a transmissão dos dados, o que faz que a mensagem do satélite só seja recebida completamente depois de várias sequências. O receptor necessitará de pelo menos 4 vezes 30 segundos para obter a primeira posição. Alguns receptores dispõem de um canal dedicado para a leitura das mensagens de navegação. Na maioria dos casos utilizam-se canais sequenciais rápidos, cuja taxa de alternância é da ordem de 1 segundo. Usualmente os receptores não apresentam problemas para recuperar o rastreio da fase quando esta retorna para o mesmo satélite. No entanto, para aplicações cinemáticas, algumas dificuldades podem surgir.

Na técnica múltiplex, sequências são efetuadas entre satélites em velocidade muito alta e, quando há necessidade, nas duas frequências. A razão de troca é, na maioria das vezes, sincronizada com as mensagens de navegação (diferentemente da técnica sequencial). A mensagem de navegação é obtida continuamente de cada um dos satélites, o que permite que a primeira posição possa ser obtida muito rapidamente; algo em torno de 30 segundos. Medidas de fase da onda portadora são obtidas continuamente, mesmo quando ocorre elevada aceleração. Uma vantagem da técnica múltiplex sobre a de multicanais é que não há necessidade de considerar os efeitos sistemáticos entre canais.

Receptores com um único canal são de baixo custo, mas, como são lentos na aquisição de dados, ficam restritos às aplicações de baixa velocidade. Foram muito empregados no início do desenvolvimento do sistema, até por volta do fim de 1990. Daí em diante o preço dos receptores caiu bastante. Atualmente, os receptores com canais dedicados são os mais adotados, tendência que deve se manter no futuro. Embora sejam mais rápidos, apresentam efeitos sistemáticos entre canais (*inter-channel biases*), os quais são minimizados no processo de calibração realizado pelo microprocessador. Os receptores com técnica múltiplex praticamente desapareceram no mercado civil. A maioria dos receptores geodésicos dispõe de oito a doze canais dedicados (paralelos), com capacidade de rastrear todos os satélites visíveis, por meio da técnica *all-in-view*.

(d) Microprocessador

O microprocessador é necessário no controle das operações do receptor (obter e processar o sinal, decodificar a mensagem de navegação), bem como para calcular em *tempo real* as posições e as velocidades em um referencial apropriado, além de outras funções (controle dos dados de entrada e saída, mostrar informações, correções DGPS). Ele usa, essencialmente, dados digitais para efetuar suas funções, pois cada vez mais softwares são incluídos nos circuitos integrados. No desenvolvimento dos receptores modernos, cada vez mais as funções dos receptores são realizadas por software, *e não* por hardware. Os receptores em que a correlação do sinal e o processamento dos dados são integrados em um software são denominados receptores por software (Borre et al., 2007).

A tendência moderna aponta para a integração das funções de RF e FI de um receptor GPS em um único chip (*application-specific integrated circuit* – ASIC) e das funções de processamento digital de sinal em um outro. A esse conjunto dá-se o nome de *chipset*.

(e) Interface com o usuário

A unidade de comando e *display* proporciona a comunicação com o usuário. As teclas podem ser usadas para entrar com comandos destinados a selecionar as mais variadas opções de coleta de dados, monitoramento das atividades do receptor, exibição das coordenadas calculadas, além de outros detalhes. Pode-se citar, entre eles, o DOP (*Diluition Of Precision* – Diluição da Precisão), satélites sendo rastreados, ângulo de elevação, bem como a possibilidade de entrar com a altura da antena e a identificação da estação. A maioria dos receptores dispõe de padrão de operação preestabelecido, não requerendo intervenção do usuário. Outros podem ser controlados remotamente. Em resumo, o desenvolvimento nessa área é muito rápido.

(f) Memória

Os receptores dispõem também de memória interna para armazenagem das observações (pseudodistância e medidas de fase da portadora) e das efemérides transmitidas. Receptores modernos dispõem de memórias de estado sólido (RAM) ou cartões de memória removíveis, além da possibilidade de transferir os dados diretamente para o computador. A capacidade de armazenagem é bastante elevada. A transferência de dados exige a presença de porta serial do tipo RS-232, USB ou equivalente. Alguns programas específicos permitem que determinados tipos de receptores possam ser controlados remotamente.

(g) Suprimento de energia

O suprimento de energia foi um fator crítico nos receptores da primeira geração, em razão do alto consumo. Os receptores modernos são concebidos para que tenham consumo mínimo de energia. A maioria tem uma bateria interna de níquel-cádium ou de lítio, além de uma entrada para energia externa. Alguns chegam mesmo a operar com baterias comuns (pilhas). Dependendo da taxa de coleta de observações, a bateria interna pode ser suficiente para mais de 30 horas. O consumo dos modernos receptores é menor do que 1 Watt.

(h) Comunicação

Alguns receptores, em especial aqueles dedicados a funcionar como uma estação de referência, já têm disponível comunicação direta com a internet, via porta TCP/IP, UDP etc. O acesso e o controle podem ser realizados remotamente. Entre os protocolos de comunicação pode-se citar o NTRIP (*Networked Transport of RTCM via Internet Protocol*). Comunicação sem fio (*wireless*), como *Bluetooth*, também já está disponível em alguns receptores, o que permite ao usuário acessar os dados a partir de um telefone celular, desde que tenha permissão para isso.

2.1.3.2 Classificação dos receptores

Os receptores GPS podem ser divididos segundo vários critérios. De acordo com a comunidade usuária, podem ser classificados em:

- receptor de uso militar e
- receptor de uso civil.

É comum encontrar classificação de acordo com a aplicação:

- receptor de navegação;
- receptor geodésico;
- estação de referência;
- receptor para SIG (Sistema de Informações Geográficas);
- receptor de aquisição de tempo etc.

Essa classificação pode ocasionar algum tipo de confusão, já que um receptor dito geodésico pode ser usado para navegação, entre outras possibilidades. Outra classificação, que talvez seja a mais adequada, baseia-se no tipo de dados proporcionado pelo receptor, ou seja:

- código C/A;
- código C/A e portadora L1;
- código C/A e portadoras L1 e L2;
- códigos C/A e P2 e portadoras L1 e L2;
- códigos C/A, P1 e P2 e portadoras L1 e L2; e
- códigos C/A, L2C, P2 e portadoras L1 e L2.

Com a contínua modernização do GPS, outras possibilidades aparecerão no futuro e outras classificações ainda são possíveis. Mas o importante para o usuário é ter clara a aplicação que se objetiva, a precisão desejada, bem como outras características necessárias. Isso poderá auxiliar o usuário na identificação do receptor adequado às suas necessidades, independentemente da classificação adotada.

2.1.3.3 *Técnicas de processamento do sinal*

Em Geodésia, para aplicações envolvendo linhas bases médias e longas, ou em regiões com forte atividade ionosférica, caso típico do Brasil, é essencial usar receptores que proporcionem as portadoras (atualmente L1 e L2) e o acesso ao código nas portadoras (atualmente C/A, P e L2C). A técnica em geral aplicada para acessar a portadora, quando o AS não está em operação, é a da correlação do código. Ela normalmente é empregada para acessar a portadora L1. Como a portadora L2 tem modulado sobre ela apenas o código P, sujeito ao AS, ela deve ser acessada por uma das várias técnicas disponíveis: quadratura do sinal (*squaring*), correlação cruzada, correlação do código com quadratura do sinal e, a mais recente, denominada Z-*Tracking*. Apresenta-se a seguir breve descrição das técnicas mais utilizadas para o processamento de sinal.

(a) Correlação do código

Nessa técnica, todos os componentes envolvidos no sinal do satélite são obtidos: leitura do relógio do satélite, mensagens de navegação e a portadora sem modulação. Necessita-se, no entanto, conhecer o código gerado pelo satélite. Isso não é um problema para o código C/A, que é de domínio público, o que não ocorre com o código Y. A partir do código, as distâncias são determinadas no DLL (*delay lock loop*) por meio da técnica de correlação do código. Após removido o código, a onda portadora é tratada no PLL (*Phase Lock Loop*). Várias etapas estão envolvidas nessa técnica.

Primeiro, uma portadora de referência é gerada no receptor, que então é modulada com uma réplica do código PRN conhecido. Em um segundo estágio, o sinal resultante é correlacionado com o sinal recebido do satélite. Os sinais são deslocados até que seja obtida a máxima correlação. Para obtê-la com melhor acurácia, dois dispositivos, denominados correlacionadores (*correlators*), são utilizados (Hofmann-Wellenhof; Lichtenegger; Collins, 1997, p.81). Quanto menor o espaçamento entre esses dispositivos, melhor será a acurácia resultante. Receptores GPS de alta performance do código C/A adotam essa estratégia (*narrow correlator spacing* – espaçamento estreito entre os correlacionadores). O deslocamento em tempo, entre as duas sequências de códigos, é a medida do intervalo de tempo do deslocamento do sinal do satélite até o centro de fase da antena do receptor. Como há erro de sincronismo entre os relógios do receptor e do satélite, quando o intervalo de tempo de propagação é multiplicado pela velocidade da luz, tem-se como resultado a observável denominada, na literatura sobre GPS, como pseudodistância, a qual pode ser gerada partindo do código C/A, P ou L2C.

Em uma segunda fase, outro dispositivo interno (*Carrier-tracking Loop*) separa o código PRN da portadora. Essa técnica é conhecida como reconstrução da portadora. Depois que o código PRN é removido (demodulado), o sinal recebido contém ainda as mensagens de navegação, que devem também ser demoduladas, para que se possam realizar medidas sobre a própria portadora. Um filtro passa-alta pode realizar essa tarefa.

O sinal resultante é a portadora, afetada pelo efeito Doppler, sobre a qual a medida de fase da onda portadora é realizada. A medida realizada é denominada fase de batimento da onda portadora, que é a fase relativa entre o sinal recebido e o gerado pelo oscilador do receptor. Um receptor usando essa técnica pode gerar observações de pseudodistância, fase de batimento da onda portadora e variação da fase da portadora (Doppler), além de extrair as mensagens de navegação.

Tal técnica só pode ser aplicada na portadora L2 quando o AS não estiver ativado, ou para usuários com acesso ao código P criptografado (código Y). A maioria dos receptores utiliza uma técnica híbrida. A portadora L1 é reconstruída via correlação do código C/A, e uma das técnicas descritas a seguir (*codeless technique* – técnica sem uso do código, ou quase *codeless*) é aplicada para reconstruir a portadora L2.

(b) Quadratura do sinal (*Signal Squaring*)

Nessa técnica, o sinal recebido no receptor é multiplicado por ele mesmo (*squaring*), o que gera uma segunda portadora. Os códigos e as mensagens de navegação são perdidos e o sinal resultante é uma onda senoidal de frequência duas vezes a original, com razão sinal/ruído maior. A vantagem dessa técnica é não ser necessário o conhecimento do código, o que a torna adequada para acessar a portadora L2 quando o AS estiver ativado.

A perda da mensagem de navegação exige o uso de efemérides e correções dos relógios dos satélites obtidas com base em fontes externas. A solução desse problema, como já citado, envolve o uso de uma técnica híbrida. Utiliza-se o código C/A, presente na portadora L1, da qual se obtém a pseudodistância e a fase da onda portadora, bem como as mensagens de navegação, e pela aplicação da técnica de quadratura do sinal obtém-se a fase da portadora L2. A detecção de perdas de ciclos e *outliers*, normalmente, é mais difícil sobre dados coletados com receptores que usam a quadratura do sinal sobre L2, em relação aos receptores que empregam a correlação do código. Receptores modernos não utilizam mais essa técnica, muito embora ela já tenha sido muito empregada e uma das pioneiras para recuperar a portadora da L2. Por exemplo, os receptores Trimble 4000SST, alguns ainda em uso, adotam essa técnica.

(c) Correlação do código com quadratura do sinal

Nessa técnica, o código Y recebido do satélite na portadora L2 é correlacionado com uma réplica do código P gerado no receptor. Essa correlação é possível em razão de o código Y ser resultante de uma soma de módulo dois dos códigos P e W. Como a frequência do código W é 20 vezes menor que a do código Y, sempre ocorrerão partes do código Y que coincidirão com partes do código P. A réplica do código P gerada no receptor será deslocada para que ocorra coincidência com a parte do código P presente no código Y do satélite. Após a correlação um filtro é aplicado para obter a distância (*code range*) e o sinal é multiplicado por ele mesmo para eliminar o código, para então ser efetuada a medida de batimento da onda portadora. Da mesma forma que a técnica anterior, o que se tem ao final é uma medida em que o comprimento de onda é metade do original (Hofmann-Wellenhof; Lichtenegger; Collins, 1997, p.83).

(d) Correlação cruzada (*Cross-Correlation*)

A técnica da correlação cruzada é uma opção disponível em alguns receptores, como o Trimble 4000SSE, o Trimble 4000SSI e o Turbo Rogue. Eles mudam automaticamente o modo de operação quando o AS é ativado, isto é, passam da técnica de correlação do código para a de correlação cruzada. Usando essa técnica, quatro observações são produzidas: duas medidas de fase das ondas portadoras e duas pseudodistâncias. As medidas de fase são produzidas com comprimentos de ondas iguais aos originais.

Essa técnica se baseia no fato de que o código Y modulado na portadora L1 é idêntico ao da L2, embora não seja necessariamente conhecido. O atraso em virtude da ionosfera faz que o sinal L1 alcance a antena antes do sinal L2. Observando o que há no sinal L1, pode-se usar tal informação para correlacionar com o sinal L2, que chega um pouco mais tarde. Dessa forma, o código Y do sinal L1 é alimentado por um dispositivo no receptor (*variable feedback loop*), até que haja máxima correlação com o código Y da portadora L2. O atraso ocorrido é equivalente à diferença entre as pseudodistâncias (PD) que seriam geradas do código P em L1 e L2, caso fossem disponíveis. Mas o que se obtém é o atraso do código Y nas duas portadoras ($PD_{L2,Y} - PD_{L1,Y}$). Esse valor é adicionado à pseudodistância gerada a partir do código C/A ($PD_{L1,C/A}$) para gerar a pseudodistância em L2, ou seja:

$$PD_{L2} = PD_{L1,C/A} + (PD_{L2,Y} - PD_{L1,Y}) \tag{2.4}$$

De maneira similar, substituindo a pseudodistância PD pela fase da onda portadora ϕ, obtém-se o seguinte resultado para a fase da onda portadora:

$$\phi_{L2} = \phi_{L1,C/A} + (\phi_{L2} - \phi_{L1}) \tag{2.5}$$

O que se pode observar dessas duas últimas expressões é que cada uma das observáveis resultantes é altamente correlacionada com a original, isto é, aquela obtida pela correlação do código em L1. De qualquer forma, o próprio nome da técnica diz algo a esse respeito. Segundo Hofmann-Wellenhof; Lichtenegger; Collins (2001, p.83), trata-se de uma técnica melhor que a da quadratura do sinal, mas degradada em relação à da correlação do código.

(e) Técnica *Z-Tracking*

Nessa técnica, considera-se que o código Y pode ser dividido em duas componentes: o código P, original, e o código W, usado na criptografia do código P. Tal como na correlação cruzada, supõe-se que o código Y é o mesmo nas portadoras L1 e L2. Além disso, usa-se o conhecimento de que o código W é gerado em uma frequência bem mais baixa (50 bps), se comparada com a do código P. Uma réplica do código P é correlacionada com o código Y (P + W) das portadoras L1 e L2. Por meio de técnicas de filtragem de sinal, o código W é estimado e removido do sinal que está sendo recebido. Após a eliminação do código W, os sinais se tornam iguais àqueles recebidos quando o AS não estará ativado. Essa técnica proporciona, então, três pseudodistâncias (C/A, Y1 e Y2) e duas medidas de fase da onda portadora (L1 e L2), ambas com comprimentos de onda iguais aos das originais (Ashjaee e Lorenz, 1992). Os receptores Ashtech ZXII empregam essa técnica, além de vários outros.

Uma comparação entre as técnicas usadas quando o AS está ativado foi realizada por Ashjaee e Lorentz (1992) e mostrou que a *Z-Tracking* proporciona a melhor razão sinal/ruído. Mas quando comparada com a técnica em que se faz a correlação direta com o código P, os resultados foram muito inferiores. Isso mostra que ter acesso ao código P é a melhor solução.

Atualmente, a maioria dos receptores geodésicos emprega técnica similar à *Z-tracking*.

2.1.3.4 *Exemplos de alguns receptores GPS*

O primeiro receptor para fins geodésicos foi introduzido no mercado em 1982. Trata-se do Macrometer V1000, desenvolvido com o apoio financeiro da NASA, sendo um receptor de frequência simples, que rastreava até seis satélites partindo de seis canais paralelos, por meio da técnica da quadratura do sinal. Dessa forma, as informações das efemérides e dos relógios dos satélites eram perdidas, sendo necessária uma fonte externa para a obtenção das efemérides. A precisão de linhas base de aproximadamente 100 km, levantada com esse equipamento, foi da ordem de 1 a 2 ppm (partes por milhão). Uma nova versão do V1000, o Macrometer II, foi introduzida em 1985, sendo um receptor de dupla frequência. Paralelamente, o DMA, ex-NIMA, atualmente NGA, em cooperação com o U.S. Geological Survey (USGS) e o U.S. National Geodetic Survey (NGS), desenvolveu especificações para a produção de um receptor portátil de dupla frequência, utilizando a técnica de correlação do código. Isso resultou em um receptor de canais múltiplex, com capacidade de rastrear até quatro satélites, denominado TI 4100, desenvolvido pela Texas Instrumentos e introduzido no mercado em 1984. Esse foi o primeiro receptor a proporcionar todas as observáveis de interesse dos geodesistas, agrimensores, cartógrafos e navegadores, isto é: pseudodistâncias a partir do código P em L1 e L2, bem como a partir do código C/A em L1, e fase das portadoras L1 e L2. O equipamento foi extensivamente usado e muitos dos resultados publicados entre 1985 e 1991 foram baseados em dados coletados com o TI 4100. Os dados eram armazenados em gravadores externos ou em fitas cassete, ou transferidos diretamente para um microprocessador externo. O peso total do equipamento gira em torno de 30 kg, com consumo de energia da ordem de 100 Watts.

O desenvolvimento dos receptores disponíveis atualmente foi bastante influenciado pela tecnologia aplicada nos exemplos já citados. A maioria dos modelos iniciou com receptores de simples frequência, adotando a técnica de correlação do código C/A e medidas de fase da portadora L1, com capacidade de rastrear apenas quatro satélites. Em um segundo momento, a opção da portadora L2 foi acrescentada, usando-se a técnica de quadratura do sinal, e o número de satélites passíveis de serem rastreados simultaneamente aumentou. O passo seguinte, por volta de 1992, foi a inclusão do código P em L2, ou mesmo em L1, visando melhorar a qualidade da portadora L2. Com a aproximação da ativação permanente do AS, em 1993, os fabricantes passaram a desenvolver técnicas mais apuradas, com o objetivo de obter a portadora

L2 original (*Cross-Correlation*, *Z-Tracking* etc.). Além disto, desenvolveram-se e aprimoraram-se técnicas que passaram a proporcionar melhor precisão nas medidas de pseudodistâncias partindo do código C/A, apenas um pouco pior que a obtida partindo do código P. Receptores com boa imunidade ao multicaminho também fazem parte da realidade atual, além da introdução da tecnologia digital.

Há também no mercado grande variedade de equipamentos GPS apropriados para coletas de dados para um Sistema de Informação Geográfica (SIG). Isto é, além de obter a posição da feição de interesse, um coletor acoplado ao receptor permite que se coletem vários atributos associados às feições levantadas. Detalhes sobre esse assunto são apresentados no Capítulo 11.

Tem-se, atualmente, grande quantidade de receptores disponíveis no mercado, com os mais variados preços, configurações e para as mais diversas aplicações. Isso pode ser visto em vários levantamentos sobre os receptores GPS disponíveis, publicados na revista *GPS World*, em janeiro de 1996, 1997, 1998 e 1999. Na edição de janeiro de 1996, 52 companhias participaram do levantamento feito pela publicação, com um total de 342 receptores. No levantamento de janeiro de 1997, o número de companhias passou para 61, com 394 tipos de receptores. Esse aumento continuou no ano seguinte. Em janeiro de 1998, setenta companhias participaram do levantamento, com um total de 429 receptores. Interessante notar que, em janeiro de 1999, o número de companhias que participaram reduziu-se de setenta para 58, mas mesmo assim o número de tipos de receptores aumentou, passando para 436. Atualmente, o número de marcas de receptores deve ser muito maior.

Diante dessa grande quantidade de modelos de receptores disponíveis, o usuário GPS, ao definir um equipamento a ser adquirido, deve prestar muita atenção a suas especificações. Algumas informações que constam do material de propaganda do equipamento, como precisão e intervalo mínimo para solução da ambiguidade, nem sempre são alcançadas, dependendo de condições especiais. Na maioria das vezes, grande parte dos acessórios relacionados é opcional. É aconselhável que futuros usuários, não acostumados com a nomenclatura e vários outros aspectos envolvidos no GPS, consultem especialistas para ajudá-los na decisão sobre o melhor equipamento a ser adquirido.

A Figura 2.10 mostra dois receptores, o Garmin 38 e o Garmin 12XL, da esquerda para a direita. Trata-se dos chamados receptores de mão, que rastreiam apenas o código C/A e destinam-se a levantamentos expeditos, sendo muito utilizados no Brasil. Até a desativação da SA em 2000, esses receptores proporcionavam precisão horizontal da ordem de 100 m, no nível de probabilidade de 95%. Hoje, esse número é algo em torno de 10 vezes melhor.

Figura 2.10 – Receptores GPS de código C/A.

A Figura 2.11 mostra um receptor que apresenta as mesmas características que os da Figura 2.10, mas é muito reduzido em tamanho e apropriado para ser colocado no pulso, como um relógio.

A Figura 2.12 mostra dois receptores de fabricantes diferentes, mas de qualidade e para aplicações similares. Ambos rastreiam o código C/A e a portadora L1, podendo proporcionar precisão da ordem de 10 cm no modo relativo, assunto do Capítulo 6. Trata-se dos receptores Reliance, da Ashtech, e Pro-XR, da Trimble, mostrados da esquerda para a direita.

Figura 2.11 – Relógio de pulso com receptor GPS.

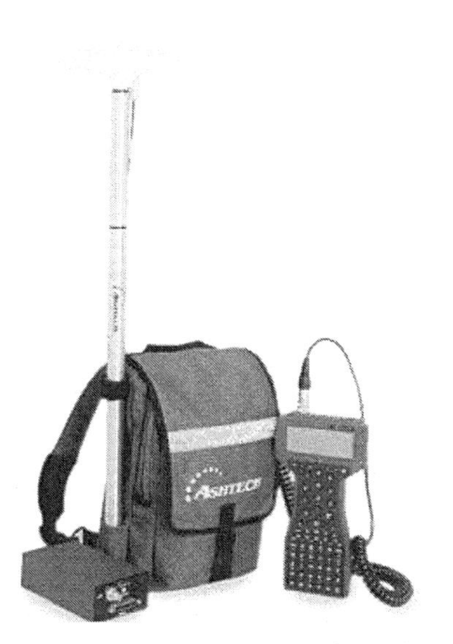

Figura 2.12 – Receptores GPS de código C/A e portadora L1.

A Figura 2.13 mostra dois receptores de dupla frequência, capazes de recuperar a portadora L2 mesmo quando o AS estiver ativado. Eles estão entre os receptores capazes de fornecer alta precisão. Trata-se do receptor Z-XII da Ashtech, à esquerda, e do 4000 SSI da Trimble, à direita.

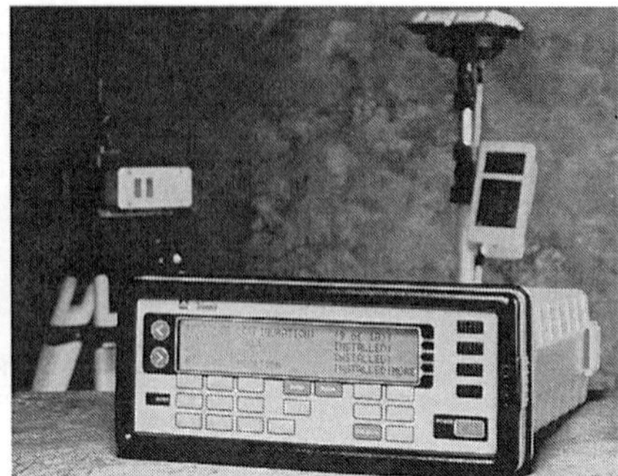

Figura 2.13 – Receptores GPS de dupla frequência.

Os receptores apresentados dominaram a década de 1990. A partir de 2000, modelos mais sofisticados foram desenvolvidos. Atualmente, grande parte dos receptores de mão tem algum tipo de mapa integrado, além de outras funções. A Figura 2.14 mostra, à direita, o receptor Garmin Ique 3600 e, à esquerda, o Garmin GPS MAP76CS.

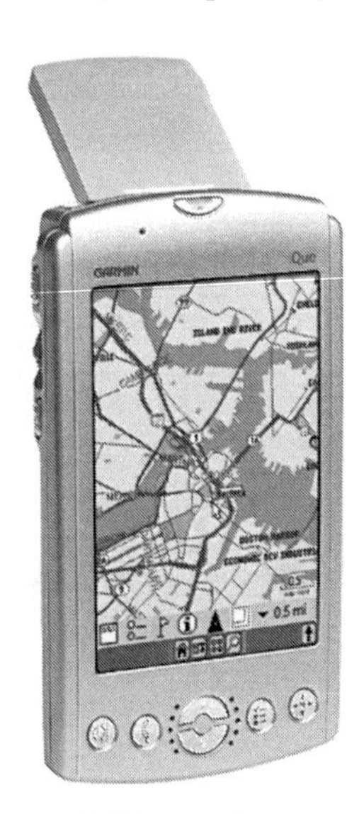

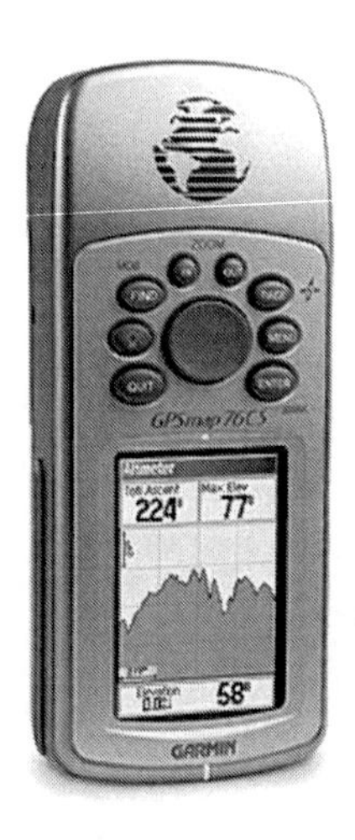

Figura 2.14 – Receptores GPS integrados com mapas e outras facilidades.

A Figura 2.15 mostra dois modelos de celulares que têm receptor GPS integrado, bem como mapas, podendo ser utilizados para a navegação. Trata-se de produtos que deverão ter muita aceitação no mercado.

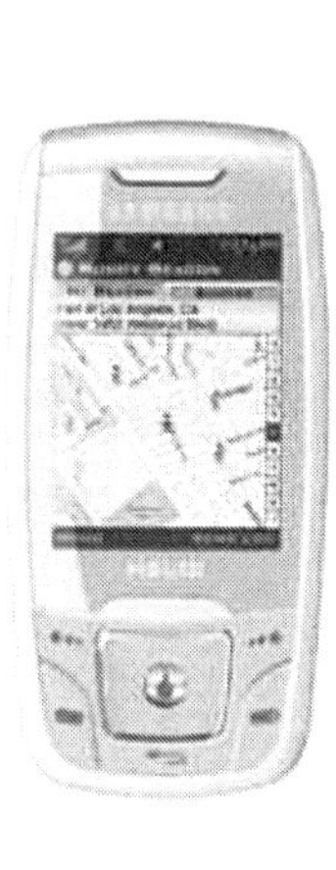

Figura 2.15 – Receptores GPS integrados com celular.

No que se refere aos receptores que rastreiam a portadora L1 e o código, a Figura 2.16 mostra um dos modelos mais recentes da Trimble (à esquerda) e da Leica (à direita). São os receptores denominados Pathfinder® ProXT™ e Leica GS20 Professional Data Mapper, respectivamente.

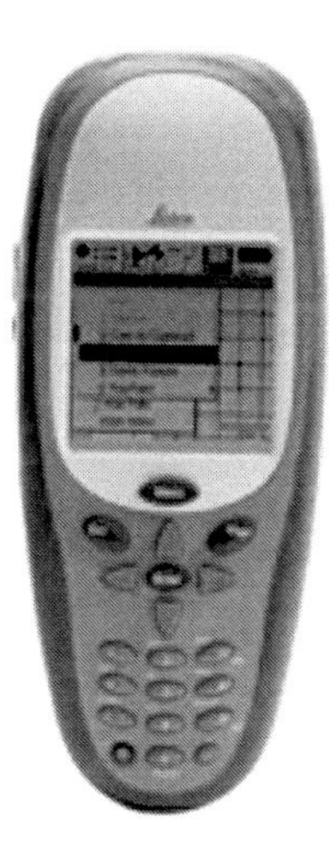

Figura 2.16 – Receptores GPS de código C/A e portadora L1 (geração após 2005).

No que diz respeito aos receptores GPS com duas portadoras, atualmente há vários disponíveis no mercado. Alguns deles, denominados estações de referência, são adequados para a realização de coletas contínuas de dados e podem ser conectados diretamente à internet, sem a necessidade de um computador. Na realidade, o próprio receptor dispõe de um sistema operacional. Na Figura 2.17 são mostrados dois receptores que dispõem dessa capacidade, o NetRS5 da Trimble (à esquerda) e o GRX1200 GG da Leica (à direita). Esses receptores já dispõem de capacidade de rastrear sinais GPS modernizados, bem como o GLONASS.

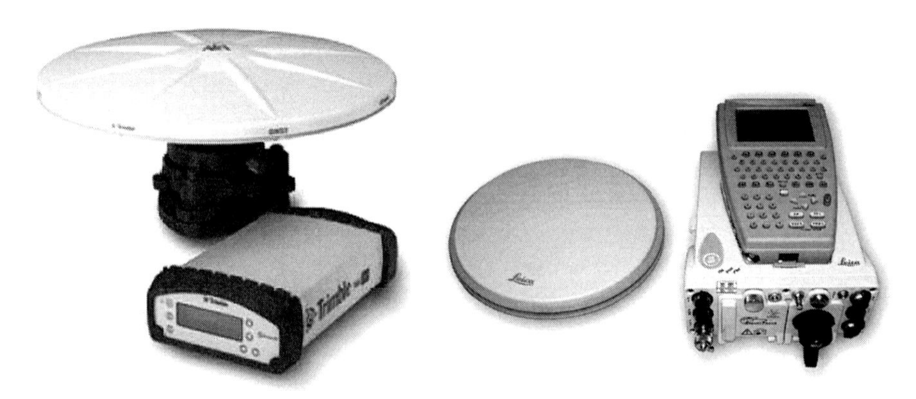

Figura 2.17 – Receptores GPS de dupla frequência com conexão à internet – NetRS5 da Trimble e GRX1200 GG da Leica.

2.1.4 Descrevendo a SA e o AS

Já foi citada na seção 1.1, mesmo que brevemente, a limitação da acurácia do sistema GPS, via *Selective Availabity* (SA) e *Anti-Spoofing* (AS).

2.1.4.1 SA

Durante a fase de implementação do GPS, esperava-se que a acurácia do posicionamento utilizando pseudodistâncias a partir do código C/A fosse da ordem de 400 m. No entanto, testes realizados mostraram acurácia em torno de 20 a 40 m (Seeber, 1993). Essa inesperada situação fez que o programa designado *Selective Availability* (SA) fosse incorporado nos satélites do Bloco II e nos posteriores. Tratava-se de um programa que não fazia parte do planejamento inicial do GPS. Dois efeitos fazem parte da SA:

- manipulação das efemérides transmitidas (técnica ε); e
- desestabilização sistemática do oscilador do satélite (técnica δ).

A SA foi implementada apenas a partir dos satélites do Bloco II, com início em 25 de março de 1990. O nível de degradação foi reduzido durante a Guerra do Golfo, em setembro de 1990, sendo a degradação reativada em 1º de julho de 1991 (Leick, 1995). Trata-se de redução proposital da qualidade do posicionamento com o GPS, para os usuários não autorizados, de modo que a acurácia horizontal e vertical proporcionada pelo SPS seja da ordem de 100 e 156 m, respectivamente, ao nível de confiança de 95%. Isso significa que durante 95% do tempo a acurácia da posição horizontal de um usuário posicionado na forma absoluta, em tempo real, será da ordem de 100 m, ou melhor. Com esse mesmo nível de confiança, o erro na medida de tempo atinge 340 ns.

O impacto da SA sobre os usuários civis tem sido tema de muitas discussões entre usuários GPS. Vários testes foram realizados para avaliar seu efeito. Verificou-se que há aumento no ruído do código e da onda portadora. Os efeitos da técnica ε podem provocar erros sistemáticos na escala e na orientação de uma linha base, caso a sessão de observação não seja longa o suficiente para eliminar o efeito da perturbação da órbita. A técnica δ provoca um efeito adverso na detecção e no reparo de perdas de ciclos para medidas não diferenciadas. O efeito é praticamente eliminado no posicionamento relativo (seção 9.3), pelo fato de este não depender da geometria do satélite. Para navegação, o uso de DGPS (***D****ifferential* **GPS**) ou WADGPS (***W****ide* ***A****rea* ***D****ifferential* **GPS**) praticamente elimina os efeitos da SA (seção 7.4). Em 1996, encontrava--se em discussão a possibilidade de eliminação da SA em um período de quatro a dez anos (Gibbons, 1996). Antes de decorridos os dez anos, em 1º de maio de 2000, o governo norte-americano anunciou a desativação da SA para a 0h (horário de Washington, Estados Unidos) do próximo dia, o que melhorou a precisão proporcionada pelo GPS, ao nível do SPS, em torno de 10 vezes. Ao mesmo tempo, anunciava-se que já se dispunha de tecnologia para implementar a SD (*Selective Denial* –

Proibição Seletiva) em uma base regional, sempre que a segurança norte-americana fosse ameaçada. Para as próximas gerações de satélites (GPS III), o presidente dos Estados Unidos aceitou a recomendação do DoD, eliminando definitivamente a SA.

A implementação da SA, com a utilização da técnica δ, resultava em alterações muito rápidas nas medidas de pseudodistâncias, introduzindo erros nelas e, por consequência, nas posições obtidas. A técnica ε provocava erros nas posições dos usuários, mas variavam muito vagarosamente com o tempo. Por isso, tornava-se mais efetiva a implementação da SA pela desestabilização do relógio do satélite.

A Figura 2.18 mostra as discrepâncias entre as coordenadas cartesianas X, Y e Z calculadas com base nas efemérides transmitidas do PRN 10, para o dia 122 do ano 2000, e as efemérides precisas produzidas pelo IGS. Observe-se que se trata do dia anterior ao da desativação da SA. Na Figura 2.19 mostram-se as discrepâncias do relógio para o mesmo satélite e dia do ano. Analisando ambas as figuras, observa-se que as discrepâncias são mais acentuadas para o caso do relógio. Isso demonstra, como já se esperava, que a técnica *dither* é a que provocava as maiores limitações aos usuários GPS.

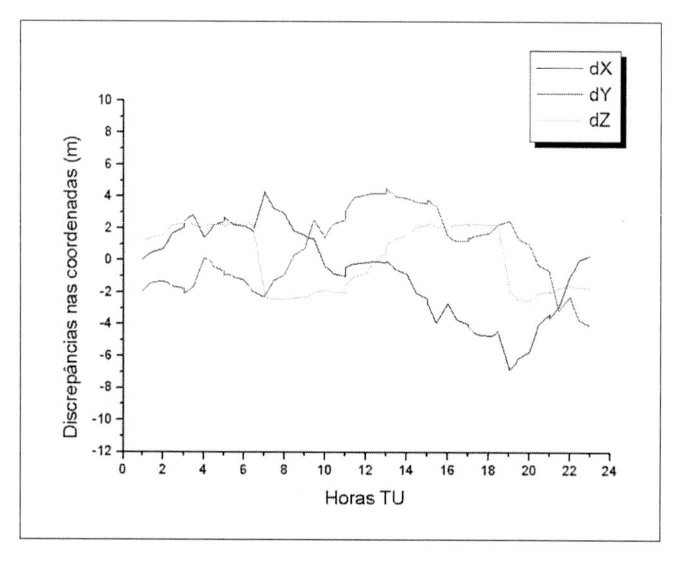

Figura 2.18 – Discrepâncias entre as efemérides transmitidas e precisas para as coordenadas X, Y e Z do PRN 10 (dia 122 de 2000).

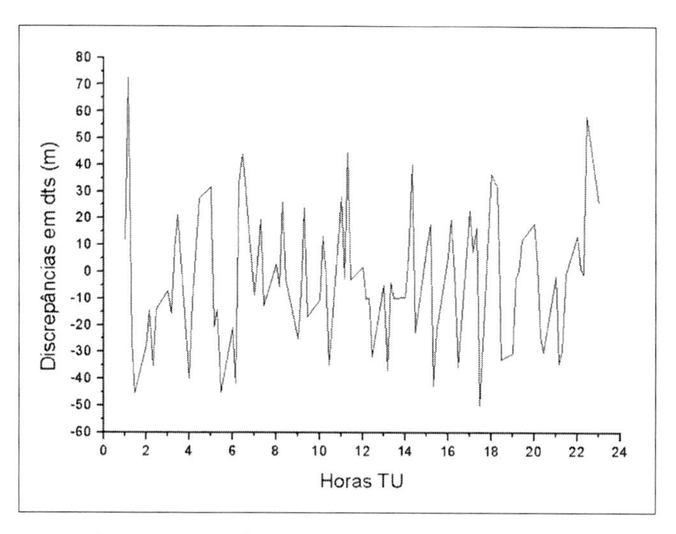

Figura 2.19 – Discrepâncias entre as efemérides transmitidas e precisas para o relógio do PRN 10 (dia 122 de 2000).

Para evidenciar a redução dos erros decorrentes da desativação da SA, as Figuras 2.20 e 2.21 ilustram as mesmas discrepâncias que constam das Figuras 2.18 e 2.19, mas para o dia 123 de 2000. Trata-se do dia em que ocorreu a desativação da SA.

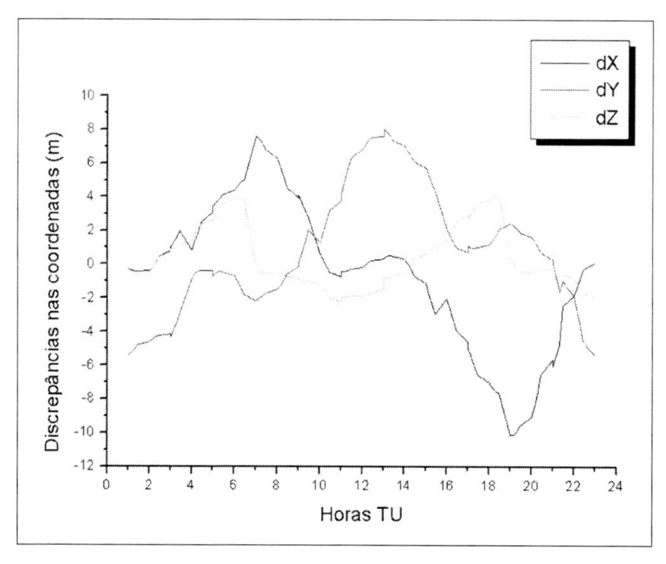

Figura 2.20 – Discrepâncias entre as efemérides transmitidas e precisas para as coordenadas X, Y e Z do PRN 10 (dia 123 de 2000).

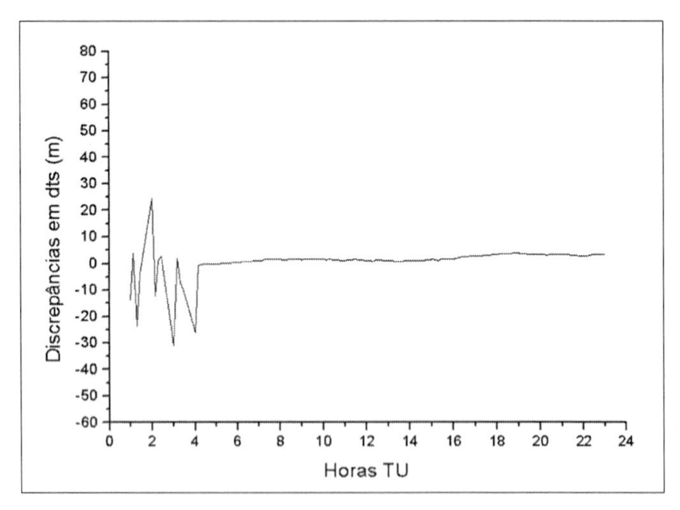

Figura 2.21 – Discrepâncias entre as efemérides transmitidas e precisas para o relógio do PRN 10 (dia 123 de 2000).

Nas Figuras 2.20 e 2.21 observa-se que, no que diz respeito às discrepâncias das coordenadas cartesianas X, Y e Z, ao contrário do esperado, elas até aumentaram um pouco. Mas não foi nada tão significativo, pois se trata de valores que representam a própria limitação da predição das órbitas dos satélites. No entanto, as reduções maiores foram relativas ao erro do relógio do satélite, o que mostrou mais uma vez que o efeito da SA era efetivamente obtido mediante a técnica *dither*. O leitor pode observar que após a desativação da SA, à 0h TU, o relógio do satélite só se estabilizou depois de aproximadamente 5 horas.

2.1.4.2 AS

O AS refere-se à não permissão de acesso ao código P, de modo a evitar qualquer tipo de fraude contra ele, que possa gerar códigos P falsos. Para tanto, o código P é criptografado, obtendo-se um código protegido, denominado Y. Quando o AS estiver ativado, apenas usuários autorizados terão acesso ao código Y. Na realidade, o código Y é resultante de uma combinação dos códigos P e W. Esse último é gerado em uma razão de 50 bps, ao passo que o código P apresenta uma razão de 10,23 x 10^6 bps (Monico, 1995).

Vale citar que o sistema russo, similar ao GPS, denominado GLONASS, não apresenta essas limitações. Claramente, se esse sistema funcionasse com sua capacidade total, seria um rival em potencial para o GPS. Infelizmente, o GLONASS não tem recebido a manutenção necessária para ser posto em condições de igualdade com o GPS, mas essa situação poderá ser revertida nos próximos anos. Detalhes sobre esse assunto são apresentados na seção 2.2.

2.1.5 Sistema de tempo GPS

O GPS, como outros sistemas envolvidos em Geodésia Espacial, mede essencialmente o intervalo de tempo da propagação do sinal. Assim, é de fundamental importância uma definição precisa de tempo, envolvendo época e intervalo. Basicamnete dois sistemas de tempo são usados atualmente: o tempo atômico e o dinâmico (Bock, 1996). O GPS emprega o tempo atômico para registrar o instante da geração dos sinais e a realização das observações, e o dinâmico, para expressar a equação do movimento dos satélites. A seguir apenas o primeiro será brevemente descrito. Detalhes dos demais sistemas de tempo constam da seção 3.3.

O tempo atômico é uma escala de tempo uniforme e é mantido por relógios atômicos. É importante ressaltar que estes não são mantidos por energia atômica. A escala de tempo fundamental é o TAI (Tempo Atômico Internacional), baseada em relógios atômicos mantidos por várias agências. O TAI não se mantém sincronizado com o TU (Tempo Universal), o qual é baseado no dia solar, pois a rotação da Terra não é uniforme. Essa é a razão da existência do UTC (Tempo Universal Coordenado), o qual segue o TAI, mas é periodicamente incrementado por saltos de segundos.

Os sinais transmitidos pelos satélites GPS são sincronizados com o relógio atômico da Estação de Controle Central, em Colorado, Estados Unidos. O tempo GPS foi estabelecido à 0h TU de 6 de janeiro de 1980, mas não é incrementado pelo salto de segundos do UTC. Por essa razão, há uma diferença de 19 segundos entre o tempo GPS e o TAI, valor que se refere à diferença entre o UTC e o TAI na época do início da contagem do tempo GPS. Já em relação ao UTC, a diferença é crescente. Em junho de 2007, a diferença em questão era de 33 segundos.

O tempo GPS é dado pelo número da semana e pelo número de segundos desde o início da semana. O número de semanas GPS (GPS *week number*) de cada ciclo varia de 0 a 1.023, correspondendo, aproximadamente, a vinte anos. O número de segundos da semana, designado de contador ToW (*Time of Week* – Tempo da Semana), varia de 0, no início da semana, isto é, meia-noite de sábado para domingo, até 604.800, que corresponde ao fim da semana (86.400s x 7 dias). A combinação do ToW e do número da semana GPS forma o contador Z citado. Ele é composto por 29 bits, dos quais 19 são reservados para representar o ToW e 10 para o número da semana GPS. O número máximo de semana possível de ser representado nesse caso é 1.023 (2^{10}-1). Dessa forma, quando se encerra a semana 1.023, a contagem se inicia novamente, da semana 0, começando um novo ciclo de semanas.

O primeiro ciclo foi encerrado em 21 de agosto de 1999, e muito foi discutido a respeito do assunto, que foi tratado como um *bug* do GPS, haja vista que vários equipamentos e softwares não estavam preparados para essa mudança, apesar de ela ter sido prevista. Vários equipamentos passaram a funcionar como se estivessem no início do tempo GPS, ou seja, em 6 de janeiro de 1980. A denominação oficial para o fim do ciclo de semanas é EoW *rollover* (*End of Week rollover* – Fim do Ciclo de Semanas). Detalhes podem ser encontrados em Langley (1998).

2.1.6 Histórico e situação atual da constelação GPS

O GPS foi declarado operacional em 27 de abril de 1995. Nesta época, havia 25 satélites em órbita: PRN 12 do Bloco I e os demais do Bloco II. O satélite 12 foi retirado de operação no fim de 1995, depois de ter sido declarado saudável várias vezes, muito embora com alguns problemas. Em uma das diretivas do presidente dos Estados Unidos ficou assegurada a continuidade do serviço GPS globalmente, sem a cobrança de taxas diretas.

O primeiro satélite do Bloco IIR estava planejado para ser lançado em 29 de agosto de 1996, mas isso só ocorreu em 17 de janeiro de 1997, sem sucesso. Tratava-se do SVN 42, com PRN 12. O segundo, PRN 13, foi lançado com sucesso em julho de 1997 e se encontra em operação desde janeiro de 1998. Ao todo, já foram lançados dezoito satélites do Bloco IIR, sendo que cinco deles já são modernizados. Trata-se do PRN 17, 31, 12, 15 e 29, respectivamente, SVN 53, 52, 58, 55 e 57. A Tabela 2.2 mostra o *status* dos satélites GPS em dezembro de 2007. O leitor interessado em manter-se atualizado quanto a essas informações deve consultar periodicamente o endereço http://tycho.usno.navy.mil/ftp-gps/gpsb2.txt. Os satélites do Bloco IIF encontram-se em fase de construção. Já a próxima geração de satélites GPS, denominada Bloco III, incorporará o chamado GPS III, ainda em fase de estudos e planejamento.

O leitor pode observar que a vida útil dos satélites GPS tem sido bem elevada e vários satélites superaram dez anos.

Tabela 2.2 – *Status* dos satélites GPS (dezembro de 2007)

Sequência de lançamento	SVN	Código PRN	Data de lançamento	Posição no plano orbital	Situação
Satélites do Bloco I					
I-1	01	04	02/78		Desativado 07/1985
I-2	02	07	05/78		Desativado 07/1981
I-3	03	06	10/78		Desativado 05/1992
I-4	04	08	12/78		Desativado 10/1989
I-5	05	05	02/80		Desativado 11/1983
I-6	06	09	04/80		Desativado 03/1991
I-7	07				Falha no Lançamento
I-8	08	11	07/83	C3	Desativado
I-9	09	13	06/84	C1	Desativado
I-10	10	12	09/84	A1	Desativado
I-11	11	03	10/85	C4	Desativado
Satélites do Bloco II					
II-1	14	14	02/89	E1	Desativado
II-2	13	02	06/89	B3	Desativado
II-3	16	16	08/89	E3	Desativado
II-4	19	19	10/89	A4	Desativado
II-5	17	17	12/89	D3	Desativado
II-6	18	18	01/90	F3	Desativado
II-7	20	20	03/90	B5	Desativado
II-8	21	21	08/90	E2	Desativado
II-9	15	15	10/89	D2	Desativado
Satélites do Bloco IIA					
II-10	23	32	11/90	E4	Operacional
II-11	24	24	07/91	D1	Operacional
II-12	25	25	02/92	A2	Operacional
II-13	28	28	04/92	C2	Desativado
II-14	26	26	07/92	F2	Operacional
II-15	27	27	09/92	A3	Operacional
II-16	32	01	11/92	F1	Operacional
II-17	29	29	12/92	F4	Desativado
II-18	22	22	02/93	B1	Desativado

Continua na página seguinte

Tabela 2.2 – *Continuação.*

Sequência de lançamento	SVN	Código PRN	Data de lançamento	Posição no plano orbital	Situação
			Satélites do Bloco IIA		
II-19	31	31	03/93	C3	Desativado
II-20	37	07	05/93	C4	Desativado
II-21	39	09	06/93	A1	Operacional
II-22	35	05	08/93	B4	Operacional
II-23	34	04	10/93	D4	Operacional
II-24	36	06	03/94	C1	Operacional
II-25	33	03	03/96	C2	Operacional
II-26	40	10	07/96	E3	Operacional
II-27	30	30	09/96	B2	Operacional
II-28	38	08	11/97	A5	Operacional
			Satélites do Bloco IIR		
IIR-1	42	12	01/97	F3	Falha no lançamento
IIR-II	43	13	07/97	D2	Operacional
IIR-III	46	11	10/99	E1	Operarional
IIR-4	51	20	05/00	B3	Operacional
IIR-5	44	28	07/00	F1	Operacional
IIR-6	41	14	11/00	E4	Operarional
IIR-7	54	18	01/01	B1	Operacional
IIR-8	56	16	01/03	D3	Operacional
IIR-9	45	21	03/03	E2	Operarional
IIR-10	47	22	12/03	C3	Operacional
IIR-11	59	19	03/04	F4	Operacional
IIR-12	60	23	06/04	D1	Operarional
IIR-13	61	02	11/04	C4	Operacional
IIR-14M	53	17	09/05	A2	Operacional
IIR-15M	52	31	09/06	B5	Operarional
IIR-16M	58	12	11/06	B4	Operacional
IIR-17M	55	15	10/07	F2	Operacional
IIR-18M	57	29	12/07		

2.2 GLONASS

A antiga União Soviética está desenvolvendo, desde 1970, o GLONASS, bastante similar ao GPS. No que concerne aos códigos PRN, de forma similar ao GPS, há dois no GLONASS: os códigos C/A e P. O código C/A, disponível para os usuários civis, e o código P, para usuários autorizados, são modulados na portadora L1. A portadora L2 é modulada apenas pelo código P. A frequência do código C/A é 0,511 MHz e a do código P, de 5,11 MHz, aproximadamente metade daquela do GPS. Desse modo, pelo menos em tese, a acurácia das pseudodistâncias GLONASS é pior que a do GPS. Mas, diferentemente do GPS, os sinais GLONASS nunca foram degradados de modo intencional. Os códigos PRN são os mesmos para todos os satélites. Assim, a identificação dos satélites se dá pela frequência do sinal, técnica denominada FDMA (*Frequency Division Multiple Access* – Múltiplo Acesso pela Divisão da Frequência).

2.2.1 Segmento espacial

O segmento espacial consiste de uma constelação de 24 satélites ativos e três de reserva. Eles são distribuídos em três planos orbitais separados de 120° e inclinação de 64,8°, cada um com oito satélites igualmente espaçados. As órbitas são aproximadamente circulares e arranjadas de forma que não ocorra o fenômeno de ressonância.[2] Como consequência, o mesmo período orbital se repete apenas a cada oito dias siderais. Em contraposição, um dos satélites de cada um dos planos orbitais ocupa a mesma posição no céu no mesmo instante em cada dia. A altitude dos satélites é da ordem de 19.100 km e período orbital de 11h15min. A Figura 2.22 ilustra a distribuição dos satélites GLONASS no espaço. Por causa do ângulo de inclinação maior que o do GPS, a constelação GLONASS pode proporcionar, em relação ao GPS, melhor cobertura para altas latitudes. Com o sistema completo, isto é, 24 satélites disponíveis, entre seis e onze satélites são visíveis em qualquer lugar da Terra (Seeber, 2003, p.384).

Da mesma forma que o GPS, o sistema GLONASS transmite sinais em duas bandas, denominadas portadoras L1 e L2, moduladas por dois códigos binários, e as mensagens de navegação. Mas cada satélite tem sua própria frequência, diferentemente do GPS. As frequências L1 são dadas por (Seeber, 2003):

$$f_{L1} = f_0 + k * \Delta f_{L1} \qquad k = 0, 1, 2, \ldots, 24 \tag{2.6}$$

com f_0 = 1.602 MHz, Δf_{L1} = 0,5625 MHz e k representando o número da frequência do satélite. O valor de k representa o canal do satélite e k = 0 é usado só para testes. As portadoras L1 e L2 apresentam a seguinte relação:

$$f_{L1} / f_{L2} = 9/7 \tag{2.7}$$

2 Uma perturbação adicional na órbita do satélite em razão da comensurabilidade do período do satélite com o de rotação da Terra.

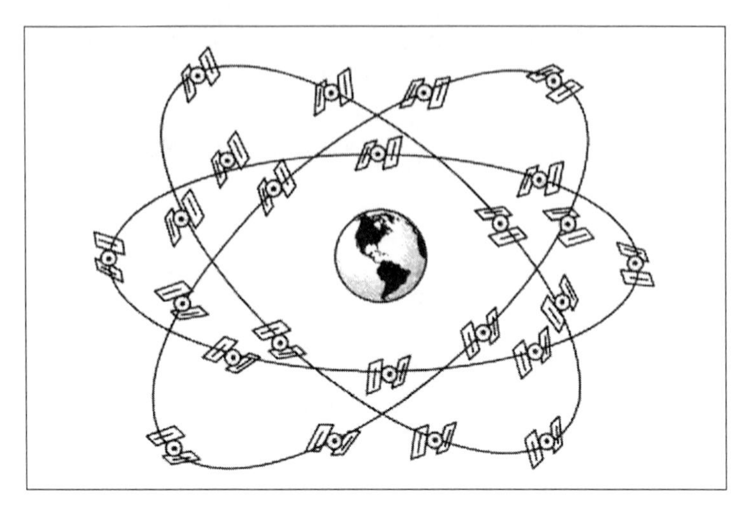

Figura 2.22 – Constelação dos satélites GLONASS.

Como as frequências do GPS e do GLONASS são relativamente próximas, é possível usar uma antena combinada e um amplificador comum no mesmo equipamento, o que tem facilitado o desenvolvimento de equipamentos que rastreiam satélites de ambos os sistemas simultaneamente. Mas o processamento do sinal é diferente (Seeber, 2003, p.385).

Os sinais de alguns dos satélites GLONASS têm causado interferência nas observações de radioastronomia que atuam nas frequências de 1610,6 a 1613,8 MHz e 1660 a 1670 MHz, bem como em alguns satélites de comunicação. Por isso, decidiu-se, mediante negociações, que as frequências do GLONASS deveriam ser realocadas para frequências um pouco mais baixas. No início, o número de canais de frequências foi reduzido à metade, de forma que os satélites antípodas (satélites no mesmo plano orbital e separados por 180° de argumento de latitude) dividissem o mesmo canal. Os canais de -7 a 12 foram adotados temporariamente no período 1998-2005. Daí em diante, apenas os canais k = -7, ..., 4 passaram a ser empregados operacionalmente, e os de número 5 e 6 apenas para testes. Logo, as bandas de frequências para L1 vão de 1598,625 a 1604,25 MHz e de 1242,9375 a 1247,75 MHz para L2.

A identificação do satélite em geral é dada pelo canal do satélite. Mas, além dessa identificação e de outra adotada internacionalmente, os satélites GLONASS recebem um número baseado na série Cosmos e um número sequencial GLONASS.

As mensagens de navegação são moduladas na portadora em uma taxa de 50 pbs. Elas contêm informações sobre as órbitas (efemérides), almanaque e *status* dos satélites. As efemérides dos satélites GLONASS são atualizadas a cada 30min e têm como origem (referência) o centro do intervalo de 30min. Elas contêm posições e velocidade dos satélites, além de acelerações para a época de referência.

A geração de satélites GLONASS desenvolvida para substituir os satélites mais antigos é denominada GLONASS-M (M para modificado). Em relação aos satélites mais antigos, essa geração deverá ter vida útil de sete anos, melhor estabilidade dos relógios, comunicação entre os satélites, operação autônoma e estrutura do formato de navegação alterada. Trata-se de algumas características bastante similares às do Bloco IIR do GPS. A Figura 2.23 mostra duas gerações de satélites GLONASS.

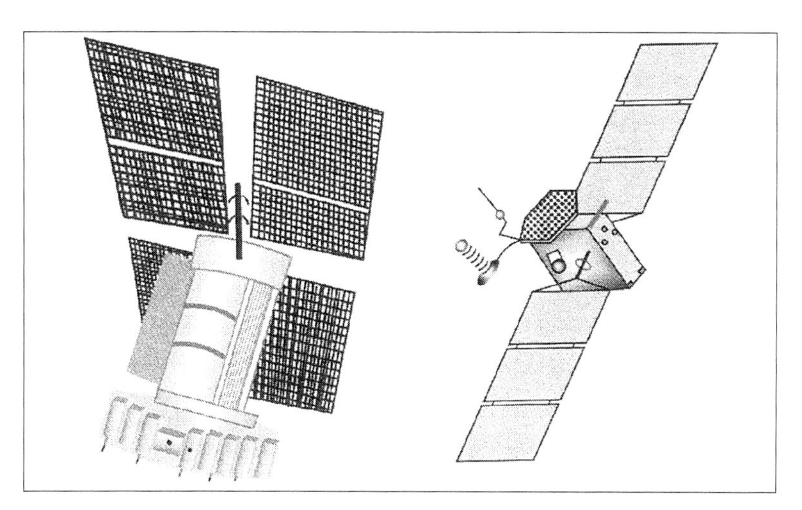

Figura 2.23 – Satélites GLONASS (GLONASS-M à esquerda e K à direita).

O sistema GLONASS esteve totalmente operacional, com 24 satélites, durante os primeiros meses de 1996. Mas, em razão do curto período de vida útil dos satélites, bem como da não reposição destes, o número de satélites tem ficado abaixo do necessário. No período de janeiro de 1997 a janeiro de 1999, entre doze e dezesseis satélites estiveram disponíveis. Já em março de 2003, apenas onze estavam em condições de uso. Entre 2004 e 2007, ao todo quinze satélites foram lançados, sendo três a cada vez, em dezembro de 2004, 2005, 2006 e 2007 e em outubro de 2007.

Mesmo assim, em dezembro de 2007, apenas dezoito satélites estavam disponíveis, dos quais cinco não estavam saudáveis. Os satélites saudáveis estavam assim distribuídos:

- Plano 1: 1, 5, 6, 6, 7;
- Plano 2: 4, 0, 4; e
- Plano 3: 3, 2, 3, -1 e 2.

Os três satélites lançados em dezembro de 2007 ainda não haviam entrado em operação. O leitor pode notar o uso do mesmo canal (k) para os satélites antípodas, inclusive a presença do canal -1.

2.2.2 Segmento de controle

O segmento de controle terrestre do GLONASS é responsável por:

- predizer as órbitas dos satélites;
- transferir as efemérides, as correções dos relógios e os almanaques em cada um dos satélites;
- sincronizar os relógios dos satélites com o sistema de tempo do GLONASS;
- estimar as discrepâncias entre o sistema de tempo do GLONASS e o TUC_{US} (TUC da União Soviética); e
- controlar os satélites.

O segmento de controle terrestre é composto por:

- sistema de controle central;
- central de sincronização de tempo (*Central Synchronizer*);
- várias estações de comando e rastreio; e
- estações de rastreamento a laser.

O centro de controle terrestre está localizado em Moscou e as estações de monitoramento são distribuídas homogeneamente no território da antiga União Soviética.

No que concerne ao referencial geodésico, atualmente as coordenadas das estações de controle e dos satélites são dadas no PZ 90 (*Parametry Zemli* 1990), conhecido em inglês como PE 90 (*Parameters of the Earth* 1990 – Parâmetros da Terra 1990) (Bazlov et al., 1999). Anteriormente adotou-se, por longo período, o SGS 85 (*Soviet Geodetic System of* 1985 – Sistema Geodésico Soviético de 1985).

Realmente, o referencial PZ 90 foi refinado, passando a ser compatível com o ITRF2000, ao nível de poucos centímetros.

Entre os resultados da campanha IGEX-88 (*International GLONASS Pilot Experiment*), podem-se citar os parâmetros de transformação entre o PZ 90 e outros referenciais, como o WGS 84 e ITRF-97, essenciais para a integração com outros sistemas (ver a seção 3.8.3). Essa campanha foi realizada sob os auspícios da IAG e IGS, entre outubro de 1998 e abril de 1999, visando explorar o potencial do GLONASS para a comunidade geodésica. Depois desse projeto, um determinado número de estações continuou rastreando continuamente, em um projeto piloto chamado IGLOS (*International GLONASS Service*), sob os auspícios da IAG. Desde a semana GPS 979 (11 de outubro de 1998), são geradas órbitas precisas do GLONASS, disponíveis em ftp://cddis.gsfc.nasa.gov/pub/glonass/products/.

2.2.3 Segmento de usuários

O segmento de usuários está diretamente associado aos receptores, como no GPS. Embora o GLONASS seja efetivamente um sistema de posicionamento e navegação por satélite, o número de receptores GLONASS disponíveis é bastante reduzido, se comparado com o GPS. Em geral, o que se encontra no mercado são receptores que rastreiam simultaneamente os dois sistemas, como o JPL Legacy (Javad) e Hiper GGD (Topcon) (Figura 2.24). Essa situação deverá manter-se assim até que definições mais confiáveis sobre o sistema se tornem realidade.

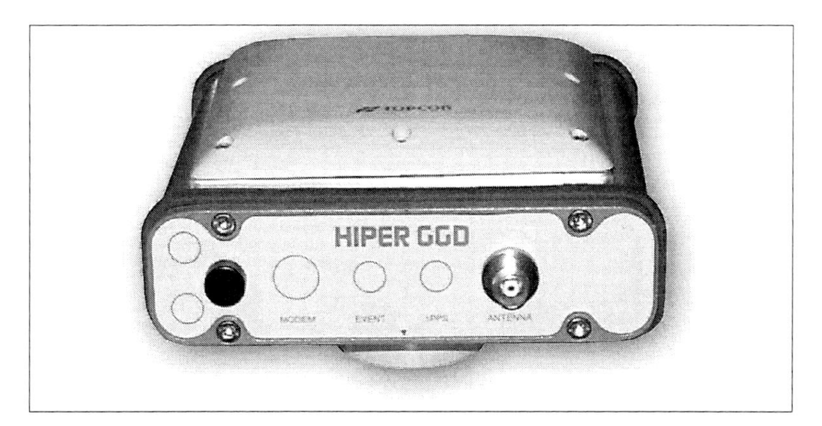

Figura 2.24 – Receptores GPS e GLONASS.

2.2.4 Sistema de tempo GLONASS

Os sinais de navegação do GPS e do GLONASS estão referenciados em sistemas de tempo um pouco diferentes uns dos outros. O sistema de tempo do GLONASS refere-se ao TUC da antiga União Soviética (TUC_{US}), o qual, diferentemente do GPS, considera os saltos de segundos. Além disto, comparece uma diferença constante de 3 horas (em virtude da diferença de fuso horário entre Moscou e Greenwich). Esse sistema é baseado em um conjunto de maser de hidrogênio, controlado pela central GLONASS de tempo (*GLONASS Central Synchronizer*). A relação entre o TUC e o tempo GLONASS é dada por:

$$TUC = t_{GLONASS} + \tau_C - 3^h$$

O termo τ_C representa o *ensemble* entre os relógios usados, que pode alcançar vários μs e é divulgado nas mensagens de navegação do GLONASS (Seeber, 2003, p.389).

2.2.5 O futuro do GLONASS

Há planos de modernização do GLONASS, envolvendo o segmento espacial (novos sinais, comunicação entre satélites etc.) e de controle (introdução de integridade e outros serviços). Espera-se, segundo informação do governo russo, que o sistema tenha a constelação recuperada para breve. Os lançamentos recentes de satélites reforçam essa expectativa. Consequentemente, novos tipos de receptores deverão estar à disposição no mercado. O leitor interessado em conhecer os últimos desenvolvimentos do sistema deve acompanhar a literatura especializada. Na internet, a página http://www.glonass-ianc.rsa.ru/ é um bom início.

2.3 Galileo

A ESA (*European Space Agency* – Agência Espacial Europeia) com a Comissão Europeia e a indústria europeia vêm desenvolvendo um sistema de navegação por satélite europeu, sob a denominação Galileo. Esse sistema terá controle civil e interoperabilidade com o GPS e o GLONASS.

2.3.1 Segmento espacial

O segmento espacial será baseado em trinta satélites de órbita média (MEO), como o GPS e o GLONASS, com 27 operacionais e mais três de reserva, mas ativos, distribuídos em três órbitas circulares (Figura 2.25). A altitude será da ordem de 23.600 km, com inclinação de 56° em relação ao plano equatorial. O período orbital será de aproximadamente 14h4min. Dessa forma, o satélite ocupa a mesma posição no espaço apenas depois de aproximadamente dez dias. Com essa constelação e disposição dos satélites, os sinais do Galileo proporcionarão boa cobertura, mesmo em latitudes acima de 75°.

Até o momento (outubro de 2007), apenas um satélite foi lançado, em dezembro de 2005. Trata-se do GIOVE A. O satélite carrega osciladores de rubídio, e os primeiros testes têm mostrado excelentes resultados (frequência estável). O próximo lançamento deverá ocorrer em 2008, e trata-se do satélite GIOVE B, que carregará um oscilador maser de hidrogênio. Esses satélites fazem parte da fase de validação em órbita do Galileo e serão utilizados para testar as tecnologias críticas e proteger as frequências atribuídas ao Galileo. Essa fase de validação prosseguirá com a construção e o lançamento dos outros satélites, bem como com a instalação completa da componente terrestre. O sistema deverá entrar em operação em 2011.

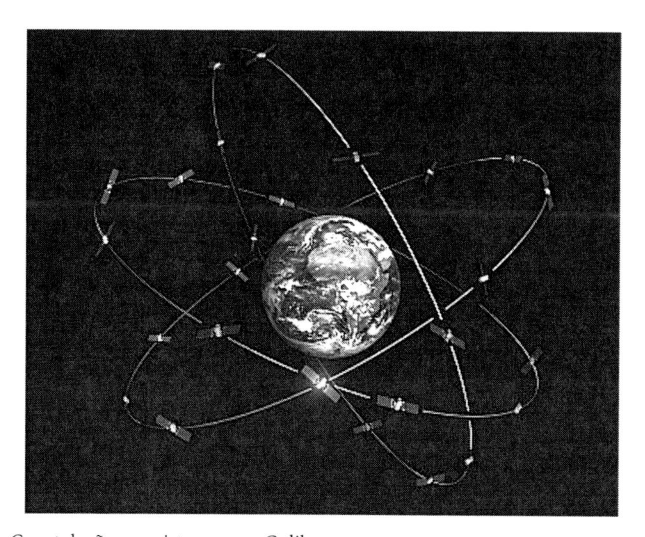

Figura 2.25 – Constelação prevista para o Galileo.

2.3.1.1 Estrutura do sinal

A estrutura do sinal do Galileo, com a modernização do GPS, foi preliminarmente definida durante a WRC 2000 (*World Radio Conference* – 2000), realizada em Istambul, Turquia, e confirmada durante a WRC 2003. A Tabela 2.3 mostra o que foi estabelecido na WRC 2000. Os sinais do Galileo serão transmitidos em três bandas de frequências (E5, E6 e L1) usando quatro portadoras (E5A com 1176,45 MHz; E5B com 1207,14 MHz; E6 com 1278,75 MHz e E1 com 1575,42 MHz) (Ziedan, 2006, p.27). Observe-se que as portadoras L5 e L1 do GPS compartilham as mesmas frequências da E5A e E1 do Galileo. Em contrapartida, as portadoras E5B e E6, com frequências de 1207,14 e 1278,75 MHz respectivamente, diferem das L2 do GPS (1227,60 MHz). No que concerne às portadoras L1 e L5, poderá ocorrer interferência entre o GPS e o Galileo, o que deverá ser reduzido mediante técnicas de modulação do sinal (Seeber, 2003). Por outro lado, elas facilitam o desenvolvimento de projetos de receptores para rastrear os dois sistemas. G1 e G2 referem-se às frequências usadas no GLONASS.

Tabela 2.3 – Frequências designadas na WRC 2000 para GPS, GLONASS e Galileo

Portadoras	Abrangência da banda (MHz)	Múltiplo de 10,23	Frequência central (MHz)
E5A e L5	1164 –1188	115	1176,45
E5B	1188 –1215	117,5	1207,14
L2	1210-1240	120	1227,60
G2	1242,937 a 1247,75	Ver Eq. 2.6	por satélite
E6	1260 – 1300	125	1278,750
E2 – (L1) – E1	1559 – 1610	154	1575,42
G1	1598,625 a 1604,25	Ver Eq. 2.7	por satélite

Adaptada de LEICK (2004) e SEEBER (2003).

Dois tipos de modulação deverão ser usados no Galileo: BPSK (*binary phase shift keying*), que também é usado no GPS, BOC (*binary offset carrier*) (Ziedan, 2006) e MBOC (*multiplexed* BOC) (Stansell et al., 2006). Esse último deverá ser empregado para dar apoio na interoperabilidade entre GPS e Galileo.

2.3.2 Segmento de controle

No que diz respeito ao segmento de controle, a estrutura disponível para o EGNOS está sendo aproveitada ao máximo, com o acréscimo de algumas estações, em razão de sua abrangência global. Ao todo, aproximadamente trinta estações distribuídas globalmente (*Galileo Sensor Stations* – GSS) darão apoio à determinação de órbitas e sincronização de tempo. Elas proporcionarão os dados para os dois GCCs (*Galileo Control Centers*). Um desses centros será responsável pela geração das mensagens de navegação e sistema de tempo, enquanto o outro será responsável pelo controle da integridade. Esse segmento será interconectado por uma rede de comunicação, com duas cadeias independentes, com operação quase autônoma. Isso garantirá controle da integridade interna e operações de alta qualidade.

2.3.3 Segmento de usuários

Da mesma forma que nos demais sistemas, o segmento de usuários do Galileo envolverá os vários tipos de receptores que serão industrializados. Já há alguns receptores aptos para rastrear os sinais do GIOVE A e do GIOVE B quando disponíveis. Por exemplo, a Novatel já desenvolveu um receptor capaz de rastrear dados do GPS e do Galileo. Outras companhias caminham na mesma direção. O receptor GGG da Topcon está preparado para rastrear dados dos três sistemas apresentados (GPS, GLONASS e Galileo).

2.3.3.1 Serviços e desempenho do Galileo

Está previsto o oferecimento de cinco diferentes tipos de serviços pelo Galileo, muito embora apenas três fossem previstos inicialmente (Seeber, 2003, Ziedan, 2006):

- Serviço de Acesso Aberto (OAS – *Open Access Service*), que será o serviço básico de posicionamento, navegação e tempo a ser oferecido ao público, sem custos diretos, pelo menos até que o SPS do GPS também o seja;
- Serviço de Acesso Comercial (*Commercial Access Service* – CAS), para usuários que exigem um serviço garantido e com contrato de

responsabilidade. Para tanto, deverá prover serviço local ampliado e integração com redes de comunicação. Será cobrada uma taxa dos usuários que vierem a utilizar esse serviço;

- Serviço com segurança de vida (*Safety of Life Service* – SAS), para aplicações críticas em segurança, como aviação civil, navegação marítima etc., exigindo para tanto integridade e disponibilidade;
- Serviço Público Regulamentado (*Public Regulated Service* – PRS), dedicado para aplicações de segurança nacional, como polícia, bombeiros, alfândega etc.; e
- Serviço de busca e resgate (*Search and Rescue Service* – SAR).

No que concerne ao desempenho, o Galileo deverá proporcionar pelo menos o mesmo nível a ser alcançado com a modernização do GPS (futuros satélites do Bloco IIF). Alguns parâmetros previstos para o desempenho de usuários autônomos, isto é, com realização de posicionamento por ponto em tempo real utilizando apenas observáveis resultantes do código (pseudodistâncias), constam da Tabela 2.4. Esses parâmetros referem-se sobretudo a aplicações terrestres, mas algumas exceções poderão ocorrer em regiões oceânicas. Atualmente pode-se observar considerável melhoria em relação ao GPS.

Tabela 2.4 – Qualidade do posicionamento prevista para o Galileo

Parâmetro	Desempenho previsto
Acurácia	
• Horizontal	4,0 m
• Vertical	7,7 m
• Tempo	30 ns
Integridade	
• Risco	2 10^{-7} por 150 s
• Tempo para disparar alarme	6 s
Disponibilidade	90 a 99,97%

2.3.4 Sistema de tempo do Galileo

O sistema de referência de tempo do Galileo, que deverá gerar o GST (*Galileo System Time* – Sistema de Tempo do Galileo), será gerado pela PTF (*Precision Time Facility*), composta por um conjunto de relógios atômicos (H-maser, césio etc.). O GST tem duas funções principais: a) manutenção do tempo para navegação, função crítica, necessária para a determinação das órbitas dos satélites e para a sincronização do tempo; e b) manutenção do tempo para fins de metrologia, que, embora não seja uma função crítica, é necessária para que o GST esteja vinculado ao TAI e proporcione a disseminação do TUC para os usuários. Para tanto, a PTF estará conectada com alguns NMI (*European National Metrological Institutes*).

O GST também deverá determinar de forma confiável a discrepância entre o tempo GPS e o tempo Galileo, que deverá ser transmitido para os usuários por ambos os sistemas. Isso facilitará a integração de dados dos dois sistemas. Outros detalhes podem ser obtidos em Bedrick et al. (2004).

A contagem do GST será similar à contagem do tempo GPS. Ter-se-á a semana GST (GST_W) e os segundos da semana. Nas mensagens de navegação, uma palavra de 12 bits será reservada para representar a GST_W. Logo, cada ciclo do GST será composto por 4.096 semanas, em vez das 1.024 do GPS. O início da contagem do GST se dá com o início do segundo ciclo do tempo GPS, ou seja, à meia-noite de sábado para domingo, na passagem do dia 21 para 22 de agosto de 1999.

3
Sistemas de referência: fundamentos, transformações e situação no Brasil

3.1 Introdução

Em qualquer atividade de posicionamento geodésico, em especial nas de natureza espacial, é de fundamental importância que a definição e a realização dos sistemas de referência celeste e terrestre sejam apropriadas, precisas e consistentes (Bock, 1996). A definição e a realização são imprescindíveis para modelar as observáveis, descrever as órbitas dos satélites, representar, interpretar e, quando necessário, transformar os resultados.

A definição de um sistema de referência é caracterizada pela ideia conceitual do próprio sistema. Na literatura em inglês utiliza-se o termo *reference system*. No conceito da mecânica de Newton, um referencial ideal seria aquele em que a origem estivesse em repouso, ou em movimento retilíneo uniforme, caracterizando-o como um referencial inercial. No entanto, um sistema de referência geocêntrico possui aceleração em seu movimento de translação ao redor do Sol, apesar de pequena. Trata-se, portanto, de um referencial *quase-inercial*. Um sistema de referência nessas condições é qualificado como dinâmico, pois é baseado no estudo dinâmico dos corpos celestes, envolvendo resolução de equações diferenciais de seus movimentos (Kovalevsky e Mueller, 1989).

Atualmente, um sistema inercial é definido por meio das posições de objetos extragalácticos, cujos movimentos próprios são considerados desprezíveis se comparados com a acurácia das medidas realizadas (observáveis) sobre eles. Sob tais circunstâncias, tem-se uma definição cinemática, pois não se refere às causas do movimento. Essa definição está relacionada apenas com os sistemas celestes (McCarthy e Petit, 2004). Logo a definição envolve fundamentos matemáticos e modelos físicos. Além disso, nos referenciais terrestres, fatores relacionados com a deformação da Terra em âmbito global, regional e local, bem como outros, devem ser considerados.

Em geral, cada instituição ou grupo de pesquisadores envolvidos com referenciais dispõe de uma solução específica para a definição do referencial, denominada de TRS (*Terrestrial Reference System* – Sistema de Referência Terrestre) para o caso terrestre e CRS (*Celestial Reference System* – Sistema de Referência Celeste) para o celeste.

Para fins operacionais, torna-se necessário adotar um referencial por convenção, quer terrestre, quer inercial, dando origem ao sistema de referência convencional. Nesse caso, todos os modelos, constantes numéricas e algoritmos são claramente especificados. Eles proporcionam a origem, a escala e a orientação do sistema, bem como sua evolução temporal. Tem-se então o CTRS (*Conventional Terrestrial Reference System* – Sistema de Referência Terrestre Convencional) e o CCRS (*Conventional Celestial Reference System* – Sistema de Referência Celeste Convencional).

Quando um referencial é definido e adotado convencionalmente, a etapa seguinte é caracterizada pela coleta de observações a partir de pontos sobre a superfície terrestre (rede), ou próximos a ela, devidamente monumentalizados. Fazem parte ainda o processamento e a análise, bem como a divulgação dos resultados, que é, essencialmente, um catálogo de coordenadas associadas a uma época particular. As coordenadas podem vir acompanhadas de suas respectivas velocidades e precisão. Esse conjunto materializa o sistema de referência. Na língua inglesa utiliza-se o termo *reference frame*. Assim como no caso da definição, cada uma das instituições envolvidas com essa tarefa disponibilizará sua realização, que no caso terrestre é denominada TRF (*Terrestrial Reference Frame* – Referencial Terrestre Realizado). A combinação de todas as realizações resulta em uma solução final denominada ITRF (*International Terrestrial Reference Frame*).

Uma vez realizado ou materializado o referencial, outro aspecto muito importante diz respeito à sua densificação, procedimento que, no caso terrestre, visa aumentar a densidade de estações (Oliveira, 1998). Logo, a densificação passa a ser uma expansão da materialização.

Em resumo, a definição de um sistema de referência diz respeito a um caso ideal, cuja realização fica limitada em razão dos erros inerentes às observáveis utilizadas e da imprecisão das constantes adotadas por convenção. A realização, para o caso de um referencial terrestre, nada mais é que uma lista de coordenadas e velocidades dos objetos (estações) que compõem o sistema, também denominada conjunto de coordenadas de referência ou rede. As informações sobre a qualidade dessas coordenadas e velocidades também fazem parte da realização, bem como os objetos e a descrição destes. Para o caso de um referencial celeste, a realização é uma lista de coordenadas de ascensão reta e declinação de objetos extragalácticos (McCarthy e Petit, 2004, p.14).

A acurácia das coordenadas do sistema realizado deve ser compatível com a da tecnologia de posicionamento adotada; caso contrário, a qualidade dos resultados se deteriora. Um exemplo que comparece na literatura diz respeito à integração de levantamentos GPS de alta precisão a uma rede levantada por técnicas convencionais (triangulação, trilateração, poligonais etc.). Nesse caso, a integração deteriora a qualidade dos resultados obtidos com o GPS.

Como sempre ocorrem melhorias na acurácia dos sistemas de medição e nos modelos e algoritmos, em um determinado momento pode surgir a necessidade de nova definição (ou redefinição) dos sistemas de referência. Isso visa garantir que a acurácia proporcionada pelas tecnologias envolvidas nos sistemas de medição não seja deteriorada em razão da definição do referencial.

No posicionamento por satélites, os sistemas de referências adotados são, em geral, globais e geocêntricos, haja vista que o movimento dos satélites é ao redor do centro de massa da Terra. As estações terrestres são, normalmente, representadas em um sistema fixo à Terra e rotacionam com ela (sistema terrestre). O movimento do satélite é mais bem descrito no sistema de coordenadas equatoriais (sistema celeste).

Definidos e realizados os dois referenciais, tem-se ainda que conhecer a relação entre eles para poder modelar de modo adequado as observáveis. No ajustamento dos dados provenientes do posicionamento por satélite é essencial que posições de satélites e estações terrestres sejam representadas no mesmo sistema de referência.

Um aspecto que chama a atenção é que a grande maioria dos levantamentos realizados no mundo até pouco tempo atrás está referenciada a sistemas regionais (quase-geocêntricos), como a maioria dos documentos cartográficos. No caso do Brasil, um dos referenciais do Sistema Geodésico Brasileiro (SGB) coincide com o Sistema de Referência da América do Sul (SAD 69: *South American Datum of 1969*), o qual não é geocêntrico. Assim, a relação matemática entre os sistemas regionais e os usados em posicionamento com satélites também deve ser conhecida.

A tendência mundial é a adoção de um sistema geocêntrico, não só para fins geodésicos, mas também para fins de mapeamento. Vários países estão desenvolvendo atividades visando atingir esse objetivo (IBGE, 2000; Wilson e Christie, 1992; Manning e Harvey, 1992; Schwarz, 1990). No caso do Brasil, um referencial geocêntrico (seção 3.8.1) para fins de Mapeamento e de Geodésia foi adotado no início de 2005.

Nesta breve introdução, deve-se ainda lembrar que as posições relativas e a orientação se alteram com o transcorrer do tempo. Logo, a época associada ao referencial realizado é de fundamental importância, havendo também necessidade de conhecer o campo de velocidade para a atualização temporal das coordenadas.

3.2 Sistemas de referências celeste e terrestre

Na Assembleia Geral da IAU (International Astronomy Union – Associação Astronômica Internacional), em 1991, por meio da resolução A4, foi adotada explicitamente a Teoria da Relatividade como base para a definição e a realização de referenciais (McCarthy, 1992). Em termos de referencial celeste, essa resolução introduziu o BRS (*Barycentric Reference System* – Sistema de Referência Baricêntrico) e o GRS (*Geocentric Reference System* – Sistema de Referência Geocêntrico). Suas origens estão, respectivamente, no baricentro do sistema solar e no geocentro e com as direções dos eixos coordenados fixas em relação a objetos distantes no universo, de modo a não apresentarem rotação global com respeito a uma série de objetos extragalácticos. Além disso, estipulou-se que o plano principal (Equador – origem da declinação) e respectiva origem (ponto vernal – origem da ascensão reta) deveriam estar tão próximos quanto possível do equador médio e do equinócio dinâmico da época J2000 (McCarthy e Petit, 2004, p.10). Logo, nesse sistema, o eixo X^c, origem da ascensão reta, aponta muito próximo ao equinócio dinâmico às 12h TDB (*Barycentric Dynamical Time* – Tempo Dinâmico Baricêntrico) em 1º de janeiro de 2000, ou seja, no dia Juliano 2451545,0 que corresponde à época de referência J2000 (seção 3.3). O eixo Z^c aponta na direção do polo de referência convencional, na mesma época, e o eixo Y^c completa o sistema de forma que seja dextrógiro. Esse sistema foi adotado na Assembleia Geral da IAU em 1997, sob a denominação de ICRS (*International Celestial Reference System* – Sistema de Referência Celeste Internacional), e substituiu o sistema FK5[1] em 1º de janeiro de 1998. Com a aprovação das convenções IERS 2000 (McCarthy e Petit, 2004), as siglas BRS e GRS passaram a ser denominadas BCRS e GCRS, respectivamente (C advém de *Celestial* – Celeste).

No ICRS, seja o BCRS, seja o GCRS, as direções fundamentais permanecerão fixas no espaço, independentemente do modelo que descreve o movimento dos objetos do sistema solar. Esses objetos serão monitorados e suas posições eventualmente reestimadas de acordo com a qualidade e a disponibilidade de informações, mas as direções dos eixos coordenados serão fixas.

Para que as várias realizações do sistema celeste tenham continuidade, as orientações dos eixos do ICRS devem ser consistentes com o Equador e equinócio na época J2000, como considerado no FK5. Dessa forma, como as novas realizações do ICRS são de melhor qualidade que o FK5, elas podem ser consideradas um refinamento daquele.

O ICRS é materializado por coordenadas equatoriais, ascensão reta e declinação de uma série de fontes de rádio extragalático *quasars* (*Quasi Stelar Radio Source*), determinadas com base na técnica de VLBI

1 A realização FK5 contém 1535 estrelas fundamentais, contendo, dentre outras informações, as coordenadas equatoriais na época J2000, com incerteza da ordem de 20 a 30 *mas* (milésimo do segundo de arco).

(*Very Long Baseline Interferometry*). Realizações do ICRS, que é o referencial estabelecido pelo IERS (*International Earth Rotation and Reference System Service* – Serviço Internacional de Rotação da Terra e de Sistema de Referência), denominado ICRF (IERS *Celestial Reference Frame*), vinham ocorrendo anualmente entre 1989 e 1995. O IERS propôs que a versão de 1995 fosse adotada como o ICRS, o que foi oficialmente aceito na assembleia da IAU de 1997. Nesse caso, uma realização foi adotada como definição. A última realização é de 1999 e conta com 667 objetos (IERS, 1999). A manutenção do ICRS requer que a estabilidade das coordenadas das fontes seja monitorada por novas observações VLBI e novas análises. As atualizações estão nas publicações do IERS.

Uma realização do ICRS no espectro visível é o catálogo Hipparcos (*High Precision Parallax Collecting Satellite)*, que contém uma lista de coordenadas de 118.218 estrelas para a época J1991,25, com precisão da ordem de 0,77 e 0,64 *mas* em ascensão reta e declinação, respectivamente (McCarthy e Petit, 2004, p.12). Essas coordenadas foram determinadas usando-se o telescópio óptico do satélite Hipparcos. Trata-se de realização de melhor qualidade que o FK5.

A vinculação do ICRF com um referencial prático para ser empregado no posicionamento por satélite se concretiza pelo ITRF (IERS *Terrestrial Reference Frame* – Realização do Referencial Terrestre do IERS).

O ITRS (*International Terrestrial Reference System* – Sistema de Referência Terrestre Internacional) é um sistema de referência espacial que acompanha a Terra em seu movimento no espaço. Idealmente, tem origem no centro de massa da Terra e orientação equatorial (eixo Z aponta na direção do polo de referência convencional). De acordo com recomendação emanada da resolução nº 2 da IUGG (*International Union of Geodesy and Geophysics* – Associação Internacional de Geodésia e Geofísica), adotada em Viena em 1991, esse sistema deve atender às seguintes definições (McCarthy e Petit, 2004; McCarthy, 1996):

- é geocêntrico, e o centro de massa é definido usando-se a Terra toda, inclusive oceanos e atmosfera;
- a escala é consistente com o TCG (Tempo Coordenado Geocêntrico) para um referencial geocêntrico;
- sua orientação inicial foi dada por aquela do BIH (*Bureau International de L'Heure*) na época, 1984,0; e

- sua evolução temporal em orientação é assegurada pelo uso da condição de uma rede que não rotaciona com respeito ao movimento tectônico horizontal sobre toda a Terra.

Em essência, o ITRS é um sistema fixo na Terra que rotaciona com ela. No que concerne à escala, ela está diretamente relacionada com a referência de tempo utilizada. Na determinação das órbitas dos satélites com alta precisão, onde há um sistema de tempo, os efeitos relativísticos devem ser levados em consideração. Detalhes sobre o sistema de tempo adotado são apresentados na seção 3.3. A evolução temporal em orientação é garantida pela introdução da condição de um referencial NNR (*No Net Rotation* – Rede Sem Rotação) (McCarthy e Petit, 2004; McCarthy, 1996; Monico, 2005). Essas duas últimas condições foram efetivamente implementadas no ITRF2000 (seção 3.4.2).

A realização do ITRS deve, de preferência, ser especificada em coordenadas cartesianas *X*, *Y* e *Z*. O eixo *Z* aponta na direção do CTP (*Conventional Terrestrial Pole* – Polo Terrestre Convencional), o eixo *X*, na direção média do meridiano de Greenwich e o eixo *Y*, de modo a tornar o sistema dextrógiro. Se coordenadas geodésicas são necessárias, recomenda-se usar o elipsoide GRS 1980 (*Geodetic Reference System 80* – Sistema de Referência Global 80). O usuário deve observar a distinção entre as siglas GRS 1980 e GRS (p.97). Enquanto a primeira (GRS 1980) está associada a um referencial geodésico, GRS está vinculada apenas à origem geocêntrica do sistema.

As realizações do ITRS são produzidas pelo IERS ITRS-PC (ITRS *Product Center* – Centro de Produção do ITRS). Cada realização é composta por um catálogo de coordenadas e velocidades de um grupo de estações IERS. Em geral, essas estações têm sido levantadas com a tecnologia VLBI, SLR (*Satellite Laser Range*), GPS e DORIS (*Doppler Orbitography and Radio Positioning Integrated by Satellite*). Os fundamentos matemáticos dessa realização são apresentados em Monico (2006). Cada uma das realizações é designada por ITRF-yy (*International Terrestrial Reference Frame*) O número yy deve especificar os dois últimos dígitos do último ano cujos dados contribuíram para a realização em consideração (Boucher e Altamimi, 1996). Mas, para os anos 2000 e 2005, a designação foi ITRF2000 e ITRF2005, respectivamente. Para mais detalhes, ver a seção 3.4.

No posicionamento por satélite, os referenciais de interesse são geocêntricos, pois os satélites têm como origem de seu movimento o centro de massa da Terra. Logo, em termos de referenciais celestes e terrestres, o interesse é pelo GCRS e ITRS, respectivamente.

3.2.1 Transformação entre os sistemas celeste e terrestre

Classicamente, a transformação do GCRS para o ITRS é efetuada usando-se uma sequência de rotações que levam em consideração a precessão (P), a nutação (N), a rotação e a orientação da Terra (S), inclusive o movimento do polo. A transformação é efetuada com base na seguinte expressão:

$$\vec{X}^T = SNP\vec{X}^c. \qquad (3.1)$$

onde $\vec{X}^c$ e $\vec{X}^T$ representam, respectivamente, vetores posicionais nos sistemas celeste e terrestre.

A passagem do BCRS para o GCRS requer que a aberração, a paralaxe anual, a curvatura da luz e a mudança de sistema de tempo sejam consideradas (McCarthy e Petit, 2004, p.55).

3.2.1.1 Precessão e nutação

O eixo de rotação da Terra e seu plano equatorial não estão fixos no espaço, mas rotacionam com respeito a um sistema inercial, como o GCRS. Isso se deve à atração gravitacional da Lua e do Sol sobre a protuberância equatorial da Terra. O movimento total resultante pode ser decomposto em uma componente principal – secular (precessão) – e uma secundária – periódica (nutação) (Seeber, 2003, p.17). A precessão e a nutação estão ilustradas nas Figuras 3.1 (a) e (b), respectivamente. Quando só o efeito da precessão é considerado, o equador e o ponto vernal (γ) são denominados equador médio e ponto vernal médio. Neste caso, trata-se do sistema de referência Celeste Médio (Gemael, 1981). Entretanto, quando a nutação também é considerada, tem-se o equador e o ponto vernal verdadeiro, que corresponde ao sistema de referência Celeste Verdadeiro.

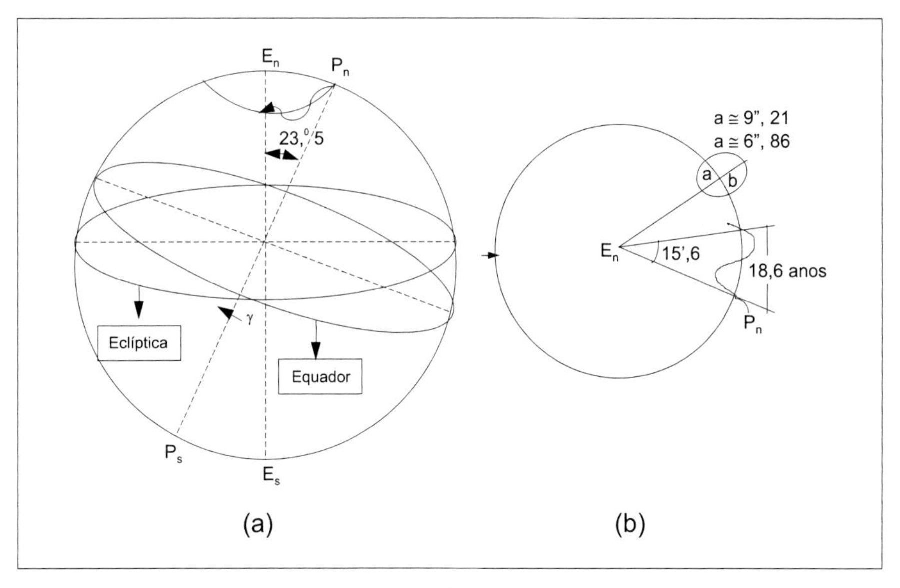

Figura 3.1 – Precessão e nutação (SEBEER, 1993).

As posições médias na época de referência t_0 (J2000) podem ser transformadas para uma época de interesse usando-se a matriz precessão (modelo IAU 1976):

$$P = R_3(-z)R_2(\theta)R_3(-\zeta), \tag{3.2}$$

onde:

$$\begin{aligned} \zeta &= 2306{,}2181''t + 0{,}30188''t^2 + 0{,}017998''t^3 \\ z &= 2306{,}2181''t + 1{,}09468''t^2 + 0{,}018203''t^3 \\ \theta &= 2004{,}3109''t - 0{,}42665''t^2 - 0{,}041833''t^3 \end{aligned} . \tag{3.3}$$

Nessa expressão, o parâmetro t representa o intervalo, em séculos Julianos de 36.525 dias solares médios, entre a época estabelecida como padrão (J2000) e a época da observação (McCarthy e Petit, 2004; McCarthy, 1996; Hofmann-Wellenhof; Lichtenegger; Collins, 1997). Logo, tem-se:

$$t = (TT - 2451545{,}0)/36525{,}0. \tag{3.4}$$

Por exemplo, se uma observação foi realizada no dia 30 de junho de 2000, às 12 horas TT (Tempo Terrestre – ver seção 3.3), ela corresponderá à época J2000,5, ou seja, TT= 2451727,625 (Dia Juliano). Nesse caso tem-se t = 0,005.

Após a aplicação da transformação referente à precessão, os resultados encontram-se no sistema Celeste Médio. Para se chegar ao sistema celeste instantâneo, aplica-se a transformação via matriz de nutação (modelo IAU 1980):

$$N = R_1(-\varepsilon - \Delta\varepsilon)R_3(-\Delta\psi)R_1(\varepsilon), \qquad (3.5)$$

onde:

- ε é a obliquidade da eclíptica;
- $\Delta\varepsilon$ é a nutação em obliquidade; e
- $\Delta\psi$ é a nutação em longitude;

$$\varepsilon = 23^0 26' 21{,}448'' - 46{,}815'' t - 0{,}00059'' t^2 + 0{,}001813'' t^3. \qquad (3.6)$$

As quantidades relacionadas com a nutação, ou seja, $\Delta\varepsilon$ e $\Delta\psi$, foram derivadas da teoria da nutação da IAU, baseadas em um modelo elástico da Terra, em substituição ao modelo da Terra rígida. As quantidades $\Delta\psi$ e $\Delta\varepsilon$ foram obtidas com base em uma expansão em série envolvendo, respectivamente, 106 e 64 coeficientes. Detalhes podem ser encontrados em McCarthy (1992; 1996).

Esses modelos foram substituídos durante a 24ª Assembleia Geral da IAU pelo Modelo de Precessão e Nutação IAU 2000, que passou a vigir em 1º de janeiro de 2003 (ver detalhes na seção 3.2.2).

3.2.1.2 Rotação da Terra e movimento do polo

Depois de eliminar, via transformação, as influências externas à Terra (precessão e nutação), seu eixo de rotação ainda varia com respeito à figura da Terra, sobretudo por suas propriedades elásticas e interação com a atmosfera. O movimento do polo é a rotação do polo celeste verdadeiro (eixo de rotação instantâneo) em relação ao polo de um sistema de referência convencional fixo à Terra, denominado CTP (Figura 3.2). Os parâmetros de orientação da Terra, diferentemente da precessão e da nutação, não podem ser descritos por teoria, sendo, portanto, determinados por observações. Por um longo período, observações astronômicas foram empregadas para esse fim, no contexto de um serviço internacional, no início sob os auspícios do ILS (*International Latitude Service* – Serviço Internacional da Latitude) e depois pelo IPMS (*International Polar Motion Service* – Serviço Internacional do Movimento do Polo), com o BIH (*Bureau International de l'Heure* – Serviço Internacional da Hora). Em 1º de janeiro de 1988 essas duas agências foram incorporadas no IERS, que passou a desempenhar essas funções. Atualmente, as tecnologias utilizadas nessa atividade são VLBI, SLR, GPS, LLR e DORIS.

Assim sendo, a transformação do Sistema Celeste Verdadeiro para o Terrestre Convencional requer parâmetros adicionais, que fazem parte do EOP (*Earth Orientation Parameters* – Parâmetros de Orientação da Terra). São eles: o tempo sideral verdadeiro de Greenwich (GST) e as coordenadas do polo (x_p, y_p). A origem do sistema de coordenadas do movimento do polo é o CTP, o eixo x_p aponta na direção do meridiano origem (Greenwich) e o eixo y_p é positivo na direção do meridiano 270° (Leick, 2004, p.13).

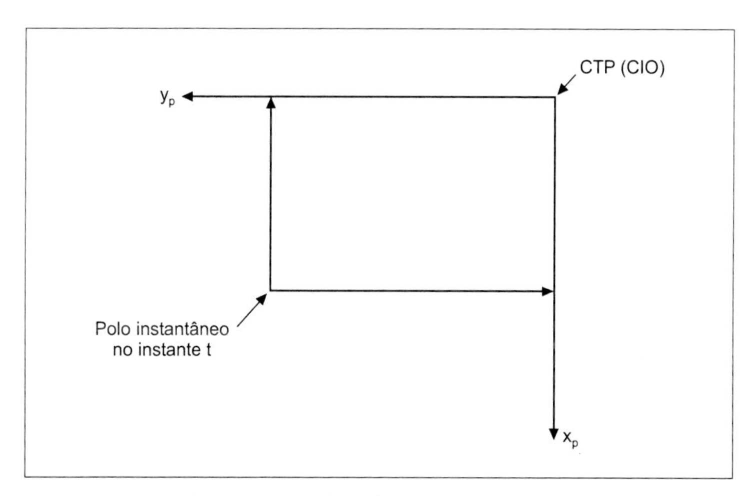

Figura 3.2 – Componentes do movimento do polo.

Para as coordenadas do polo, se elas não são estimadas com base nas próprias observações, os valores publicados pelo IERS devem ser usados. As expressões para a obtenção do valor de GST estão descritas na seção 3.3.3. Com os valores de GST e das coordenadas do polo obtém-se a matriz S da expressão (3.1) (Bock, 1996), a qual é dada por:

$$S = R_2(-x_p)R_1(-y_p)R_3(GST) . \tag{3.7}$$

As matrizes de rotação envolvidas na equação (3.7) são da seguinte forma:

$$R_1(y_p) = \begin{bmatrix} 1 & 0 & 0 \\ 0 & \cos(y_p) & \text{sen}(y_p) \\ 0 & -\text{sen}(y_p) & \cos(y_p) \end{bmatrix}; \quad R_2(x_p) = \begin{bmatrix} \cos(x_p) & 0 & -\sin(x_p) \\ 0 & 1 & 0 \\ \text{sen}(x_p) & 0 & \cos(x_p) \end{bmatrix};$$

$$R_3(\gamma) = \begin{bmatrix} \cos(\gamma) & \text{sen}(\gamma) & 0 \\ -\text{sen}(\gamma) & \cos(\gamma) & 0 \\ 0 & 0 & 1 \end{bmatrix}, \tag{3.8}$$

para os ângulos x_p, y_p e $\gamma = GST$, em um sistema cartesiano dextrógiro e com rotação no sentido horário. Quando os valores dos ângulos envolvidos permitem aproximações do tipo $\cos(\alpha) = 1$ e $\text{sen}(\alpha) = \alpha$ em radianos, a resultante das operações envolvidas no movimento do polo pode ser dada por:

$$R_2(-x_p)R_1(-y_p) = \begin{bmatrix} 1 & 0 & x_p \\ 0 & 1 & 0 \\ -x_p & 0 & 1 \end{bmatrix} \begin{bmatrix} 1 & 0 & 0 \\ 0 & 1 & -y_p \\ 0 & y_p & 1 \end{bmatrix} = \begin{bmatrix} 1 & 0 & x_p \\ 0 & 1 & -y_p \\ -x_p & y_p & 1 \end{bmatrix}. \tag{3.9}$$

Os valores de x_p, y_p são fornecidos no Boletim A, produzido pelo IERS, disponível em http://maia.usno.navy.mil/bulletin-a.html. Por exemplo, no dia 15 de janeiro de 2004 os valores de x_p, y_p eram, respectivamente, – 0,00322" e 0,16131". Note-se que os valores referentes ao movimento do polo devem ser transformados para radianos antes de serem introduzidos na equação (3.9). O Boletim B do IERS também fornece essas informações.

3.2.1.3 *Transformações de acordo com a resolução IAU2000*

Com a introdução da resolução IAU2000, que passou a vigorar em 1º de janeiro de 2003, algumas modificações foram introduzidas nos modelos de precessão e nutação, consequência de melhorias na acurácia das observações envolvidas. Os modelos até então adotados (IAU1976 para a precessão e IAU1980 para a nutação) foram substituídos pelo IAU2000A, podendo ser também empregado o IAU2000B, dependendo da precisão exigida. Enquanto o primeiro proporciona precisão da ordem de 0,2 *mas*, no segundo esse valor aumenta para 1,0 *mas* (McCarthy e Petit, 2004, p.33).

Em face dessas alterações, na realização das transformações de precessão e nutação o que se obtém é um sistema de Coordenadas Celeste Intermediário (CCI), ao invés do verdadeiro, como citado. Logo, o polo celeste realizado é denominado CIP (*Celestial Intermediate Pole* – Polo Celeste Intermediário), em substituição ao CEP (*Celestial Ephemeris Pole* – Polo Celeste das Efemérides). A direção do CIP na época J2000,0 tem de ser compensada em relação ao polo do GCRS de forma consistente com o novo modelo de precessão e nutação. O movimento do CIP no GCRS (precessão e nutação) é realizado pelos modelos citados (IAU2000A ou IAU2000B) para períodos maiores que dois dias, acrescido de correções dependentes do tempo, as quais serão proporcionadas pelo IERS mediante observações astrogeodésicas. Isso requer do IERS o monitoramento dessas correções. O movimento do CIP no ITRS (movimento do polo) também é proporcionado pelo IERS, por meio de observações astrogeodésicas e modelos que incluem variações de alta frequência. Logo, a nutação para período menor que dois dias (nutação forçada) é introduzida no modelo de movimento do CIP no ITRS.

Para realizar a transformação compatível com a nova resolução, mas utilizando as expressões baseadas nos modelos IAU1976 e IAU1980 para precessão e nutação, respectivamente, deve-se proceder como apresentado anteriormente e aplicar correções ao modelo. A acurácia ficará restrita à do modelo IAU2000B de precessão e nutação.

A transformação, segundo o novo conceito, é apresentada a seguir. A expressão (3.1), de acordo com a simbologia adotada pelo IERS, passa a ser dada por:

$$\vec{X}^T = W(t)R(t)Q(t)\vec{X}^c, \tag{3.10}$$

onde $W(t)$, $R(t)$ e $Q(t)$ representam, respectivamente, as matrizes de rotação resultantes do movimento do polo, do ângulo de rotação da Terra e do movimento do polo celeste no sistema celeste (precessão e nutação).

A matriz *W(t)* é obtida a partir de

$$W(t) = R_3(s')R_2(-x_p)R_1(-y_p), \tag{3.11}$$

com s' sendo uma quantidade que proporciona a posição do TEO (*Terrestrial Ephemeris Origin* – Origem Terrestre das Efemérides) no ITRS (McCarthy e Petit, 2004, p.35). Essa quantidade só é sensível a grandes variações no movimento do polo e será menor que 0,4 *mas* até o fim do próximo século. Ela pode ser obtida da seguinte expressão:

$$s' = -\,47uas\ t, \tag{3.12}$$

onde *uas* representa microssegundos de arco.

A matriz *R(t)* é obtida a partir do ângulo de rotação da Terra ($\theta(t)$). Esse ângulo é medido sobre o equador do CIP, entre o CEO (*Celestial Ephemeris Origin* – Origem Celeste das Efemérides) e o TEO. A Figura 3.3 (a) e (b) mostra os elementos envolvidos e a relação entre o CEO, o TEO e ($\theta(t)$). Esse último elemento é obtido a partir de sua relação com o *UT1* (seção 3.3):

$$\theta(Tu)) = 2\pi(0{,}7790572732640 + 1{,}00273781191135448Tu), \tag{3.13}$$

com Tu = (Data Juliana em *UT1* – 2451545,0). Os termos CEO e TEO, de acordo com a resolução B1.8 da IAU2000, referem-se a origens não sujeitas a rotação no GCRS e ITRS, respectivamente. Para mais detalhes, consultar McCarthy e Petit (2004, p.39).

A matriz *Q(t)* é obtida da seguinte expressão:

$$Q(t) = \begin{bmatrix} 1-ax^2 & -axy & x \\ -axy & 1-ay^2 & y \\ -x & -y & 1-a(x^2+y^2) \end{bmatrix} . R_3(s), \tag{3.14}$$

com $a = 1/2 + 1/8(x^2 + y^2)$. As coordenadas x e y proporcionam a posição do CIP no GCRS, baseadas nos modelos IAU2000A e IAU2000B. A quantidade s proporciona a posição do CEO no equador do CIP. As séries para a obtenção das coordenadas celestes do CIP e o valor de s estão disponíveis em McCarthy e Petit (2004). Mas as análises das observações VLBI têm mostrado que ainda ocorrem deficiências no novo modelo. Dessa forma, o IERS publicará as correções a serem aplicadas ao mo-

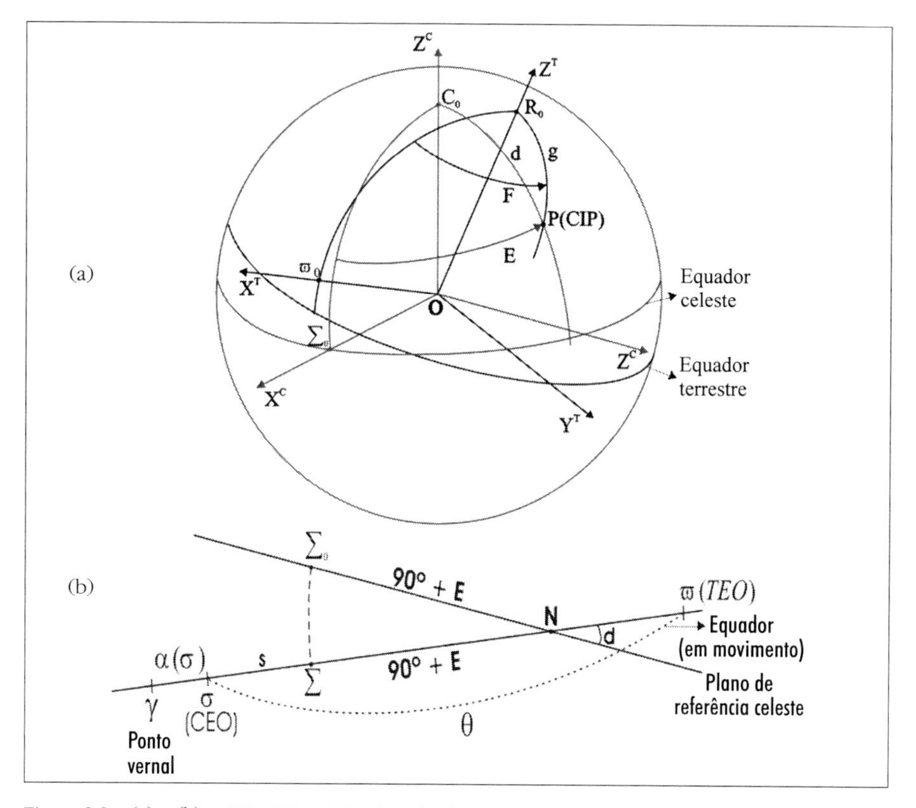

Figura 3.3 – (a) e (b) – CIP, CEO, TEO e ângulo de rotação da Terra *q* (MCCARTHY e PETIT, 2004).

delo. Trata-se das correções do polo celeste (*celestial pole offset*), denominadas de δx e δy, para serem aplicadas em x e y, respectivamente.

É importante citar que o IERS disponibiliza o código de rotinas em linguagem Fortran, que permite implementar a resolução IAU 2000. Elas podem ser acessadas em ftp://maia.usno.navy.mil/conv2000/chapter5. Algumas rotinas adicionais, necessárias para a completa implementação, estão disponíveis em http://www.iau-sofa.rl.ac.uk. Trata-se de uma série de rotinas que compõem o SOFA (*Standards of Fundamental Astronomy*). Nesse endereço pode-se também encontrar a própria implementação dos modelos IAU2000.

Desde janeiro de 2003 os serviços do IERS estão publicando seus boletins (*Bulletin A*, *Bulletin B* e *C04EOP-PC*), que informam as quantidades δx e δy com respeito ao modelo de precessão e nutação IAU2000A, além dos parâmetros mais recentemente publicados.

3.3 Sistema de tempo

Neste capítulo já se fez referência aos sistemas de tempo. Nesta seção serão apresentados alguns conceitos e definições fundamentais para o melhor entendimento de seu uso no posicionamento por satélite GNSS, pois essa tecnologia baseia-se, fundamentalmente, em um padrão de tempo altamente estável, que no caso é o tempo atômico. Assim, a definição precisa de tempo é de extrema importância. E vale acrescentar que um sistema de tempo é como um sistema de referência, exceto no que diz respeito à dimensão, pois é unidimensional. Logo, comparece também a necessidade de definição e realização do sistema.

Três conceitos relacionados aos sistemas de tempo são necessários para iniciar a apresentação desse tema: instante, época e intervalo. Instante representa "quando" determinado evento ocorreu. Época é o instante de ocorrência de um evento que será tomado como origem da contagem de tempo. Intervalo é o tempo decorrido entre dois instantes, medido em unidades de determinada escala de tempo (Bock, 1996, p.7).

Três grupos básicos de escalas de tempo são importantes para o posicionamento por satélite: o tempo atômico, o tempo dinâmico e o tempo baseado na rotação da Terra (sideral e universal). Enquanto no posicionamento com GNSS registra-se o instante da tomada das medidas em tempo atômico, as equações do movimento de seus satélites são expressas em tempo dinâmico. Antes do advento do tempo atômico, o sistema de tempo civil era baseado no movimento de rotação da Terra, seja com relação ao sol médio, seja com relação à esfera celeste, sob a denominação, respectivamente, de tempo universal (TU) e tempo sideral (TS) (Seeber, 2003, p.31). Ainda é necessário manter a terminologia de tempo sideral e universal, pois a rotação primária entre o CCRS e CTRS pode ser realizada em função do GST (equação (3.19)). Além disso, as variações da rotação da Terra são expressas como diferenças entre o tempo universal e o tempo atômico.

3.3.1 Tempo atômico

O tempo atômico (TA) é uma escala de tempo muito estável sobre a Terra, mantida por relógios atômicos (10^{-13} a 10^{-15}). A escala de tempo fundamental desse sistema é o Tempo Atômico Internacional (TAI), com base em relógios atômicos mantidos por várias agências internacionais. O IERS e o BIPM (*Bureau International des Poids et Mesures*) em Paris são responsáveis pela manutenção e pela disseminação do tempo padrão e do EOP.

No início, o segundo atômico foi definido como a fração 1/86400 do dia solar médio. Mas, para proporcionar maior precisão à definição de tempo, durante a 13ª CGPM (Conferência Geral do Comitê Internacional de Pesos e Medidas), realizada em Paris em 1967, definiu-se o segundo atômico como "a duração de 9.192.631.770 períodos da radiação correspondente à transição entre os dois níveis hiperfinos do estado fundamental do césio 133".

O TAI é uma escala de tempo contínua, relacionada por definição com o TDT (*Terrestrial Dynamic Time* – Tempo Dinâmico Terrestre), a partir da seguinte expressão:

$$TDT = TAI + 32{,}184s. \tag{3.15}$$

A origem do TAI foi estabelecida de modo a coincidir com o TU à meia-noite do dia 1º de janeiro de 1958. Como o TAI é uma escala contínua de tempo, ela não se mantém sincronizada com o dia solar (seção 3.3.3), haja vista que a velocidade de rotação da Terra não é constante. Até 1998 ocorria uma redução média na velocidade de rotação da Terra de 1 segundo por ano. Esse problema é solucionado pela introdução do UTC (*Universal Coordinated Time* – Tempo Universal Coordenado, seção 3.3.4), incrementado periodicamente pela introdução de segundos intercalados.

3.3.1.1 Tempo GPS

Os sinais de tempo transmitidos pelos satélites GPS estão sincronizados com os relógios atômicos da estação de controle. No dia 6 de janeiro de 1980, à 00h00min UTC, origem do tempo GPS, este foi estabelecido como igual ao UTC. Mas não é incrementado pelos segundos intercalados. Há uma diferença de 19s entre o tempo GPS e o TAI, isto é:

$$t_{(GPS)} = TAI - 19{,}0s. \tag{3.16}$$

O tempo GPS é representado pelo número da semana GPS, contado de 0 até 1.023. Logo, cada ciclo contém 1.024 semanas, A semana 0 teve início às 00h UTC do dia 6 de janeiro de 1980. Os segundos da semana variam de 0 a 604.800. O fim do primeiro ciclo de tempo GPS ocorreu em 22 de agosto de 1999 à 00h GPS. A relação entre UTC e tempo GPS faz parte dos boletins de tempo do USNO (*United State Naval Observatory* – Observatório Naval dos Estados Unidos) e do BIPM, sendo também disseminada nas mensagens de navegação dos satélites GPS. Em junho de 2005, a diferença era de aproximadamente 13 s ($t_{(GSP)} - UTC_{\text{junho de 2005})} = +13s$. A relação exata pode ser obtida em Seeber (2003, p.37).

No que concerne ao sistema de tempo do GLONASS e do Galileo, alguns detalhes constam nas seções 2.2.4 e 2.3.4, respectivamente.

3.3.2 Tempo dinâmico

O tempo dinâmico (TD) tem sido usado como o argumento das efemérides astronômicas desde 1º de janeiro de 1984. Ele é derivado dos movimentos planetários no sistema solar e sua duração é baseada nos movimentos orbitais da Terra, da Lua e dos planetas. Até 1977, a escala de tempo para ser usada com as efemérides era denominada tempo das efemérides (TE).

O TDB refere-se a um sistema de tempo inercial, referenciado no baricentro do sistema solar. Por outro lado, o TDT tem duração de 86.400 SI (sistema internacional) segundos sobre o geoide e é o argumento independente das efemérides planetárias.

Em 1991 a IAU definiu o TCB (*Barycentric Coordinate Time*) e o *TCG* (*Geocentric Coordinate Time*) como base de tempo (a quarta componente de um sistema de coordenadas, por exemplo, x, y, z e t) do BRS e GRS, respectivamente. Além dela, outra base de tempo foi definida para o GRS. Trata-se do TT (*Terrestrial Time* – Tempo Terrestre), base de tempo considerada equivalente ao TDT (McCarthy, 1996).

Um relógio localizado sobre a superfície terrestre (TT), ou próximo a esta, exibirá variações periódicas com relação ao TDB, em razão do movimento da Terra no campo gravitacional do Sol. No entanto, para descrever fenômenos na Terra, ou próximos a esta, como o movimento de um satélite artificial, é suficiente utilizar o TT, o qual mantém uma escala de tempo uniforme para o movimento sujeito ao campo gravitacional da Terra, podendo ser considerado inercial localmente (Jekely,

2002). O TT apresenta por definição frequência igual à de um relógio atômico sobre a Terra (geoide) (Bock, 1996). O TT substituiu o TE em janeiro de 1984 (Nadal e Hatschbach, 1997).

O termo TDT, que consta da equação (3.15), é substituído por TT, que foi definido como uma escala de tempo que difere do TCG por uma razão constante, sendo sua unidade de medida escolhida de modo que concorde com o segundo do SI sobre a superfície terrestre. A diferença entre o TCG e o TT pode ser expressa por:

$$TGG - TT = Lg^* (MJD - 43144{,}0)^* \, 89400.0s, \qquad (3.17)$$

onde MJD refere-se à Data Juliana Modificada do TAI e $Lg = 6{,}969290134x10^{-10}$.

A relação entre o TCB e o TDB é linear. Ela é dada por:

$$TCB - TDB = Lb^*(MJD - 43144{,}0) * 86400{,}0s + Po, \quad Po \approx 6{,}55 * 10^{-5}s, \qquad (3.18)$$

com $Lb = 1{,}55051976772*10^{-8}$ (McCarthy e Petit, 2004, p.112).

No que se refere à transformação entre o TCB e o TCG, ela envolve transformação tetradimensional. Uma transformação aproximada é apresentada em McCarthy e Petit (2004, p.113).

3.3.3 Tempo universal e sideral

Antes do advento do TAI, a medição do tempo era realizada com relação ao movimento da Terra sobre seu eixo, que na prática pode ser considerado o movimento da esfera celeste em torno do eixo do mundo, só que em sentido oposto ao da rotação da Terra. Dois sistemas de tempo foram então estabelecidos: o Universal e o Sideral.

Uma medida de rotação da Terra é o ângulo horário entre o meridiano de um corpo celeste e um meridiano de referência, dependendo, consequentemente, da longitude do local. O TS é definido pelo ângulo horário do ponto vernal. Se for em relação ao ponto vernal verdadeiro, trata-se do Tempo Sideral Aparente (TSA), ao passo que, em relação ao ponto vernal médio, denomina-se Tempo Sideral Médio (TSM). O TU é definido pelo ângulo horário do meridiano médio de Greenwich em relação a um sol fictício (médio) movendo-se ao longo do Equador com velocidade constante, acrescido de 12h (Hoffman-Wellenhof;

Lichtenegger; Collins, 1997). O tempo sideral verdadeiro de Greenwich (GST), utilizado na equação (3.7), é obtido da seguinte expressão (McCarthy, 1996):

$$\begin{aligned} GST &= GMST + \Delta\psi\cos(\varepsilon) + 0{,}00264''\,\text{sen}(\Omega) + 0{,}000063''\,\text{sen}(2\Omega) \\ GMST &= GMST_{0\,Hs\,UT1} + r[(UT1 - UTC) + UTC] \\ GMST_{0\,Hs\,UT1} &= 6^h41^m50{,}54841^s + 8640184{,}812866^s t + \\ &\quad 0{,}093104t^2 - 6{,}2^s * 10^{-6}t^3 \\ r &= 1{,}002737909350795 + 5{,}9006 * 10^{-11}t - 5{,}9 * 10^{-15}t^2 \end{aligned} \tag{3.19}$$

com Ω sendo a longitude média do nodo ascendente do plano orbital da Lua. Os dois últimos termos da primeira equação de (3.19) passaram a fazer parte dos padrões IERS em 1º de janeiro de 1997 (McCarthy, 1996). Algumas alterações foram introduzidas em (3.19) para que a expressão ficasse compatível com a Resolução IAU2000, em 1º de janeiro de 2003. No novo conceito, UT1 é linearmente proporcional ao ângulo de rotação da Terra (θ). A nova expressão numérica é dada por (McCarthy e Petit, 2004, p.48):

$$\begin{aligned} GST &= 0{,}014506'' + \theta + 4612{,}15739966''t + 1{,}39667721''t^2 - \\ &-0{,}00009344''t^4 + \Delta\psi\cos(\varepsilon) - \sum_k C_k \sin(\alpha_k) - \\ &-0{,}00000087''t\,\sin(\Omega) \end{aligned} \tag{3.20}$$

Os dois últimos termos de (3.20) complementam a equação do equinócio ($\Delta\Psi\cos(\varepsilon)$) para proporcionar relação entre *GST* e *q* ao nível de *mas* e substituem os últimos dois termos da primeira equação em (3.19).

Tanto o TS quanto o TU estão baseados no movimento de rotação da Terra. Dessa forma, o TU pode ser considerado um caso particular do TS e vice-versa. Expressões para conversões entre eles podem ser obtidas em Nadal e Hatshbach (1997).

A duração do dia nos dois sistemas difere em aproximadamente 4 minutos. Isso ocorre pelo fato de o Sol se mover por volta de 1° (360°/365) por dia sobre a esfera celeste, em relação às estrelas, que podem ser consideradas fixas.

O TU obtido diretamente das observações astronômicas está sujeito à ação do movimento do polo e influências sazonais da velocidade de rotação da Terra. Então, o TU tem sido dividido em:

- *UT0* – é o TU obtido diretamente das observações astronômicas;
- *UT1* – é o UT0 corrigido da influência do movimento do polo sobre a longitude; e
- *UT2* – é o UT1 corrigido da influência das variações sazonais da velocidade de rotação da Terra.

3.3.4 Tempo Universal Coordenado (UTC)

Os padrões de frequência do Césio tendem a se afastar do UT1, o sistema de tempo mais representativo da rotação da Terra. Assim, surgiu a necessidade de uma escala de tempo que fosse mantida constantemente próxima do UT1 por meio de correções periódicas. Essa escala de tempo é denominada de UTC (*Universal Time Coordinated* – Tempo Universal Coordenado). O UTC possui a mesma marcha que o TAI, mas difere por um número inteiro de segundos (Nadal e Hatschbach, 1997).

Representa-se o valor para a diferença *DUT1* por:

$$DUT1 = UT1 - UTC. \tag{3.21}$$

O valor absoluto do afastamento entre UT1 e UTC não deve exceder 0,9 s (Leick, 1995). Caso isso ocorra, um segundo positivo ou negativo será intercalado no último segundo UTC do dia 30 de junho ou 31 de dezembro do ano correspondente. Essa diferença é distribuída pelos boletins do IERS, com x_p e y_p, podendo ser considerada uma correção a ser adicionada ao UTC para obter melhor aproximação do UT1.

O último segundo positivo intercalado no UTC foi efetivado em 31 de dezembro de 2005, quando a diferença entre o TAI e o UTC passou a ser de 33 s.

3.3.5 Data Juliana e Data Juliana Modificada

Em algumas expressões previamente apresentadas (3.4; 3.13 e 3.18) compareceram os termos Data Juliana (*JD*) ou Dia Juliano e Data Juliana Modificada (*MJD*). No que se refere à primeira, trata-se de uma sequência contínua de dias contados a partir de 1º de janeiro de 4713 AC, às 12h. Para a conversão de qualquer data do Calendário Gregoriano (*Y* =

ano; M = mês; D = dia), às 12h TU, para JD, pode-se utilizar a seguinte expressão (Leick, 1995):

$$JD = 367 * Y - 7 * [Y + (M + 9) / 12] / 4 + 275 * M / 9 + D\ 1721014. \quad (3.22)$$

Nessa expressão, a divisão por inteiro deve conservar o resultado como inteiro. Ela é válida para datas a partir de março de 1900. No que diz respeito à MJD, ela é dada por:

$$MJD = JD - 2400000{,}5. \quad (3.23)$$

3.3.6 Resumo sobre sistemas de tempo

Apresenta-se a seguir, na Tabela 3.1, todas as expressões envolvidas nos sistemas de tempo mais utilizados, com seus respectivos valores para as 08h39min25s de Brasília no dia 29 de abril de 2004 (Fuso = –3 horas).

Tabela 3.1 – Sumário sobre sistemas de tempo

Sistema de tempo	Equação	Valor para as 08h39min25s Brasília no dia 29.04.2004
UTC	Hora local – Fuso horário	29.04.2004 11h39min25s
UT1	UT1 = UTC+DUT1 (DUT1 = –0,5s) Equação (3.21)	29.04.2004 11h39min24,5s
TAI	UTC + números de saltos de segundos	29.04.2004 11h39min57s (32 saltos segundos)
T_{-GPS}	TAI - 19,0s – Equação (3.16)	29.04.2004 11h39min38s/ 387578,0s da semana GPS 1268. (Dia 04 da semana 0244 do ciclo 1).
TT = TDT	TT = TAI + 32,184s – Equação (3.15)	29.04.2004 11h40min29,184s
JD	Ver Equação (3.22)	2453124,98570 dias
MJD	MJD = JD-2400000,5	53124,48570 dias
TCG	Ver Equação (3.17)	29.04.2004 11h40min 29,7849716s

3.4 Realizações do ITRS

As realizações do ITRS, bem como outros sistemas geodésicos referenciados a elas, estão passando a fazer parte do dia a dia dos profissionais envolvidos com posicionamento. Portanto, nesta seção apresenta-se um breve histórico das realizações disponíveis, com algumas informações adicionais sobre cada uma delas.

3.4.1 Considerações iniciais

O ITRF consiste na realização do ITRS, a cargo do escritório central do IERS. Essa realização é efetuada pelo ajustamento de várias SSC (*Set of Station Coordinates* – Lista de Coordenadas das Estações), ou seja, TRFs, obtidas por meio de várias tecnologias apropriadas ao posicionamento espacial, como SLR, LLR, VLBI e o DORIS. O GPS passou a ser empregado na solução ITRF de 1991 e o DORIS, na de 1994.

Diversos centros de processamento submetem resultados (SSC), os quais são ajustados conjuntamente pelo IERS. Ao final se obtém uma lista de coordenadas e velocidade das estações, bem como os parâmetros de transformação entre as diversas SSC e a solução final. A Tabela 3.2 mostra os centros que participaram na realização do ITRF-97, bem como o número de estações envolvidas em cada uma das técnicas empregadas, com a época de referência de cada solução (Boucher; Altamimi; Sillard, 1999).

Nessas soluções, o SLR sobretudo, o GPS e o DORIS proporcionam a origem do sistema (geocentro), pois seus dados podem ser modelados dinamicamente. O VLBI, o SLR e o GPS proporcionam a escala, enquanto a orientação é definida pelos parâmetros de orientação da Terra determinados pelo IERS, em uma época de referência específica. Vale ressaltar que uma estação pode fazer parte de diversos centros.

Tabela 3.2 – Algumas informações sobre a realização do ITRF-97

Soluções TRFs	Período dos dados	Número de estações	Época de referência ano: dia do ano
VLBI			
SSC (GSFC) 98 R 01	79-82	129	97:001
SSC (GIUB) 98 R 01	85-97	49	93:001
SSC (USNO) 98 R 01	79-98	110	97:001
SSC (NOAA) 95 R 01	79-94	107	93:001
SLR			
SSC (CSR) 98 L 01	76-98	129	93:001
SSC (DUT) 98 L 01	83-97	72	93:001
SSC (GZ) 98 L 01	93-98	51	93:001
SSC (GSFC) 98 L 01	80-97	38	86:182
SSC (CGS) 98 L 01	86-98	76	93:001

Continua na página seguinte

Tabela 3.2 – *Continuação*

Soluções TRFs	Período dos dados	Número de estações	Época de referência ano: dia do ano
GPS			
SSC (CODE) 98 P 01	93-98	139	95:314
SSC (EMR) 98 P 01	94-97	40	98:001
SSC (EUR) 98 P 01	96-98	67	97:074
SSC (GFZ) 98 P 01	93-97	76	97:001
SSC (JPL) 98 P 02	91-98	84	96:001
SSC (NRCAN) 98 P 01	95-98	145	98:001
DORIS			
SSC (GRGS) 98 D 01	93-98	63	93:001
SSC (IGN) 98 D 04	90-97	69	94:001
SSC (CSR) 96 D 01	93-96	54	03:001
SLR + DORIS SSC (GRIM) 98 C 01	85-96	147	

3.4.2 Breve histórico do ITRF e as realizações disponíveis

O IERS substituiu, em 1988, o BIH. O início das atividades do BIH ligadas à realização do CTRS se deu em 1985. As realizações do BTS (*BIH Terrestrial System* – Sistemas Terrestres BIH) são denominadas BTS84, BTS85, BTS86 e BTS87 (Boucher e Altamimi, 1989). A partir de 1988 essa função foi transferida para o IERS, que passou a realizar o ITRS. A realização inicial é denominada ITRF0, na qual foi adotada a origem, a orientação e a escala do BTS87 (Boucher e Altamimi, 1989). As sucessivas realizações do ITRF, depois da inicial, são: ITRF88, ITRF89, ITRF90,... , ITRF94, ITRF96, ITRF97, ITRF2000 e, mais recentemente, o ITRF2005.

Uma estação ITRF é caracterizada pelas coordenadas geocêntricas *X, Y, Z* com as respectivas velocidades, isto é, $\dot{X}, \dot{Y}$ *e* $\dot{Z}$, em uma determinada época de referência t_0. Usando-se a representação: $\vec{X} = (X, Y\ Z)$ e $\vec{V} = (\dot{X}, \dot{Y}, \dot{Z})$, a posição de um ponto sobre a superfície terrestre, em um instante *t* deve ser expressa na forma:

$$\vec{X}(t) = \vec{X}_0 + \vec{V}_0(t - t_0) + \sum_i \Delta\vec{X}_i, \qquad (3.24)$$

onde $\Delta\vec{X}_i$ são correções decorrentes de vários efeitos que se alteram com o tempo e $\vec{X}_0$ e $\vec{V}_0$ são os vetores posição e velocidade na época de referência t_0. Algumas das correções a serem consideradas são os deslocamentos de maré da Terra sólida, carga dos oceanos e carga da atmosfera.

Até as realizações anteriores ao ITRF91, a evolução temporal das estações era obtida a partir do modelo de velocidade das placas litosféricas, denominado NUVEL (*Northern University Velocity Model*). Com a realização ITRF91 (Boucher; Altamimi; Duhem, 1992) a velocidade de cada estação passou também a ser estimada no processo, tendo o modelo de movimento da placa como informação adicional.

Até a publicação do ITRF92 todas as realizações do ITRS praticamente seguiram o mesmo padrão (Boucher; Altamimi; Duhem, 1993). No ITRF93 houve uma mudança em relação às anteriores no que diz respeito à orientação da rede. Até então, adotava-se como injunção uma orientação com relação a uma rede NNR, relativa ao ano de 1988. No ITRF93, a orientação e sua variação com o tempo passaram a ser consistentes com os parâmetros de rotação da Terra produzidos pelo IERS (Boucher; Altamimi; Duhem, 1994).

No ITRF94 as estações foram classificadas de acordo com a qualidade de suas coordenadas e respectivas velocidades e a matriz variância-covariância de cada solução individual foi considerada na combinação de todas as soluções. As estações foram classificadas em quatro classes: A, B, C e Z, sendo a precisão o critério principal adotado nessa classificação. A Figura 3.4 apresenta a distribuição global das estações pertencentes ao ITRF94, segundo sua classificação.

As estações incluídas nessa classificação foram determinadas por, pelo menos, duas técnicas diferentes, as quais devem estar relacionadas por levantamentos locais, o que permite confrontar os resultados. As estações classe A apresentam precisão melhor que 2 cm na época 1988,0 e 1993,0. Estações não pertencentes à classe A, mas com precisão melhor que 3 cm em 1993,0, são classificadas na classe B. Uma estação que não pode ser classificada em A ou B, mas apresenta precisão da ordem de 5 cm, é incluída na classe C. As demais estações fazem parte da classe Z.

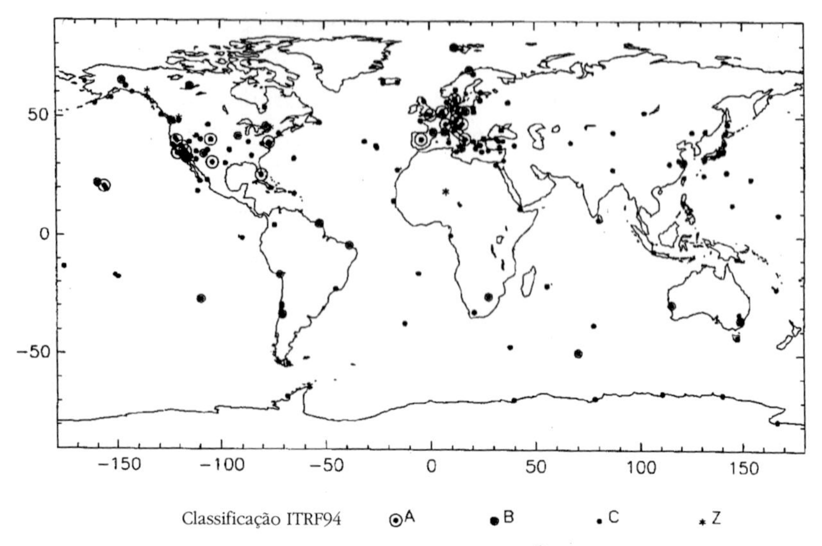

Figura 3.4 – Distribuição global das estações ITRF94, segundo sua classificação (BOUCHER et al., 1996).

No que diz respeito à orientação da rede, o ITRF94 está injuncionado ao ITRF92 na época 1988,0 e a evolução no tempo segue o modelo geofísico denominado NNR-NUVEL1. Dessa forma, o ITRF94 é consistente com os parâmetros de orientação da Terra publicados pelo IERS (Boucher et al., 1996).

A versão 95 do ITRF não foi realizada. Observou-se, naquela ocasião, que, apesar do nível de precisão atingido no ITRF94, uma série de detalhes não considerados até aquele momento no modelo merecia estudos mais profundos. Um grupo de trabalho foi criado e suas recomendações finais foram apresentadas em um *workshop* sobre o ITRF. Mas, considerando as necessidades dos usuários naquela época, decidiu-se continuar com as publicações anuais do ITRF antes da apresentação final das recomendações do grupo de trabalho. Assim, a realização do ITRS posterior à do ITRF94 é designada ITRF96.

A orientação, a origem, a escala e a evolução temporal do ITRF96 foram definidas de modo a serem iguais às do ITRF94. Nos locais onde há mais de uma estação, mesmo que com técnicas diferentes, as componentes da velocidade são consideradas iguais e as soluções individuais foram consideradas estatisticamente independentes, cada uma com matriz variância-covariância conhecida, a menos de um fator de escala.

Dezessete SSC foram selecionadas para compor o ITRF96 (quatro VLBI, dois SLR, oito GPS e três DORIS). Os dados envolvidos abrangem vários intervalos, não apenas os anos de 1995 e 1996. As coordenadas e as velocidades das estações estimadas no ITRF96 referem-se à época 1997,0. Diferentemente das realizações anteriores, ela está dividida em quatro tabelas, cada uma correspondendo à técnica utilizada (VLBI, SLR, GPS e DORIS). Mais de quinhentas estações, estabelecidas em 290 locais, fizeram parte do ITRF96 (Boucher; Altamimi; Sillard, 1998). A Figura 3.5 mostra a distribuição dessas estações. Os arquivos sobre essa realização, disponíveis na internet, são encontrados em http://lareg.ensg.ign.fr/ITRF/ITRF96.html.

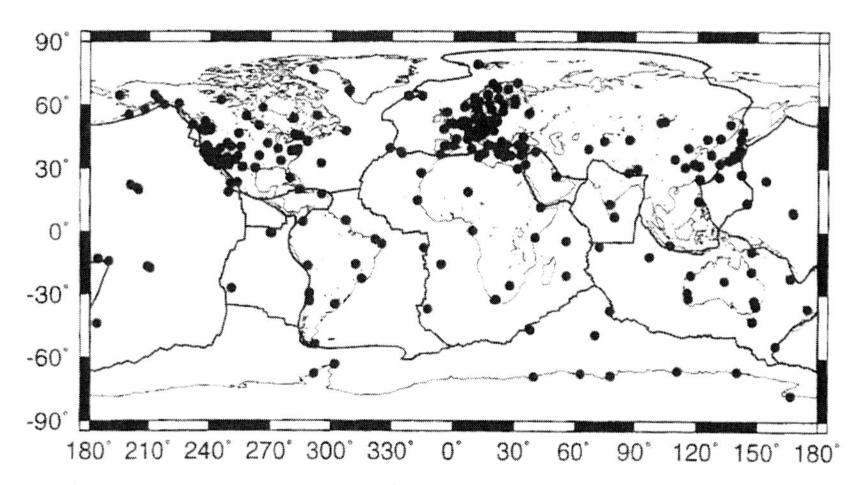

Figura 3.5 – Estações envolvidas no ITRF96 (BOUCHER; ALTAMIMI; SILLARD, 1998).

No final de 1999 ficou disponível o ITRF97. A Tabela 3.2 contém várias informações sobre essa realização, entre elas as várias SSC envolvidas, intervalo dos dados utilizados etc. Essa realização é bastante similar ao ITRF96. A orientação, a origem, a escala e a evolução temporal do ITRF97 foram definidas de modo a serem iguais às do ITRF96 e, consequentemente, iguais às do ITRF94.

Em relação ao ITRF96, o número de estações e locais onde foram estabelecidas aumentou. O ITRF97 é composto por mais de 550 estações, em 325 localidades. A Figura 3.6 ilustra a distribuição dessas estações. Mais detalhes podem ser encontrados em Boucher; Altamimi; Sillard (1997).

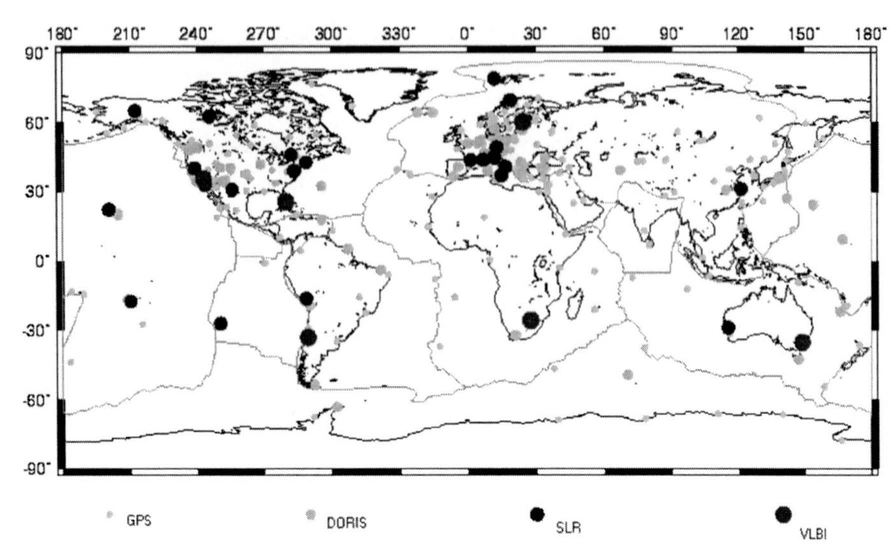

Figura 3.6 – Estações envolvidas no ITRF97 (BOUCHER; ALTAMIMI; SILLARD, 1999).

A realização do ITRS posterior à ITRF97 é a ITRF2000. Nessa realização, diferentemente das demais e na medida do possível, não compareceram injunções externas. Logo, essa solução reflete a precisão das tecnologias espaciais disponíveis naquela época para a Geodésia na determinação de posição e de velocidade de estações sobre a crosta terrestre. A origem do sistema foi estabelecida a partir da média ponderada de cinco soluções SLR. Nesse caso, as translações e suas variações vinculadas a essas soluções foram fixadas como zero em relação ao ITRF2000. A escala resultou de cinco soluções SLR e três VLBI. Logo, a diferença em escala entre o ITRF2000 e cada uma dessas soluções foi considerada nula, bem como sua variação. A orientação foi introduzida via injunção interna ($BX = 0$), na qual a matriz B é restrita apenas aos elementos de orientação e o vetor X representa as diferenças entre as coordenadas no ITRF97 e velocidades no NNR-NUVEL-1A, com respeito aos estimados no ITRF2000, envolvendo apenas cinquenta estações que apresentam alta qualidade. Essa nova realização contém algo em torno de oitocentas estações, distribuídas em aproximadamente quinhentos locais. Há, em relação às realizações anteriores, uma melhor distribuição das estações, mas mesmo assim comparece uma maior concentração na Europa e na América do Norte. A solução final é composta por 21 SSC individuais, das quais três VLBI, oito SLR/LLR, seis GPS, dois DORIS, dois com técnica múltipla, além de nove densificações GPS. Uma ilustração das distribuições das estações ITRF2000 pode ser vista na Figura 3.7, acessada em http://lareg.ensg.ign.fr/ITRF/ITRF2000/ em 23 de março de 2007. Mais detalhes podem ser obtidos em Altamimi; Sillard; Boucher (2002).

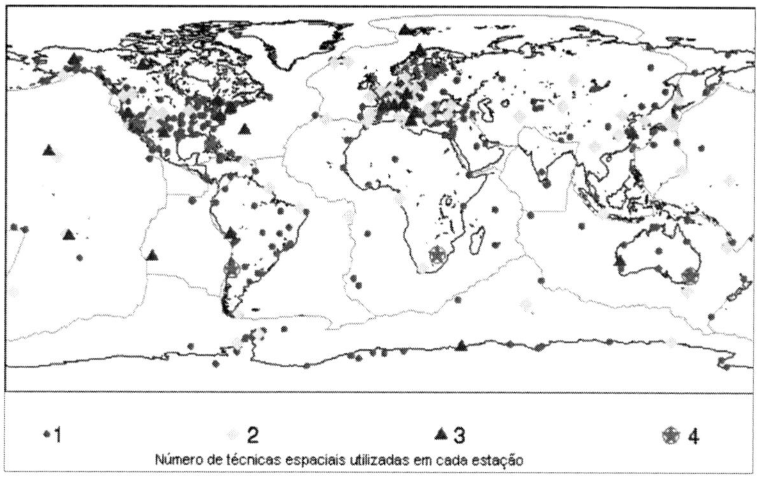

Fonte: IERS 2005.

Figura 3.7 – Estações envolvidas no ITRF2000.

Das estações ITRF2000, 50% delas apresentam precisão melhor que 1 cm e aproximadamente cem estações têm suas velocidades estimadas com precisão da ordem de 1 mm/ano. Em face da nova definição e realização no contexto do ITRF2000, comparecem diferenças significativas entre essa nova realização e as anteriores. Os parâmetros de transformação entre a ITRF2000 e demais realizações estão contidos na Tabela 3.5 (p.130).

Apesar de todo o esforço direcionado para a obtenção do ITRF2000, algumas deficiências ainda estão presentes. Nem todas as injunções externas puderam ser removidas, a série temporal em posição de algumas estações não permitia admitir velocidade constante para a região das estações, mas mesmo assim essa suposição foi admitida, verificaram-se conexões locais entre técnicas diferentes com acurácia não adequada etc. (Angermann et al., 2003). Detalhada descrição das realizações até o ITRF2000, além de informações sobre as futuras realizações, como o ITRF2005, pode ser obtida em Monico; Soto; Drewes (2005).

Na medida do possível, a realização denominada ITRF2005 se deu na nova estrutura do ITRS no IERS (ver seção 3.4.3). Detalhes da teoria básica sobre a metodologia atual usada na realização do ITRS são apresentados em Monico (2006).

Diferentemente das versões anteriores, os dados de entrada do ITRF2005 foram séries temporais de posições das estações e dos parâmetros de orientação da Terra.

As soluções referentes aos dados de entrada foram disponibilizadas em amostras semanais pelo IGS (*International GNSS Service*), pelo ILRS (*International Laser Range Service*) e pelo IDS (*International DORIS Service*) e diárias pelo IVS (*International VLBI Service*), todas já incluindo a combinação dos centros de análises envolvidos (intra-solução), exceto para o caso do DORIS.

As séries temporais usadas e algumas informações complementares estão apresentadas na Tabela 3.3.

Na definição do *datum* do ITRF2005, a origem foi definida de tal forma que, na época 2000,0, os parâmetros de translação em relação à série temporal do ILRS (SLR) fossem nulos, bem como a variação temporal dos parâmetros de translação do ITRF2005. No que concerne à escala, ela é nula na época 2000,0, assim como a variação da escala do ITRF2005 em relação à série temporal do VLBI. A orientação é estabelecida de tal forma que os parâmetros de orientação na época 2000,0 entre o ITRF2005 e o ITRF2000 sejam nulos, bem como suas taxas de variação.

Tabela 3.3 – Séries temporais utilizadas no ITRF2005

Identificação da série temporal	Período envolvido	Tipo de solução
IVS	1980,0 – 2006,0	Equação normal
ILRS	1992,9 – 2005,9	Injunção de 1 m para coordenadas e o equivalente a 1 m para os parâmetros de orientação da Terra
IGS	1996,0 – 2006,0	Injunções mínimas
IDS (IGN e JPL)	1993,0 – 2006,0	Injunções fracas (sem mais detalhes)
IDS (LCA)	1993,0 – 2005,8	Injunção de 10 m para coordenadas e 500 *mas* para as coordenadas do polo

As estratégias adotadas para a obtenção da solução final ITRF2005 foram:

- introdução de injunções mínimas nas soluções SLR (ILRS) e DORIS (IDS) em razão de estas terem sido fracamente injuncionadas;
- aplicação das condições NNT (*No Net Translation*)[2] e NNR na solução VLBI (IVS), disponibilizada na forma de equações normais;
- as soluções GPS (IGS) foram usadas da maneira como foram disponibilizadas, haja vista já estarem com injunções mínimas;
- a solução final de cada uma das técnicas (intrassolução), incluindo as posições, as velocidades, os EOPs e os sete parâmetros de transformação de cada semana (dia para o VLBI) em relação à solução final, foi estimada a partir das séries temporais semanais;
- realização de identificação e adaptação de *outliers*, além de análise e correções de descontinuidades nas séries temporais;
- as duas soluções DORIS foram combinadas em uma única; e
- as soluções de cada técnica foram combinadas em uma única (intersolução) com a adição das ligações (amarrações) nas estações com mais de uma técnica disponível.

O último passo proporcionou a solução final do ITRF2005, envolvendo posições das estações, velocidades e EOPs, além de informações sobre a qualidade desses parâmetros. As coordenadas das estações, velocidades e respectivas precisões são disponibilizadas para cada tipo de tecnologia envolvida na realização. O número de estações que faz parte do ITRF2005 não difere muito daquele do ITRF2000, de modo que a Figura 3.7 é bastante representativa dessa realidade. Mas o número de estações é menor, em face da rigorosa análise de qualidade realizada.

3.4.3 A estrutura atual do ITRS dentro do IERS

Grande tem sido o progresso alcançado na realização do ITRS, consequência direta da acurácia proporcionada pelas observações espaciais, bem como pelo bom desempenho dos sistemas de processamento de dados. Isso tem levado também a atualizações na estrutura dos órgãos responsáveis por desenvolver esses trabalhos. A partir de 2001, para

2 Ver detalhes sobre NNT em Monico (2005).

assegurar redundância na realização do ITRS, foram criados os IERS-CC para auxiliar o ITRS-CP. Atualmente há três IERS-CC: DGFI (*Deutsche Geodätische Forschungsinstitut*), na Alemanha; IGN, na França, e NRCan (*National Resources Canada*).

O IERS-CC é responsável por gerar produtos ITRS precisos e confiáveis, partindo da combinação de dados (soluções) de várias técnicas geodésicas espaciais (VLBI, SLR, LLR, GPS, DORIS), as quais são proporcionadas pelos serviços específicos do IERS, como IVS, ILRS, IGS e IDS, bem como por outros centros de análise.

Na nova estrutura do IERS também se criou o CRC (*Combination Research Centers*), a fim de proporcionar melhorias adicionais nas combinações das técnicas espaciais. Sua função é desenvolver métodos de combinações adequados, bem como softwares para serem utilizados pelo Coordenador de Análises do IERS para a obtenção do produto final. Atualmente essa função é realizada por onze institutos de pesquisa.

O Coordenador de Análises do IERS é responsável pela realização do IERS e de outros produtos, bem como por sua consistência interna.

3.5 Sistema de referência associado ao GPS (WGS 84)

O sistema de referência associado ao GPS, quando se utilizam efemérides transmitidas, é o WGS 84. Dessa forma, quando um levantamento é efetuado usando-se o GPS em sua forma convencional, as coordenadas dos pontos envolvidos são obtidas nesse sistema de referência. A Figura 3.8 ilustra o WGS 84. Sua origem é o centro de massa da Terra, com os eixos cartesianos *X*, *Y* e *Z* definidos de forma idêntica aos do CTRS para a época 1984,0. O elipsoide de referência é o WGS 84, um elipsoide de revolução geocêntrico, que em nível prático coincide com o GRS 80.

Na primeira realização do WGS 84 utilizaram-se 1.591 estações determinadas pela DMA (*Defense Mapping Agency*), atual NGA (*National Geospatial-Intelligence Agency*) e que sucedeu o NIMA (*National Imagery Mapping Agency*), que usaram observações Doppler do sistema Transit e atingiram precisão da ordem de 1 a 2 m (DMA, 1987). Entre essas estações estão as estações monitoras do GPS, isto é, Colorado, Ascension, Diego Garcia, Kwajalein e Havaí. Refinamentos têm sido realizados usando-se

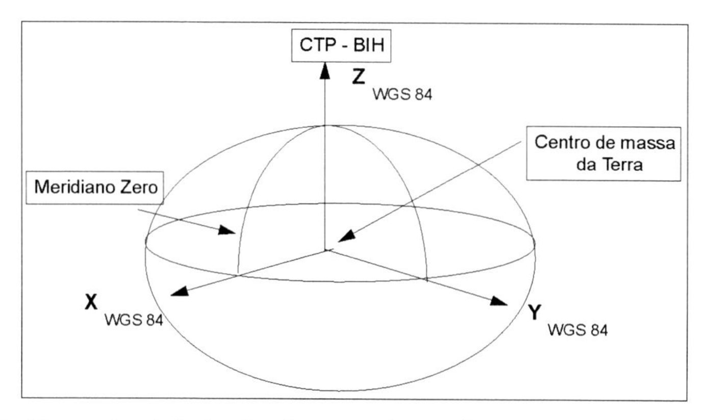

Figura 3.8 – Sistema de referência adotado no GPS (WGS 84).

posicionamento por GPS, com o objetivo de melhorar a precisão das coordenadas das estações monitoras. Além destas, fizeram parte dos refinamentos outras estações do NIMA. Essas novas realizações foram denominadas WGS 84 (G730) (Malys e Slater, 1994), WGS 84 (G873) (Malys et al., 1997) e WGS 84 (G1150) (Merrigan et al., 2002), onde G representa que o refinamento foi efetuado usando-se GPS, e 730, 873 e 1150 representam, respectivamente, as semanas GPS em que ocorreram as realizações. A acurácia (1 sigma) da resultante das coordenadas de cada estação em relação ao ITRF foi, respectivamente, da ordem de 10 cm para o WGS 84 (G730), de 5 cm para o WGS 84 (G873) e de 1 cm para o WGS 84 (G1150). As datas em que as novas coordenadas passaram a ser utilizadas pelo segmento de controle operacional do GPS foram 29 de junho de 1994, para o WGS 84 (G730), 29 de janeiro de 1997, para o WGS 84 (G873), e 20 de janeiro de 2002, para o WGS 84 (G1150).

Com o refinamento do WGS 84, alguns parâmetros relacionados a esse sistema sofreram alterações. Na Tabela 3.4 estão listados os parâmetros fundamentais do WGS 84. O novo valor de GM foi implementado no sistema operacional do GPS em outubro de 1994, melhorando, portanto, a qualidade das coordenadas cartesianas dos satélites. No entanto, no processo de obtenção dos elementos keplerianos, a partir das coordenadas cartesianas dos satélites, ainda se adota o valor antigo. Caso contrário, como há milhões de receptores no mercado que adotam o valor antigo, os quais também deveriam sofrer alterações, os custos seriam muito elevados. Dessa forma, as órbitas são melhoradas com a adoção do novo valor de GM e os softwares de modo que os resultados são aprimorados residentes nos receptores não precisam sofrer alterações, aprimorando os resultados sem custos adicionais (Mayls et al., 1997). Mas trata-se de solução que deverá sofrer alterações no futuro.

Tabela 3.4 – Parâmetros do elipsoide do WGS 84

Parâmetro e valor		Descrição
a = 6378137 m	Igual ao anterior	Semieixo maior
f = 1/298,2572221	1/298,257223563	Achatamento
ω_e = 7292115. 10^{-8} rad/s	Igual ao anterior	Velocidade angular da Terra
GM = 3986005. 10^8 m^3/s^2	3986004,418x10^8 m^3/s^2	Constante gravitacional da Terra

Fazem parte ainda do WGS 84 as alturas geoidais entre o elipsoide WGS 84 e o geoide, as quais foram derivadas do EGM96 (*Earth Gravitational Model* 1996 – Modelo Gravitacional da Terra). A incerteza absoluta das alturas geoidais é estimada no intervalo de 0,5 a 1,0 m, em nível global. Informações adicionais podem ser obtidas em http://cddis.gsfc.nasa.gov/egm96/egm96.html.

Apesar do substancial aperfeiçoamento obtido com as novas realizações do WGS 84, não se deve esperar essa mesma qualidade para as coordenadas das estações determinadas anteriormente a essas novas realizações após a aplicação de transformações geométricas. A precisão resultante das coordenadas em um processo de transformação será, no mínimo, igual à da que contém os piores resultados.

3.6 SIRGAS

O SIRGAS, originalmente denominado Sistema de Referência Geocêntrico da América do Sul, concebido em 1993 e com duas campanhas GPS já realizadas, culminou com duas densificações do ITRF. Atualmente, sua denominação é Sistema de Referência Geocêntrico para as Américas.

A primeira campanha ocorreu no período de 26 de maio a 14 de junho de 1995. Foram ocupadas 65 estações ao todo, das quais sete pertencentes ao IGS (*International GNSS Service* – Serviço GNSS Internacional). Essas sete estações fazem parte do ITRF94 e suas coordenadas foram inseridas no ajustamento como fiduciais. Desse número total de estações, dez estão localizadas no Brasil. Todas estavam equipadas com receptores de dupla frequência. Detalhes do processamento e uma lista das coordenadas das estações envolvidas podem ser encontrados em IBGE (1997). A precisão formal de cada uma das coordenadas foi da ordem de 4 mm.

A segunda campanha foi realizada de 10 a 19 de maio de 2000, cerca de cinco anos após a primeira. Fizeram parte dessa campanha 184 estações, distribuídas não só pela América do Sul, mas em todo o continente americano. Foi quando houve a mudança do significado da sigla SIRGAS.

O processamento dos dados da segunda campanha foi realizado por três centros de processamento do SIRGAS: o IBGE no Brasil e o DGFI (Deutsche Geodätische Forshungsinstitut) e o BKG (*Bundesamt für Kartographie und Geodäsie*) na Alemanha. O resultado final do processamento encontra-se disponível em http://www.ibge.gov.br/home/geografia/geodesico/sirgas/principal.htm. A precisão final das coordenadas, baseada na repetibilidade dos resultados, é da ordem de 4 a 6 mm. A Figura 3.9 mostra a distribuição das estações. Sua denominação é SIRGAS 2000.

Com a realização do SIRGAS 2000 foi disponibilizado o campo de velocidade para as estações localizadas na placa litosférica sul-americana, necessário para aplicações de alta precisão (seção 3.7).

As Nações Unidas, durante a 7ª Conferência Cartográfica Regional das Américas, realizada em Nova York, em janeiro de 2001, recomendou a adoção do SIRGAS pelos países da América para integrar seus sistemas geodésicos de referência.

3.7 Transformação entre referenciais terrestres e atualização de coordenadas

Em trabalhos geodésicos e de geodinâmica em que se exige alta acurácia, é necessário que as coordenadas referenciadas a uma determinada época sejam atualizadas (mapeadas) para outra época de interesse, o que pode ou não envolver referenciais distintos. Para tanto, pode-se adotar a transformação generalizada de Helmert.

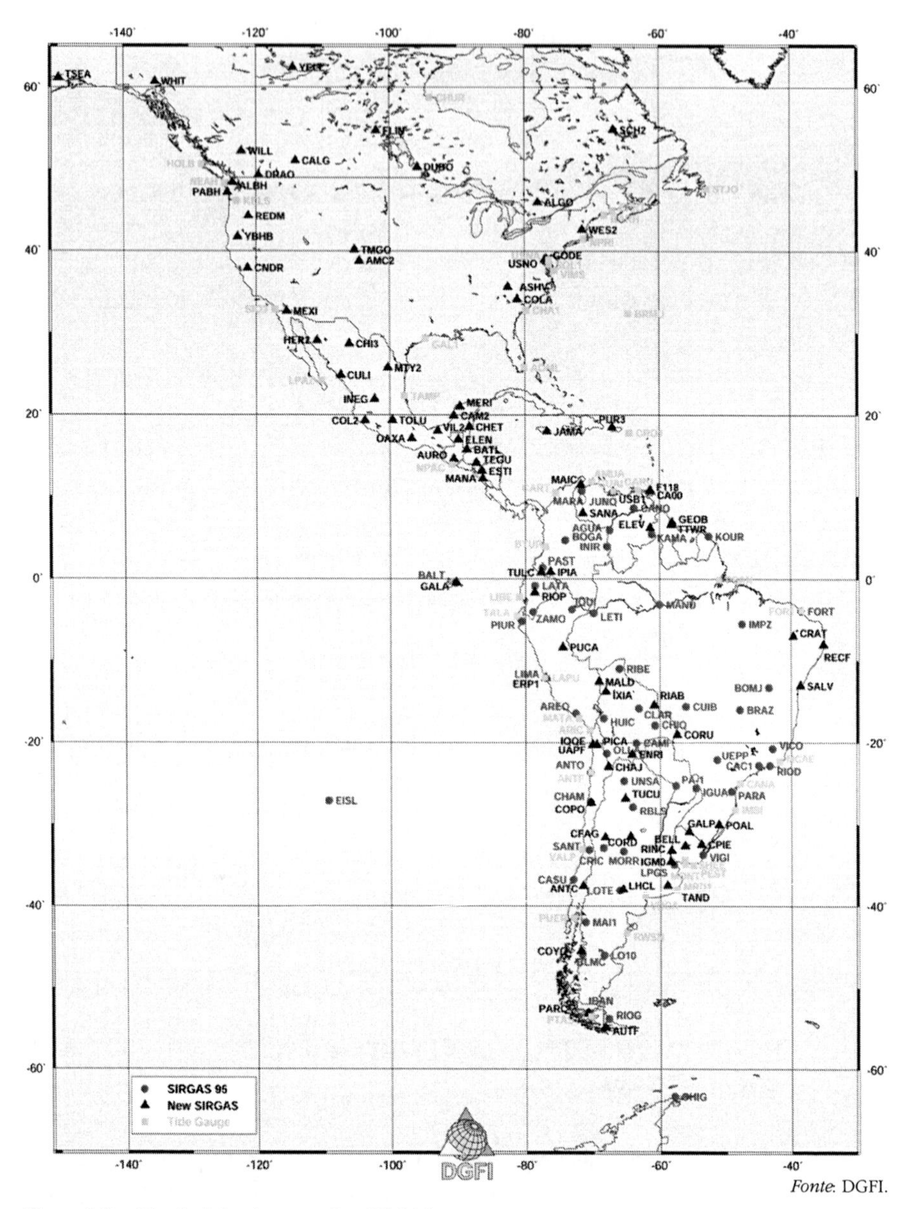

Fonte: DGFI.

Figura 3.9 – Distribuição das estações SIRGAS.

3.7.1 Transformação generalizada de Helmert

A transformação generalizada de Helmert das coordenadas de um ponto *P* qualquer entre duas redes arbitrárias de referência com épocas distintas, como o ITRF-yy na época t_0 e o ITRF-zz época *t*, pode ser obtida pela seguinte equação (Soler, 1999):

$$\begin{aligned} \vec{X}_{ITRF-zz(t)} &= \vec{T}_X + (1+s)(\varepsilon + I).(\vec{X}_{ITRF-yy} + \vec{V}_{ITRFF-yy(t_0)}(t-t_0)) + \\ &+ (\dot{\vec{T}} + (1+s)(\dot{\varepsilon}) + \dot{s}((\varepsilon)+(I)))\vec{X}_{ITRF-yy(t_0)}).(t-t_0) \end{aligned} \quad (3.25)$$

Nessa equação tem-se:

- $\vec{T}_X$ é o vetor das coordenadas da origem da rede ITRF-yy na rede ITRF-zz na época t_0, ou seja, os parâmetros de translação;
- [ε] é uma matriz de rotações diferenciais ε_x, ε_y, e ε_z em radianos, em torno dos eixos *X*, *Y* e *Z*, respectivamente, da rede ITRF-yy para estabelecer paralelismo com a rede ITRF-zz na época t_0;
- *s* é o fator diferencial de escala expresso em ppm (10^{-6}) na época t_0;
- $\vec{X}_{\text{ITRF-yy(to)}}$ é o vetor das coordenadas do ponto *P* na rede de referência ITRF-yy na época t_0;
- $\vec{V}_{\text{ITRF-yy(to)}}$ é o vetor velocidade do ponto $\vec{X}_{ITRFyy}$ na época t_0 em razão do movimento da placa litosférica que o contém;
- $(t\text{-}t_0)$ é o intervalo de tempo expresso em anos e sua fração, que na prática é aproximado para o tempo médio do período observado; e
- $\dot{\vec{T}}$, $[\dot{\varepsilon}]$, $\dot{s}$ representam as variações em translação, rotação e fator diferencial de escala no ITRF-yy com relação ao tempo.

Observe-se que para os casos em que as coordenadas das estações não variam com o tempo, a equação (3.25) se torna a equação referente à transformação de Helmert com sete parâmetros, ou seja:

$$\vec{X}_{ITRF-zz} = \vec{T}_X + (1+s)(\varepsilon + I).\vec{X}_{ITRF-yy}. \quad (3.26)$$

Da mesma forma que as coordenadas, as velocidades também podem ser obtidas partindo-se da velocidade conhecida em uma outra rede de referência, utilizando-se a seguinte expressão:

$$\begin{aligned} \vec{V}_{ITRF-zz} &= \dot{\vec{T}} + ((1+s)(\dot{\varepsilon}) + \dot{s}((\varepsilon)+(I)))\vec{X}_{ITRF-yy} \\ &+ (1+s)((\varepsilon)+(I)).\vec{V}_{ITRF-yy} \end{aligned}, \quad (3.27)$$

onde $\vec{V}_{ITRF\text{-}zz}$ representa as componentes lineares referidas aos eixos cartesianos do campo de velocidade associado ao ponto $\vec{X}_{ITRF\text{-}zz}$ na rede de referência ITRF-zz. Elas são resultantes da variação temporal ocasionada pelo movimento das placas litosféricas e por outros fatores não modelados, como deformações. Os termos restantes contidos na equação (3.27) são análogos aos da (3.25).

A transformação de um referencial para outro pode também ser realizada mediante a atualização das coordenadas e parâmetros de transformação do referencial de origem, adotando-se a equação (3.24), mas sem o último termo do lado direito. Em seguida aplica-se a equação (3.26). Vale ressaltar que, para o caso dos parâmetros, a velocidade na equação (3.24) deve ser substituída pela taxa de variação do parâmetro e as coordenadas pelo parâmetro propriamente dito.

A Tabela 3.5 contém os parâmetros de transformação entre o ITRF2000 e as demais realizações do ITRS obtidos em McCarthy e Petit (2004, p.30).

Após a transformação, pode-se ter interesse em converter as coordenadas cartesianas para geodésicas (seção 3.8.4). Por outro lado, a transformação de Molodenski proporciona os resultados da transformação em coordenadas geodésicas.

Tabela 3.5 – Parâmetros de transformação entre o ITRF2000 e as demais realizações do ITRS

Parâmetros ⇒	T_x (cm)	T_y (cm)	T_z (cm)	s (10^{-9})	ε_x (mas)	ε_y (mas)	ε_z (mas)
Variação dos parâmetros ⇒ Transformações	$\dot{T}_x$ *cm/ano*	$\dot{T}_y$ *cm/ano*	$\dot{T}_z$ *cm/ano*	$\dot{s}$ *ppb/ano*	$\dot{\varepsilon}_x$ *mas/ano*	$\dot{\varepsilon}_y$ *mas/ano*	$\dot{\varepsilon}_z$ *mas/ano*
ITRF2000 → ITRF2005[3] Época 2000,0	–0,1 0,2	0,8 –0,1	5,8 1,8	–0,4 –0,08	0,0 0,0	0,0 0,0	0,0 0,0
ITRF2000 → ITRF97 = ITRF96 = ITRF94 Época 1997,0	0,67 0,00	0,61 –0,06	–1,85 –0,14	1,55 0,01	0,00 0,00	0,00 0,00	0,00 0,02
ITRF2000 → ITRF93 Época 1988,0	1,27 –0,29	0,65 –0,02	–2,09 –0,06	1,95 0,01	–0,39 –0,11	0,80 –0,19	–1,14 0,07
ITRF2000 → ITRF92 Época 1988,0	1,47 0,00	1,35 –0,06	–1,39 –0,14	0,75 0,01	0,0 0,00	0,0 0,00	–0,18 0,02
ITRF2000 → ITRF91 Época 1988,0	2,67 0,00	2,75 –0,06	–1,99 –0,14	2,15 0,01	0,0 0,00	0,0 0,00	–0,18 0,02
ITRF2000 → ITRF90 Época 1988,0	2,47 0,00	2,35 –0,06	–3,59 –0,14	2,45 0,01	0,0 0,00	0,0 0,00	–0,18 0,02
ITRF2000 → ITRF89 Época 1988,0	2,97 0,00	4,75 –0,06	–7,39 –0,14	5,85 0,01	0,0 0,00	0,0 0,00	–0,18 0,02
ITRF2000 → ITRF88 Época 1988,0	2,47 0,00	1,15 –0,06	–9,79 –0,14	8,95 0,01	0,1 0,00	0,0 0,00	–0,18 0,02

3 Parâmetros obtidos a partir da transformação de ITRF2005 para ITRF2000 (http://itrf.ensg.ign.fr/ITRF_solutions/2005/tp_05-00.php).

3.7.2 Transformação com equações diferenciais simplificadas de Molodenski

Há vários modelos, além dos apresentados, para realizar a transformação entre sistemas geodésicos. Entre eles, apresentam-se a seguir as equações diferenciais simplificadas de Molodenski (Gemael, 1981), que não levam em consideração a variação temporal das coordenadas. As equações a serem apresentadas podem também ser aplicadas para transformações entre vários sistemas convencionais, por exemplo, de SAD 69 para CA, usando-se para tanto os parâmetros de transformação *Tx, Ty* e *Tz* apropriados. Tem-se então:

$$\begin{aligned}
\Delta\Phi^o &= \frac{1}{\overline{M}_1}\{(a_1\Delta f + f_1\Delta a)\,\text{sen}\,2\Phi_1 - Tx\,\text{sen}\,\Phi_1\cos\lambda_1 - \\
&\quad -Ty\,\text{sen}\,\Phi_1\,\text{sen}\,\lambda_1 + Tz\cos\Phi_1\}\frac{180}{\pi}; \\
\Delta\lambda^o &= \frac{1}{\overline{N}_1\cos\Phi_1}\{-Tx\,\text{sen}\,\lambda_1 + Ty\cos\lambda_1\}\frac{180}{\pi}; \\
\Delta N &= \{a_1\Delta f + f_1\Delta a)\,\text{sen}\,2\Phi_1 - \Delta a + Tx\cos\Phi_1\cos\lambda_1 + \\
&\quad + Ty\cos\Phi_1\,\text{sen}\,\lambda_1 + Tz\,\text{sen}\,\Phi_1
\end{aligned} \tag{3.28}$$

As coordenadas geodésicas transformadas são dadas por:

$$\begin{aligned}
\Phi_2 &= \Phi_1^o + \Delta\Phi^o \\
\lambda_2 &= \lambda_1^o + \Delta\lambda^o
\end{aligned} \tag{3.29}$$

onde:

- a_1 e a_2 = semieixo maior do elipsoide nos sistemas S_1 e S_2;
- f_1 e f_2 = achatamento do elipsoide nos sistemas S_1 e S_2;
- Φ_1 e Φ_2 = latitude geodésica nos sistemas S_1 e S_2;
- λ_1 e λ_2 = longitude geodésica nos sistemas S_1 e S_2;
- ΔN = diferença da ondulação geoidal $(N_2 - N_1)$;
- $\Delta a = a_2 - a_1$;
- $\Delta f = f_2 - f_1$;
- $\overline{N}_1$ é grande normal (ver equação (3.37)); e
- $\overline{M}_1$ é o raio de seção meridiana.

O leitor poderá verificar qual alternativa é mais adequada para realizar as transformações. Sugere-se, no entanto, para fins operacionais, que se trabalhe com as coordenadas cartesianas.

3.7.3 Modelos disponíveis para a obtenção da velocidade das estações

Nos casos em que uma realização particular de um sistema de referência não proporciona as componentes da velocidade da estação e o nível de acurácia exigido requer que as coordenadas sejam atualizadas (mapeadas) para outra época, deve-se fazer uso da teoria de tectônica de placas, utilizando-se, por exemplo, o modelo recomendado pelo IERS.

Atualmente, o modelo recomendado é o NNR-NUVEL-1A (*No Net Rotation – Northern University Velocity Model 1A*) (McCarthy, 1996). A confiabilidade desse modelo é sustentada pelo fato de ele combinar várias informações, como variações de anomalias magnéticas, azimutes de falhas na crosta e vetores de terremotos para estimar a velocidade relativa de cada placa litosférica. Ele descreve as velocidades angulares das placas litosféricas que compõem a crosta terrestre, tomando como referência a placa do Pacífico. As velocidades são definidas sobre a condição de que a resultante das deformações das placas seja nula (Bock, 1996). A Figura 3.10 mostra a distribuição das placas litosféricas que compõem a crosta terrestre, segundo o modelo Bird (2003).

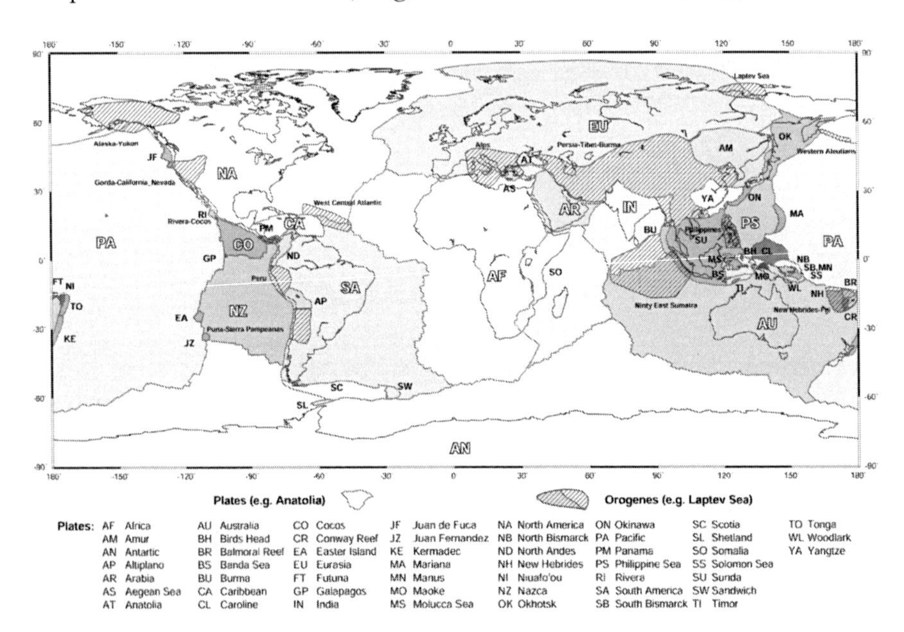

Figura 3.10 – Configuração das placas litosféricas que compõem a crosta terrestre e suas respectivas denominações (BIRD, 2003).

O movimento relativo das placas litosféricas, resultante do modelo, é descrito pelos vetores de rotação de Euler (Ωx, Ωy e Ωz), os quais são proporcionais às velocidades angulares da placa. Portanto, eles podem ser transformados em velocidades.

O vetor velocidade $\vec{V}_A$ pode ser obtido utilizando-se as velocidades angulares provenientes de modelos como o NNR-NUVEL-1A, partindo-se da seguinte expressão:

$$\vec{V}_A \cong [\Omega]_{Pi} \vec{X}_A, \tag{3.30}$$

onde $\vec{X}_A$ é o vetor das coordenadas cartesianas em uma rede A e $[\Omega]_{Pi}$ é uma matriz antissimétrica para uma placa *Pi*, dada por:

$$[\Omega]_{Pi} = \begin{bmatrix} 0 & -\Omega_z & \Omega_y \\ \Omega_z & 0 & -\Omega_x \\ -\Omega_y & \Omega_x & 0 \end{bmatrix}. \tag{3.31}$$

As componentes de velocidade angular resultantes do modelo geofísico NNR-NUVEL-1A para cada uma das placas litosféricas que compõem a superfície terrestre podem ser encontradas em McCarthy (1996).

Na Tabela 3.6 são apresentadas as componentes Ωx, Ωy e Ωz dos vetores de rotação de Euler para a placa litosférica denominada América do Sul, segundo os modelos NNR-NUVEL-1A, APKIM 2000 (Drewes, 2003), ITRF2000 (Altamimi; Sillard; Boucher, 2002), e alguns valores calculados para o Brasil, obtidos dos resultados fornecidos pelo processamento de dados GPS de estações da RBMC e IGS (Costa; Santos; Gemael, 2003; Perez; Monico; Chaves, 2003). Tais valores são expressos em radianos por milhões de anos (rad/M ano). Apresenta-se também o vetor de rotação resultante ϖ (°/Mano).

Tabela 3.6 – Vetores de rotação da placa sul-americana

Modelo	Ω_X (rad/M ano)	Ω_Y (rad/M ano)	Ω_Z (rad/M ano)	ϖ (°/M.ano)
Perez; Monico; Chaves (2003)	–0,00090	–0,00186	–0,00073	0,1257
Costa; Santos; Gemael (2003)	–0,00280	–0,00167	–0,00108	0,1971
ITRF2000	-0,00105	–0,00122	–0,00022	0,1130
NNR-NUVEL 1A	–0,00104	–0,00152	–0,00087	0,1164
APKIM 2000	-0,00095	–0,00116	–0,00060	0,0925

Considerando-se que 1"/M ano em *w* representa aproximadamente deslocamento de 0,03 mm/ano para uma estação localizada no Equador, pode-se observar que a solução mais discrepante em relação às demais é a apresentada por Costa; Santos; Gemael (2003). Em relação ao modelo APKIM2000, pode-se atingir discrepância de cerca de 1,1 cm num ano. Em contrapartida, os resultados de Perez; Monico; Chaves (2003), em relação aos advindos do ITRF2000, atingem discrepância de no máximo 1,4 mm em um ano. Os valores do vetor velocidade fornecidos pelo modelo NNR-NUVEL-1A apresentam compatibilidade satisfatória com os valores obtidos por Perez; Monico; Chaves (2003) e aqueles do ITRF2000.

Por se tratar de assunto ainda pouco explorado na literatura nacional e mesmo internacional, Sapucci e Monico (2000) apresentaram alguns exemplos referentes à obtenção do vetor velocidade em função do modelo NNR-NUVEL-1A, aplicação da transformação generalizada de Helmert e um caso particular dessa transformação que se reduz à atualização de coordenadas, além de outras possibilidades. Outros exemplos são apresentados na seção 3.10.

3.8 O Sistema Geodésico Brasileiro (SGB)

A definição, implantação e manutenção do Sistema Geodésico Brasileiro (SGB) são de responsabilidade do IBGE. Entre os componentes principais do SGB estão as redes planimétrica, altimétrica e gravimétrica.

O referencial horizontal clássico do SGB é definido sob a condição de paralelismo entre seu sistema de coordenadas cartesianas e o do CTRS. A figura geométrica da Terra é definida pelo elipsoide *South American* 1969, o qual difere do elipsoide de referência 1967 no que se refere ao achatamento. Nessa definição fica implícito que o semieixo menor do elipsoide é paralelo ao eixo de rotação da Terra e o plano do meridiano de origem é paralelo ao plano meridiano de Greenwich, como definido pelo BIH.

O referencial altimétrico é materializado pela superfície equipotencial que coincide com o nível médio do mar, definido pelas observações maregráficas tomadas na baía de Imbituba, no litoral de Santa Catarina, no período de 1949 a 1957 (IBGE, 1996).

O SGB, como qualquer outro sistema geodésico de referência, pode ser dividido em duas componentes: os *data* horizontal e vertical e a rede de referência, consistindo das coordenadas das estações monumentadas, as quais representam a realização física do sistema.

A rede horizontal teve sua implantação iniciada na década de 1940. O primeiro ajustamento foi realizado na década de 1970 pelo IAGS (*Inter American Geodetic Survey*) e foi conduzido em SAD 69. Foi utilizado o programa computacional denominado HAVOC (*Horizontal Adjustment by Variation of Coordinates*). Posteriormente, a densificação da rede era ajustada pelo IBGE por meio do programa USHER (*Users System for Horizontal Evaluation and Reduction*). Na metodologia empregada considerava-se a rede subdividida em áreas e as coordenadas das estações de ligação eram injuncionadas como fixas, partindo-se das coordenadas provenientes de um ajuste anterior. Esse procedimento inseriu distorções na rede, o que era inevitável, em face da limitação computacional da época, que não permitia o processamento simultâneo de uma extensa massa de dados. Mais detalhes podem ser encontrados em Costa e Fortes (1991).

Em etapa posterior, a rede planimétrica foi reajustada com o uso do sistema GHOST (*Geodetic adjustment using Helmert blocking of Space and Terrestrial Data*), adequado para o ajustamento de redes geodésicas tridimensionais, realizando-se a decomposição da rede em blocos de Helmert. Esse sistema permite a introdução dos vetores das diferenças de coordenadas derivadas do sistema Transit e GPS como observáveis, bem como das próprias coordenadas estimadas a partir desses sistemas. Alguns vetores derivados do posicionamento GPS e Doppler foram introduzidos no processamento. Essa nova realização do SGB tem sido identificada não oficialmente como SAD69 realização 1996 (SAD69/96). Ela é composta por aproximadamente 5 mil estações (Costa e Fortes, 1993; Costa; Pereira; Beattie, 1994). A Figura 3.11 ilustra a rede planimétrica que fez parte do SAD69/96.

Quanto à precisão advinda do ajustamento, ela fica entre 0,5 e 1,0 m (IBGE, 2000). Mas, a julgar pela experiência de outros países, deve-se esperar algum efeito sistemático em virtude do afastamento do ponto origem, da ordem de 10 ppm (partes por milhão). O NAD 83 (*North American Datum* 1983) apresenta precisão da ordem de 12 ppm ao nível de confiança de 95% (Underhill et al.,1993).

Fonte: IBGE, 2005.

Figura 3.11 – Rede horizontal da realização atual do SAD69.

No que se refere à rede de nivelamento, entre 1948 e 1975 foram executados oito ajustamentos manuais, em blocos justapostos. Em 1993 foi concluído o ajustamento nacional preliminar, que se refere ao primeiro ajustamento automatizado e integral da RAAP (Rede Altimétrica de Alta Precisão) (Luz et al., 2002). Atualmente, essa rede conta com mais de 65 mil estações e encontra-se em uma fase que requer a realização de um ajustamento completo. A Figura 3.12 ilustra a distribuição das estações altimétricas brasileiras.

O estabelecimento da rede gravimétrica no Brasil, de fundamental importância para o estabelecimento do geoide e para a determinação de altitudes científicas (Gemael, 1999, p.211), entre outras funções, só adquiriu caráter sistemático a partir de 1990, quando foram estabelecidas estações gravimétricas visando cobrir o vazio de informações de aceleração da gravidade. A Figura 3.13 ilustra a distribuição das estações gravimétricas no Brasil.

Fonte: IBGE, 2005.

Figura 3.12 – Estações altimétricas no Brasil.

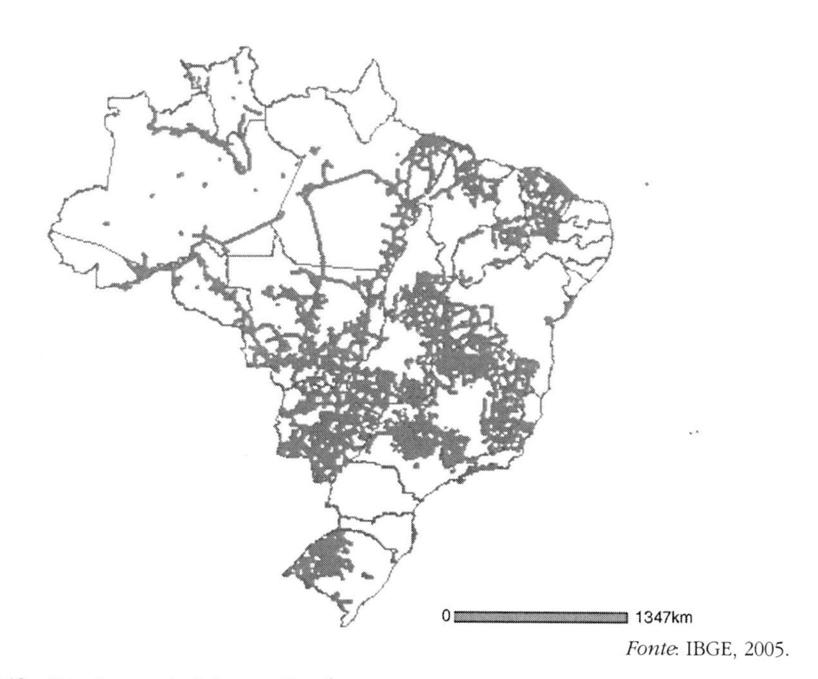

Fonte: IBGE, 2005.

Figura 3.13 – Estações gravimétricas no Brasil.

Observando as Figuras 3.12 e 3.13, nota-se que há um vazio em termos de estações altimétricas e gravimétricas na região amazônica. Para a rede horizontal (Figura 3.11), esse problema parece ser mais ameno. Mas a maioria das estações nessa região, levantadas com a tecnologia Doppler, está destruída.

A componente horizontal do SGB atual tem como origem o vértice Chuá e o elipsoide adotado é o SAD69, que coincide com a própria definição do SAD69. Os parâmetros definidores do elipsoide do SGB são:

- a (semieixo maior) = 6378160,0; e
- f (achatamento) = 1/298,25.

Na orientação topocêntrica do elipsoide adotaram-se as coordenadas geodésicas do vértice Chuá, que pertence à cadeia de triangulação do paralelo *20º S*. Tais coordenadas são: Φ = *19º 45' 41,6527" S* e λ = *48º 06' 04,0639 W* com o azimute α = *271º 30' 04,05" SWNE* para o vértice Uberaba. A altura do geoide nesse vértice é considerada nula ($N = 0$), enquanto as componentes meridiana e primeiro vertical do desvio da vertical são dadas, respectivamente, por $\varepsilon = 0{,}31''$ e $\eta = -3{,}59''$. Mais detalhes podem ser obtidos pela internet na página do próprio IBGE (http://www.ibge.gov.br/home/geociencias/geodesia/ – acessado em 7 de abril de 2005).

Considerando a definição e as realizações do SAD69 e as do sistema de referência WGS 84, o leitor concluirá que esses sistemas são diferentes em termos de definição e realização. Como as atividades cartográficas no território brasileiro são, em sua maioria, referenciadas ao SAD69 e Córrego Alegre (CA), algumas soluções devem ser adotadas para que os resultados obtidos com o GPS possam ser utilizados para fins de mapeamento, ou em outras atividades que necessitem de informações georreferenciadas.

Até recentemente, as coordenadas dos vértices do SGB empregadas como estações-base para dar apoio às atividades com GPS eram transformadas para WGS 84. Portanto, o conjunto de pontos levantados com GPS tinha suas coordenadas referenciadas ao WGS 84, devendo ser transformados para o SAD69 ou CA. No Brasil, os parâmetros oficiais de transformação preconizados para realizar a transformação de WGS 84 para SAD69 são (IBGE, 1996):

$$Tx = 66{,}87 \text{ m};\ Ty = -4{,}37 \text{ m e } Tz = 38{,}52 \text{ m}.$$

São apenas três translações, pois se assumiu que os dois sistemas (SAD69 e WGS 84) são paralelos e com mesma escala.

Vale ressaltar que, ao se considerar a precisão proporcionada pelo GPS, observa-se que as redes convencionais, bem como os parâmetros de transformação em uso, oferecem precisão muito inferior, degradando a qualidade dos resultados obtidos com o GPS. Além disso, os vértices das redes convencionais estão, de modo geral, situados em locais de difícil acesso, o que prejudica o GPS no aspecto da agilidade. E muitos desses vértices já foram destruídos!

Antes da adoção do SAD69, utilizava-se no Brasil o *datum* Córrego Alegre (CA). A maioria do mapeamento brasileiro está vinculada ao CA. Como apoio aos usuários que ainda desenvolvem suas atividades usando esse *datum*, seguem algumas informações necessárias à conversão para o SAD69.

a) Figura geométrica da Terra adotada no CA
Elipsoide de Hayford
a = 6 378 388,00 m
f = 1/297,0

b) Parâmetros de transformação (Córrego Alegre para SAD 69) (IBGE, 1996)
Tx = –138,70 m; Ty = 164,40 m e Tz = 34,40 m.

Para obter as coordenadas X, Y e Z a partir das coordenadas geodésicas horizontais Φ e λ e vertical H (altitude ortométrica), é necessário conhecer o valor da altura geoidal N (seção 3.8.2), inexistente para o caso do *datum* CA. Não há também parâmetros para transformar diretamente CA em WGS84 ou SIRGAS2000. Logo, deve-se realizar uma transformação intermediária para o SAD69.

As redes GPS estaduais têm sido alguns dos recentes desenvolvimentos no Brasil no campo da Geodésia. Trata-se de redes passivas, como as redes convencionais. Isso significa que, no levantamento de novas estações com base nessas redes, o usuário tem de ocupar fisicamente as estações de referência. A rede GPS do estado de São Paulo, composta por 24 estações, com espaçamento de 50 a 100 km, é um dos exemplos concretos (Blitzkow et al., 1993). Essa rede foi recentemente adensada (Marini, 2002). Outras foram implantadas, como é o caso da rede GPS Paraná, composta de 21 estações, com espaçamento médio de 100 km (Sema, 1996), e da rede GPS do estado de Santa Catarina, com treze vértices (Vasconcellos, 2003). Mais recentemente foram implantadas as redes do estado do Rio de Janeiro, de Minas Gerais, do Mato Grosso, do Mato Grosso do Sul, do Ceará, do Rio Grande do Sul e do Espírito Santo. Outras informações podem ser obtidas em http://www.ibge.gov.br/home/geociencias/geodesia/estadual.shtm.

A concepção dessas redes deverá atender à maioria dos usuários GNSS no que diz respeito à precisão, além de ter seus vértices em locais de acesso relativamente fácil e com garantia de integridade física. Mas, em muitos casos, a conexão à rede por usuários que dispõem apenas de receptores de monofrequência exigirá o levantamento de mais de uma linha-base, haja vista que, nessas circunstâncias, recomendam-se linhas-base de no máximo 20 km, em razão dos problemas de refração ionosférica.

O mais notável na área de posicionamento geodésico no Brasil foi a proposta de implantação da Rede Brasileira de Monitoramento Contínuo (RBMC) (Fortes, 1991; 1997). Trata-se de concepção moderna, que contempla os mais recentes desenvolvimentos na área de posicionamento, como a possibilidade, para os usuários, de realizar posicionamento a partir de estações ativas. Ela não só permitirá o acesso dos usuários ao referencial do SGB, como poderá fazer parte de uma rede mundial, o que reduzirá os custos das participações em campanhas internacionais.

Usuários que dispõem de um receptor de dupla frequência poderão posicionar um vértice com boa precisão em qualquer parte do território nacional, sem a necessidade de ocupar nenhuma estação do SGB. Essa tarefa demandará um intervalo de tempo de ocupação considerável se comparado com o exigido nos métodos de posicionamento rápido disponíveis atualmente. No entanto, despender de 1 a 2 horas para medir uma linha-base da ordem de 500 km pode ser considerado econômico, ainda mais se outro receptor (de uma frequência, por exemplo) puder ser usado simultaneamente para levantar os demais pontos de interesse na região do levantamento. Neste caso, as técnicas de posicionamento relativo rápido podem ser usadas (seção 9.4).

Uma opção para acessar os dados das estações da RBMC é a internet, bastando para isso a realização de um cadastro no endereço eletrônico http://www.ibge.gov.br/home/geociencias/download/cadastro.php. A Figura 3.14 mostra as localizações das estações da RBMC, com outras estações na América do Sul. A maioria das estações está funcionando desde 1997, enquanto outras ainda estão sendo propostas e algumas estão em fase de incorporação. Atualmente está ocorrendo a integração entre a RBMC e a RIBaC (Rede Incra de Bases Comunitárias), o que deve resultar em uma rede de mais de oitenta estações.

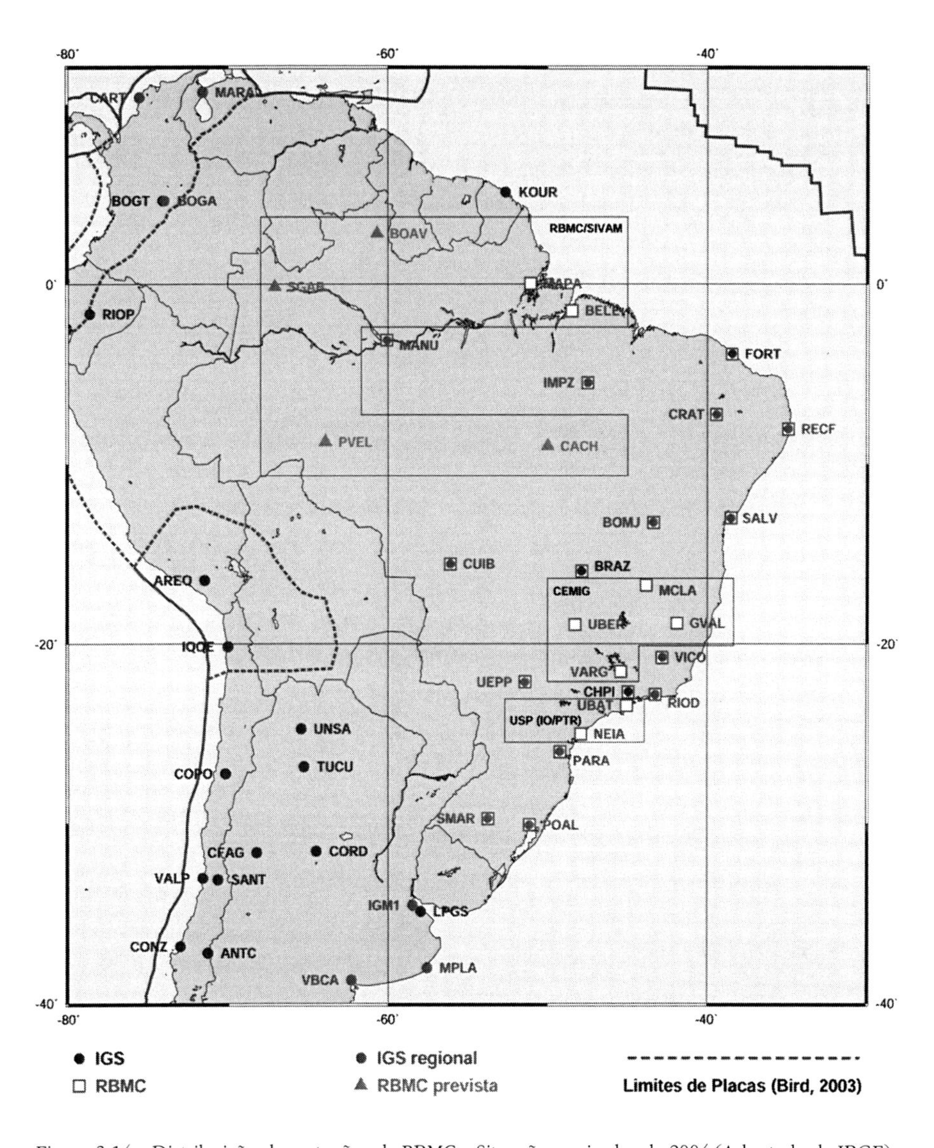

Figura 3.14 – Distribuição das estações da RBMC – Situação em junho de 2004 (Adaptado de IBGE).

3.8.1 Adoção de um referencial geocêntrico

Com base no que foi descrito, percebe-se que os usuários do SGB terão à disposição quatro sistemas geodésicos de referência (CA, SAD69, WGS 84 e SIRGAS) e várias realizações destes (uma ou mais do CA, duas do SAD69, duas do SIRGAS e quatro do WGS 84), o que poderá causar confusão. O primeiro e o segundo sistemas de referência (CA e SAD69) têm sido usados para o mapeamento, o terceiro (WGS 84), para fins operacionais de levantamentos com GPS usando efemérides transmitidas; e o quarto, para levantamentos geodésicos e de fins científicos. Tal situação representa o impacto de novas tecnologias e a necessidade de atender os usuários. No entanto, a existência de múltiplos referenciais pode, conforme já citado, confundir os usuários e dificultar a permuta de informações. Em um determinado momento deve ocorrer a unificação desses sistemas. O ideal parece ser a adoção de um referencial com acurácia adequada que reduza a necessidade de transformações, considerando-se a realidade atual. Como as tecnologias de posicionamento disponíveis atualmente, em especial o GPS, proporcionam informações em um referencial geocêntrico, parece óbvio que o referencial a ser adotado deve ter origem geocêntrica.

No Brasil, grande parte da comunidade envolvida com Cartografia, Geodésia e áreas correlatas participou das discussões sobre a adoção de um referencial geocêntrico. Como consequência dos vários encontros em congressos e feiras de geotecnologia, o IBGE organizou um seminário sobre o assunto, denominado "1º Seminário sobre Referencial Geocêntrico no Brasil", realizado em outubro de 2000, na cidade do Rio de Janeiro. Vários trabalhos foram apresentados, problemas levantados e uma agenda de trabalho com metas e diretrizes foi proposta objetivando a futura adoção de um referencial geocêntrico no Brasil.

Ficou decidido, com base em trabalhos posteriores ao 1º Seminário, que o referencial a ser adotado para o SGB e para o Sistema Cartográfico Nacional (SCN) seria o SIRGAS, em sua realização do ano de 2000 (SIRGAS 2000 – seção 3.6), tendo por época de referência 2000,4. O SIRGAS 2000 tem como Sistema Geodésico de Referência o ITRS. O elipsoide associado é o GRS 80 (a = 6.378.137 m e f = 1/298,257222101). A orientação garante que os polos e o meridiano de referência sejam consistentes em ± 0,005" com as direções definidas pelo BIH em 1984,0.

A resolução 01/2005 da presidência do IBGE, que trata da alteração da caracterização do SGB, é de 25 de fevereiro de 2005. Para o SGB o SIRGAS 2000 pode ser empregado em concomitância com o SAD69, ao passo que, para o SCN, pode incluir também o CA. Essa coexistência visa oferecer à sociedade um período de transição antes da adoção do SIRGAS 2000. Nesse período de transição, não superior a dez anos, os usuários deverão adequar e ajustar suas bases de dados, métodos e procedimentos ao novo sistema.

As vinte estações da realização SIRGAS 2000 localizadas no Brasil, acrescidas de uma estação determinada posteriormente (SMAR), constituem a estrutura de referência básica para a determinação das coordenadas das outras estações que compõem a Rede Geodésica Brasileira.

Para aplicações de alta precisão, deve-se utilizar o campo de velocidades disponibilizado para a América do Sul em http://www.ibge. gov. br/home/geociencias/geodesia/sirgas/principal.htm. Essas velocidades permitem atualizar as coordenadas de uma estação na época de referência 2000,4 para qualquer outra e vice-versa (seção 3.8.3).

Informações atualizadas sobre o assunto podem ser obtidas na internet: http://www.ibge.gov.br/home/geociencias/geodesia/pmrg/.

3.8.2 Modelo geoidal brasileiro

O geodesista encontra-se rotineiramente envolvido com três superfícies: a superfície física (topográfica), a do modelo geométrico (elipsoide) e o geoide (Gemael, 1999, p.16). A Figura 3.15 ilustra essas três quantidades de fundamental importância para as atividades geodésicas.

A quantidade de especial interesse para atividades de engenharia é a altitude ortométrica H, a qual é vinculada ao campo de gravidade da Terra. Seu valor é aproximadamente dado por:

$$\mathrm{H} \cong h - N. \qquad (3.32)$$

O GNSS proporciona a altitude geométrica h, cuja conversão para ortométrica necessita do conhecimento da ondulação do geoide (N). Portanto, a qualidade de H depende essencialmente da qualidade do geoide disponível. Várias pesquisas vêm sendo realizadas nesse sentido, objetivando dotar o GNSS da capacidade de proporcionar altitude ortométrica. Ver, por exemplo, Sá et al. (2002), Castro (2002), Santos e Escobar (2000) e Blitzkow (1999).

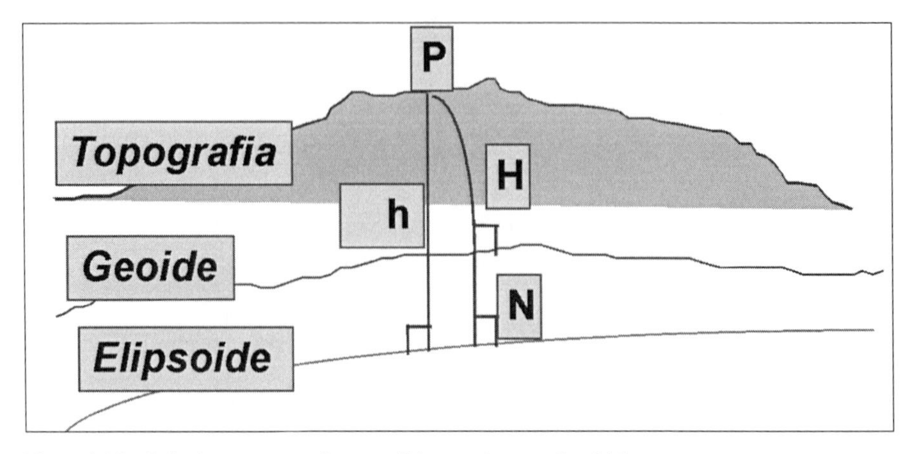

Figura 3.15 – Relações entre as três superfícies usadas em Geodésia.

O IBGE, por intermédio da Coordenação de Geodésia e da Escola Politécnica da Universidade de São Paulo, gerou um modelo de ondulação geoidal com resolução de 10' de arco e desenvolveu o MAPGEO 2004, que permite realizar interpolação da ondulação geoidal. Esse programa está disponível na página do IBGE na internet (http://www.ibge.gov.br/home/geociencias/geodesia/modelo_geoidal.shtm – acessada em abril de 2005). Com esse sistema, os usuários podem obter a ondulação geoidal *N* em um ponto ou em um conjunto de pontos, referida ao SIRGAS 2000 ou ao SAD69. Logo, podem obter a altitude ortométrica com base em levantamentos GNSS, por exemplo. Antes do MAPGEO 2004 utilizava-se no Brasil o MAPGEO 92. A acurácia do MAPGEO 2004 é da ordem de 0,5 m em grande parte do território brasileiro.

3.8.3 Transformações e atualização de coordenadas no SGB

Do exposto nas seções anteriores constata-se que a transformação de coordenadas entre as várias definições e realizações dos referenciais geodésicos adotados na prática é de fundamental importância e deve ser realizada com todo o cuidado. Outro aspecto que merece atenção, mas que não será abordado neste livro, é a modelagem das distorções entre duas realizações de referenciais, por exemplo, entre a realização SAD69 original e a de 1996, ou dos resíduos obtidos após a determinação dos parâmetros de transformação entre dois referenciais.

A Tabela 3.7 contém os parâmetros de transformação entre as várias redes de referências usadas no Brasil. Sua combinação com a Tabela 3.5 permite solucionar praticamente todos os problemas de transformação passíveis de serem aplicados no país.

Observe-se que, quanto às transformações de WGS84 para o SAD69, foram consideradas as transformações que vêm sendo utilizadas no Brasil, bem como aquela divulgada pelo NIMA (atual NGA) (DMA, 1987), denominada transformação média. A transformação envolvendo o SIRGAS 2000 e o SAD69, bem como o PZ 90[4] e o WGS 84 (Bazlov et al., 1999), também faz parte da tabela.

Tabela 3.7 – Parâmetros de transformação entre várias redes de referência

Parâmetros ⇒ Transformações	T_x (cm)	T_y (cm)	T_z (cm)	s (*sppb*)	ε_x (mas)	ε_y (mas)	ε_z (mas)
SIRGAS 2000 → SAD69	6735,0	–388,0	3822,0	0	0	0	0
WGS84 → SAD69	6687,0	–437,0	3852	0	0	0	0
WGS84 → SAD69 (NIMA)	5700,0	–100,0	4100	0	0	0	0
WGS84 (G873) → ITRF94 Época 1997,0	9,6	6,0	4,4	–14,3	–2,2	–0,1	1,1
PZ-90[4] → WGS84 (G873) Época 1997,0	–108,0	–27,0	–90,0	–120,0	0,0	0,0	–160,0

No que diz respeito às aplicações de GPS no Brasil, a transformação de coordenadas entre WGS 84 e SAD69, e vice-versa, tem sido de fundamental importância. Enquanto o primeiro é o referencial associado ao GPS, o segundo foi adotado em muitas atividades de posicionamento e mapeamento no Brasil. Outra transformação importante é entre o SAD69 e o SIRGAS 2000, haja vista que esse último foi recentemente adotado no Brasil.

Outro aspecto já citado no livro e que no futuro passará a fazer parte do dia a dia dos usuários, ou pelo menos daqueles que fazem pesquisas científicas e posicionamento de alta precisão na área de Geodésia, é a atualização das coordenadas em função do tempo. Essa é uma prática comum para quem utiliza as várias realizações do ITRS e deverá ser adotada pelos usuários no novo referencial brasileiro, o

4 PZ 90 é o referencial associado ao GLONASS.

SIRGAS 2000, sempre que alta precisão for requerida. Nesses casos, a transformação generalizada de Helmert (equação 3.25), que envolve catorze parâmetros, em vez dos sete usuais, poderá ser aplicada.

A seguir são apresentadas as etapas fundamentais envolvidas na transformação de WGS 84 e SIRGAS 2000 em SAD69 e uma breve descrição da atualização de coordenadas em função do tempo.

3.8.3.1 *Transformação do WGS 84 e SIRGAS 2000 em SAD69*

Em geral, ao se realizar a transformação de coordenadas entre referenciais, é comum dispor-se das coordenadas geodésicas dos vértices envolvidos. Nesses casos, o primeiro passo a ser dado é a conversão das coordenadas geodésicas em cartesianas (seção 3.8.4). A transformação por meio de coordenadas cartesianas é apresentada a seguir. Assumindo-se que as coordenadas cartesianas sejam dadas no SAD69, então as transformações para WGS 84 e SIRGAS 2000 utilizando-se os parâmetros oficiais adotados no Brasil são dadas por:

$$\begin{bmatrix} X \\ Y \\ Z \end{bmatrix}_{WGS\,84} = \begin{bmatrix} X \\ Y \\ Z \end{bmatrix}_{SAD69} + \begin{bmatrix} -66{,}87 \\ 4{,}37 \\ -38{,}52 \end{bmatrix} m \tag{3.33}$$

$$\begin{bmatrix} X \\ Y \\ Z \end{bmatrix}_{SIRGAS2000} = \begin{bmatrix} X \\ Y \\ Z \end{bmatrix}_{SAD69} + \begin{bmatrix} -67{,}35\ \text{m} \\ 3{,}88\ \text{m} \\ -38{,}22\ \text{m} \end{bmatrix} m \tag{3.34}$$

Para se obter coordenadas cartesianas em SAD69, a partir de coordenadas WGS 84 e SIRGAS 2000, basta uma simples manipulação nas expressões acima e tem-se:

$$\begin{bmatrix} X \\ Y \\ Z \end{bmatrix}_{SAD69} = \begin{bmatrix} X \\ Y \\ Z \end{bmatrix}_{WGS\,84} - \begin{bmatrix} -66{,}87 \\ 4{,}37 \\ -38{,}52 \end{bmatrix} m \tag{3.35}$$

$$\begin{bmatrix} X \\ Y \\ Z \end{bmatrix}_{SAD69} = \begin{bmatrix} X \\ Y \\ Z \end{bmatrix}_{SIRGAS2000} - \begin{bmatrix} -67{,}35 \\ 3{,}88 \\ -38{,}22 \end{bmatrix} m \tag{3.36}$$

Têm-se agora, após realizada a transformação, coordenadas cartesianas. Em geral, é de interesse transformá-las em geodésicas (seção 3.8.4.2). Outra possibilidade é usar a equação simplificada de Molodensky (seção 3.7.2).

As discrepâncias entre os parâmetros SIRGAS 2000 e WGS 84 estão dentro da acurácia esperada para a primeira realização do WGS 84, ou seja, entre ± 0,5 e ± 1,0 m (Seeber, 2003, p.190). As novas versões do WGS 84 apresentam acurácia compatível com as realizações atuais do ITRS e, portanto, compatível com o SIRGAS 2000.

O IBGE disponibilizou em sua página (www.ibge.gov.br) o programa TCGeo: Sistema de Transformação de Coordenadas, o qual possibilita a transformação de coordenadas entre o SAD 69 e o SIRGAS 2000, e vice-versa, além de uma estimativa da distorção existente na rede (resíduo da transformação).

3.8.3.2 *Atualização de coordenadas*

Considerando que o SIRGAS 2000 já faz parte do SGB, ao qual está associado um campo de velocidade, o IBGE disponibilizou em sua página na internet um software que auxilia o usuário a fazer as atualizações de coordenadas para conviver com essa nova realidade (seção 3.7.3). O programa é denominado Velinter e pode ser obtido pelos interessados na página do IBGE em http://www.ibge.gov.br/home/geociencias/geodesia/sirgas/principal.htm (acessada em 29 de abril de 2005).

3.8.4 Conversão de coordenadas geodésicas em cartesianas e vice-versa

A conversão de coordenadas é uma tarefa rotineira em trabalhos de Geodésia, sendo o assunto desta seção.

3.8.4.1 *Conversão de coordenadas geodésicas em cartesianas*

Denotando-se as coordenadas cartesianas retangulares de um ponto no espaço por X, Y e Z e assumindo-se um elipsoide de revolução com a mesma origem do sistema de coordenadas cartesianas, um ponto pode também ser representado pelas coordenadas geodésicas Φ (latitude), λ (longitude) e h (altura geométrica). A Figura 3.16 ilustra o caso em questão.

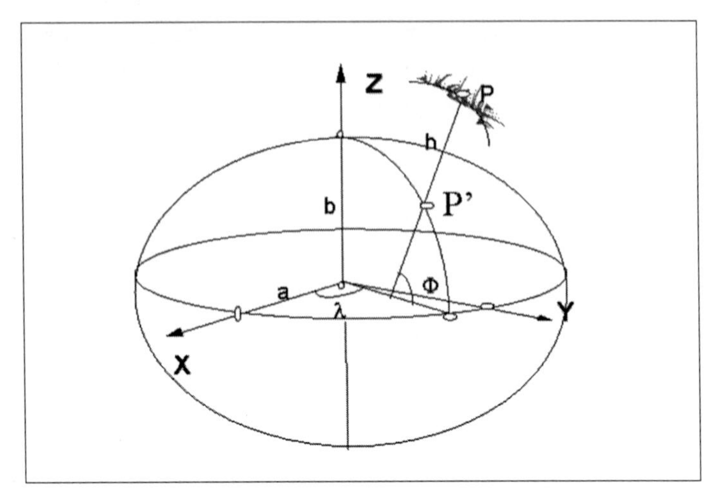

Figura 3.16 – Coordenadas geodésicas e cartesianas.

A relação entre as coordenadas cartesianas e elipsoidais é dada por (Seeber, 2003, p.24):

$$\begin{bmatrix} X \\ Y \\ Z \end{bmatrix} = \begin{bmatrix} (\overline{N}+h)\cos(\Phi)\cos(\lambda) \\ (\overline{N}+h)\cos(\Phi)\operatorname{sen}(\lambda) \\ (\overline{N}(1-e^2)+h)\operatorname{sen}\Phi \end{bmatrix}$$
$$\overline{N} = a/(1-e^2\operatorname{sen}^2(\Phi))^{1/2} \quad , \qquad (3.37)$$
$$e^2 = (a^2-b^2)/a^2 = 2f - f^2$$
$$f = (a-b)/a$$

onde:

- $\overline{N}$ é a grande normal (raio de curvatura da seção primeiro vertical);
- e^2 é a primeira excentricidade numérica; e
- f é o achatamento.

O valor da altitude geométrica é aproximadamente dado por:

$$h \cong N + H, \qquad (3.38)$$

onde N é a ondulação ou altura geoidal e H a altitude ortométrica (seção 3.8.2 – Eq. 3.32).

3.8.4.2 Conversão de coordenadas cartesianas em geodésicas

A conversão de coordenadas cartesianas em geodésicas refere-se ao problema inverso àquele apresentado na seção 3.8.4.1, equação (3.37). Logo, dadas as coordenadas cartesianas *X*, *Y* e *Z*, obtêm-se as coordenadas geodésicas, Φ, λ e *h*. Esse problema pode ser solucionado iterativa ou diretamente (Hofmann-Wellenhof; Lichtenegger; Collins, 2001, p.279).

(a) Solução iterativa

As expressões usadas inicialmente são:

$$\begin{aligned} p &= \sqrt{X^2 + Y^2} \\ h &= p/\cos(\Phi) - \overline{N} \\ \Phi &= \arctan\{(\frac{Z}{p})(1 - e^2 \frac{\overline{N}}{\overline{N} + h})^{-1}\} \\ \lambda &= \arctan(Y/X) \end{aligned} \qquad (3.39)$$

A longitude pode ser calculada diretamente da última equação do conjunto de equações (3.39). Observe-se que latitude e altura geométrica aparecem do lado direito da equação, muito embora sejam incógnitas. Para solucionar esse tipo de problema necessita-se efetuar iterações. Os seguintes passos conduzem à solução do problema.

1. Calcular $p = \sqrt{X^2 + Y^2}$;
2. Calcular a latitude aproximada $\Phi_0 = \arctan\{(\frac{Z}{p})(1 - e^2)\}^{-1}$;
3. Calcular um valor aproximado para a grande normal $\overline{N}_0 = a/(1 - e^2 \operatorname{sen}^2(\Phi_0))^{1/2}$;
4. Calcular a altitude geométrica $h = p/\cos(\Phi_0) - \overline{N}_0$;
5. Calcular um valor melhorado para a latitude $\Phi = \arctan\{(\frac{Z}{p})(1 - e^2 \frac{\overline{N}_0}{\overline{N}_0 + h})^{-1}\}$;
6. Verificar se há necessidade de outra iteração. Se $\Phi = \Phi_0$ cálculo concluído; se não, retornar ao passo 3, utilizando o valor da latitude obtido no passo 5.

(b) Solução direta

As fórmulas que proporcionam a solução direta são dadas por:

$$\begin{aligned}
&\Phi = \arctan(\frac{Z + e^{'2} b\,\text{sen}^3(\theta)}{p - e^2 a \cos^3(\theta)});\\
&\lambda = \arctan(Y / X);\\
&h = p / \cos(\Phi) - \overline{N};\\
&\theta = \arctan(Za / pb) \;\; e\\
&e^{'2} = (a^2 - b^2) / b^2.
\end{aligned} \quad (3.40)$$

A penúltima equação do conjunto (3.40) é uma quantidade auxiliar e a última é a segunda excentricidade numérica.

3.9 Sistema de coordenadas terrestre local

Um sistema de coordenadas terrestres local proporciona apoio para levantamentos tridimensionais locais normalmente utilizados em topografia. Trata-se do sistema onde se fazem as medidas de ângulos ou direções e distâncias, empregando-se, por exemplo, teodolitos, distanciômetros, ou uma combinação deles, bem como estação total. Ele também é empregado em fotogrametria, referenciamento local de dados espaciais e caracterização de direções para serem adotadas na navegação.

O sistema de coordenadas local pode ser definido com respeito a uma normal ao elipsoide (sistema geodésico local) ou ao vetor de gravidade local (sistema astronômico local). Um sistema de coordenadas local é cartesiano, consistindo de três eixos mutuamente ortogonais. No entanto, as direções dos eixos nem sempre seguem a definição convencional. Em levantamentos, as direções são Norte (*N*), Leste (*E*) e normal ou vertical (para cima – *U*). Em navegação, as direções são Norte, Leste e normal ou vertical (para baixo), bem como Norte, Oeste e para cima (Jekeli, 2002). A Figura 3.17 ilustra um sistema geodésico local (SGL). O terceiro eixo (*U*) está alinhado com a normal ao ponto origem do sistema *P*, que é o ponto onde se localiza o observador. O primeiro eixo (*N*) aponta para a direção Norte, definida pelo meridiano geodésico. O terceiro eixo (*E*) aponta para Leste, sendo ortogonal aos outros dois eixos. Logo, trata-se de um sistema levógiro.

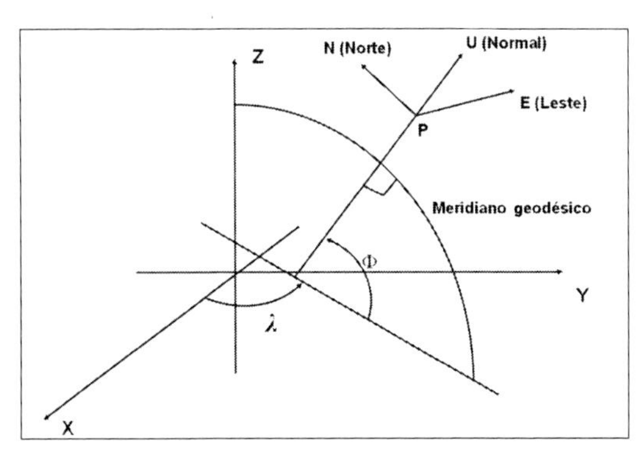

Figura 3.17 – Sistema geodésico local.

Uma vez definido o SGL, resta apresentar as expressões que proporcionam as coordenadas de outros pontos nesse sistema. Na Figura 3.18 pode-se observar o relacionamento do SGL com origem no ponto *P* (na realidade pode ser sobre o próprio elipsoide) com um sistema paralelo ao de referência convencional (CTRS), onde se tem um ponto *Q*. Logo, as coordenadas do ponto *Q* no SGL são dadas por:

$$\begin{bmatrix} N_Q \\ E_Q \\ U_Q \end{bmatrix} = P_2 R_2(\Phi - 90^0) R_3(\lambda_P - 180^{\underline{o}}) \begin{bmatrix} \Delta X_{QP} \\ \Delta Y_{QP} \\ \Delta Z_{QP} \end{bmatrix}. \quad (3.41)$$

Na equação (3.41), P_2 é uma matriz de reflexão, adotada para converter o SGL de levógiro para dextrógiro. A longitude λ_P é contada de 0 a 180° a Leste de Greenwich e de 0 a –180° a Oeste.

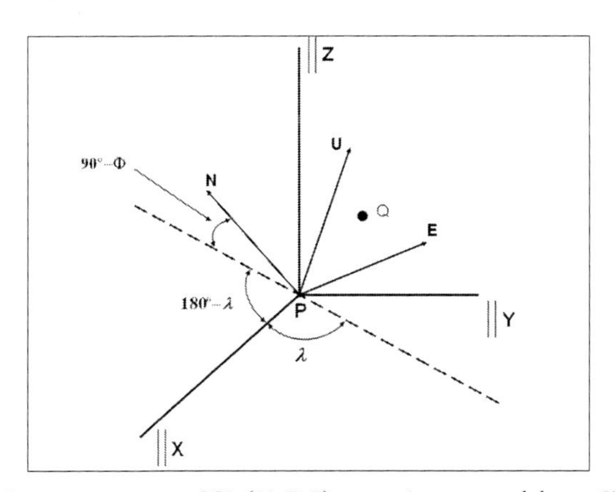

Figura 3.18 – Relacionamento entre o SGL (*N*, *E*, *U*) e um sistema paralelo ao CTRS.

No posicionamento por satélite o SGL também apresenta grande utilidade. Ele pode ser usado para obter, a partir das coordenadas cartesianas dadas em uma das realizações do CTRS, ou paralelo a este, o azimute e o ângulo vertical, facilitando a integração com levantamentos terrestres. Além disso, quando se conhece o erro em cada uma das coordenadas X, Y e Z e se tem interesse em analisá-lo em termos de componentes horizontal e vertical, pode-se também empregar o conceito de SGL. Para tanto, adota-se como origem o ponto de coordenadas conhecidas e os erros são transformados para o SGL, simplesmente pela substituição de ΔX, ΔY e ΔZ na equação (3.41) pelos respectivos erros nessas coordenadas.

3.10 Exemplos de transformação e atualização de coordenadas

Alguns dos assuntos apresentados neste capítulo ainda são pouco explorados na literatura nacional, e mesmo na internacional. Dessa forma, apresentam-se a seguir exemplos referentes à obtenção do vetor de velocidade a partir do modelo NNR-NUVEL-1A (Exemplo 1) e do modelo adotado no Brasil, que utiliza o programa Velinter (disponível no IBGE) (Exemplo 2); aplicação da transformada generalizada de Helmert (Exemplo 3); um caso particular da transformação generalizada de Helmert que se reduz à atualização de coordenadas (Exemplo 4) e transformação de erros em termos de coordenadas cartesianas geocêntricas para um referencial local (Exemplo 5).

Exemplo 1

Tomando-se as coordenadas SIRGAS 2000 da estação PPTE pertencente à RBMC, localizada na cidade de Presidente Prudente, que possui as seguintes coordenadas:

$$\vec{X}^{PPTE}_{SIRGAS2000} = \begin{bmatrix} 3.687.624{,}367 \\ -4.620.818{,}683 \\ -2.386.880{,}382 \end{bmatrix} m,$$

podem ser calculados os valores aproximados do vetor velocidade para essa estação. Para isso foram tomados os valores das velocidades angulares da placa América do Sul, apresentados na Tabela 3.6, convertidos para radianos e montada a matriz [Ω] (Equação (3.31)). Aplicando-a na equação (3.30), com as coordenadas da estação PPTE, tem-se:

$$\vec{V}^{PPTE}_{NUVEL\ 1A} \cong \begin{bmatrix} 0 & 0{,}87 & -1{,}52 \\ -0{,}87 & 0 & 1{,}04 \\ 1{,}52 & -1{,}04 & 0 \end{bmatrix} 10^{-9} \begin{bmatrix} 3.687.624{,}367 \\ -4.620.818{,}683 \\ -2.386.880{,}382 \end{bmatrix} m = $$

$$= \begin{bmatrix} -0{,}0004 \\ -0{,}0057 \\ 0{,}0104 \end{bmatrix} m/ano.$$

Obtém-se, assim, boa aproximação do vetor velocidade para a estação PPTE, segundo o modelo NNR-Nuvel-1A. Na solução SIRGAS 2000, por meio do programa Velinter, pode-se também obter o vetor velocidade para a estação PPTE, o qual é Vx = 0,0005 ; Vy = –0,0057 e Vz = 0,0117. O leitor poderá observar que as discrepâncias entre ambas não são significativas, mas nesse caso se deve usar o vetor de velocidade obtido com base no campo de velocidade disponibilizado com a solução SIRGAS 2000, via programa Velinter. Semelhante procedimento deve ser adotado para as demais estações SIRGAS 2000. Esse programa também deve ser empregado para os casos de densificações de alta precisão, cujas coordenadas determinadas para o instante do levantamento devem ser transformadas para a época de referência do SIRGAS 2000, ou seja, época 2000,4 (ver exemplo 2).

Algumas realizações de sistemas de referência, como as séries ITRF mais recentes, disponibilizam, além do campo de velocidade, o vetor velocidade de cada estação. Nesses casos, a atualização das coordenadas dessas estações deve ser efetuada com sua respectiva velocidade, não aquela advinda do campo de velocidade. Essa última deve ser adotada para casos como no exemplo a seguir.

Exemplo 2

Com base em um método de posicionamento com GNSS altamente preciso, determinou-se em um determinado local no Brasil as coordenadas de uma estação B no dia 1º de julho de 2007. Como essas coordenadas deverão fazer parte do SIRGAS 2000, elas devem ser convertidas para a época de referência do SIRGAS 2000, ou seja, 2000,4. As coordenadas são:

$$\vec{X}^{B}_{SIRGAS2000} = \begin{bmatrix} 4.314.330,405 \\ -4.379.749,569 \\ -1.694.512,249 \end{bmatrix} m \text{ para o instante 2007,5.}$$

Para solucionar o problema, primeiro deve-se instalar o programa Velinter disponível no IBGE ou acessar a página do SIRGAS (http://sirgas.igm.gov.ar/), onde o citado programa está disponível online. O instante a que se referem as coordenadas é 2007,5 (2007 + 182/365 dias ≈ 2007,5). As coordenadas cartesianas devem ser transformadas em geodésicas (latitude e longitude). Para esse caso tem-se: $\Phi = -15°\ 30'\ 30{,}87524''\ S$ e $\lambda = 45°\ 25'\ 52{,}02350''\ W$. Ao se executar o software Velinter, obtém-se o seguinte vetor de velocidades:

$$\vec{V}_{Vel\,int\,er} = \begin{bmatrix} -0{,}0009 \\ -0{,}0055 \\ 0{,}0120 \end{bmatrix} m/ano.$$

Logo, as coordenadas da estação B na época de referência do SIRGAS 2000 são dadas por:

$$\vec{X}^{B}_{SIRGAS2000} = \begin{bmatrix} 4.314.330,405 \\ -4.379.749,569 \\ -1.694.512,249 \end{bmatrix} + \begin{bmatrix} -0{,}0009 \\ -0{,}0055 \\ 0{,}0120 \end{bmatrix} (2000{,}4 - 2007{,}5) =$$

$$= \begin{bmatrix} 4.314.330,411 \\ -4.379.749,530 \\ -1.694.512,334 \end{bmatrix} m.$$

Exemplo 3

Tomando-se as coordenadas e as velocidades da estação terrestre BRAZ pertencente à rede IGS, referenciada no ITRF2000 na época 1997,0, tem-se:

$$\vec{X}^{BRAZ}_{ITRF2000} = \begin{bmatrix} 4.115.014,087 \\ -4.550.641,532 \\ -1.741.444,061 \end{bmatrix} m, \qquad \vec{V}^{BRAZ}_{ITRF2000} = \begin{bmatrix} +0,0005 \\ -0,0063 \\ 0,0115 \end{bmatrix} m/ano.$$

Para referenciar essas coordenadas em outra realização do ITRS, por exemplo, na realização ITRF2005, na época 2007,5 (01/07/2007), deve-se aplicar a equação (3.25) utilizando-se os parâmetros apropriados que constam da Tabela 3.5. Para fazer a transformação da realização ITRF2000 para a ITRF2005, a equação (3.25) fica da seguinte forma:

$$\vec{X}_{ITRF2005} = \vec{T}_X + (1+s)(I+\varepsilon)(\vec{X}_{ITRF2000} + \vec{V}_{ITRF2000}(2007,5 - 1997,0)) +$$
$$+ (\dot{\vec{T}} + (1+s)(\dot{\varepsilon}) + \dot{s}(I+\varepsilon)\vec{X}_{ITRF2000}).(2007,5 - 2000,0)).$$

Substituindo-se os valores apresentados na Tabela (3.5) nessa equação, chega-se à seguinte expressão:

$$\vec{X}^{BRAZ}_{ITRF2005\,Época2007,5} = \begin{bmatrix} -0,0001 \\ 0,0008 \\ 0,0058 \end{bmatrix} +$$
$$+\left(1+0,4\times10^{-9}\right)\left[\begin{bmatrix}1&0&0\\0&1&0\\0&0&1\end{bmatrix}+\begin{bmatrix}0&0&0\\0&0&0\\0&0&0\end{bmatrix}\right]\left[\begin{bmatrix}4.115.014,087\\-4.550.641,532\\-1.741.444,061\end{bmatrix}+\right.$$
$$\left.+\begin{bmatrix}0,0005\\-0,0063\\0,0115\end{bmatrix}\left(2007,5-1997\right)\right]+\left[\begin{bmatrix}0,0002\\-0,0001\\0,0018\end{bmatrix}+\left[\left(1-0,4\times10^{-9}\right)\begin{bmatrix}0&0&0\\0&0&0\\0&0&0\end{bmatrix}+\right.\right.$$
$$\left.\left.+\left[-0,08\times10^{-9}\right]\left[\begin{bmatrix}0&0&0\\0&0&0\\0&0&0\end{bmatrix}+\begin{bmatrix}1&0&0\\0&1&0\\0&0&1\end{bmatrix}\right]\right]\begin{bmatrix}4.115.014,087\\-4.550.641,532\\-1.741.444,061\end{bmatrix}\right](2007,5-2000,0),$$

de onde se obtêm as seguintes coordenadas:

$$\vec{X}^{BRAZ}_{ITRF2005\,Época2007,5} = \begin{bmatrix} 4.115.014,089535 \\ -4.550.641,593550 \\ -1.741.443,919208 \end{bmatrix} m.$$

Essa solução também pode ser obtida com a atualização dos parâmetros e das coordenadas para o instante de interesse (2007,5). Logo, os parâmetros de transformação atualizados para o instante 2007,5 são dados por:

$$\begin{bmatrix} T_X \\ T_Y \\ T_Z \\ s \\ \varepsilon_X \\ \varepsilon_Y \\ \varepsilon_Z \end{bmatrix}_{2007,5} = \begin{bmatrix} -0{,}0001 \\ 0{,}0008 \\ 0{,}0058 \\ -0{,}4 \\ 0 \\ 0 \\ 0 \end{bmatrix}_{2000} + \begin{bmatrix} 0{,}0002 \\ -0{,}0001 \\ 0{,}0018 \\ -0{,}08 \\ 0 \\ 0 \\ 0 \end{bmatrix} (2007{,}5 - 2000{,}0) = \begin{bmatrix} -0{,}0014 \\ 0{,}0005 \\ -0{,}0193 \\ -1.0\times 10^{-09} \\ 0 \\ 0 \\ 0 \end{bmatrix}.$$

Observe-se que os parâmetros de rotação não sofrem alteração. As coordenadas da estação BRAZ na realização ITRF2000, atualizadas para o instante 2007,5, são dadas por:

$$\vec{X}^{BRAZ}_{ITRF2000_{Época2007,5}} = \begin{bmatrix} 4.115.014{,}087 \\ -4.550.641{,}532 \\ -1.741.444{,}061 \end{bmatrix} .m +$$

$$+\begin{bmatrix} 0{,}0005 \\ 0{,}0063 \\ 0{,}0115 \end{bmatrix} .m / ano.(2007{,}5 - 1997{,}0).ano = \begin{bmatrix} 4.115.014{,}09225 \\ -4.550.641{,}59815 \\ -1.741.444{,}94025 \end{bmatrix} .m.$$

O próximo passo é aplicar a transformada de Helmert (equação 3.26). Logo, tem-se:

$$\vec{X}^{BRAZ}_{ITRF2005\,Época2007,5} = \begin{bmatrix} 4.115.014{,}09225 \\ -4.550.641{,}59815 \\ -1.741.444{,}94025 \end{bmatrix} + \begin{bmatrix} 0{,}0014 \\ 0{,}0005 \\ 0{,}01930 \end{bmatrix} +$$

$$+10^{-09} \begin{bmatrix} -1.0 & 0 & 0 \\ 0 & -1.0 & 0 \\ 0 & 0 & -1.0 \end{bmatrix} \begin{bmatrix} 4.115.014{,}09225 \\ -4.550.641{,}59815 \\ -1.741.444{,}94025 \end{bmatrix} = \begin{bmatrix} 4.115\ 014{,}089535 \\ -4.550.641{,}593549 \\ -1.741.443{,}919208 \end{bmatrix} m.$$

Observe-se que ambas as soluções proporcionaram os mesmos resultados ao nível do centésimo do milímetro.

Exemplo 4

Tomando-se novamente as coordenadas da estação BRAZ e seu vetor de velocidades, agora referenciados ao ITRF2005, época 2000,0, tem-se:

$$\vec{X}^{BRAZ}_{ITRF2005} = \begin{bmatrix} 4.115.014,083 \\ -4.550.641,541 \\ -1.741.444,022 \end{bmatrix} m, \quad \begin{bmatrix} -0,0002 \\ -0,0046 \\ 0,0124 \end{bmatrix} \text{m/ano.}$$

Para atualizar essas coordenadas no ITRF2005, instante 2007,5, aplica-se a equação (3.24), sem considerar o último termo do lado direito. Assim obtém-se:

$$\vec{X}^{BRAZ}_{ITRF2005_{Época2007,5}} = \vec{X}^{BRAZ}_{ITRF2005_{Época2000}} + \vec{V}^{BRAZ}_{ITRF2005}(t - t_0).$$

Substituindo-se os valores, tem-se:

$$\vec{X}^{BRAZ}_{ITRF2005_{Época2007,5}} = \begin{bmatrix} 4.115.014,083 \\ -4.550.641,541 \\ -1.741.444,022 \end{bmatrix} .m + \\ + \begin{bmatrix} -0,0002 \\ -0,0046 \\ 0,0124 \end{bmatrix} .m/ano.(2007,5 - 2000,0).ano,$$

de onde se obtém o vetor

$$\vec{X}^{BRAZ}_{ITRF2005_{época2007,5}} = \begin{bmatrix} 4.115.014,0815 \\ -4.550.641,5755 \\ -1.741.443,9290 \end{bmatrix} m.$$

Esse vetor contém as coordenadas da estação BRAZ na realização ITRF 2005 no instante 2007,5. Obtendo-se a diferença, por meio da equação de Helmert (Exemplo 3), dessas coordenadas com as transformadas do ITRF2000 para o ITRF2005, as que estão no mesmo instante (2007,5), pode-se avaliar a compatibilidade entre as coordenadas das realizações ITRF2000 e ITRF2005.

$$\Delta\vec{X}^{BRAZ} = \begin{bmatrix} 4.115.014{,}0895 \\ -4.550.641{,}5935 \\ -1.741.443{,}9192 \end{bmatrix} - \begin{bmatrix} 4.115.014{,}0815 \\ -4.550.641{,}5755 \\ -1.741.443{,}9290 \end{bmatrix} = \begin{bmatrix} 0{,}0080 \\ -0{,}018 \\ -0{,}0098 \end{bmatrix} m.$$

O leitor pode verificar que para essa estação a compatibilidade entre ITRF2000 e ITRF2005 é da ordem de 2 cm.

Aplicando-se a lei de propagação de covariância, obtém-se a precisão das coordenadas da estação BRAZ no instante 2007,5, isto é:

$$\sigma_i = \sqrt{\sigma_{0i}^2 + \sigma_{Vi}^2(\Delta_t)^2},$$

onde:

- σ_{0i}^2 é a variância da coordenada na época de referência;
- σ_{Vi}^2 é a variância da velocidade referente às componentes $i = X, Y, Z$.

As MVC da posição (Σ_X) e velocidade ($\Sigma_{\dot{X}}$) da estação BRAZ, obtidas na solução ITRF2005, são dadas por:

$$\Sigma_X = \begin{bmatrix} (0{,}001)^2 & 0 & 0 \\ 0 & (0{,}001)^2 & 0 \\ 0 & 0 & (0{,}001)^2 \end{bmatrix};$$

$$\Sigma_{\dot{X}} = \begin{bmatrix} (0{,}0002)^2 & 0 & 0 \\ 0 & (0{,}0002)^2 & 0 \\ 0 & 0 & (0{,}0001)^2 \end{bmatrix}.$$

$$\begin{bmatrix} \sigma_X \\ \sigma_Y \\ \sigma_Z \end{bmatrix} = \begin{bmatrix} 0{,}0018 \\ 0{,}0018 \\ 0{,}0012 \end{bmatrix} m.$$

O leitor pode observar que as discrepâncias são bem maiores que a precisão.

Exemplo 5

As coordenadas de uma estação A que dispõe de coordenadas conhecidas foram determinadas por certo método de posicionamento, como o método PPP. Os erros (ε) em *X*, *Y* e *Z* foram, respectivamente, 0,080; 0,076; 0,093 m. O interesse é o de transformar esses erros para um SGL (equação 3.41).

Primeiro, a latitude e a longitude devem ser determinadas (equação (3.40)), para posteriormente aplicar-se a equação (3.41). As coordenadas cartesianas são:

$$\vec{X}_A = \begin{bmatrix} 3.690.336{,}609 \\ -4.6241.84{,}065 \\ -2.3750.68{,}811 \end{bmatrix} m,$$

resultando nas coordenadas geodésicas Φ = –22° 00' 23,0" e λ –51° 24' 30,0".

Aplicando-se a equação (3.41), tem-se:

$$\begin{bmatrix} \varepsilon_{N_A} \\ \varepsilon_{E_A} \\ \varepsilon_{U_A} \end{bmatrix} = P_2 R_2(\Phi - 90^\circ) R_3(\lambda_P - 180^\circ) \begin{bmatrix} \varepsilon_{X_A} \\ \varepsilon_{Y_A} \\ \varepsilon_{Z_A} \end{bmatrix};$$

Fazendo $\alpha = \Phi - 90^\circ = -112°00'23''$ e $\beta = \lambda_P - 180^\circ = -231° 24'30''$

$$\begin{bmatrix} 1 & 0 & 0 \\ 0 & -1 & 0 \\ 0 & 0 & 1 \end{bmatrix} \begin{bmatrix} \cos(\alpha) & 0 & \text{sen}(\alpha) \\ 0 & 1 & 0 \\ -\text{sen}(\alpha) & 0 & \cos(\alpha) \end{bmatrix} \begin{bmatrix} \cos(\beta) & -\text{sen}(\beta) & 0 \\ \text{sen}(\beta) & \cos(\beta) & 0 \\ 0 & 0 & 1 \end{bmatrix} \begin{bmatrix} 0{,}080 \\ 0{,}076 \\ 0{,}093 \end{bmatrix} =$$

$$= \begin{bmatrix} -0{,}045 \\ -0{,}015 \\ -0{,}136 \end{bmatrix} m.$$

O leitor pode observar que as resultantes dos dois vetores são iguais (0,1443), pois ocorreram apenas rotações.

4 Coordenadas dos satélites GNSS: mensagens de navegação e efemérides precisas

4.1 Introdução

Para obter a posição instantânea da antena de um receptor GNSS o usuário deve ter acesso às posições e ao sistema de tempo dos satélites em tempo real. Essas informações são acessadas via sinais dos satélites, contidas nas efemérides transmitidas (*Broadcast Ephemerides* para o GPS). Para usuários que não necessitem de posição instantânea, mas de alta acurácia, há a opção de acessar, via internet, as efemérides pós-processadas, denominadas efemérides precisas, produzidas por diversos centros de análises que compõem o IGS. Dependendo da precisão requerida no pós-processamento, podem-se adotar as próprias efemérides transmitidas. Enquanto essas efemérides, para o caso do GPS, são referenciadas ao WGS 84, na determinação das efemérides precisas adota-se um dos vários ITRFs (seção 3.4).

O procedimento para a produção das efemérides transmitidas GPS tem sido descrito na literatura por vários autores (Seeber, 1993; Wells et al., 1986; Zumberger e Bertiger, 1996). Esse processo envolve, em geral, duas etapas. Primeiro produzem-se as efemérides de referência para determinado período, com base em um modelo que considera as forças que atuam nos satélites, em um processamento *off-line*, usando programas computacionais apropriados. Trata-se basicamente da força de atração gravitacional da Terra, das forças de atração do Sol e da Lua, além da pressão de radiação solar sobre os satélites. Na segunda etapa, as discrepâncias entre as observações coletadas nas estações monitoras e as calculadas com base nas efemérides de referência são processadas, usando-se o algoritmo de filtragem Kalman, com a inclusão de quatro semanas de dados, para predição das correções das efemérides de referência e do comportamento dos relógios dos satélites. Esse procedimento envolve as observações de pseudodistâncias de todos os satélites visíveis nas estações monitoras, as quais são corrigidas da refração ionosférica e troposférica e dos efeitos relativistas. As primeiras 28 horas da predição são divididas em intervalos de 4 horas, com sobreposição de 1 hora. Uma vez por dia, ou mais frequentemente, se necessário, elas são transmitidas para os satélites.

No GLONASS, a geração das efemérides dos satélites segue procedimento similar ao do GPS, mas é estruturada de forma diferente. As efemérides dos satélites são disponibilizadas em coordenadas cartesianas, com as respectivas velocidades, atualizadas a cada 30 minutos, no referencial PZ90. Além disso, acompanha as acelerações resultantes da atração lunissolar na época de referência t_o. Esses dados servem como condições iniciais para o processo de integração de órbitas.

No que concerne ao Galileo, o procedimento é bem similar ao do GPS, o que poderá ser constatado melhor no fim deste capítulo, após a descrição das efemérides de cada um dos sistemas.

4.2 Órbitas transmitidas (*Broadcast Ephemeris*) do GPS

A partir da predição da órbita de um satélite GPS com um arco de 28 horas, dividido em intervalos de 4 horas, com sobreposição de 1 hora, geram-se nove efemérides diferentes. Embora a predição das órbitas dos satélites GPS seja dada em coordenadas cartesianas, com as respectivas velocidades, elas são transformadas em elementos keplerianos, de acordo com o formato de navegação. Esse formato requer menor espaço em memória, proporcionando maior flexibilidade para o segmento de controle do GPS. Apresentam-se a seguir a representação das efemérides transmitidas e as etapas envolvidas no cálculo das coordenadas dos satélites a partir dessas efemérides.

4.2.1 Representação das efemérides transmitidas

Um sumário de todos os elementos que descrevem a órbita e dos parâmetros que descrevem o comportamento do erro do relógio do satélite é apresentado na Tabela 4.1, extraída de Seeber (2003, p.224). Os parâmetros das efemérides e relógios (*clock*) referem-se, respectivamente, a uma época origem (to_e) e (to_c). Importante frisar que nem sempre eles coincidem. Eles são válidos para um intervalo de tempo de cerca de duas horas antes e duas horas depois da época origem. A ligação entre efemérides adjacentes pode resultar em pequenos degraus entre as coordenadas comuns a uma mesma época. Um processo de suavização (*smoothing*), usando técnicas de aproximação, como polinômio de Chebyshev, pode ser empregado para redução dos degraus, os quais podem alcançar alguns decímetros (Seeber, 2003).

Os parâmetros listados na Tabela 4.1 são usados para calcular o tempo GPS de cada satélite, bem como suas coordenadas. O primeiro grupo de parâmetros é empregado para corrigir o tempo do relógio do satélite, e o segundo, para determinar a elipse kepleriana na época de referência (to_e). O terceiro grupo contém os nove parâmetros perturbadores da órbita normal.[1] Cada um dos vários parâmetros está ilustrado na Figura 4.1, em um sistema de referência terrestre (WGS 84).

Tabela 4.1 – Elementos definidores das efemérides transmitidas do GPS

Parâmetros de tempo		Unidade
to_e	Tempo origem das efemérides	s
to_c	Tempo origem do relógio	s
a_0,a_1,a_2	Coeficientes do polinômio para correção do relógio do satélite	$s, s/s, s/s^2$
IODC	Emissão dos dados – Número de identificação arbitrário	
Elementos keplerianos		**Unidade**
$\sqrt{a}$	Raiz quadrada do semieixo maior	$m^{1/2}$
e	Excentricidade da órbita	sem dimensão
i_0	Inclinação da órbita no to_e	radianos
Ω_0	Ascensão reta do nodo ascendente no to_e	radianos
w	Argumento do perigeu	radianos
$\bar{M}_0$	Anomalia média no to_e	radianos

Continua na página seguinte

1 Considera-se apenas uma força agindo no satélite, resultante da atração de uma Terra esférica e homogênea.

Tabela 4.1 – *Continuação.*

Parâmetros perturbadores		Unidades
Δn	Correção ao movimento médio calculado	Radianos/s
$\dot{\Omega}$	Variação temporal da ascensão reta	Radianos/s
$\dot{i}$	Variação temporal da inclinação	Radianos/s
C_{us}	Amplitude do termo harmônico seno de correção do argumento de latitude	Radianos
C_{uc}	Amplitude do termo harmônico cosseno de correção do argumento de latitude	Radianos
C_{is}	Amplitude do termo harmônico seno de correção da inclinação da órbita	Radianos
C_{ic}	Amplitude do termo harmônico cosseno de correção da inclinação da órbita	Radianos
C_{rs}	Amplitude do termo harmônico seno de correção do raio orbital	m
C_{rc}	Amplitude do termo harmônico cosseno de correção do raio orbital	m

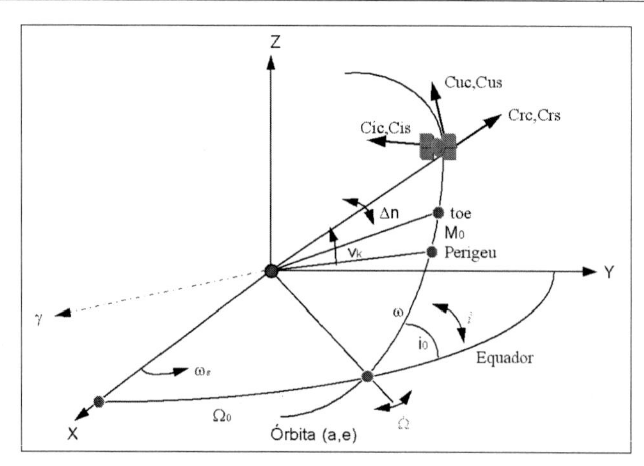

Figura 4.1 – Parâmetros da órbita GPS contidos nas efemérides transmitidas.

4.2.2 Obtenção das coordenadas dos satélites GPS a partir das efemérides transmitidas

As coordenadas do satélite devem ser calculadas para um determinado instante, que pode ser o instante de transmissão ou de recepção do sinal. Apresenta-se a seguir a obtenção das coordenadas do satélite no instante de transmissão do sinal, procedimento mais comum nos softwares de processamento de dados GPS, para fins tanto comerciais como científicos. Outra opção seria calcular a posição do satélite no instante de recepção do sinal.

(a) Instante de transmissão do sinal GPS na escala de tempo GPS

O tempo GPS, conservado por relógios atômicos, caracteriza-se pelo número da semana GPS (contada a partir da meia-noite (TUC) de 5 para 6 de janeiro de 1980) e o número de segundos desde o início da semana do levantamento, que varia de 0 (início da semana) a 604.800 (fim da semana). O sistema de tempo GPS é definido pelo relógio principal na estação de controle central. Os relógios dos satélites diferem do sistema de tempo GPS, em razão de erros inerentes a ambos os sistemas (relógios dos satélites e tempo GPS), mas, sobretudo, em razão dos erros nos osciladores dos satélites. O comportamento de cada oscilador (*Rubidium* ou *Cesium*) é monitorado pelo segmento de controle e predito, conforme já citado, na forma de um polinômio de segunda ordem. Os coeficientes do polinômio são transmitidos com as mensagens de navegação e fazem parte do primeiro grupo de parâmetros da Tabela 4.1. O instante de transmissão do sinal, na escala de tempo de um satélite qualquer (t_t^s), deve ser transformado para a escala de tempo GPS, ou seja:

$$t_{GPS}^t = t_t^s - dt^s, \qquad (4.1)$$

onde:

$$dt^s = a_0 + a_1(t_{GPS} - t_{o_c}) + a_2(t_{GPS} - t_{o_c})^2 \; ; \qquad (4.2)$$

e to_c é a época de referência para os coeficientes a_0, a_1 e a_2. O valor de t_{GPS} na expressão (4.2) pode ser substituído por t_t^s, sem afetar a qualidade dos resultados.

As coordenadas de um satélite k (X^k, Y^k e Z^k), dadas no sistema de coordenadas mostrado na Figura 4.1 (WGS 84), são calculadas para um determinado instante t_{GPS}. Para tanto, deve-se obter o termo Δt_k, que representa o intervalo de tempo transcorrido desde a época de origem das efemérides to_e, isto é:

$$\Delta t_k = t_{GPS}^t - to_e \,. \qquad (4.3)$$

Uma possível mudança de semana deve ser levada em consideração.

Resta dizer como se obtém o instante t_t^s da equação (4.1). Para responder a essa questão, deve-se partir do instante de recepção do sinal, registrado pelo receptor, ou seja, t_r. Esse instante difere daquele registrado na escala de tempo GPS, pois os relógios dos receptores são de qualidade muito inferior em relação aos que definem o sistema de tempo GPS e apresentam um erro dt_r. Pode-se assumir que se trata de uma escala de tempo diferente. Então, o tempo de recepção do receptor na escala de tempo GPS é dado por:

$$t_{GPS_r} = t_r - dt_r , \tag{4.4}$$

Assim, tem-se que:

$$t_t^s = t_r - dt_r - \tau , \tag{4.5}$$

onde τ é o intervalo de tempo de propagação do sinal entre o satélite, no instante de transmissão t_t^s, e o receptor, no instante de recepção t_r. Substituindo t_t^s na equação (4.5) pelo valor obtido da (4.1), obtém-se:

$$t_{GPS}^t = t_r - dt_r + dt^s - \tau . \tag{4.6}$$

Muito embora mais detalhes sejam apresentados posteriormente, o leitor poderá perceber que os três últimos termos da equação (4.6), quando multiplicados pela velocidade da luz, equivalem à medida da pseudodistância com o sinal trocado (Equação 5.2). Dessa forma, uma boa aproximação para o cálculo do instante de transmissão do sinal, na escala de tempo GPS, é dada por:

$$t_{GPS}^t = t_r - \frac{PD}{c} . \tag{4.7}$$

É lógico que erros inerentes à PD resultarão em erros na obtenção do instante de transmissão do sinal.

Se pelo menos quatro satélites estiverem disponíveis, gerando quatro medidas de distâncias, o erro do relógio do receptor pode ser estimado (seção 7.2) e, em uma segunda etapa, introduzido na equação (4.6).

Outras possibilidades existem, como partir do desenvolvimento em uma série baseada na distância geométrica entre satélite e receptor nos instantes adequados, visando ao cálculo de τ.

(b) Anomalia verdadeira

Uma vez obtido o t_{GPS} de interesse, resta ainda definir três constantes envolvidas no cálculo das coordenadas dos satélites, quais sejam:

$$GM = 3{,}986004{,}418x10^{14} m^3 / s^2$$
$$\omega_e = 7{,}2921151467\text{x}10^{-5} rad / s \;. \quad (4.8)$$
$$\Pi = 3{,}1415926535898$$

com GM, a constante gravitacional, e w_e, a velocidade de rotação da Terra, ambas no WGS 84. Alguns desses valores podem ser atualizados com o passar do tempo nos programas computacionais de cálculo da posição dos satélites.

Da terceira lei de Kepler tem-se:

$$n_0 = \sqrt{GM/a^3}, \quad (4.9)$$

que é o movimento médio calculado, onde a é o semieixo maior da órbita do satélite. Pode-se agora obter o movimento médio corrigido (n) e a anomalia média ($\overline{M}$k)

$$n = n_0 + \Delta n$$
$$\overline{\mathrm{M}}_{\mathrm{k}} = \overline{M}_0 + n\Delta t_k, \quad (4.10)$$

sendo Δn a correção ao movimento médio calculado e $\overline{M}_0$ a anomalia média no to_e. Da equação de Kepler obtém-se a anomalia excêntrica:

$$E_k = \overline{M}_K + e\,\mathrm{sen}(E_k), \quad (4.11)$$

sendo e a excentricidade da órbita. Essa equação deve ser solucionada iterativamente. Em geral, apenas uma repetição é suficiente.

A anomalia verdadeira é finalmente obtida por uma das duas equações a seguir:

$$\cos(v_k) = (\cos(E_k) - e)/(1 - e\cos(E_k))$$
$$\mathrm{sen}(v_k) = \sqrt{1-e^2}\,\mathrm{sen}(E_k)/(1 - e\cos(E_k)) \,. \quad (4.12)$$

Como a anomalia verdadeira varia de 0 a 360º, o leitor, ao utilizar a equação (4.12), deve fazer uma análise do quadrante.

(c) Coordenadas planas do satélite

As coordenadas planas do satélite o posicionam dentro do plano orbital. Trata-se de um referencial bidimensional dextrógiro, com origem no centro de massa da Terra. O eixo x é orientado positivamente para o nodo ascendente, conforme ilustrado na Figura 4.2.

As coordenadas planas do satélite são calculadas usando-se as equações (4.13) a (4.16):

$$\begin{aligned} u_k &= \Phi_k + \delta u_k \\ \Phi_k &= v_k + w, \\ \delta u_k &= C_{uc}\cos(2\Phi_k) + C_{us}\,\text{sen}(2\Phi_k), \end{aligned} \tag{4.13}$$

- u_k = argumento da latitude corrigido;
- Φ_k = argumento da latitude;
- δu_k = correção do argumento da latitude

$$\begin{aligned} r_k &= a(1 - e\cos(E_k)) + \delta r_k \\ \delta r_k &= C_{rc}\cos(2\Phi_k) + C_{rc}\,\text{sen}(2\Phi_k), \end{aligned} \tag{4.14}$$

- r_k = raio corrigido;
- δr_k = correção do raio;

$$\begin{aligned} i_k &= i_0 + \dot{i}\Delta t_k + \delta i_k \\ \delta i_k &= C_{ic}\cos(2\Phi_k) + C_{is}\,\text{sen}(2\Phi_k), \end{aligned} \tag{4.15}$$

- i_k = inclinação corrigida;
- δi_k = correção da inclinação;

$$\begin{aligned} x_k &= r_k\cos(u_k). \\ y_k &= r_k sin(u_k) \end{aligned} \tag{4.16}$$

- x_k e y_k = posição do satélite no plano orbital.

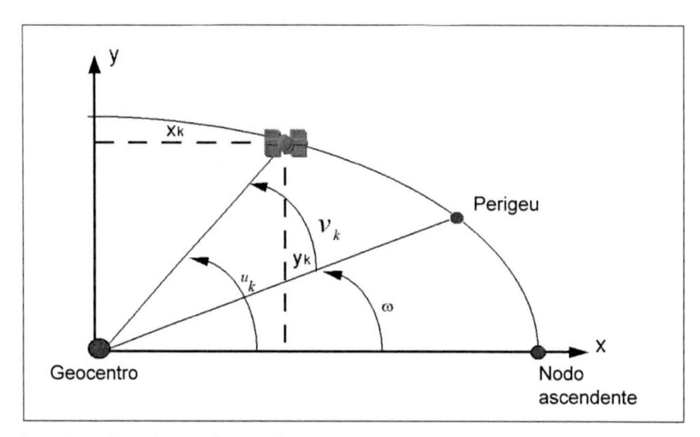

Figura 4.2 – Coordenadas planas do satélite.

(d) Coordenadas terrestres (WGS 84) do satélite

Os valores obtidos com a expressão (4.16) posicionam o satélite no plano orbital. Resta agora transformar as coordenadas planas do satélite para um sistema tridimensional, geocêntrico e fixo à Terra, que no caso do GPS é o WGS 84. A Figura 4.3, adaptada de Andrade (1988), ilustra os parâmetros envolvidos na transformação, bem como os sistemas de referências.

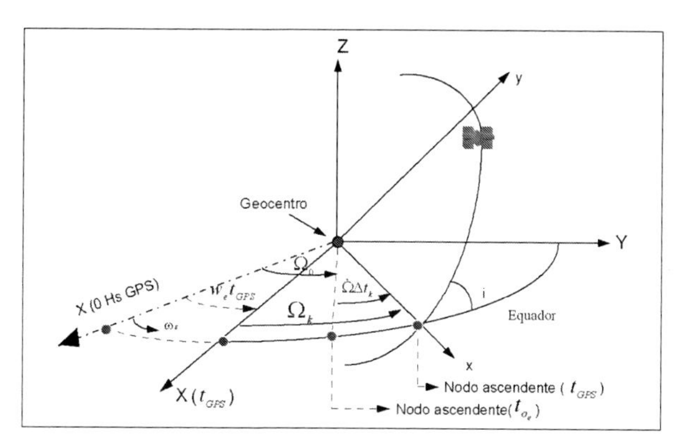

Figura 4.3 – Coordenadas terrestres do satélite.

A longitude corrigida do nodo ascendente, conforme pode ser verificado na Figura 4.3, é dada por:

$$\Omega_k = \Omega_0 + \dot{\Omega}\Delta t_k - w_e t_{GPS} \tag{4.17}$$

As coordenadas terrestres do satélite são, finalmente, obtidas a partir das expressões:

$$\begin{aligned} X^k &= x_k \cos(\Omega_k) - y_k \operatorname{sen}(\Omega_k)\cos(i_k) \\ Y^k &= x_k \operatorname{sen}(\Omega_k) + y_k \cos(\Omega_k)\cos(i_k)\,, \\ Z^k &= y_k \operatorname{sen}(i_k) \end{aligned} \tag{4.18}$$

O leitor poderá verificar que o conjunto de expressões (4.18) é resultante da aplicação das rotações $R_Z(-\Omega_k)R_X(-i_k)$ sobre o vetor das coordenadas planas do satélite, ou seja: $\begin{bmatrix} x_k & y_k & 0 \end{bmatrix}^T$.

A Figura 4.4 mostra as coordenadas do satélite PRN 10 para o dia 7 de setembro de 2006, compreendendo um período de aproximadamente 18 horas. Constam também os erros Δt, em nanossegundos (ns) do relógio do satélite. Fica a cargo de leitor interpretar os gráficos mostrados.

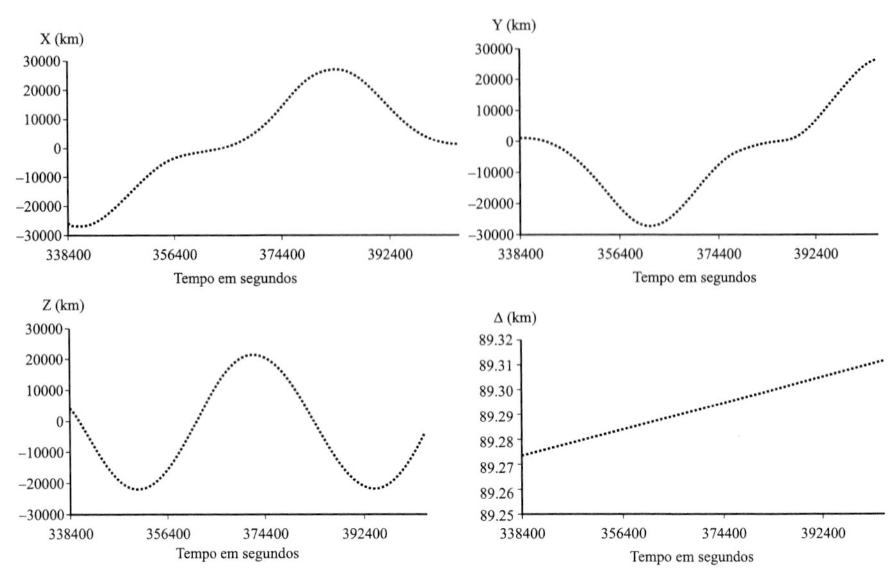

Figura 4.4 – Coordenadas e erros do relógio do satélite PRN 10 (7 de setembro de 2006).

Alguns experimentos realizados na FCT/Unesp, visando avaliar a qualidade das efemérides transmitidas, tendo como referência as efemérides IGS (seção 3.5), mostraram precisão resultante em coordenadas da ordem de 2,7 m e erro do relógio do satélite de 90 ns (Marques e Monico, 2004). No que se refere ao relógio, está preconizada precisão da ordem de 7 ns para as efemérides transmitidas.

4.3 Órbitas transmitidas do GLONASS

As órbitas dos satélites GLONASS, conforme já citado, são disponibilizadas em coordenadas cartesianas, no referencial associado ao GLONASS (PZ90), em intervalos de 30 minutos, acompanhadas das respectivas velocidades. As coordenadas do satélite, para uma época t_b, com $|t_b - t_0| < 15$ min, são obtidas via integração numérica das equações diferenciais do movimento do satélite. Em razão do curto intervalo de tempo da integração, modelos simplificados são usados para representar a aceleração do campo de gravidade da Terra. Essa integração tem de ser realizada em um referencial inercial (ou quase-inercial), mas, por causa do curto período de integração, a precessão, a nutação e o movimento do polo podem ser negligenciados. Dessa forma, a formulação final da equação do movimento do satélite é dada por (Leick, 2004, p.89):

$$\begin{aligned}
\ddot{X}^c &= \frac{GM}{r^3}X^c - \frac{3}{2}J_2\frac{GMa_e^2}{r^5}X^c(1-5\frac{Z^{c^2}}{r^2}) + w_3^2X^c + 2w_3\dot{Y}^c + \ddot{X}_{s+m} \\
\ddot{Y}^c &= \frac{GM}{r^3}X^c - \frac{3}{2}J_2\frac{GMa_e^2}{r^5}Y^c(1-5\frac{Z^{c^2}}{r^2}) + w_3^2Y^c + 2w_3\dot{X}^c + \ddot{Y}_{s+m} \\
\ddot{Z}^c &= \frac{GM}{r^3}Z^c - \frac{3}{2}J_2\frac{GMa_e^2}{r^5}Z^c(3-5\frac{Z^{c^2}}{r^2}) + \ddot{Z}_{s+m}
\end{aligned} \quad . \quad (4.19)$$

Nessa equação, X^c, Y^c e Z^c são as coordenadas do satélite em um sistema celeste (quase-inercial), com as respectivas velocidades ($\dot{X}^c$, $\dot{Y}^c$ e $\dot{Z}^c$) e acelerações ($\ddot{X}^c$, $\ddot{Y}^c$ e $\ddot{Z}^c$). Os elementos $\ddot{X}^c_{s+m}$, $\ddot{Y}^c_{s+m}$ e $\ddot{Z}^c_{s+m}$ representam a aceleração lunissolar sobre os satélites e J_2 é o fator dinâmico da forma. O valor de GM a ser empregado deve ser aquele definido para o referencial PZ90 (GM = 398600,4415 km^3/s^2). Tem-se ainda que a_e é o raio equatorial da Terra e r é a distância entre o geocentro e o satélite.

A integração numérica recomendada é a de quarta-ordem do método de Runge Kuta. Uma vez obtidas as coordenadas no referencial inercial, deve-se transformá-lo para o terrestre (PZ90). Mais detalhes podem ser obtidos em Stewart e Tsakiri (1998).

4.4 Mensagem de navegação no formato RINEX

A leitura das mensagens apresentadas na seção 2.1.1.2, bem como das observáveis (seção 5.1), é realizada em cada receptor usando-se seu próprio formato residente. Para facilitar o intercâmbio de dados foi desenvolvido o formato RINEX (*Receiver INdependent EXchange format*), que consiste de três arquivos em ASCII: arquivo de observações, de dados meteorológicos e de mensagens de navegação (Gurtner, 1997). Há três versões disponíveis: o RINEX 1, 2 e 3. Várias versões intermediárias foram definidas para a versão 2 (versão 2.10, 2.11 e 2.20). A versão 3, a mais recente, é a recomendada para uso. Ela contempla, além do GPS, o GLONASS, o Galileo e o SBAS. A maioria dos fabricantes de receptores geodésicos fornece programas para efetuar a conversão de dados no formato proprietário para o RINEX. Muitos deles apresentam problemas. Um programa de domínio público para realizar essa tarefa, denominado TEQC (*Translation, Edtion and Quality Control*), está disponível em http://facility.unavco.org/software/teqc/teqc.html.

O cabeçalho do arquivo RINEX de navegação, arquivo de interesse neste capítulo, para o caso do GNSS é apresentado na Tabela 4.2, seguindo-se o estabelecido para o formato RINEX 3.0. Apenas parte das informações do SBAS não foi incluída.

Tabela 4.2 – Cabeçalho da mensagem de navegação no formato RINEX 3.0 (GPS, GLONASS e Galileo)

Descrição do cabeçalho		
Identificação	Descrição	Formato
RINEX Version/Type	– Versão 3/Arquivo tipo 'N' para navegação; Sistema de satélite: G: GPS, R: GLONASS, E: Galileo, S: SBAS, M: MSAT	F9.2, 11X, A1, 19X, A1, 19X
PGM/RUN BY/Date	Nome do programa criando o arquivo, Nome da instituição, Data da criação.	A20, A20, A20
Comment	Linha para comentário	A60
Ionospheric CORR. (Correções da Ionosfera)	Parâmetros de correção da ionosfera – Tipos de correção GAL = Galileo: ai0 – ai2 GPSA = GPS: alfa0 – alfa3 GPSB = GPS: beta0 – beta3 – Parâmetros GPS: alfa0 – alfa3 ou beta0 – beta3 Galileo: ai0, ai1, ai2, zero	 A4, 1X 4D12.4
Time System Corr (Correções do Sistema de Tempo)	Correções para transformar o sistema de tempo para TUC ou outro sistema – Tipos de correção GAUT = GAL to TUC a0, a1 GPUT = GPS to TUC a0, a1 SBUT = SBAS to TUC a0, a1 GLUT = GLO to TUC a0 = TauC, a1 = zero GPGA = GPS to GAL a0 = A0G, a1 = A1G GLGP = GLO to GPS a0 = TauGPS, a1 = zero – Parâmetros a0,a1 Coef. de polinômio de grau 1 (a0 (s), a1 s/s) CORR(s) = a0 + a1*Deltat T Época de referência para o polinômio (segundos na semana GPS/GAL) – W Número da semana de referência. (Semana GPS/GAL – número contínuo) T e W são zero para o GLONASS	 A4, 1X D17.10, D17.9 I7 I5
Leap seconds (Salto de segundos)	Número de salto de segundos desde o dia 6 de janeiro de 1980, como transmitido no almanaque GPS.	I6
End of Header (Fim do cabeçalho)	Último registro do cabeçalho	60X

A Tabela 4.3 contém uma descrição da mensagem de navegação para o caso do GPS, a qual segue o padrão mostrado na Tabela 4.1. Um exemplo de arquivo de navegação RINEX 3.0 do GPS é apresentado na Tabela 4.4 (Gurtner, 2006).

Tabela 4.3 – Descrição das mensagens de navegação para o GPS

Obs.: Record – Registro das observações	Description – Descrição dos registros para o GPS	Format
SV / EPOCH / SV CLK	Sistema do Satélite (G), número do satélite (PRN), época do relógio Ano (4 dígitos) Mês, dia, hora, minuto, segundos a_0: Estado do relógio a_1: Variação do estado a_2: Marcha do relógio.	A1, I2.2 1X, I4 5(1X, I2.2) 3D19.12
Broadcast Orbit – 1IODE, C_{rs}, Δn, $\overline{M}_0$	Emissão dos dados, amplitude do termo harmônico seno de correção do raio vetor, correção ao movimento médio, anomalia média a t_{oe}	4X, 4D19.12
Broadcast Orbit – 2 C_{uc},e,C_{us},sqrt(a)	Amplitude do termo harmônico cosseno do argumento da latitude, excentricidade, amplitude do termo harmônico seno do argumento da latitude, raiz quadrada do semieixo maior.	4X, 4D19.12
Broadcast Orbit – 3 t_{oe}, C_{ic}, Ω_0, C_{is}	Tempo origem das efemérides, amplitude do termo harmônico cosseno de correção da inclinação, ascensão reta no t_{oe}, amplitude do termo harmônico seno de correção da inclinação.	4X, 4D19.12
Broadcast Orbit – 4 i_0, C_{rc}, w, $\dot{\Omega}$	Inclinação da órbita no t_{oe}, amplitude do termo harmônico cosseno de correção do raio, argumento do perigeu, variação temporal da ascensão reta.	4X, 4D19.12
Broadcast Orbit – 5 $\dot{i}$, Codes on L2 channel, GPS Week, L2 P data flag	Variação temporal da inclinação, códigos do canal L2, semana GPS (contínuo), L2 P data *flag*	4X, 4D19.12
Broadcast Orbit – 6 SV accuracy, SV health, T_{GD}, IODC	Acurácia do satélite, saúde do satélite, erro entre frequências, edição dos dados do relógio.	4X, 4D19.12
Broadcast Orbit – 7 Transmission time of message, Interval, spare, spare	Instante de transmissão da mensagem em segundos da semana GPS. Zero se não conhecido, reserva, reserva.	4X, 4D19. 12

Tabela 4.4 – Mensagem de navegação dos satélites 6 e 13 no formato RINEX 3.0

-----|----1|0----|----2|0----|----3|0----|----4|0----|----5|0----|----6|0----|----7|0----|----8|					
3.00		N: GNSS NAV Data	G: GPS		Rinex Version /Type
XXRINEXN V3		AIUB	19990903 152236 UTC		PGM / RUN BY / Date
Example of Version 3.00 Format					Comment
GPSA	.1676D-07	.2235D-07	.1192D-06	.1192D-06	Ionospheric Corr
GPSB	.1208D+06	.1310D+06	–.1310D+06	–.1966D+06	Ionospheric Corr
GPUT	.1331791282D–06	.107469589D–12	552960	1025	Time System Corr
13					Leap seconds
					End of header
G06 1999 09 02 17 51 44	–.839701388031D–03	–.165982783074D–10	.000000000000D+00		
.910000000000D+02	.934062500000D+02	.116040547840D–08	.162092304801D+00		
.484101474285D–05	.626740418375D–02	.652112066746D–05	.515365489006D+04		
.409904000000D+06	–.242143869400D–07	.329237003460D+00	– .596046447754D-07		
.111541663136D+01	.326593750000D+03	.206958726335D+01	–.638312302555D-08		
.307155651409D–09	.000000000000D+00	.102500000000D+04	.000000000000D+00		
.000000000000D+00	.000000000000D+00	.000000000000D+00	.910000000000D+02		
.406800000000D+06	.000000000000D+00				
G13 1999 09 02 19 00 00	.490025617182D–03	.204636307899D–11	.000000000000D+00		
.133000000000D+03	–.963125000000D+02	.146970407622D–08	.292961152146D+01		
–.498816370964D–05	.200239347760D–02	.928156077862D–05	.515328476143D+04		
.414000000000D+06	–.279396772385D-07	.243031939942D+01	–.558793544769D-07		
.110192796930D+01	.271187500000D+03	–.232757915425D+01	–.619632953057D-08		
–.785747015231D-11	.000000000000D+00	.102500000000D+04	.000000000000D+00		
.000000000000D+00	.000000000000D+00	.000000000000D+00	.389000000000D+03		
.410400000000D+06	.000000000000D+00				
-----|----1|0----|----2|0----|----3|0----|----4|0----|----5|0----|----6|0----|----7|0----|----8|					

Fica a cargo do leitor, com conhecimento de alguma linguagem de programação apropriada, desenvolver um programa para calcular as posições dos satélites inseridos na Tabela 4.4 para instantes a serem definidos.

Na Tabela 4.5 apresenta-se a descrição das mensagens de navegação para o GLONASS.

Na Tabela 4.6 apresenta-se um exemplo de arquivo RINEX 3.0 para mensagens de navegação envolvendo satélites GPS e GLONASS.

Tabela 4.5 – Descrição das mensagens de navegação para o GLONASS

Obs.: Record – Registro das observações	Description – Descrição dos registros para o GLONASS	Format
SV / Epoch / SV CLK	Sistema do Satélite (R), número do satélite (PRN) Localização na constelação Época: Toc – tempo do relógio (UTC). Ano (4 dígitos) Mês, dia, hora, minuto, segundos. – Estado do relógio (seg) (–TauN) – Variação do estado (+GammaN) Instante da mensagem do quadro (tk*nd*86400) em segundos da semana UTC	A1, I2.2 1X, I4 5(1X, I2.2) 3D19.12
Broadcast orbit – 1	Posição X do satélite (km) Velocidade em X (km/s) Aceleração em X (km/s^2) Saúde (0 = ok)	4X, 4D19.12
Broadcast orbit – 2	Posição Y do satélite (km) – Velocidade em Y (km/s) – Aceleração em Y (km/s^2) – Número da frequência (1-24)	4X, 4D19.12
Broadcast orbit – 3	– Posição Z do satélite (km) – Velocidade em Z (km/s) – Aceleração em Z (km/s^2) – Idade da informação (dias)	4X, 4D19.12

Tabela 4.6 – Mensagem de navegação envolvendo satélites GPS e GLONASS

```
----|----1|0----|----2|0----|----3|0----|----4|0----|----5|0----|----6|0----|----7|0----|----8|
```

3.00	N: GNSS NAV Data	M: Mixed		Rinex Version / Type
XXRinexN V3	AIUB	20061002 000123 UTC		PGM / RUN BY / Date
Example of version 3.00 Format				Comment
GPSA 0.1025E-07	0.7451E–08	–0.5960E-07	–0.5960E-07	Ionospheric Corr
GPSB 0.8806E+05	0.0000E+00	–0.1966E+06	–0.6554E+05	Ionospheric Corr
GPUT 0.2793967723E–08	0.000000000E+00	147456	1395	Time System Corr
GLUT 0.7823109626E–06	0.000000000E+00	0	1395	Time System Corr
14				Leap seconds
				End of header
G01 2006 10 01 00 00 00	0.798045657575E–04	0.227373675443E–11	0.000000000000E+00	
0.560000000000E+02	–0.787500000000E+01	0.375658504827E–08	0.265129935612E+01	
–0.411644577980E–06	0.640150101390E-02	0.381097197533E–05	0.515371852875E+04	
0.000000000000E+00	0.782310962677E–07	0.188667086536E+00	–0.391155481338E-07	
0.989010441512E+00	0.320093750000E+03	–0.178449589759E+01	–0.775925177541E-08	

Continua na página seguinte

Tabela 4.6 – *Continuação*

0.828605943335E–10	0.000000000000E+00	0.139500000000E+04	0.000000000000E+00
0.200000000000E+01	0.000000000000E+00	–0.325962901115E–08	0.560000000000E+02
–0.600000000000E+02	0.400000000000E+01		
G02 2006 10 01 00 00 00	0.402340665460E–04	0.386535248253E–11	0.000000000000E+00
0.135000000000E+03	0.467500000000E+02	0.478269921862E–08	–0.238713891022E+01
0.250712037086E–05	0.876975362189E–02	0.819191336632E–05	0.515372778320E+04
0.000000000000E+00	–0.260770320892E–07	–0.195156738598E+01	0.128522515297E-06
0.948630520258E+00	0.214312500000E+03	0.215165003775E+01	–0.794140221985E-08
–0.437875382124E–09	0.000000000000E+00	0.139500000000E+04	0.000000000000E+00
0.200000000000E+01	0.000000000000E+00	–0.172294676304E–07	0.391000000000E+03
–0.600000000000E+02	0.400000000000E+01		
R01 2006 10 01 00 15 00	–0.137668102980E–04	–0.454747350886E–11	0.900000000000E+02
0.157594921875E+05	–0.145566368103E+01	0.000000000000E+00	0.000000000000E+00
–0.813711474609E+04	0.205006790161E+01	0.931322574615E–09	0.700000000000E+01
0.183413398438E+05	0.215388488770E+01	–0.186264514923E–08	0.100000000000E+01
R02 2006 10 01 00 15 0	–0.506537035108E–04	0.181898940355E–11	0.300000000000E+02
0.155536342773E+05	–0.419384956360E+00	0.000000000000E+00	0.000000000000E+00
–0.199011298828E+05	0.324192047119E+00	–0.931322574615E-09	0.100000000000E+01
0.355333544922E+04	0.352666091919E+01	–0.186264514923E-08	0.100000000000E+01

----|----1|0----|----2|0----|----3|0----|----4|0----|—5|0----|----6|0----|----7|0----|----8|

Embora o Galileo ainda não esteja operacional, já se encontra disponível no RINEX 3.0 o formato para os dados desse sistema. Para o caso das mensagens de navegação, na Tabela 4.7 é apresentada uma descrição delas. O leitor poderá observar que ela é praticamente igual à do GPS, o que permite utilizar as expressões apresentadas para o cálculo da posição dos satélites GPS para o caso do Galileo.

Na Tabela 4.7 encontra-se o referencial de tempo do Galileo, representado como GST. Para fins de uso do formato RINEX 3.0, foi criado o número de semanas sob a denominação de GAL_W. Trata-se de um número contínuo, alinhado com o número contínuo da semana GPS. Sua contagem iniciou-se com zero, no fechamento do primeiro ciclo de semanas GPS (semana GPS 1023), sendo contado de forma contínua, isto é:

$$GAL_W = GST_W + 1024 + n * 4096. \tag{4.20}$$

Nessa expressão, GST_W é o número de semanas do Galileo e n é o número de ciclos do tempo GPS (*roll-overs*).

Tabela 4.7 – Descrição das mensagens de navegação para o Galileo

Obs.: Record – Registro das observações	Description – Descrição dos registros para o GALILEO	Format
SV / Epoch / SV CLK	Sistema do Satélite (E), número do satélite (PRN), Época: Toc – instante do relógio GAL Ano (4 dígitos) Mês, dia, hora, minuto, segundos. Estado do relógio (s) af0 Variação do estado (s/s) af1 Marcha do relógio (s/s^2) af2	A1, I2.2 1X, I4 5(1X, I2.2) 3D19.12
Broadcast orbit – 1	IODnav (Data emissão dados navegação) Crs (m)" Δn (radianos/s) $\bar{M}_0$ (radianos)	4X, 4D19.12
Broadcast orbit – 2	Cuc (radianos) e excentricidade Cus (radianos) sqrt (a) (sqrt(m))	4X, 4D19.12
Broadcast orbit – 3	t_{oe} (s da semana GAL) C_{ic} (radianos) Ω_0 (radianos) C_{is} (radianos)	4X, 4D19.12
Broadcast orbit – 4	i_0 (radianos) C_{rc} (m) w (radianos) $\dot{\Omega}$(radianos/s)	4X, 4D19.12
Broadcast orbit – 5	$\dot{i}$ (radianos/s) Data sources (Números reais e inteiros) Bit 0 set: I/NAV E1-B Bit 1 set: F/NAV E5a-I Bit 2 set: I/NAV E5b-I Bit 8 set: af0-af2, Toc are for E5a,E1 Bit 9 set: af0-af2, Toc are for E5b,E1 Número semana Galileo (p/ ir com o Toe) Reserva	4X, 4D19.12
Broadcast orbit – 6	SISA – Acurácia do sinal no espaço (m) Saúde do satélite (número real convertido p/inteiro) Bit 0: E1B DVS Bits 1-2: E1B HS Bit 3: E5a DVS Bits 4-5: E5a HS Bit 6: E5b DVS Bits 7-8: E5b HS BGD E5a/E1 (s) BGD E5b/E1 (s)	4X, 4D19.12
Broadcast orbit – 7	Instante de transmissão da mensagem em segundos da semana GAL Reserva Reserva Reserva	4X, 4D19. 12

No momento, embora um satélite já esteja em teste, ainda não dispomos de dados do Galileo, razão pela qual não será apresentada uma amostra deles.

4.5 Órbitas precisas (*Precise Ephemeris*)

A produção de efemérides pós-processadas, denominadas efemérides precisas, visa atender usuários que necessitam de posicionamento com precisão melhor que a proporcionada pelas efemérides transmitidas. Inicialmente, o NGA era o único órgão a produzir esse tipo de serviço. Originalmente, os dados usados para estimar essas efemérides eram coletados em dez estações distribuídas em todo o globo. Além das cinco estações monitoras (Figura 2.7), utilizavam-se dados de outras cinco estações do NGA (Buenos Aires, Quito, Hermitage (Inglaterra), Bahrein e Smithfield (Austrália)). Essas efemérides eram então disponibilizadas apenas para usuários autorizados.

Dessa forma, várias instituições civis passaram a reunir esforços para organizar uma rede civil. Com isso surgiu a CIGNET (*Cooperative International GPS NETwork*), por volta de 1990, sob a coordenação do NGS (*US National Geodetic Survey*). O IGS, a princípio denominado Serviço GPS Internacional para Geodinâmica (*International GPS Geodinamic Service*), instalado em 1991, sob a supervisão da IAG (*International Association of Geodesy*), também tem entre seus objetivos a produção de efemérides precisas (Mueller e Beutler, 1992). Sua segunda denominação foi Serviço GPS Internacional. Atualmente, sob a denominação de Serviço GNSS Internacional (*International GNSS Service*), trata-se de um Centro Técnico do IERS em assuntos relacionados com o GPS, o GLONASS e outros sistemas de navegação por satélite planejados para a próxima década, como o Galileo. O IGS é um serviço da IAG e também da FAGS (*Federation of Astronomical and Geophysical Data Analysis Services*).

O IGS compreende uma rede mundial, com aproximadamente quatrocentas estações distribuídas pelo mundo. A Figura 4.5 mostra a distribuição das estações. Em sua estrutura, há os Centros de Análises, responsáveis pela produção, entre outros produtos, das efemérides precisas. A Rede CIGNET, do NGS, foi incorporada ao IGS. Os Centros de Análises existentes atualmente são:

- CODE – *Center for Orbit Determination for Europe,* Berna, Suíça;
- NRCan – *National Resources Canada* (antigo *Energy, Mines, and Resources),* Ottawa, Canadá;
- ESA/ESOC – *European Space Operation Center,* ESA, Darmstadt, Alemanha;
- GFZ – *Geodatisches ForschungsZentrum,* Potsdam, Alemanha;
- JPL – *Jet Propulsion Laboratory,* Pasadena, Califórnia, Estados Unidos;
- NOAA/NGS – *National Ocean Atmospheric Administration*/NGS, Estados Unidos;
- SIO – *Scripps Institution of Oceanography,* La Jolla, Califórnia, Estados Unidos;
- MIT – *Massachusetts Institute of Technology,* Cambridge, Massachusetts, Estados Unidos;
- GOP – *Geodetic Observatory Pecny,* República Tcheca;
- IAC – *Information and Analysis Center of Navigation,* Rússia;
- SIR – *Regional Network for South America,* DGFI, Munique, Alemanha;
- USNO – *U.S. Naval Observatory,* Washington, Estados Unidos.

A identificação das efemérides precisas se dá com base na sigla do centro que a produz, na semana GPS correspondente e no dia da semana (cada arquivo corresponde a 24 horas). Por exemplo, uma efe-

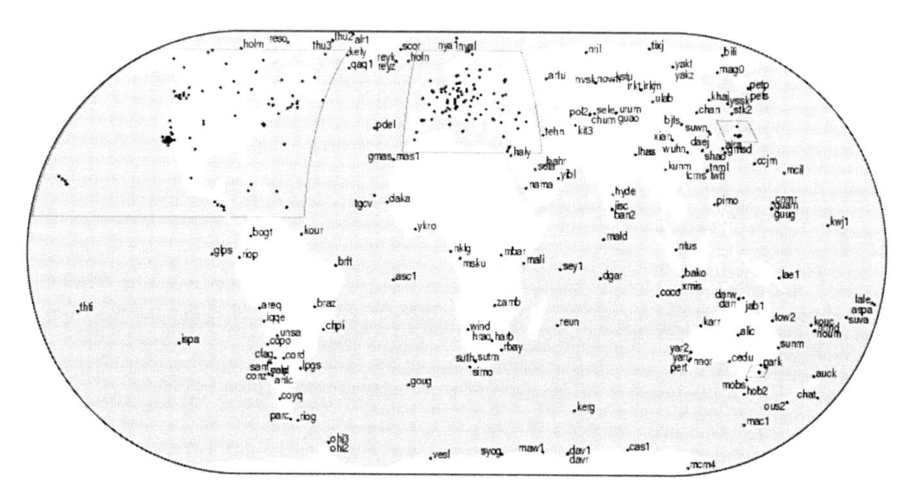

Figura 4.5 – Distribuição das estações IGS.

méride produzida pelo NGS, na segunda-feira da semana 1.014, será identificada como: ngs10141.sp3. A extensão sp3 é uma sigla para *Standard Product* 3, resultante de um estudo destinado a padronizar os formatos de órbita de satélites (Spofford e Remondi, 1996). A contagem do dia da semana inicia-se por domingo, que corresponde ao dia 0, até sábado, dia 6. Nesse caso trata-se mais efetivamente do formato denominado sp3-a. Em 1988, foi desenvolvido o formato sp3-b, para permitir combinar as órbitas do GPS e do GLONASS. A partir da semana GPS 1359, teve início o formato sp3-c, visando melhorar as informações a respeito da acurácia das órbitas e das correções dos erros dos relógios. Mas durante o período compreendido entre as semanas 1285 e 1359 ambos os formatos eram disponibilizados. A partir da semana 1359, apenas o formato sp3-c passou a ser disponibilizado, mas com a extensão sp3.

A partir das órbitas produzidas nos vários centros, realizam-se combinações, resultando em efemérides identificadas pelas seguintes siglas: IGS, IGR e IGU, correspondendo a:

- IGS – resultante da combinação das órbitas dos vários centros de análises, disponíveis com latência da ordem de treze dias após a coleta de dados;
- IGR – órbitas IGS rápidas, disponíveis com latência de 17 horas (esse produto se tornou disponível a partir da semana GPS 0860); e
- IGU – órbitas IGS ultrarrápidas, compostas de duas partes: uma predita, disponível em tempo real, e outra com inclusão de observáveis, disponível com latência de 3 horas. Elas são disponibilizadas quatro vezes por dia. O início dos testes ocorreu na semana 1052, passando a ser um produto oficial do IGS na semana 1137. A efeméride anterior à IGU era denominada efeméride predita, sob a sigla de IGP, disponível entre as semanas 895 e 1105.

A qualidade dessas efemérides foi melhorando com o transcorrer do tempo, em razão do desenvolvimento de modelos mais adequados e maior quantidade de estações de coleta de dados.

Cada uma dessas efemérides é acompanhada de informações a respeito de sua qualidade. A acurácia das posições dos satélites das efemérides IGS, IGR e IGU observada é 5 cm, enquanto a da IGU predita é da ordem de 10 cm. No que diz respeito ao erro dos relógios dos satélites, tem-se acurácia de 0,1 ns para as efemérides IGS e IGR e 0,2 e 5 ns para as efemérides IGU observada e predita, respectivamente. Informações adicionais podem ser obtidas na internet, em vários endereços, entre eles: http://igscb.jpl.nasa.gov/components/prods.html.

As efemérides citadas anteriormente são compostas pelas coordenadas X, Y e Z dos satélites, em quilômetros, referenciadas a um dos vários ITRFs, e correções dos relógios dos satélites, em microssegundos, os quais são dados, em épocas equidistantes, a cada 15 minutos. Na Tabela 4.8 apresentam-se vários períodos de produção das efemérides precisas, com os respectivos referenciais associados a elas. O leitor também poderá encontrar a designação de IGS00 ou IGS05 para referenciais, que nada mais é que a realização do IGS no ITRF2000 e ITRF2005, respectivamente.

Tabela 4.8 – Efemérides precisas do IGS e respectivos referenciais adotados

Período da efeméride		ITRF utilizado
Início	Fim	
jan. 1993	dez. 1993	ITRF91
jan. 1994	dez. 1994	ITRF92
jan. 1995	jun. 1996	ITRF93
jul. 1996	fev. 1998	ITRF94
mar. 1998	jul. 1999	ITRF96
ago. 1999	02.10.01	ITRF97
03.12.01	04.10.06	ITRF2000
05.11.06	–	ITRF2005

Para obter as coordenadas e as correções dos relógios dos satélites em instantes diferentes daqueles dados nas efemérides, deve-se efetuar interpolação (Hofmann-Wellenhof; Lichtenegger; Collins, 1997). A Tabela 4.9 mostra um trecho da efeméride denominada igs13914.sp3. O leitor interessado no significado de cada componente constante nessa tabela poderá consultar Spofford e Remondi (1996) e Hilla (2007).

O IGS disponibiliza ainda outros produtos, como arquivos com correções aos erros dos relógios dos satélites e dos receptores de estações GPS e atraso zenital troposférico, entre outros.

Tabela 4.9 – Trecho da efeméride precisa igs13914.sp3

```
#cP2006  9  7  0  0  0.00000000 96  ORBIT  IGb00  HLM  IGS
## 1391  345600.00000000  900.00000000  53985  0.0000000000000
+    29 G01G02G03G04G05G06G07G08G09G10G11G13G14G15G16G17G18
+    G19G20G21G22G23G24G25G26G27G28G29G30  0  0  0  0  0
+    0  0  0  0  0  0  0  0  0  0  0  0  0  0  0  0  0
+    0  0  0  0  0  0  0  0  0  0  0  0  0  0  0  0  0
+    0  0  0  0  0  0  0  0  0  0  0  0  0  0  0  0  0
++   3  4  3  3  3  3  3  3  3  3  3  3  3  3  3  3  3
++   3  3  3  3  3  3  3  3  3  3  5  3  0  0  0  0  0
++   0  0  0  0  0  0  0  0  0  0  0  0  0  0  0  0  0
++   0  0  0  0  0  0  0  0  0  0  0  0  0  0  0  0  0
++   0  0  0  0  0  0  0  0  0  0  0  0  0  0  0  0  0
%    c G cc GPS ccc cccc cccc cccc cccc ccccc ccccc ccccc ccccc
%    c cc cc ccc ccc cccc cccc cccc cccc ccccc ccccc ccccc ccccc
%f   1.2500000  1.025000000  0.00000000000  0.000000000000000
%f   0.0000000  0.000000000  0.00000000000  0.000000000000000
%i    0    0     0    0      0      0      0    0 0
%i    0    0     0    0      0      0      0    0 0
/*   Final Orbit Combination from Weighted Average of:
/*   cod emr esa gfz jpl mit ngs sio
/*   Referenced to IGS Time (IGST) and to Weighted Mean Pole:
/*   CLK ANT Z-Offset (M): II/IIA 1.023; IIR 0.000
```

* 2006 9 7 0 0	0.00000000				
PG01	21430.582816	15742.736752	646.937605	75.237304	10 10 7 136
PG02	−13176.938534	−13167.833457	−19257.942999	32.220125	11 13 11 124
PG03	24328.786171	10808.371179	2276.377398	50.813929	14 14 14 151
PG04	−6360.996138	−23123.333160	−11060.061804	306.065675	13 11 12 166
PG05	−23191.797792	12554.114876	2091.021004	333.613232	9 9 12 155
PG06	−7237.920017	13957.709267	−21211.306324	597.717731	13 9 9 145
PG07	15653.716420	18170.505421	−10966.541370	529.426556	9 9 9 122
PG08	393.108461	−26129.638363	3068.496960	−78.735964	8 11 11 143
PG09	−14284.708510	7927.562218	20317.035597	35.063937	6 11 9 160
PG10	−21091.730798	−2162.771925	−16283.166171	89.272005	9 12 11 137
PG11	14274.669979	−11345.549084	19166.226054	348.973265	14 11 11 143
PG13	5935.694870	−13489.873604	−22193.205093	92.089115	14 12 9 137
PG14	11434.524001	19182.279064	14501.931334	−6.043065	10 11 12 139
PG15	−317.968044	25966.405909	4208.320593	0.030500	14 10 13 115
PG16	18226.250022	5351.841484	−18535.322137	70.962081	11 9 9 175
PG17	−10859.254518	−19345.711718	14677.937017	96.529852	11 11 12 154
PG18	−12160.263537	17637.617247	15606.152151	−248.300405	10 10 11 146
PG19	22467.350632	4837.276008	13481.047829	13.605403	13 10 9 141
PG20	22519.315083	−13829.362877	−2608.368310	−22.699924	13 6 14 154
PG21	−5268.544717	25384.723402	−4124.460701	51.321007	13 10 11 116
PG22	1681.250295	15853.117988	21400.014053	131.985485	11 11 11 157
PG23	16855.981487	−5404.521112	−19953.250742	137.797942	14 10 8 152
PG24	−1026.748631	−25813.074617	−5261.097650	34.141266	12 9 10 164
PG25	11220.446638	18620.584133	−14761.929789	318.142234	10 10 9 151
PG26	−23034.479466	−6633.815419	11640.033814	−244.498792	9 11 9 140
* 2006 9 7 0 15	0.00000000				
PG01	21156.621980	15763.927158	3540.525511	75.240785	9 10 7 135
PG02	−13008.585223	−15236.734916	−17791.747734	32.223610	11 13 11 114
PG03	24295.001063	11155.751399	−488.477276	50.885244	13 14 14 155
PG05	−23019.306765	12045.148979	4873.843185	333.626527	9 9 11 55.....
PG28	4116.658582	−17892.731080	19360.627410	19.278593	9 11 10 162
PG29	−24502.260280	−8237.650662	6983.773547	−29.178191	14 15 16 129
PG30	−17487.176527	18290.063025	−8165.504072	9.211657	8 8 12 153

5
As observáveis GNSS: características e erros sistemáticos

5.1 As observáveis GNSS

As observáveis básicas do GNSS que permitem determinar posição, velocidade e tempo podem ser identificadas como (Seeber, 2003; Langley, 1996a):

- pseudodistância a partir do código; e
- fase da onda portadora ou diferença de fase da onda portadora.

O propósito principal deste capítulo é descrever cada uma dessas observáveis, enfocando suas características, os erros envolvidos e alguns procedimentos para reduzi-los, ou mesmo eliminá-los.

Cabe enfatizar que outras observáveis são passíveis de ser obtidas com o GNSS, como a variação Doppler, além de outras informações, por exemplo, o SNR (*Signal to Noise Ratio* – Razão Sinal Ruído).

5.1.1 Pseudodistância

Antes de apresentar a observável pseudodistância, faremos uma breve revisão da estrutura dos sinais transmitidos pelos satélites, para o caso específico do GPS. Procedimento similar ocorre para os outros sistemas. Cada satélite GPS transmite dois sinais para os propósitos de posicionamento: o sinal L1, baseado na portadora com frequência de 1575,42 MHz, e o sinal L2, com frequência de 1227,60 MHz. Modulados na portadora L1 estão os dois códigos pseudoaleatórios (PRN) C/A e Y, com duração de 1 ms (1,023 MHz) e uma semana (10,23 MHz), respectivamente. A denominação Y refere-se ao código P criptografado. Sobrepostas sobre a portadora L1 constam também as mensagens de navegação. A portadora L2 é modulada pelo código Y e pela mensagem de navegação. Os códigos PRN usados em cada satélite são únicos e qualquer par deles apresenta baixa correlação, permitindo que todos os satélites partilhem da mesma frequência (Langley, 1996a).

As medidas de distância entre o satélite e a antena do receptor baseiam-se nos códigos gerados nos satélites ($G^s(t)$) e no receptor. Este último gera uma réplica do código produzido no satélite, que será denominada $G_r(t)$. O retardo entre a chegada de uma transição particular do código, gerado no satélite, e a réplica do código, gerada no receptor, nada mais é que o tempo de propagação do sinal no trajeto ligando o satélite ao receptor. O receptor realiza essa medida usando a técnica de correlação do código, apresentada na seção 2.1.3.3 e ilustrada na Figura 5.1. Observe-se que na correlação considera-se o comprimento total do código (1023 bits para o código C/A), que no exemplo é representado por *n*.

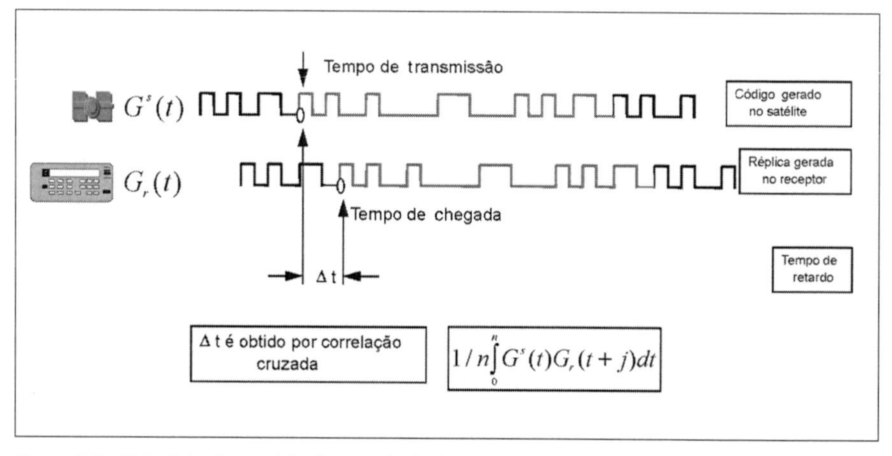

Figura 5.1 – Princípio da medida de pseudodistância.

A distância é obtida pela multiplicação do tempo de propagação do sinal, resultante do processo de correlação, pela velocidade da luz. Na literatura sobre GPS, essa observável é denominada pseudodistância, em vez de distância, em razão do não sincronismo entre os relógios (osciladores) responsáveis pela geração do código no satélite e sua réplica no receptor. Mas dentro do conceito de ajustamento de observações, tal observável pode ser, simplesmente, denominada distância, sem acarretar maiores problemas, desde que o erro de não sincronismo seja levado em consideração na modelagem da observável. No entanto, em razão do uso quase universal da denominação pseudodistância, ela também será adotada neste livro. O erro de sincronismo é determinado no receptor, com a posição da antena, partindo-se das medidas de pseudodistâncias.

Os satélites GPS dispõem de padrões atômicos de alta precisão (osciladores), operando no denominado sistema de tempo do satélite (t^s), no qual todos os sinais gerados e transmitidos são referenciados. Os receptores, em geral, dispõem de osciladores de menor qualidade, que operam no chamado sistema de tempo do receptor (t_r). É nessa escala de tempo que os sinais recebidos são referenciados. Esses dois sistemas de tempo, satélite e receptor, podem ser relacionados com o sistema de tempo GPS (t_{GPS}) a partir das seguintes expressões (ICD GPS 2000, p.106; Monico, 1995):

$$\begin{aligned} t_{GPS}{}^{s} &= t^{s} - dt^{s} \\ t_{GPS_r} &= t_r - dt_r, \end{aligned} \qquad (5.1)$$

onde:

- dt^s é o erro do relógio do satélite em relação ao tempo GPS no instante t^s e
- dt_r é o erro do relógio do receptor em relação ao tempo GPS no instante t_r.

Observe-se que subscritos e sobrescritos referem-se, respectivamente, a quantidades relacionadas ao receptor e ao satélite.

A pseudodistância (*PD*) é igual à diferença entre o tempo t_r registrado no receptor no instante de recepção do sinal e o tempo t^s, registrado no satélite, no instante de transmissão do sinal, multiplicado pela velocidade da luz no vácuo. A PD pode ser obtida via correlação com o código P (correlação do código Y) sobre as portadoras L1 e L2 e/ou com o código C/A, sobre a portadora L1 (Teunissen e Kleusberg, 1996).

$$PD_R^S = c\tau_r^s + c[dt_r - dt^s] + \varepsilon_{PD_r^s}, \tag{5.2}$$

onde τ_r^s é o intervalo de tempo de propagação do sinal, contado desde sua geração no satélite até a correlação no receptor, c é a velocidade da luz no vácuo e $\varepsilon_{PD_r^s}$ é o erro da medida de pseudodistância.

O tempo de propagação τ_r^s multiplicado pela velocidade da luz no vácuo não resulta na distância geométrica ρ_r^s entre a antena do satélite e do receptor, em razão, entre outros fatores, da refração atmosférica (ionosfera (I_r^s) e troposfera (T_r^s)) e dos efeitos de multicaminhamento (*multipath* = dm), além de outros erros (orbital, por exemplo). Uma forma mais adequada para a equação (5.2) é:

$$PD_R^S = \rho_r^s + c[dt_r - dt^s] + I_r^s + T_r^s + dm_r^s + \varepsilon_{PD_r^s}. \tag{5.3}$$

As coordenadas do receptor e do satélite estão implícitas na distância geométrica ρ_r^s. Todos os termos do lado direito da equação (5.3) devem ser matematicamente descritos, pois representam o modelo matemático da pseudodistância. Dependendo da aplicação, outros termos podem ser introduzidos na equação (5.3). Qualquer termo modelado de modo incorreto resultará em erros nas coordenadas do receptor. A técnica SA, que afetava as coordenadas e os relógios dos satélites, foi introduzida no sistema GPS de modo a degradar esse modelo, para os casos em que a pseudodistância é obtida via código C/A.

5.1.2 Fase da onda portadora

Uma observável muito mais precisa que a pseudodistância é a fase da onda portadora, observável básica para a maioria das atividades geodésicas. Essa observável é, na realidade, a fase de batimento da onda portadora (seção 2.1.1.1. (b)). Neste livro adota-se a denominação usada na maioria dos textos sobre GPS, isto é, fase da onda portadora.

A fase da onda portadora ϕ_r^s é igual à diferença entre a fase do sinal do satélite, recebido no receptor (ϕ^s), e a fase do sinal gerado no receptor (ϕ_r), ambas no instante de recepção t_r. A fase observada (ϕ_r^s), em ciclos, é dada por (King et al., 1988):

$$\phi_r^s(t) = \phi^s(t) - \phi_r(t) + N_r^s + \varepsilon\phi_r^s \tag{5.4}$$

onde:

- t é o instante de recepção do sinal na estação **r**;
- $\phi^s(t)$ é a fase da portadora gerada no satélite **s** e recebida na estação **r** no instante de recepção;
- $\phi_r(t)$ é a fase gerada no receptor no instante de recepção;
- N_r^s é a chamada ambiguidade da fase; e
- $\varepsilon_{\phi r}^s$ é o erro da fase da onda portadora.

Os receptores medem a parte fracional da portadora e efetuam a contagem do número de ciclos que entram no receptor a partir daí, o que resulta em uma medida contínua. O termo N_r^s da equação (5.4) representa o número de ciclos (inteiros), do instante da primeira observação, entre as antenas do satélite e receptor, e é denominado ambiguidade. Ele é estimado no ajustamento, com os demais parâmetros. A medida da parte fracional da fase da onda portadora tem precisão da ordem de até 1/1000 do ciclo. A Figura 5.2 ilustra a observável em questão.

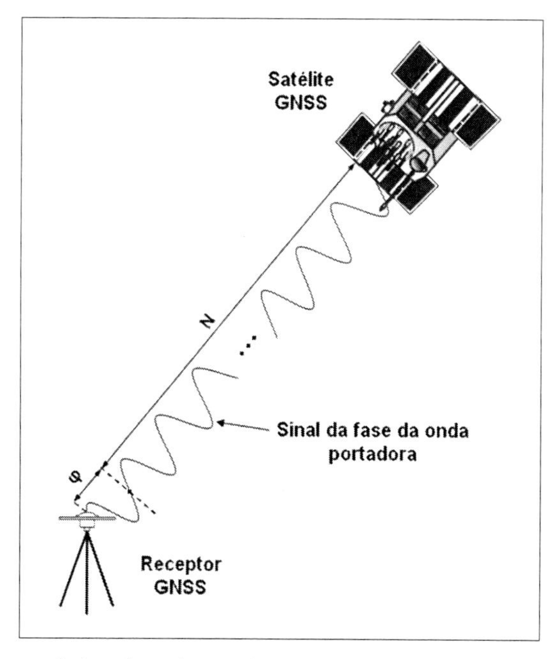

Figura 5.2 – Ilustração da fase da onda portadora.

A medida de fase *f* de uma onda qualquer, com frequência *f*, pode ser representada por:

$$\phi(t) = \int_{t_0}^{t} f d\tau = -\phi(t_0) + f * (t + dt), \qquad (5.5)$$

onde $\phi(t_0)$ é a fase em uma época de referência t_0 e dt é o erro do relógio.

A fase da portadora $\phi^s(t)$, gerada no satélite *s* e recebida na estação *r*, pode ser relacionada com a fase gerada no instante de transmissão t^t:

$$t^t = t - \tau. \qquad (5.6)$$

onde τ é o intervalo de tempo de propagação do sinal, o qual é função da distância geométrica entre o satélite e o receptor, bem como dos efeitos da ionosfera e troposfera. Tal relação se dá pela lei da conservação dos ciclos, ou seja: a fase recebida no receptor é igual à transmitida pelo satélite (ϕ_r^s). Assim, tem-se a seguinte expressão:

$$\phi^s(t) = \phi_t^s(t - \tau) \cong \phi_t^s(t) - f\tau, \qquad (5.7)$$

a qual foi obtida do desenvolvimento em série[1] e desprezando os termos de ordem superior à primeira. A frequência *f* é nominalmente constante, mas varia em virtude da instabilidade no oscilador. Usando-se desenvolvimento similar ao da expressão (5.5), obtém-se:

$$\phi^s(t) = -\phi_t^s(t_0) + f * [t + dt^s(t^t)] - f\tau. \qquad (5.8)$$

De maneira análoga pode-se também expandir a expressão representando a fase gerada no receptor, ou seja:

$$\phi_r(t) = -\phi_r(t_0) + f * [t - dt_r(t)]. \qquad (5.9)$$

Substituindo as equações (5.8) e (5.9) na equação (5.4), obtém-se:

$$\phi_r^s(t) = f * \tau + f * [(dt_r(t) - dt^s(t^t)] + [\phi_t^s(t_0) - \phi_r(t_0)] + N_r^s + \varepsilon_{\phi_r}^s. \qquad (5.10)$$

1 $\phi_t^s(t - \tau) = \phi_t^s(t) - \frac{\partial \phi_t^s}{dt}\tau - \ldots$

O intervalo tempo de propagação em (5.10) é composto da parte geométrica (ρ_r^s/c), dos efeitos de refração ionosférica e troposférica, respectivamente I_r^s/c e T_r^s/c, e dos efeitos de multicaminhamento (dm/c). Essa expressão pode então ser reescrita como:

$$\phi_r^s(t) = f\left(\frac{\rho_r^s - I_r^s + T_r^s + dm}{c}\right) + f * [(dt_r(t) - dt^s] +$$
$$[\phi_t^s(t_0) - \phi_r(t_0)] + N_r^s + \varepsilon_{\phi_r}^s. \qquad (5.11)$$

Note-se que na observação da pseudodistância o efeito da ionosfera é aditivo, ao passo que na fase da onda portadora é subtrativo. Isso voltará a ser apresentado na seção 5.2.2.2. O leitor interessado em mais detalhes sobre o assunto pode consultar Langley (1996a).

5.2 Erros sistemáticos envolvidos nas observáveis

As observáveis GNSS, como todas as outras observáveis envolvidas nos processos de medidas, estão sujeitas a erros aleatórios, sistemáticos e grosseiros. Para obter resultados confiáveis, o modelo matemático (funcional e estocástico) estabelecido deve ser válido para a realidade física que se tenta descrever e capaz de detectar problemas. Dessa forma, as fontes de erros envolvidas nos processos de medidas devem ser bem conhecidas. Erros sistemáticos podem ser parametrizados (modelados como termos adicionais) ou reduzidos (ou mesmo eliminados) por técnicas apropriadas de observação. Erros aleatórios, por sua vez, não apresentam qualquer relação funcional com as medidas e são, em geral, as discrepâncias remanescentes nas observações, depois que todos os erros grosseiros e sistemáticos forem eliminados ou minimizados. Eles são inevitáveis, sendo, portanto, considerados uma propriedade inerente da observação. Nos tópicos seguintes deste capítulo, as fontes de erros sistemáticos no GNSS e seus efeitos sobre as observáveis serão brevemente descritos. Os métodos e os modelos usados para minimizá-los serão destacados. Os diversos erros, agrupados segundo as possíveis fontes, são apresentados na Tabela 5.1. As fontes consideradas são os satélites, a propagação do sinal, o receptor/antena e a própria estação (Monico, 1995).

Tabela 5.1 – Fontes e efeitos dos erros envolvidos no GNSS

Fontes	Erros
Satélite	Erro da órbita Erro do relógio Relatividade Atraso entre as duas portadoras no hardware do satélite Centro de fase da antena do satélite Fase *wind-up*
Propagação do sinal	Refração troposférica Refração ionosférica Perdas de ciclos Multicaminho ou sinais refletidos Rotação da Terra
Receptor/Antena	Erro do relógio Erro entre os canais Centro de fase da antena do receptor Atraso entre as duas portadoras no hardware do receptor Fase *wind-up*
Estação – (alguns erros são, na realidade, efeitos geodinâmicos que devem ser corrigidos.)	Erro nas coordenadas Multicaminho ou sinais refletidos Marés terrestres Movimento do polo Carga oceânica Pressão da atmosfera

No que se refere à estação, é bom frisar que marés terrestres, cargas dos oceanos e da atmosfera não são especificamente erros, mas variações que devem ser consideradas para os casos de posicionamento de alta precisão. Observe-se também que o multicaminho está associado a duas fontes, mas será apresentado apenas dentro de propagação do sinal.

A contribuição de uma fonte de erro particular pode ser analisada pelos efeitos na determinação da distância entre o satélite e o receptor. O efeito combinado dos erros, quando projetado sobre a linha que liga o usuário e o satélite, é denominado UERE (*User Equivalent Range Error*), que representa o erro equivalente de distância. Alguns receptores mostram em seu *display* o UERE de cada satélite. A Tabela 5.2, extraída de Leick (1995), mostra valores médios de cada fonte de erro, exceto para aqueles relacionados com a estação. É importante observar que para o SPS, com o desligamento da SA em 2 de maio de 2002, o UERE passa a ser da ordem de 8 m, pois o efeito da SA, que era de 24,0 m, foi eliminado. Os valores da Tabela 5.2 também podem ser considerados para os sistemas que disponibilizem código civil nas duas portadoras (como o GPS modernizado), pois os efeitos de primeira ordem da ionosfera são eliminados.

Tabela 5.2 – Contribuições dos erros GNSS na pseudodistância (caso do GPS)

Fontes de erros	Erros típicos (m, 1σ)	
	SPS com satélites II/IIA	PPS com satélites II/IIA e modernizado
SA	24,0	0,0
Propagação do sinal		
Ionosfera	7,0	0,01
Troposfera	0,7	0,7
Relógio e efemérides	3,6	3,6
Receptor	1,5	0,6
Multicaminho	1,2	1,8
Total UERE	25,3	4,1

O leitor pode observar que alguns tipos de erros aparecem em mais de uma fonte, mas a apresentação ocorrerá no contexto de apenas uma única fonte, o que não prejudicará o entendimento, pois alguns detalhes da influência na outra fonte de erro são apresentados.

5.2.1 Erros relacionados com os satélites

Nesta seção são analisados os erros que têm como fonte os satélites GNSS. Trata-se dos erros relativos às órbitas, aos relógios dos satélites, à relatividade, ao atraso de grupo e ao centro de fase da antena.

5.2.1.1 Erros orbitais

Informações orbitais podem ser obtidas a partir das efemérides transmitidas pelos satélites ou das pós-processadas, denominadas efemérides precisas. Atualmente, é possível também adotar as efemérides preditas pelo IGS. As coordenadas dos satélites calculadas a partir das efemérides são, em geral, injuncionadas como fixas durante o processo de ajustamento dos dados dos satélites. Assim sendo, erros nas coordenadas do satélite se propagarão para a posição do usuário. No posicionamento por ponto, os erros serão propagados quase diretamente para a posição do usuário. Já no posicionamento relativo, os erros orbitais são praticamente eliminados. Mas erros remanescentes degradam a acurácia das componentes da linha-base, à medida que esta se torna mais longa.

Uma regra muito útil, que expressa o erro na base como função do erro na posição do satélite (Wells et al., 1986), é dada por:

$$\Delta b = b\frac{\Delta r}{r}, \qquad (5.12)$$

onde:

- Δb é o erro resultante na linha-base;
- b é o comprimento da linha-base (km);
- Δr é o erro na posição do satélite; e
- r é a distância do satélite ao receptor (≅ 20 000 km).

Atualmente, a acurácia das efemérides transmitidas pode alcançar de 1 a 3 m (Hofmann-Wellenhof; Lichtenegger; Collins, 2001, p.65; IGS 2005). Elas são disponíveis em tempo real, haja vista serem transmitidas com as observações. As efemérides precisas IGS e IGR, com acurácia estimada de 2 a 5 cm, resultantes de pós-processamento, ficam disponíveis para os usuários com latência de uma semana e 17 horas, respectivamente. As efemérides preditas pelo IGS, denominadas IGP, ficavam disponíveis horas antes do dia a que se referiam e apresentavam precisão da ordem de 50 cm. A partir de 2000 (IGSMAIL- 3089: http://igscb.jpl.nasa.gov/mail/igsmail/2000/msg00428.html), o IGS passou a produzir, em substituição à IGP, a efeméride denominada IGU (ultrarrápida), que proporciona atualmente precisão da ordem de 5 a 10 cm e fica disponível quatro vezes ao dia. Diferentemente das demais efemérides do IGS, que cobrem 24 horas, a IGU disponibiliza 48 horas de dados de órbitas.

Antes do desligamento da SA, a qualidade das coordenadas dos satélites podia ser deteriorada via técnica ε. No entanto, testes realizados pelo JPL (*Jet Propulsion Laboratory*) mostraram que as discrepâncias entre as órbitas transmitidas e as pós-processadas eram da ordem de 6 m, evidenciando que a SA não era inserida na posição dos satélites (Zumberge e Bertiger, 1996).

A Tabela 5.3 apresenta erros típicos resultantes do processamento de bases com comprimento variando entre 10 e 5.000 km. Para o caso das efemérides transmitidas, foram adotados como erros orbitais os valores 1 e 2 m. Com efemérides IGS e IGU, foram considerados erros de 1 m e 10 cm, respectivamente.

Dados documentados na literatura GPS têm evidenciado que o resultado advindo da equação (5.12) é um tanto pessimista. Tem sido sugerido que ela representa mais apropriadamente a propagação dos erros orbitais sobre a componente vertical (Santos, 1995). De qualquer forma, fica claro que o uso das efemérides precisas deverá atender à maioria das atividades geodésicas, já que se pode atingir precisão relativa da ordem de 5 ppb (partes por bilhão). Na maioria das atividades que necessitam de posicionamento em tempo real, as efemérides transmitidas têm sido usadas. Mas os usuários e os fabricantes de equipamentos e softwares devem estar atentos para a alta precisão capaz de ser obtida com as efemérides ultrarrápidas do IGS, ou seja, IGU.

Tabela 5.3 – Efeitos dos erros orbitais nas linhas-base

Efemérides	Erro orbital Δr(m)	Comprimento da base b (km)	Erro na base Δb(cm)	Acurácia relativa $\Delta b/b$(ppm)
Transmitidas	1	10 100 1000 5000	0,05 0,5 5 25	0,05
Transmitidas	2	10 100 1000 5000	0,1 1 10 50	0,1
Preditas (IGU)	1	10 100 1000 5000	0,05 0,5 5 25	0,05
Precisas (IGS)	0,1	10 100 1000 5000	0,005 0,05 0,5 2,5	0,005

5.2.1.2 Erros no relógio do satélite

Embora altamente precisos, os relógios atômicos a bordo dos satélites não acompanham o sistema de tempo a eles associados. A diferença chega a ser, para o caso do GPS, no máximo, de 1 milissegundo (Wells et al., 1986). Os relógios são monitorados pelo segmento de controle. O valor pelo qual eles diferem do tempo GPS faz parte da mensagem de navegação, na forma de coeficientes de um polinômio de segunda ordem, dado por:

$$dt^s(t) = a_0 + a_1(t_{SV} - t_{oc}) + a_2(t_{SV} - t_{oc})^2 + \Delta t_R, \quad (5.13)$$

onde:

- $dt^s(t)$ é o erro do relógio no instante t da escala de tempo GPS;
- t_{SV} é o instante de referência do satélite;
- t_{oc} é o instante de referência do relógio (*clock*);
- a_0 é o estado do relógio no instante de referência;
- a_1 é a marcha linear do relógio;
- a_2 é a variação da marcha do relógio; e
- $\Delta t_R = -2 * X * \dot{X} / c^2$ é uma pequena correção por causa dos efeitos relativísticos no relógio (X e $\dot{X}$ são, respectivamente, a posição e a velocidade do satélite e c, a velocidade da luz).

A técnica δ *(clock dither)* usada na SA se dava pela manipulação da frequência dos relógios dos satélites, resultando em erros nas pseudodistâncias com períodos da ordem de poucos minutos (Van Graas e Braash, 1996). Os efeitos podiam atingir algo em torno de 80 nanossegundos (*ns*), o que correspondia a um erro da ordem de 24 m. Desse modo, quando a SA estava ativa, o polinômio acima não modelava de modo adequado os erros dos relógios dos satélites.

Uma forma efetiva de eliminar os erros dos relógios dos satélites é o uso do método de posicionamento relativo. Ao formar as duplas diferenças (seção 6.3.2.2), os erros dos relógios dos satélites e receptores são cancelados.

Procedimento similar é adotado no GLONASS e no Galileo.

5.2.1.3 Efeitos da relatividade

Os efeitos da relatividade não são restritos apenas aos satélites (órbitas e relógios), mas também à propagação do sinal e aos relógios dos receptores. O relógio do satélite, além dos erros já mencionados, varia em razão da relatividade geral e especial. Os relógios dos receptores nas estações terrestres e a bordo dos satélites estão situados em campos gravitacionais diferentes, além de se deslocarem com velocidades diferentes. Isso provoca uma aparente alteração na frequência dos relógios de bordo com relação aos terrestres. No GPS, os efeitos são compensados, antes do lançamento do satélite, pela redução da frequência nominal do relógio do satélite em $4{,}55\times10^{-3}$ Hz.

Apesar desses cuidados, alguns efeitos não são eliminados. Porém, no processamento que usa o método relativo, os efeitos resultantes são totalmente desprezíveis. Ver também o último elemento da equação (5.13).

5.2.1.4 Atraso entre as duas portadoras no hardware do satélite e dos receptores

Esse erro, denominado na literatura inglesa de *Interfrequency biases* (IFB), bem como *Differential Code Biases* (DCB), é decorrente da diferença entre os caminhos percorridos pelas portadoras L1 e L2 e pelo hardware do satélite, bem como do receptor. No primeiro caso, na calibração, durante a fase de testes dos satélites, a magnitude do atraso é determinada e introduzida como parte das mensagens de navegação (Wilson et al., 1999). Ele é designado por T_{GD} e é distinto para cada satélite.

O valor transmitido para o T_{GD} é obtido levando-se em consideração a observável pseudodistância (P1 e P2) livre dos efeitos da ionosfera (seção 5.2.2), mas é transmitido em unidades da portadora L1. Os usuários de receptores que dispõem apenas da portadora L1, caso estejam realizando aplicações que requerem a realização da correção do erro do relógio $dt(t)$, obtido com a equação (5.13), devem adicionalmente calcular:

$$dt^s(t)_{L1} = dt^s(t) - T_{GD}. \tag{5.14}$$

Para a utilização da portadora L2, o valor de T_{GD} deve ser multiplicado por 1,647 (Wilson et al., 1999) http://igscb.jpl.nasa.gov/mail/igsmail/1999/msg00195.html.

Os valores de T_{GD} alteram-se com o tempo. Eles são, portanto, estimados rotineiramente com base em dados de estações terrestres. Nesse caso, são considerados os diversos tipos de receptores em razão das técnicas de obtenção dos códigos C/A, L2C, P1 e P2.

No que diz respeito aos receptores, os valores de DCB são importantes para o cálculo do valor absoluto do TEC (*Total Electron Contents*) a partir de receptores de dupla frequência. Esses valores devem ser estimados durante o processamento ou calibrados de forma independente. Detalhes adicionais podem ser obtidos em Dach et al. (2007).

5.2.1.5 Centro de fase da antena do satélite

O centro de fase da antena do satélite, ponto de referência da emissão dos sinais, difere do centro de massa dele, ponto de referência para as coordenadas. A correta localização do centro de fase em relação ao centro de massa é necessária para a determinação das órbitas com alta precisão. Os deslocamentos do centro de fase são normalmente dados em um sistema de coordenadas fixo no satélite, com origem em seu centro de massa, e devem ser convertidos para um sistema fixo na Terra, como o ITRF2005, por exemplo. Esses valores, bem como suas variações, têm sido calculados pelo NGS (Czopek e Mader, 2002) e alguns centros de análises do IGS, como o CODE e o GFZ, e estão disponíveis no IGS, com várias antenas de receptores GNSS (seção 5.2.3.3).

5.2.2 Erros relacionados com a propagação do sinal

Os sinais provenientes dos satélites propagam-se através da atmosfera dinâmica, atravessando camadas de diferentes naturezas e estados variáveis. Assim sendo, sofrem diferentes tipos de influências que provocam variações na direção da propagação, na velocidade de propagação, na polarização e na potência do sinal (Seeber, 2003). O meio no qual ocorre a propagação consiste, essencialmente, da troposfera e da ionosfera, cada uma com características bem distintas. A troposfera estende-se da superfície terrestre até aproximadamente 50 km e comporta-se, para frequências abaixo de 30 GHz, como um meio não dispersivo, isto é, a refração é independente da frequência do sinal transmitido, dependendo apenas das propriedades termodinâmicas do ar. A ionosfera é um meio dispersivo, ou seja, a refração depende da frequência. Isso significa que a fase da portadora e a modulação sobre ela serão afetadas de formas diferentes. Enquanto a portadora sofre um avanço, a modulação sobre ela sofre um retardo. A ionosfera abrange aproximadamente a região que vai de 50 até 1.000 km acima da superfície terrestre. Por se tratar de regiões apresentando comportamentos distintos, elas serão tratadas em separado.

Além desses efeitos, faz parte desta seção o efeito do movimento de rotação da Terra nas coordenadas do satélite durante a propagação do sinal.

5.2.2.1 *Refração troposférica*

O efeito da troposfera pode variar de poucos metros até aproximadamente 30 m, dependendo da densidade da atmosfera e do ângulo de elevação do satélite. Esses efeitos dependem da massa gasosa que se concentra nas baixas camadas da atmosfera terrestre. Essa massa pode ser dividida em duas componentes: uma composta de gases secos, chamada componente hidrostática, e outra composta de vapor d'água, denominada componente úmida. A Figura 5.3 ilustra aproximadamente o comportamento do efeito da refração troposférica total em função do ângulo de elevação, bem como de cada uma de suas componentes.

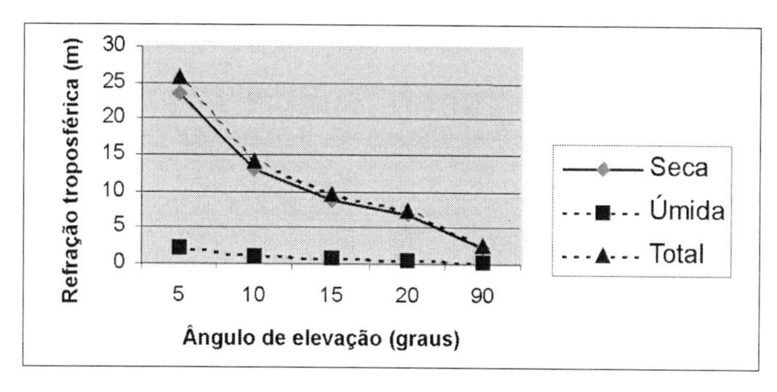

Figura 5.3 – Comportamento da refração troposférica em função do ângulo de elevação.

Desde o início do uso de modelos para determinar distâncias, pela propagação de ondas eletromagnéticas, já se estudavam as influências do meio em que elas se propagavam e formas de reduzi-las. Em consequência, atualmente já se conhecem vários efeitos causados pela atmosfera terrestre sobre as ondas eletromagnéticas, e vários modelos matemáticos foram desenvolvidos ao longo desse período. Entre os efeitos podem-se citar (Spilker, 1996):

- atenuação atmosférica;
- cintilação troposférica; e
- atraso troposférico.

A atenuação atmosférica diz respeito à diminuição da potência da onda eletromagnética, exercida pelos elementos que constituem a atmosfera, variando para cada frequência. No caso do GNSS, recomenda-se não utilizar observações abaixo do ângulo de elevação de 5°. Na prática é comum adotar 15°, o que comumente se denomina máscara de elevação.

A cintilação troposférica é uma oscilação na amplitude da onda eletromagnética, causada por irregularidades e turbulência no índice de refratividade atmosférica, sobretudo nos primeiros quilômetros acima da Terra. Um sinal que se propaga do satélite até um receptor, na Terra, quando passa pela troposfera é afetado por uma combinação de absorção e dispersão, o que causa alteração na amplitude e na oscilação na fase. Os efeitos da cintilação variam com o tempo e são dependentes da frequência, do ângulo de elevação e das condições atmosféricas, em especial da densidade de nuvens. Com ângulos de elevação acima de 10°, o efeito predominante é a dispersão causada pela turbulência. Na frequência empregada pelo GNSS, esses efeitos são, em geral, relativamente pequenos, exceto para pequenos ângulos de elevação.

O atraso troposférico é o gerado pela influência da atmosfera hidrostática (seca) e úmida. No primeiro caso, é devido, sobretudo, à quantidade de nitrogênio e oxigênio. Esse atraso corresponde a cerca de 2,3 m no zênite, varia com a temperatura e a pressão atmosférica local e é predito com razoável precisão, pois sua variação é pequena, da ordem de 1% durante várias horas. O segundo efeito é o ocasionado pela atmosfera úmida ou, para ser mais claro, pela influência do vapor d'água atmosférico. Esse atraso é em geral menor, variando de 1 a 35 cm no zênite (Seeber, 2003; Sapucci et al., 2004), o que corresponde aproximadamente a 1/10 do atraso atmosférico total (Figura 5.2). Porém, sua variação é muito maior, atingindo cerca de 20% em poucas horas, o que torna impossível sua predição com boa precisão, até mesmo quando há medidas disponíveis de umidade superficial. Equipamentos de medição da quantidade de vapor d'água atmosférico, conhecidos por radiômetros, podem ser utilizados para melhorar as predições. Trata-se, porém, de equipamentos sofisticados, não podendo ser aplicados na grande maioria das atividades de posicionamento.

De forma geral, os modelos que estimam o atraso troposférico entre a antena de um receptor (r) e um satélite (s) têm a seguinte forma:

$$T_r^s = (10^{-6})\int N_T ds, \tag{5.15}$$

onde $N_T = (n-1)\times 10^6$ é a refratividade da troposfera e n o índice de refração. A integral ao longo do caminho percorrido pelo sinal é solucionada quando se conhece o valor de N_T. O atraso troposférico T_r^s pode ser aproximado como a soma dos efeitos das componentes hidrostática e úmida. Em geral, cada uma das componentes é expressa como o produto do atraso zenital (vertical) com uma função de mapeamento, a qual relaciona o atraso vertical com o atraso para outros ângulos de elevação (E). De forma simplificada, pode ser escrita como:

$$T_r^s = \left[T_{ZH} \, . \, mh(E) + T_{ZW} \, . \, mw(E)\right], \tag{5.16}$$

onde:

- T_{ZH} representa o atraso zenital da componente hidrostática;
- T_{ZW} representa o atraso zenital da componente úmida; e
- $mh(E)$ e $mw(E)$ são, respectivamente, as funções de mapeamento que relacionam o atraso das componentes hidrostática e úmida com o ângulo de elevação (E).

Para analisar o atraso troposférico T_r^s, é necessário primeiro investigar a refratividade da troposfera, de modo a determinar os termos T_{ZH} e T_{ZW}. Finalmente, devem-se definir os modelos a ser utilizados como funções de mapeamento $mh(E)$ e $mw(E)$. A expressão geral empírica para a refratividade de um gás não ideal, incluindo o vapor d'água, é:

$$N_T = k_1 \, . \left(\frac{P_h}{T}\right) . \, Z_H^{\ -1} + k_2 \, . \left(\frac{e}{T}\right) . \, Z_W^{\ -1} + k_3 \, . \left(\frac{e}{T^2}\right) . Z_W^{\ -1}, \tag{5.17}$$

onde:

- P_h e e são a pressão parcial do ar seco e do vapor d'água (em milibares), respectivamente;
- T é a temperatura em graus Kelvin;
- Z_W e Z_H são os fatores de compressibilidade para as componentes úmida e hidrostática; e
- k_1, k_2 e k_3 são valores determinados de modo experimental, que serão apresentados posteriormente.

Para o caso de um gás ideal, os fatores de compressibilidade Z_w e Z_H são iguais à unidade, e a equação (5.17) se reduz à equação de Smith e Weintraub (Silva, 1998).

Devem-se definir modelos para a pressão e a temperatura *versus* a altitude, produzindo modelos para a refratividade (N_T) *versus* a altitude (H) usando a equação (5.17). Note-se que o primeiro termo da equação (5.17) se refere à componente hidrostática, e o segundo e o terceiro referem-se à componente úmida.

Aplicando a lei dos gases, obtém-se a seguinte expressão (Davis et al., 1995):

$$N_T = k_1 \frac{R\rho}{M_H} + \left(k_2 - k_1 \frac{M_W}{M_H}\right)\frac{e}{T} Z_w^{-1} + k_3 \frac{e}{T^2} Z_w^{-1}, \qquad (5.18)$$

onde ρ é a densidade total do ar, composta pela adição da densidade seca ρ_H e úmida ρ_W. Os termos M_W e M_H são as massas molares do vapor d'água e do ar seco e R é a constante universal dos gases.

Tomando-se os valores para as constantes k_1 = 77,604 ± 0,0124, k_2 = 64,79 ± 10 e k_3 = 377600 ± 3000, obtidos de forma experimental, e assumindo M_W = 18,0152 *kg/kmol*, M_H = 28,9644 *kg/kmol* e R = 8,31434 *kJ/ kmol* ^0K, obtém-se (Spilker, 1996):

$$N_T = 22{,}276\rho + (16{,}5 \pm 10)\frac{e}{T} Z_W^{-1} + 377600 \frac{e}{T^2} Z_W^{-1}. \qquad (5.19)$$

O primeiro termo da equação (5.19), o qual se refere à refratividade hidrostática, apresenta pequena incerteza (± 0,014%) e depende apenas da densidade total da atmosfera, podendo ser determinado com boa precisão. O restante da equação (5.19) refere-se à refratividade úmida e possui considerável incerteza em seus coeficientes, além de depender da temperatura e da pressão parcial do vapor d'água, que são muito variáveis, dificultando sua determinação.

Em resumo, pode-se escrever a equação (5.19) como a soma das refratividades hidrostática e úmida:

$$N_T = N_H + N_W, \qquad (5.20)$$

onde:

$$N_H = \left(\frac{k_1 R}{M_H}\right)\rho = 22{,}276\rho, \qquad (5.21)$$

e

$$N_W = \left[k_2 - k_1 \frac{M_W}{M_H} \right] \frac{e}{T} Z_W^{-1} + k_3 \frac{e}{T^2} Z_W^{-1} . \qquad (5.22)$$

A determinação da refratividade ao longo do caminho em que o sinal se propaga seria muito dispendiosa e praticamente impossível de ser efetuada. Essa é a razão pela qual existem vários modelos desenvolvidos para descrever o comportamento dessa variável. Em geral esses modelos são empregados para realizar correções *a priori* à refração troposférica e parâmetros adicionais da troposfera podem ser introduzidos como parâmetros do ajustamento.

(a) Modelos empíricos da troposfera

Um dos modelos mais conhecidos é o de Hopfield, desenvolvido na década de 1960. O seguinte algoritmo é resultante do modelo de Hopfield (Seeber, 1993):

$$\begin{aligned}
T_r^s &= T_{ZH} * mb(E) + T_{ZW} * mw(E) \\
T_{ZH} &= 155{,}2x10^{-7} \frac{P}{T} H_d \\
T_{ZW} &= 155{,}2x10^{-7} \frac{4810e}{T^2} H_w \\
mb(E) &= (\text{sen}(E^2 + 6{,}25)^{1/2})^{-1} \\
mw(E) &= (\text{sen}(E^2 + 2{,}25)^{1/2})^{-1} \\
H_d &= 40136 + 148{,}72(T - 273{,}16) \\
H_w &= 11000m
\end{aligned} \qquad (5.23)$$

Os termos T_{ZH} e T_{ZW} descrevem o efeito total da refração troposférica na direção do zênite, $mb(E)$ e $mw(E)$ são as funções de mapeamento e o ângulo de elevação E do satélite é dado em graus. Outras funções de mapeamento podem ser utilizadas, das quais algumas serão apresentadas no próximo tópico.

Saastamoinen desenvolveu um modelo baseado na suposição do decréscimo linear da temperatura até a tropopausa (aproximadamente 12 km); acima desta, um valor constante caracteriza a estratosfera como um modelo isotérmico. Além disso, assume-se uma atmosfera em equilíbrio hidrostático e que todo o vapor d'água se concentra na troposfera, comportando-se como um gás ideal. Para determinar a pressão parcial do ar seco e do vapor d'água ele adotou equações exponenciais, pois os valores crescem quando a pressão total da troposfera cresce, porém muito mais rapidamente. O modelo padrão descrito por Saastamoinen, com alguns refinamentos, é da seguinte forma (cf. Spilker, 1996; Hofmann-Wellenhof; Lichtenegger; Collins, 1997):

$$T_r^s = 0{,}002277(1+D)^{-1}\sec z[P+\left(\frac{1255}{T}+0{,}05\right)e - B\tan^2 z] + \partial_R. \quad (5.24)$$

Nessa expressão, P e e são a pressão superficial em milibares do ar seco e do vapor d'água, respectivamente, e T é a temperatura em graus Kelvin, B e ∂_R são fatores de correção (Hofmann-Wellenhof; Lichtenegger; Collins, 1997) e $z = 90° - E$. O valor de D é obtido da seguinte expressão:

$$D = 0{,}0026 \cdot \cos 2\phi + 0{,}00028H, \quad (5.25)$$

onde ϕ é a latitude do lugar e H é a altitude ortométrica em km. Observe-se que a equação (5.24) tem implicitamente uma função de mapeamento. Em Dach et al. (2007, p.243) a expressão (5.24) é apresentada para uso no software Bernese versão 5.0, mas neste os termos D e ∂_R não são levados em consideração.

Outro modelo, apresentado em Andrade (1988) e Gemael e Andrade (2004), é dado por:

$$T_r^s = N\left[\frac{-A+\sqrt{A^2+4B(2R+C)C}}{2\sqrt{B}}\right]10^{-6}$$

$$A = 2Rtg(E) \quad B = 1 + tg^2(E) \quad \text{C} = 8458 \text{ m}$$

R = raio de curvatura terrestre

$$\text{N}_\text{T} = \frac{77{,}6\text{P}}{\text{T}} + \frac{3{,}73x10^{-5}e}{T^2}, \quad (5.26)$$

sendo a pressão atmosférica (P) e a pressão do vapor d'água (e) expressas em milibares.

Os valores de *P*, *T* e *e* a serem utilizados nesses modelos são usualmente derivados de uma atmosfera padrão. Neste caso, os seguintes valores podem ser usados:

$$\begin{aligned} P &= P_r(1 - 0{,}0000226(H - H_r))^{5{,}225} \\ T &= T_r - 0{,}0065(H - H_r) \\ H_u &= H_{ur}e^{-0{,}0006396(H - H_r)} \end{aligned} \quad . \qquad (5.27)$$

Nessa expressão, *Pr*, *Tr* e *Hur* são valores de referência para pressão, temperatura e umidade na altura de referência *Hr*. Para uso no software Bernese versão 5.0 os seguintes valores são recomendados: *Hr=0*; *Pr=1013,25* milibar; *Tr = 18°* Celsius e *Hur = 50%*. A pressão do vapor d'água pode ser obtida a partir da umidade relativa (McCarthy e Petit, 2003, p.99).

Vários outros modelos estão disponíveis na literatura, como Hopfield modificado, Niell (modelo de Saastamoinen para o atraso zenital com as funções de mapeamento de Niell) etc., mas não serão apresentados neste livro. Veja-se também o modelo do atraso da atmosfera neutra, denominado UNB3m (Leandro; Santos; Langley, 2006), disponível em http://gge.unb.ca/Resources/unb3m/unb3m.html. O leitor interessado deverá consultar as referências citadas. Há também a possibilidade de obter T_r^s a partir de modelo de previsão numérica de tempo (PNT) (Sapucci, 2005). Um exemplo para os usuários da América do Sul está disponível em http://satelite.cptec.inpe.br/htmldocs/ztd/zenital.htm.

(b) Funções de mapeamento

As funções de mapeamento que constam na equação (5.16) devem ser utilizadas com os modelos de atraso zenital. Observe-se que os modelos da troposfera apresentados anteriormente já dispõem de uma função de mapeamento, quer implícita, quer explícita. Para ângulos próximos do zênite ($E \cong 90°$), uma simples aproximação do tipo 1/sen(*E*) pode ser suficiente. No entanto, para ângulos menores, essa aproximação é inadequada, sendo necessário o emprego de outras mais sofisticadas. Entre as diversas funções de mapeamento existentes pode-se citar a de Marini (Marini, 1972 apud Niell, 1996), Chao (Chao, 1972 apud Shrestha, 2003), Davis (Davis et al., 1985 apud Shersta, 2003), Herring

(Herring, 1992 apud Mendes, 1998). Apresentam-se a seguir algumas funções de mapeamento, entre elas a de Chao, Davis e Niell.

Na função de mapeamento de Chao, as componentes hidrostática e úmida são separadas e se apresentam da seguinte forma:

$$m_H(E) = \frac{1}{\text{sen}(E) + \dfrac{0{,}00143}{tg(E) + 0{,}0445}}$$
$$m_W(E) = \frac{1}{\text{sen}(E) + \dfrac{0{,}00035}{tg(E) + 0{,}017}} \quad . \qquad (5.28)$$

Elas foram adaptadas da função de mapeamento de Marini (Spilker, 1996).

Em relação à função de mapeamento de Davis, alguma sofisticação foi implementada, pois a componente hidrostática possui coeficientes (a, b) que dependem, entre outros fatores, da pressão superficial, temperatura e altitude da troposfera (H_T). Essa função tem a seguinte forma:

$$m_H(E) = \frac{1}{\text{sen}(E) + \dfrac{a}{tg(E) + \dfrac{b}{\text{sen}(E) + c}}}, \qquad (5.29)$$

onde a e b dependem de medidas ou estimativas e c = –0,0090. Uma descrição de como se obtêm os valores de a e b pode ser encontrada em Spilker (1996).

A função de mapeamento de Lanyi é baseada no equilíbrio hidrostático do ar seco e no modelo de Saastamoinen para as componentes seca e úmida da refratividade. O atraso troposférico é dado como uma função dos atrasos relativos a essas componentes, que por sua vez estão relacionadas a diversos parâmetros, podendo estes ser ajustados às condições meteorológicas locais (Silva, 1998). Trata-se de uma função mais precisa, mas que é muito mais complexa que as apresentadas, além de exigir as medidas de temperatura, pressão e umidade relativa.

Niell (1996) propôs uma nova função de mapeamento baseada nas mudanças temporais e na localização geográfica, diferente daquelas que utilizam parâmetros meteorológicos, fator limitante de sua acurácia. As mudanças diurnas na temperatura da superfície produzem variações menores do que aquelas calculadas pelas funções de mapeamento e as mudanças sazonais na temperatura da superfície são maiores que as mudanças atmosféricas nas camadas superiores. Além disso, as funções de mapeamento calculadas para os dias quentes de inverno podem não diferir de modo significativo das calculadas para os dias frios de verão. A função de Niell foi desenvolvida a partir da função de Marini (Marini, 1972 apud Niell, 1996) com três coeficientes. No caso da função de mapeamento da componente hidrostática, os coeficientes *a*, *b* e *c* são funções do dia do ano, latitude e altura da estação. Para a função de mapeamento da componente úmida, apenas a latitude da estação é empregada como informação externa (Niell, 1996; Shrestha, 2003). A função de mapeamento de Niell é dada por:

$$m_H(E)=\frac{1+\dfrac{a_h}{1+\dfrac{b_h}{1+c_h}}}{\mathrm{sen}(E)+\dfrac{a_h}{\mathrm{sen}(E)+\dfrac{b_h}{\mathrm{sen}(E)+c_h}}}+\left(\frac{1}{\mathrm{sen}(E)}-\frac{1+\dfrac{a_{ht}}{1+\dfrac{b_{ht}}{1+c_{ht}}}}{\mathrm{sen}(E)+\dfrac{a_{ht}}{\mathrm{sen}(E)+\dfrac{b_{ht}}{\mathrm{sen}(E)+c_{ht}}}}\right)H\times10^{-3}$$

$$m_W(E)=\frac{1+\dfrac{a_w}{1+\dfrac{b_w}{1+c_w}}}{\mathrm{sen}(E)+\dfrac{a_w}{\mathrm{sen}(E)+\dfrac{b_w}{\mathrm{sen}(E)+c_w}}}\quad,\ (5.30)$$

Além dos elementos já apresentados, tem-se nessa expressão:

- $a_{ht} = 2{,}53 \times 10^{-5}$, $b_{ht} = 5{,}49 \times 10^{-3}$ e $c_{ht} = 1{,}14 \times 10^{-3}$ que foram determinados empiricamente;
- a_h, b_h, c_h, a_w, b_w, c_w que são calculados a partir dos coeficientes listados na Tabela 5.4.

Para determinar o valor do coeficiente a_h da função de mapeamento da componente hidrostática na latitude φ (φ = 15°, 30°, 45°, 60°, 75°) em uma época *t*, dada em dias do ano, deve-se aplicar a equação:

$$a_h(\varphi,t) = a_M(\varphi) + a_A(\varphi)\cos\left[2\pi\,\frac{t-28}{365{,}45}\right]. \quad (5.31)$$

Os valores denominados $a_M(\varphi)$ (média) e $a_A(\varphi)$ (amplitude) estão listados na Tabela 5.4, em função da latitude, devendo ser realizada interpolação linear para os demais valores. Os coeficientes b_h e c_h são determinados de forma análoga (Niell, 1996). Para a função de mapeamento da componente úmida, os coeficientes são funções apenas da latitude. Portanto, a interpolação linear é usada para os valores que não estão listados na Tabela 5.4.

Tabela 5.4 – Coeficientes da função de mapeamento de Niell para as componentes hidrostática e úmida

Coeficientes	Latitude				
	15°	30°	45°	60°	75°
Componente hidrostática – Média					
$a_M \times 10^{-3}$	1,2769934	1,2683230	1,2465397	1,2196049	1,2045996
$b_M \times 10^{-3}$	2,9153695	2,9152299	2,9288445	2,9022565	2,9024912
$c_M \times 10^{-3}$	62,610505	62,837393	63,721774	63,824265	64,258455
Componente hidrostática – Amplitude					
$a_A \times 10^{-5}$	0,0	1,2709626	2,6523662	3,4000452	4,1202191
$b_A \times 10^{-5}$	0,0	2,1414979	3,0160779	7,2562722	11,723375
$c_A \times 10^{-5}$	0,0	9,0128400	4,3497037	84,795348	170,37206
Componente úmida					
$a \times 10^{-4}$	5,8021897	5,6794847	5,8118019	5,9727542	6,1641693
$b \times 10^{-3}$	1,4275268	1,5138625	1,4572752	1,5007428	1,7599082
$c \times 10^{-2}$	4,3472961	4,6729510	4,3908931	4,4626982	5,4736038

Fonte: NIELL (1996).

Cabe acrescentar que nos últimos anos novas funções de mapeamento estão sendo desenvolvidas, como a Isobárica (Niell e Petrov, 2003) e a Vienna (Boehm et al., 2006). Até o momento, a de Niell tem sido a mais adotada.

(c) Parametrização da refração troposférica

Os modelos apresentados anteriormente, bem como outros disponíveis, usando medidas na superfície, são capazes de modelar com boa acurácia a componente seca, a qual é responsável pela maior parte da refração troposférica (90%). A contribuição do termo úmido, embora pequena se comparada com a do seco, é mais difícil de modelar. A razão disso está nas medidas de temperatura e pressão do vapor d'água coletadas na estação, as quais não são representativas das condições ao longo do caminho percorrido pelo sinal. Assim sendo, é bastante comum usar parâmetros de uma atmosfera padrão para serem introduzidos no modelo empírico adotado, ao invés das medidas efetuadas nos locais das observações GPS (ver equação 5.27). De qualquer forma, aconselha-se que as medidas meteorológicas sejam coletadas para que se possa identificar qualquer condição adversa. Essas medidas também serão úteis para as aplicações do GNSS em Meteorologia (Sapucci, 2001; 2005).

Outra técnica usada, com os modelos disponíveis, é a introdução de parâmetros adicionais (fator de escala (α)) como uma incógnita extra no processamento, o qual representa uma correção no modelo adotado, baseada essencialmente nas observações GNSS. Na realidade, diversas formas de parametrização são utilizadas. Pode-se, por exemplo, estimar um fator de escala α por estação ($T_r^s = T_{r\,m}^s(1 + \alpha)$ com $T_{r\,m}^s$ obtido de um dos modelos), durante determinados intervalos, ou um parâmetro global, para toda a rede, além de outras opções. No processamento de dados GNSS de longa duração, 24 horas, por exemplo, o fator de escala pode ser definido por um polinômio, para que seja possível modelar o comportamento variável da troposfera durante o período de observação. Neste caso, o modelo é correlacionado no tempo, via conexão de uma época inicial (t_0) com as demais ($T_r^s = T_{r\,m}^s(1 + \alpha(t - t_0) + \alpha^2(t - t_0)^2 + \ldots$). Um parâmetro global é propício para redes de pequena dimensão, mas para aplicações de alta precisão é sempre recomendado empregar parâmetros específicos por estações.

Os parâmetros adicionais da troposfera podem também ser estimados em um processo estocástico (*random walk*), utilizando-se a filtragem de Kalman (Gregorius, 1996). Vale ressaltar que nem todos os programas comerciais de processamento de dados GNSS disponibilizam essas opções, as quais em geral são aplicadas em processamento de redes de alta precisão.

Com muita frequência, utiliza-se durante o processamento, ou mesmo durante a coleta de dados, uma máscara de elevação, abaixo da qual não se consideram as observações. Em geral, utiliza-se o valor de 10° ou 15°, o que minimiza problemas com dados que apresentam ruído elevado e com os próprios modelos adotados. Mas vale ressaltar que o uso de uma máscara de elevação menor deve proporcionar melhores condições para a estimativa da altura geométrica. Mas, nesses casos, quando se almeja alta acurácia, é aconselhável introduzir um parâmetro adicional, denominado gradiente troposférico horizontal (*Horizontal Tropospheric Gradient*), no qual a assimetria azimutal da troposfera local é levada em consideração (Dach et al., 2007, p.247).

Embora a refração troposférica deteriore o sinal GNSS, ela está sendo adotada em projetos nos quais se visa estimar a quantidade de vapor d'água na atmosfera, podendo auxiliar nas atividades de previsão meteorológica. Trabalhos dessa natureza vêm sendo realizados no Brasil (Sapucci, 2001; 2005).

Para finalizar esta seção vale frisar que os centros de análise do IGS estão estimando e disponibilizando os parâmetros da troposfera na forma de atraso zenital troposférico total. Esses parâmetros passaram a ser mais um dos produtos do IGS (Gendt, 1997), tendo o produto ultrarrápido latência de 3 horas e o final, latência menor que quatro semanas.

5.2.2.2 *Refração ionosférica*

(a) Breve introdução sobre a ionosfera, seu índice de refração e influência nas medidas GNSS

A refração ionosférica, conforme já citado, depende da frequência e, consequentemente, do índice de refração. O efeito da refração é proporcional ao *TEC* (*Total Electron Contents* – Conteúdo Total de Elétrons), ou seja, ao número de elétrons presentes ao longo do caminho percorrido pelo sinal entre o satélite e o receptor (densidade de elétrons). O problema principal é que o *TEC* varia no tempo e no espaço, em razão das variações da radiação solar, da localização e do campo geomagnético, entre outras anomalias e irregularidades, como a anomalia equatorial e a cintilação ionosférica (Leick, 1995; 2004). Essas irregularidades, especialmente a cintilação ionosférica, podem até fazer que o receptor perca a sintonia com o satélite.

As variações temporais compreendem as variações diurnas, sazonais e ciclos de longos períodos. Essas variações influenciam diretamente na alteração da densidade de elétrons na ionosfera. As variações diurnas são provocadas por mudanças que ocorrem em certas regiões da ionosfera e desaparecem à noite, em razão da recombinação dos elétrons e íons. Elas ocorrem sobretudo por causa da radiação solar. Ao longo do dia, a densidade de elétrons depende da hora local. No Brasil, seu valor máximo ocorre entre as 15:00 e 19:00h TU (Tempo Universal) (Webster, 1993).

As estações do ano também influenciam na variação da densidade de elétrons, em razão da mudança do ângulo zenital do Sol e da intensidade do fluxo de ionização, caracterizando as variações sazonais. Nos equinócios, os efeitos da ionosfera são maiores, enquanto nos solstícios os efeitos são menores. As variações de longos períodos, com ciclos de aproximadamente 11 anos (Figura 5.4), são associadas às ocorrências de manchas solares, sendo o aumento de ionização proporcional ao número de manchas. No momento está-se encerrando o ciclo 23. O próximo ciclo deverá ser um dos maiores desde o ano de 1749.

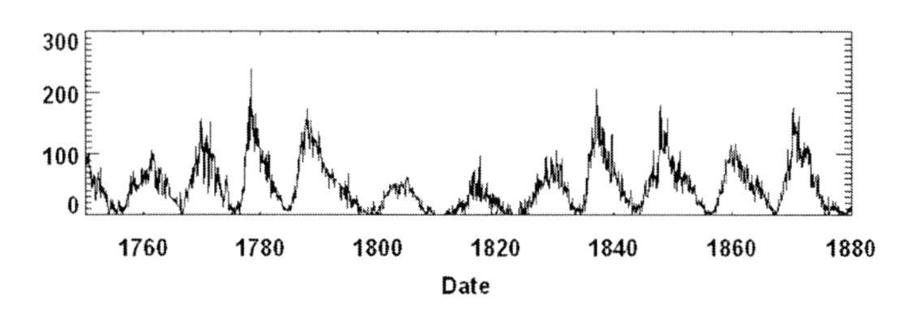

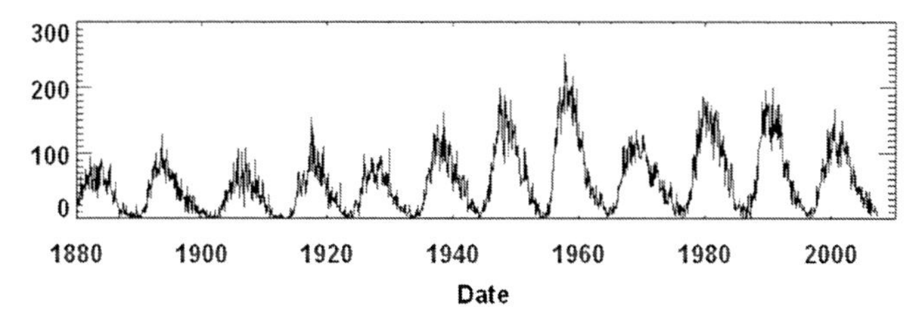

Figura 5.4 – Registro histórico de manchas solares desde 1749.

A localização tem forte influência na variação da densidade de elétrons na ionosfera, por causa da não homogeneidade de sua estrutura global. Ela se altera com a latitude, em razão da variação do ângulo zenital do Sol, que influencia diretamente no nível de radiação, que, por sua vez, altera também a densidade de elétrons na ionosfera. As regiões equatoriais são caracterizadas por um alto nível de densidade de elétrons e as de latitudes médias são consideradas relativamente livres das anomalias ionosféricas, enquanto as regiões polares não são muito previsíveis (Webster, 1993). No que diz respeito à longitude, em razão da não coincidência dos polos geográficos e magnéticos, ela é sensível apenas nas regiões mais altas da ionosfera. A Figura 5.5 mostra as regiões com alta atividade ionosférica (regiões equatorial e auroral/altas latitudes), bem como a região de latitudes médias, onde as atividades são mais amenas.

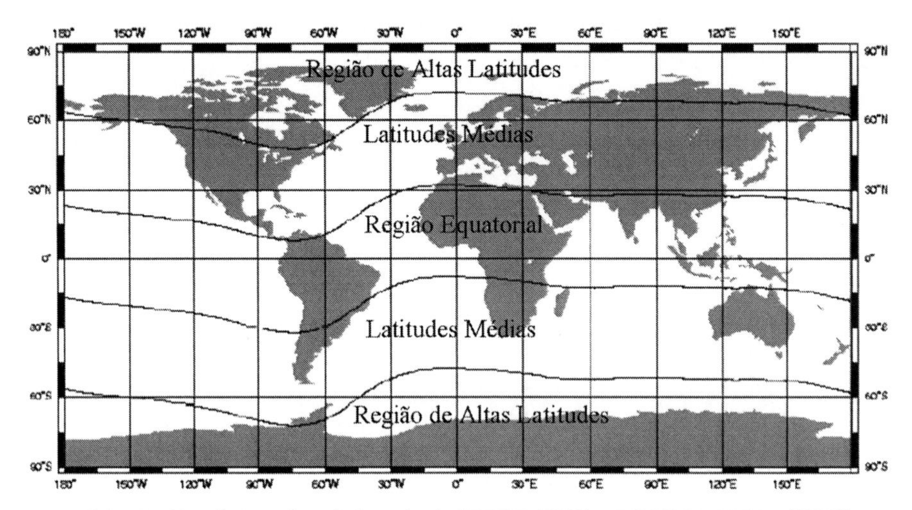

Figura 5.5 – Regiões da ionosfera (Adaptada de SEEBER (2003) e FONSECA JUNIOR (2002)).

Na ionosfera ocorre também o efeito denominado fonte, que consiste da elevação do plasma com posterior descida ao longo das linhas do campo geomagnético, até alcançar baixas latitudes (Rodrigues, 2003). Uma consequência da combinação dos movimentos de subida e descida do plasma é que dois picos de ionização são formados nas regiões subtropicais ao norte e ao sul do equador geomagnético, entre 10° e 20° de latitude. No equador geomagnético a ionização fica menos intensa. Tal distribuição latitudinal de ionização é denominada de anomalia equatorial. A maior intensidade da anomalia equatorial ocorre entre as latitudes geomagnéticas ± 10 e ± 20 graus, causando alta concentração de elétrons nos dois lados do equador geomagnético. No entanto, os valores máximos do TEC ocorrem nas latitudes aproximadas de ± 15°

em relação ao equador geomagnético, que correspondem à região das cristas da anomalia equatorial (Fedrizzi, 2003). A anomalia equatorial varia ao longo do dia, passando por um primeiro máximo na densidade de elétrons por volta das 14h local e por um segundo máximo, em geral maior que o primeiro, por volta da meia-noite. Mas o segundo máximo, geralmente, não ocorre nos períodos de baixa atividade solar.

Na ionosfera também pode ocorrer o efeito denominado de cintilação ionosférica. Trata-se de flutuações da amplitude ou fase de uma onda de rádio, resultado da sua propagação através de uma região na qual existem irregularidades na densidade de elétrons, e, em consequência, do índice de refração. A cintilação causa enfraquecimento no sinal recebido pelos receptores GNSS, fazendo que ocorra, em muitos casos, a perda do sinal (Webster, 1993). Irregularidades do *spread f* equatorial são caracterizadas por depleções do plasma de larga escala, em geral conhecidos como bolhas de plasma ou bolhas ionosféricas. Essas irregularidades de larga escala aumentam a ocorrência de cintilações ionosféricas, resultando em degradação nos sinais de comunicação transionosféricos e nos sinais de navegação, como os do GPS (Matsuoka, 2007). As bolhas ionosféricas ocorrem sempre após o pôr do sol e sobretudo no período noturno até a meia-noite, não obstante durante algumas fases do ano aparecem durante a noite toda até o amanhecer. Esses fenômenos ocorrem com maior frequência nas regiões de altas latitudes e equatorial (Figura 5.5). Na página http://scintillations.cls.fr/index.html o leitor poderá obter informações quase em tempo real sobre a ocorrência de cintilação ionosférica, as quais são derivadas de dados de alguns receptores GPS e GLONASS distribuídos sobre a superfície terrestre.

Quanto ao campo geomagnético, este exerce grande influência na variação da densidade de elétrons. Na ionosfera e na magnetosfera, o campo geomagnético controla o movimento das partículas ionizadas e, portanto, qualquer perturbação no campo magnético da Terra resultará em modificações nas condições de transporte do meio ionizado (Kirchhoff, 1991). Após eventos solares, como explosões solares, as linhas de força do campo geomagnético podem ser comprimidas de forma significativa, o que caracteriza as tempestades geomagnéticas, que afetam o comportamento da ionosfera. Detalhes sobre influência no posicionamento podem ser obtidos em Dal Póz e Camargo (2006). Para obter índices que proporcionam indicação do campo geomagnético, o leitor interessado pode utilizar o índice *Kp*, disponível em http://www.sec.noaa.gov/rt_plots/kp_3d.html, onde também estão explicações sobre ele. Ele proporciona uma indicação do comportamento da ionosfera, a partir de medidas de magnetômetros. Essas informações são muito importantes na análise de processamento de dados GNSS.

O Brasil, por estar localizado na região equatorial, sofre de forma acentuada os efeitos da ionosfera. Várias pesquisas, quer em nível nacional, quer internacional, têm sido realizadas sobre a ionosfera com base em dados GNSS coletados no Brasil. No que se refere à primeira e para uma detalhada descrição dos vários fenômenos que causam mudanças nos valores do TEC e seus efeitos no posicionamento, o leitor interessado deve consultar Camargo (1999), Matsuoka (2003; 2007), Dal Póz (2006) e Aguiar (2005).

O afastamento do índice de refração de seu valor unitário, nas diferentes camadas da ionosfera, faz que a velocidade da fase da portadora (V_f) dada por:

$$V_f = \lambda f \tag{5.32}$$

sofra um retardo. Nessa expressão λ representa o comprimento da onda e f a sua frequência (Hofmann-Wellenhof; Lichtenegger; Collins, 1997).

Para um grupo de ondas, como os códigos modulados sobre a portadora, a propagação da energia é definida com a velocidade de grupo (V_g),

$$V_g = -\frac{df}{d\lambda}\lambda^2, \tag{5.33}$$

e sofre um avanço durante a propagação do sinal.

A partir da diferenciação da equação (5.32) e substituindo-a na equação (5.33), obtém-se uma expressão que relaciona a velocidade de grupo com a velocidade de fase, descrita como equação de *Rayleigh*:

$$V_g = V_f - \lambda \frac{dV_f}{d\lambda}. \tag{5.34}$$

Os índices de refração para a velocidade de fase e de grupo são dados, respectivamente, como:

$$n_f = \frac{c}{V_f} \tag{5.35}$$

e

$$n_g = \frac{c}{V_g}, \tag{5.36}$$

sendo c a velocidade da luz.

A equação modificada de *Rayleigh* relaciona esses dois índices de refração por meio da expressão (Hofmann-Wellenhof; Lichtenegger; Collins, 1997):

$$n_g = n_f - \lambda \frac{dn_f}{d\lambda}, \tag{5.37}$$

ou

$$n_g = n_f + f \frac{dn_f}{df}. \tag{5.38}$$

Isso é obtido da derivação da relação $c = \lambda f$, em relação a f e λ.

O índice de refração da fase na ionosfera pode ser aproximado pela série (Seeber, 1993; 2003):

$$n_f = 1 + \frac{c_2}{f^2} + \frac{c_3}{f^3} + \frac{c_4}{f^4} + ..., \tag{5.39}$$

onde os coeficientes c_2, c_3 e c_4 dependem apenas da densidade de elétrons por m^3, ao longo da trajetória em que o sinal se propaga. Considerando só os efeitos de primeira ordem, obtém-se

$$n_f = 1 + \frac{c_2}{f^2}. \tag{5.40}$$

Logo, ao se derivar a equação (5.40), tem-se

$$dn_f = -2\frac{c_2}{f^3} df, \tag{5.41}$$

que, ao ser substituída na equação (5.37), proporciona o índice de refração da velocidade de grupo, ou seja,

$$n_g = 1 - \frac{c_2}{f^2}. \tag{5.42}$$

Pode-se observar que os índices de refração da fase e do grupo se diferenciam somente no sinal do coeficiente c_2. Esse coeficiente, que depende da densidade de elétrons n_e, é dado por (Camargo, 1999; Fedrizzi, 1999):

$$c_2 = -\ 40{,}3 n_e. \tag{5.43}$$

Em unidades do Sistema Internacional (SI) de medida, a constante 40,3 é dada em $mHz^2(el/m^2)^{-1}$ e n_e em elétrons/m^3. Assim, tem-se que:

$$n_f = 1 - \frac{40{,}3\, n_e}{f^2}, \tag{5.44}$$

e

$$n_g = 1 + \frac{40{,}3\, n_e}{f^2}, \tag{5.45}$$

resultando em diferentes velocidades nos sinais, de modo que ocorre atraso no grupo e avanço na fase, pois a velocidade de grupo V_g é menor que a velocidade de fase V_f. Assim, resulta em um aumento nas distâncias obtidas a partir dos códigos modulados sobre a portadora, e uma diminuição nas obtidas a partir da fase, de uma mesma quantidade.

A distância S entre o satélite (s) e o receptor (r), desprezando-se outros erros sistemáticos, é dada por:

$$S = \int_r^s n\, ds, \tag{5.46}$$

onde n representa, de forma genérica, o índice de refração da fase ou de grupo. A diferença entre a distância medida e a distância geométrica ρ, entre o satélite e o receptor, é chamada de refração ionosférica I_r^s e representa o erro sistemático, que, no caso da fase da portadora, é dado por

$$I_{f_r}^{\,s} = \int_s^r \left(1 - \frac{40{,}3\, n_e}{f^2}\right) ds\ -\ \rho, \tag{5.47}$$

ou

$$I_{f_r}^{\,s} = -\frac{40{,}3}{f^2} \int_s^r n_e\, ds, \tag{5.48}$$

onde a parcela variável caracteriza a densidade de elétrons ao longo do caminho e representa o *TEC*, ou seja,

$$TEC = \int_s^r n_e \, ds. \tag{5.49}$$

Logo, tem-se

$$I_{f_r}^s = -\frac{40{,}3}{f^2} TEC. \tag{5.50}$$

De forma similar, obtém-se a refração ionosférica para os sinais modulados pelo código $I_{g\,r}^s$:

$$I_{g_r}^s = \frac{40{,}3}{f^2} TEC. \tag{5.51}$$

Nas expressões (5.50) e (5.51) o *TEC* é dado ao longo da direção do satélite e do receptor, e a unidade empregada para representá-lo é dada em elétrons por metros quadrados (el/m^2). Para quantidades do *TEC* na direção vertical (*VTEC*), o efeito da refração é calculado a partir das seguintes equações:

$$I_{f_r}^s = -\frac{1}{\cos z'} \frac{40{,}3}{f^2} VTEC, \tag{5.52}$$

e

$$I_{g_r}^s = \frac{1}{\cos z'} \frac{40{,}3}{f^2} VTEC, \tag{5.53}$$

respectivamente, para a fase e o código.

Nas expressões (5.52) e (5.53), o valor de z', que representa o ângulo zenital do caminho do sinal em relação a um plano de altitude média H_m, denominado ponto ionosférico, é obtido da seguinte expressão (Hofmann-Wellenhof; Lichtenegger; Collins, 1997):

$$\mathrm{sen}\, z' = \frac{R_m}{R_m + H_m} \mathrm{sen}\, z, \tag{5.54}$$

onde R_m é o raio médio da Terra, H_m representa a altura média da ionosfera, que varia entre 300 e 400 km, e z é o ângulo zenital do satélite na estação de observação. A Figura 5.6, extraída de Camargo (1999), ilustra as quantidades envolvidas na expressão (5.54).

A distribuição espacial dos elétrons e íons é determinada, principalmente, por dois processos: o processo fotoquímico, que depende da insolação do Sol e comanda a razão da produção e a composição das partículas ionizadas, e o processo de transporte, que comanda o movimento das camadas ionizadas, criando assim as diferentes camadas ionizadas em diferentes alturas (Seeber, 1993).

Vários modelos têm sido desenvolvidos para estimar a densidade de elétrons. No entanto, é difícil encontrar um que estime o *TEC* com precisão adequada aos levantamentos geodésicos de precisão. Por exemplo, o modelo de Klobuchar tem sido usualmente aplicado na correção de medidas GPS (Klobuchar, 1986). Uma alternativa melhor para a correção é obtida quando o coeficiente c_2 da equação (5.39) é estimado com base em observações simultâneas dos sinais transmitidos pelos satélites GNSS em duas frequências diferentes.

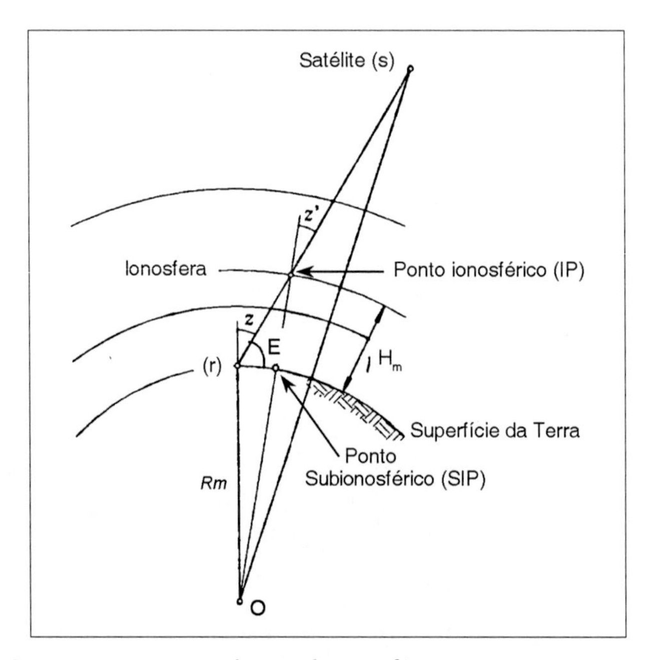

Figura 5.6 – Geometria para o atraso do caminho ionosférico.

Da expressão (5.44) ou (5.45) nota-se que os sinais com frequências mais altas são menos afetados pela ionosfera, pois o índice é proporcional ao quadrado da frequência. Consequentemente, o tempo de atraso ou avanço será menor. A Tabela 5.5 mostra como a ionosfera afeta a propagação em diferentes frequências, além de indicar o erro residual na vertical para os casos em que medições em duas frequências diferentes são disponíveis, tornando possível obter uma combinação linear adequada (Seeber, 1993).

Tabela 5.5 – Efeitos médios do atraso de propagação provocado pela ionosfera

Uma frequência	400 MHz	1600 MHz	2000 MHz	8000 MHz
Efeito médio	50 m	3 m	2 m	0,12 m
90% < do que	250 m	15 m	10 m	0,6 m
Efeito máximo	500 m	30 m	20 m	1,2 m
Duas frequências	150/400 MHz	400/2000 MHz	1227/1572 MHz	2000/8000 MHz
Efeito médio	0,6 m	0,9 cm	0,3 cm	0,04 cm
90% < do que	10 m	6,6 cm	1,7 cm	0,21 cm
Efeito máximo	36 m	22 cm	4,5 cm	0,43 cm

Por causa da aproximação realizada para a obtenção do índice de refração (equações 5.40 e 5.42), a correção do erro sistemático em virtude da ionosfera, calculado pelas expressões (5.52) e (5.53), representa apenas os efeitos de primeira ordem da ionosfera, os quais podem ser modelados de dados obtidos com receptores de dupla frequência. O erro remanescente representa poucos centímetros. A Tabela 5.6 apresenta o erro máximo, na direção vertical, que pode ser esperado nas portadoras L_1, L_2 e para a combinação linear livre da ionosfera (L_0). Para direções inclinadas, a influência aumenta (Seeber, 1993).

Tabela 5.6 – Efeito sistemático máximo provocado pela ionosfera na direção da vertical

Frequência	Efeitos de 1ª ordem ($1 / f^2$)	Efeitos de 2ª ordem ($1 / f^3$)	Efeitos de 3ª ordem ($1 / f^4$)
L_1	32,5 m	0,036 m	0,002 m
L_2	53,5 m	0,076 m	0,007 m
L_0	0,0 m	0,026 m	0,006 m

Os efeitos da refração ionosférica podem ser praticamente eliminados quando dados oriundos de receptores de dupla frequência estiverem disponíveis. No futuro, a disponibilidade de três códigos civis e das três portadoras trará evidentes vantagens para a correção do efeito da refração ionosférica, além de melhoria na resolução das ambiguidades (Spilker e Van Dierendonck, 1999).

Pesquisas mais recentes têm analisado a influência no posicionamento em função da não consideração dos efeitos ionosféricos de segunda ordem. Embora não se trate de uma influência muito grande, sua correção é indicada em redes de alta precisão. Detalhes de como aplicar as correções podem ser encontrados em Hernándes-Pajares et al. (2005) e Kedar (2003).

Em contrapartida, os usuários de receptores de monofrequência têm de negligenciar os efeitos, tanto de primeira como de segunda ordem, ou, quando for o caso, corrigir os de primeira ordem a partir de modelos existentes. Outra possibilidade é realizar apenas posicionamento relativo envolvendo linhas-base curtas (menores que 20 km).

(b) Eliminação dos efeitos da refração ionosférica

A dependência da refração ionosférica com relação à frequência do sinal torna possível eliminar os efeitos de primeira ordem quando se dispõe de dados de dois sinais com frequências diferentes. Dessa forma, usuários que dispõem de receptores GNSS de dupla frequência têm capacidade de eliminar os efeitos de primeira advindos da ionosfera. Essa é a razão principal pela qual a maioria dos sistemas de posicionamento por satélite, entre eles o GNSS, usa duas portadoras com frequências diferentes.

No caso em que se dispõe de duas medidas simultâneas da pseudodistância, uma em cada portadora (L_1 e L_2), pode-se escrever a equação (5.3) para cada uma delas. Considerando a equação (5.51) tem-se

$$\begin{aligned} PD_{L1} &= \rho' + I_{L1} \\ PD_{L2} &= \rho' + I_{L2} \end{aligned} . \tag{5.55}$$

Os elementos comuns em cada uma das equações foram agrupados em ρ' e o erro residual foi negligenciado, fato que não prejudicará o desenvolvimento da combinação linear para eliminar os efeitos da ionosfera. Considere-se a combinação linear PD_{IF} dada por

$$PD_{IF} = m_1 PD_{L1} + m_2 PD_{L2}, \tag{5.56}$$

onde m_1 e m_2 são fatores arbitrários a ser determinados. Objetiva-se nesse caso encontrar uma combinação que cancele os efeitos da refração ionosférica, ou seja,

$$m_1 I_{L1} + m_2 I_{L2} = 0. \tag{5.57}$$

A equação (5.57) contém duas incógnitas; portanto, uma delas deve ser arbitrada. Assumindo $m_1 = 1$, tem-se que

$$m2 = -\frac{I_{L1}}{I_{L2}} = -\frac{f_{L2}^2}{f_{L1}^2}. \tag{5.58}$$

Substituindo a equação (5.58) em (5.56), obtém-se a combinação linear procurada, ou seja,

$$PD_{IF} = PD_{L1} - \frac{f_{L2}^{\ 2}}{f_{L1}^{\ 2}} PD_{L2}. \tag{5.59}$$

Procedimento similar pode ser desenvolvido para a fase da onda portadora. Reescrevendo a equação (5.11) para cada uma das portadoras, tem-se

$$\begin{aligned} \phi_{L1} &= \frac{\rho'}{\lambda_1} + N_{L1} - \frac{I_{L1}}{\lambda_1} \\ \phi_{L2} &= \frac{\rho'}{\lambda_2} + N_{L2} - \frac{I_{L2}}{\lambda_2} \end{aligned}. \tag{5.60}$$

Da mesma forma que na equação (5.55), os elementos comuns em cada uma das equações foram agrupados em ρ' e os erros residuais foram negligenciados. λ_1 e λ_2 referem-se, respectivamente, aos comprimentos de onda das portadoras L1 e L2. Considerando-se a combinação linear ϕ_{IF}

$$\phi_{IF} = m_1 \phi_{L1} + m_2 \phi_{L2}, \tag{5.61}$$

que deve cancelar os efeitos da ionosfera, a condição dada pela equação (5.57) deve ser atendida mais uma vez. Dessa forma, admitindo-se novamente $m = 1$, tem-se que

$$m_2 = \frac{\lambda_2 I_{L1}}{\lambda_1 I_{L2}} = -\frac{f_{L2}}{f_{L1}}, \tag{5.62}$$

obtendo-se a seguinte combinação linear livre dos efeitos da ionosfera para a fase da onda portadora:

$$\phi_{IF} = \phi_{L1} - \frac{f_{L2}}{f_{L1}}\phi_{L2}. \tag{5.63}$$

A escolha de ambas as combinações lineares é um tanto arbitrária, pois o valor de m_1 foi escolhido arbitrariamente. Dessa forma, existem outras possibilidades. Mas o usual tem sido escolher uma combinação que mantenha o mesmo comprimento de onda da portadora L1. Neste caso, uma condição adicional à dada pela equação (5.57) deve ser introduzida, ou seja:

$$m_1 f_1 + m_2 f_2 = f_1. \tag{5.64}$$

Com essas duas condições, obtém-se a seguinte equação livre dos efeitos da ionosfera:

$$\phi_{IF} = f_1^2/(f_1^2 - f_2^2)\phi_{L1} - f_1 f_2/(f_1^2 - f_2^2)\phi_{L2}. \tag{5.65}$$

Para informações adicionais sobre este tópico ver, por exemplo, Leick (1995), Goad (1996, p.508) e a seção 6.3.1.1.

A eliminação dos efeitos da ionosfera é a maior vantagem para quem utiliza receptores GNSS de dupla frequência em levantamento de bases longas (maiores que 20 km). Note-se, no entanto, que efeitos residuais ainda permanecem na combinação linear resultante, pois simplificações foram realizadas nos modelos.

(c) Modelagem dos efeitos da refração ionosférica

Para usuários com receptores de frequência simples, a ionosfera é a maior fonte de erro em levantamentos envolvendo bases longas. No posicionamento relativo, sobre distâncias curtas (até 20 km), a maioria dos erros é reduzida. No entanto, receptores de frequência simples são, muitas vezes, usados sobre linhas-bases maiores que as consideradas adequadas para eliminar grande parte dos efeitos da ionosfera. Por isso, o uso de modelos da ionosfera pode melhorar os resultados. Nesses modelos, medidas de fase coletadas com receptores de dupla frequência são usadas para estimar as correções a serem utilizadas pelos usuários de frequência simples operando na área. Mais detalhes podem ser encontrados em Newby e Langley (1990), Georgiadou (1990), Newby e Langley (1992) e Klobuchar (1986).

Para o Brasil, esse método é ideal para ser usado no contexto da RBMC, a qual dispõe de uma série de receptores GPS de dupla frequência coletando dados continuamente em diversas regiões (Figura 3.15). Trabalhos dessa natureza têm sido realizados e testados. Camargo (1999) desenvolveu um modelo regional da ionosfera (MOD-ION), o qual proporcionou resultados altamente promissores para aplicações em que os dados são pós-processados. Posteriormente o modelo foi adaptado para aplicações em tempo real (Aguiar, 2005). Pesquisas dessa natureza continuam sendo realizadas em várias universidades e institutos de pesquisas. Boa fonte para acompanhamento dessa evolução é o conjunto de anais do ION GNSS.

Vale também ressaltar que, com as mensagens de navegação dos satélites GPS, acompanha o modelo global da ionosfera, desenvolvido por Klobuchar (1986). Trata-se de um modelo aproximado que, ao ser aplicado, elimina aproximadamente 50% do efeito. Detalhes sobre sua aplicação podem ser encontrados em Matsuoka (2003). Além disso, o IGS vem disponibilizando os valores de TEC na forma de uma grade, com base nos quais se pode calcular o atraso ionosférico. Esses produtos, denominados final (com latência de onze dias) e rápido (latência de 24 horas), são fornecidos no formato denominado Ionex (*IONosphere EXchange format*) pelo IGS (http://igscb.jpl.nasa.gov/igscb/data/format/ionex1.pdf).

Para os satélites do Galileo, está prevista a utilização do modelo *NeQuick*, que terá seus coeficientes transmitidos com as mensagens de navegação.

5.2.2.3 *Multicaminho ou sinais refletidos*

O efeito provocado pelo multicaminhamento do sinal é bem descrito pelo próprio nome. O receptor pode, em algumas circunstâncias, receber, além do sinal que chega diretamente à antena, sinais refletidos em superfícies vizinhas a ela, como construções, carros, árvores, massa d'água, cercas etc. O multicaminhamento é ilustrado na Figura 5.7. Reflexões também podem ocorrer no próprio satélite, mas são menos frequentes. Trata-se de efeito similar ao efeito denominado "fantasma" que ocorre na TV, cuja causa é a mesma, ou à dificuldade de ouvir alguém em uma sala que apresenta muito eco. Outro fenômeno, similar ao multicaminhamento, diz respeito ao caso em que uma grande estrutura refletora produz uma imagem da antena. Nesse caso, segundo Langley (1996a), as características resultantes da amplitude e da fase do sinal não são aquelas de uma antena isolada, mas da combinação da antena e sua imagem.

Observando a Figura 5.7, nota-se que o sinal chega ao receptor por dois caminhos diferentes, um direto e um indireto. Dessa forma, os sinais recebidos no receptor podem apresentar distorções na fase da onda portadora e na modulação sobre ela. Em geral, não há um modelo para tratar o efeito do multicaminho, pois as situações geométricas de cada local variam de forma um tanto arbitrária. Portanto, em muitas situações, as observáveis fase da onda portadora e pseudodistância são degradadas em razão do multicaminho, o que afeta a qualidade do posicionamento.

O impacto do erro produzido pelo multicaminho sobre a medida de fase da onda portadora é apresentado em Leick (1995). As conclusões são:

- o erro máximo corresponde a aproximadamente um quarto do comprimento de onda, ou seja, 4,8 cm para a portadora L1;
- a frequência do multicaminhamento é proporcional à distância perpendicular entre a superfície refletora e a antena e inversamente proporcional ao comprimento da onda, além de ser função do ângulo de elevação do satélite; e
- a fase da onda portadora livre dos efeitos da ionosfera, equação (5.65), se comporta de maneira muito complicada quando sujeita ao multicaminhamento.

Com base nas conclusões apresentadas, é interessante observar que, como o satélite está movimentando-se continuamente, a frequência do multicaminhamento é função do tempo. Além do mais, pode-se acrescentar que satélites com baixo ângulo de elevação são mais suscetíveis ao fenômeno em questão. Como o multicaminhamento é proporcional à distância entre a fonte do multicaminho e a antena, isso vem despertando a atenção de pesquisadores no que concerne a utilizá-lo para a detecção de deformações (Ding et al., 1999).

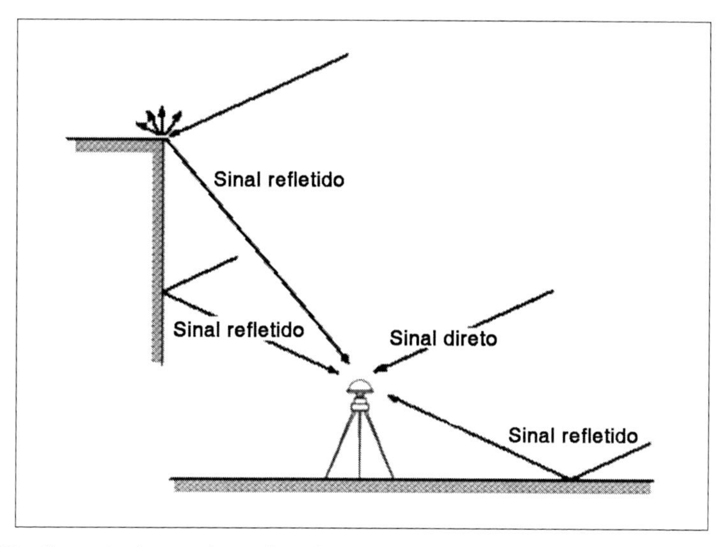

Figura 5.7 – Ilustração da ocorrência de multicaminho.

No que se refere ao multicaminho na pseudodistância, o comportamento é muito similar ao da fase da onda portadora, mas a variação apresenta ordem de magnitude várias vezes maior. O erro máximo também será proporcional ao comprimento de onda, que no caso da pseudodistância está relacionado com a razão de transmissão dos códigos C/A (1,023 MHz) e P (10,23 MHz). Quanto maior for a frequência, menor será o erro máximo. Portanto, espera-se que o multicaminho na pseudodistância derivada do código P seja menor que na pseudodistância derivada do código C/A. Em razão da grande dimensão do erro provocado pelo multicaminho na pseudodistância, muitos esforços têm sido direcionados para o refinamento de algoritmos destinados a sua detecção e rejeição.

A redução do sinal refletido é possível pela seleção de antenas construídas com base na polarização do sinal GPS, o qual é polarizado circularmente à direita. O sinal refletido uma única vez, dependendo do ângulo de incidência, será polarizado à esquerda. Em tese, todos os sinais polarizados à esquerda seriam rejeitados pela antena. No entanto, isso não ocorre na prática (Langley, 1996b; Braasch, 1996). Apenas parte dos sinais polarizados à esquerda é atenuada. Essa técnica deve então ser empregada com outras proteções, como o uso de antena *choke rings*. Trata-se de uma antena com um plano de terra (disco metálico horizontal onde a antena é centrada) que contém uma série de círculos concêntricos com altura de aproximadamente um quarto do comprimento de onda, valor máximo do multicaminho para a portadora. Essa composição faz desse tipo de antena um dos melhores para proteção contra o multicaminho. A desvantagem está relacionada com seu peso e tamanho. Um dos desenvolvimentos mais recentes em relação a antenas que reduzem multicaminho diz respeito à tecnologia denominada *pinwheel*, com performance similar às antenas *choke ring* e muito mais leves e pequenas (Kunysz, 2001).

A utilização da antena centrada sobre um plano de terra já foi muito recomendada, pois se acreditava que ela protegia dos sinais que chagassem por debaixo da antena. Isso não é verdade, pois, em virtude de algumas características das ondas eletromagnéticas, elas se deslocavam para a superfície superior do disco, alcançando a antena, o que comprometia a utilidade do disco (Weill, 1997).

Com base no exposto, pode-se observar que a ocorrência do multicaminho depende da refratividade do meio onde se posiciona a antena, das características da antena e das técnicas empregadas nos receptores para reduzir os sinais refletidos. As condições um tanto arbitrárias da geometria e do ambiente envolvendo o levantamento tornam a modelagem desses efeitos muito difícil, embora algumas combinações de observáveis permitam avaliar o nível de sinais refletidos. As combinações lineares

$$
\begin{aligned}
MP1 &= \mathrm{PD}_{\mathrm{L1}} - (1 + \frac{2}{\alpha - 1})\phi_{L1} + (\frac{2}{\alpha - 1})\phi_{L2} \\
MP2 &= \mathrm{PD}_{\mathrm{L2}} - (\frac{2\alpha}{\alpha - 1})\phi_{L1} + (\frac{2\alpha}{\alpha - 1})\phi_{L2}
\end{aligned}
, \qquad (5.66)
$$

com $\alpha = \left(f_1 / f_2 \right)^2$, proporcionam uma indicação do nível de multicaminho em uma estação. MP1 e MP2 referem-se, respectivamente, ao multicaminho em L1 e L2. Os demais elementos já foram apresentados anteriormente. Ver também a seção (6.4) e Blewitt (1996, p.236). Pelo fato de a precisão da fase da onda portadora ser muito melhor que a da pseudodistância, que, por sua vez, no geral apresenta um nível de multicaminho muito maior, a equação (5.66), embora apresente uma combinação de observáveis, é mais sensível ao multicaminho nas pseudodistâncias. Observando a equação (5.66), percebe-se que os valores de MP1 e MP2 só podem ser obtidos quando as observáveis pseudodistância e fase da onda portadora estão disponíveis nas duas portadoras.

O software de domínio público denominado TEQC (*Translation, Edition and Quality Control*), desenvolvido e atualizado constantemente pela Unavco (*University Consortium*), permite obter, entre outros parâmetros, os valores de MP1 e MP2. Detalhes podem ser obtidos em http://www.unavco.org/facility/software/teqc/teqc.html e Fortes (1997). A Figura 5.8 ilustra o MP1 e MP2 para a estação UEPP da RBMC (Figura 3.15), para os primeiros 122 dias do ano 2000, durante os quais dados foram coletados continuamente, usando-se um receptor Trimble 4000 SSI, com taxa de coleta de 15 segundos. Embora o MP1 seja melhor que o MP2, isso não significa necessariamente que o multicaminho em MP2 é maior que em MP1. Eles retratam, aproximadamente, a precisão das pseudodistâncias obtidas em L1 e L2. Essa última, para o caso mostrado, resulta de um processo de correlação cruzada para a recuperação do código *Y* na portadora L2, de qualidade inferior à obtida diretamente da L1. O exemplo da Figura 5.8 é típico de uma estação com pouco efeito de multicaminhamento dotada de equipamento que utiliza correlação cruzada para recuperar o código na L2. Os receptores mais modernos apresentam melhores performances. Por exemplo, com um receptor NETRS da Trimble, com antena geodésica Zephyr, instalado no mesmo local a que se refere a Figura 5.8, os valores de MP2 ficam em torno de 0,40 m.

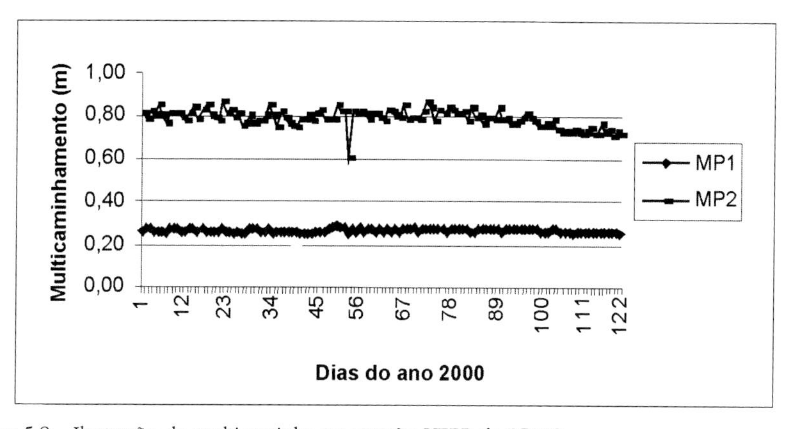

Figura 5.8 – Ilustração do multicaminho na estação UEPP da RBMC.

Nos casos de uma estação-base, que fica estacionada por vários dias em um mesmo local, os efeitos do multicaminho devem se repetir de forma similar, todos os dias, para o mesmo conjunto de antena e receptor. Deve-se para tanto considerar o tempo sideral. E se o período de ocupação for relativamente longo, o efeito deve ser bastante atenuado. Nesse caso, a característica de repetibilidade diária do multicaminho pode ser utilizada para reduzir o efeito em estações de referência (Polezel e Souza, 2007). No entanto, para um receptor em movimento, o efeito deve-se mostrar totalmente aleatório, haja vista que as condições do local se alteram rapidamente. Trata-se do caso em que o uso de múltiplas antenas deve amenizar o problema (Moelker, 1997).

Apesar do grande avanço que se tem obtido nas várias formas de atenuar o multicaminho, a recomendação mais efetiva é evitar levantamentos em locais propícios a essa ocorrência, bem como o uso de antenas capazes de reduzir o efeito (antenas *choke ring* e *pinwheel*). Mas, em uma grande quantidade de aplicações, o ambiente é propício ao multicaminho e a antena adequada ainda é muito pesada. Apesar de a tecnologia *pinwheel* já estar disponível, trata-se ainda de um assunto que merece investigações adicionais.

Nesse sentido, os interessados podem consultar os trabalhos que estão sendo desenvolvidos na FCT/Unesp (Souza, 2004a; 2004b; Souza e Monico, 2004) e os vários anais do ION-GNSS (ION GNSS, 2003; 2004; 2005; 2006).

5.2.2.4 Perdas de ciclo

Quando um receptor é ligado, a parte fracionária da fase de batimento da onda portadora, isto é, a diferença entre a portadora recebida do satélite e sua réplica gerada no receptor é medida e um contador de ciclos inteiros é inicializado. Durante o rastreio, o contador é incrementado por um ciclo sempre que a fase de batimento muda de 2π para 0. Assim sendo, em um determinado instante, a fase observada será igual à soma da parte fracionária medida naquele instante com o número inteiro de ciclos contados desde o início do rastreio. O número de ciclos inteiros entre o satélite e o receptor é desconhecido no início do levantamento. Esse número de ciclos inteiros é denominado ambiguidade. Se não ocorrer interrupção da contagem no número inteiro de ciclos durante o período de observação, ele permanece constante durante todo o período de rastreio (Hofmann-Wellenhof; Lichtenegger; Collins, 2001, p.205).

Em um ambiente com amplo campo de visão, as medidas de fase são, em geral, contínuas durante o período de uma sessão de observação. Porém, essa não é a realidade na maioria dos levantamentos GNSS, onde pode ocorrer obstrução do sinal de um ou mais satélites, impedindo que este chegue até a antena do receptor. Assim, ocorrerá perda de sinal, acarretando uma perda na contagem do número inteiro de ciclos medidos no receptor. Esse evento é denominado perdas de ciclo (*cycle slips*). A Figura 5.9 ilustra o fenômeno, podendo-se observar que há uma variação brusca no número de ciclos entre as épocas 8 e 9, a qual provoca uma descontinuidade na medida. Ocorrência desse tipo pode ser entre duas épocas, ou perdurar por várias épocas.

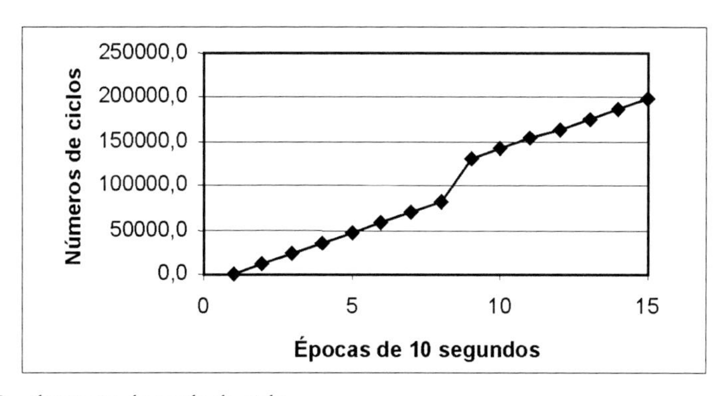

Figura 5.9 – Ilustração da perda de ciclo.

As causas não estão restritas ao bloqueio do sinal cujas fontes podem ser construções, árvores, pontes, montanhas etc. A aceleração da antena, variações bruscas na atmosfera, interferências de outras fontes de rádio e problemas com o receptor e software podem também resultar em perdas de ciclos. De qualquer forma, é de se esperar que, quando há interrupção do bloqueio, a parte fracional permaneça correta; apenas o número de ciclos inteiros sofre mudança. É necessário, e na maioria das vezes é possível, corrigir a medida da fase da portadora do número de ciclos inteiros em virtude da descontinuidade na medida. A correção exige que se localize o instante em que ocorreu o salto, bem como sua dimensão. A esse processo denomina-se correção das perdas de ciclo (*cycle slip fixing*).

Diversas técnicas têm sido desenvolvidas para esse fim. Boa descrição de algumas delas é apresentada em Hofmann-Wellenhof; Lichtenegger; Collins (1997, p.208) e Leick (2004, p.223). Pode-se também, sempre que ocorrer perdas de ciclo, introduzir uma nova ambiguidade como incógnita no ajustamento. Porém, se houver muitas ocorrências de perdas de ciclos, a solução pode ficar inviabilizada. A situação complica-se ainda mais em aplicações cinemáticas. Nesse caso, uma possibilidade é: durante o processamento dos dados na forma recursiva, quando detectada a perda de ciclos, relaxa-se a variância da ambiguidade envolvida na perda e zeram-se as covariâncias envolvidas. Esse procedimento foi implementado no software GPSeq (Monico et al., 2006) e mostrou-se bastante prático (Souza; Monico; Machado, 2007).

A detecção e a correção de perdas de ciclo estão intimamente ligadas com o problema de solução das ambiguidades (seção 9.7).

5.2.2.5 *Rotação da Terra*

O cálculo das coordenadas do satélite deve ser feito para o instante de transmissão do sinal e em um sistema de coordenadas fixo à Terra. Dessa forma, torna-se necessário efetuar a correção do movimento de rotação da Terra, já que durante a propagação do sinal o sistema de coordenadas terrestre rotaciona com relação ao satélite, alterando suas coordenadas. As coordenadas originais do satélite devem ser rotacionadas sobre o eixo Z de um ângulo α, definido como o produto do tempo de propagação pela velocidade de rotação da Terra w_e:

$$\alpha = w_e \tau. \tag{5.67}$$

Sendo *X'*, *Y'* e *Z'* as coordenadas originais do satélite e *X*, *Y* e *Z* as corrigidas, tem-se

$$\begin{bmatrix} X \\ Y \\ Z \end{bmatrix} = \begin{bmatrix} 1 & \alpha & 0 \\ -\alpha & 1 & 0 \\ 0 & 0 & 1 \end{bmatrix} \begin{bmatrix} X' \\ Y' \\ Z' \end{bmatrix}, \tag{5.68}$$

com α em radianos, haja vista se tratar de um ângulo muito pequeno (aproximadamente 1,25") (Seeber, 2003). Esse efeito também é conhecido como Sagnac. Para detalhes sobre o assunto, o leitor pode consultar http://freeweb.supereva.com/solciclos/ashby_d.pdf.

5.2.3 Erros relacionados com o receptor e a antena

Os erros relacionados com o receptor e a antena são aqueles ocasionados pelos hardware do receptor e da antena, incluindo-se nesta última a fase *wind-up*.

5.2.3.1 Erro do relógio

Os receptores GNSS em geral são equipados com osciladores de quartzo, os quais possuem boa estabilidade interna e são de custo relativamente baixo. Logo, cada receptor possui sua própria escala de tempo, definida por seu oscilador interno, a qual difere da escala de tempo do sistema em questão (GPS, GLONASS ou Galileo). Alguns receptores possuem osciladores altamente estáveis, podendo também aceitar padrões externos de tempo. No entanto, são equipamentos de custo elevado, em geral usados em redes de alta precisão. De qualquer forma, no posicionamento relativo (seção 9.3), os erros dos relógios são praticamente eliminados, não exigindo, para a maioria das aplicações, padrões de tempo altamente estáveis. No entanto, um fator importante diz respeito à simultaneidade das observações no posicionamento relativo (seção 9.2). Nesse caso, para se obter resultados de alta precisão, o erro do relógio de cada receptor envolvido no posicionamento relativo deve ser conhecido ao nível de 10^{-6} do segundo em relação ao sistema de tempo envolvido, isto é, 1 microssegundo (ms), e a diferença entre eles não deve exceder 1 milissegundo (Leick, 1995). Mais detalhes serão apresentados na seção (9.2). No posicionamento por ponto, seja simples, seja preciso, os erros dos relógios dos receptores são estimados em cada época (seção 7.2).

5.2.3.2 Erros entre os canais

Quando um receptor possui mais que um canal, pode ocorrer erro sistemático entre os canais, pois o sinal de cada satélite percorrerá um caminho eletrônico diferente. Isto é o que ocorre atualmente, pois a maioria dos receptores geodésicos possui canais múltiplos, e cada um deles registra os dados de um satélite particular, o que resulta nesse tipo de erro. Para corrigi-lo, o receptor dispõe de dispositivo que realiza uma calibração no início de cada levantamento. Cada canal rastreia, simultaneamente, um satélite em particular e determina os erros em relação a um canal tomado como padrão. Todas as medidas subsequentes serão corrigidas desse efeito. Qualquer efeito residual é praticamente eliminado quando se efetua a diferenciação das observações (seção 6.32). Se as observáveis originais são utilizadas diretamente no modelo, recomenda-se incluir o efeito residual como parâmetro a ser estimado (Seeber, 1993).

5.2.3.3 Centro de fase da antena do receptor

O centro de fase eletrônico da antena é o ponto virtual onde as medidas dos sinais são referenciadas e em geral não coincide com o centro mecânico da antena. Como o centro de fase não pode ser acessado diretamente por medidas, por exemplo, usando uma trena, torna-se necessário conhecer a relação entre o centro de fase e um ponto de referência na antena que seja acessível às medidas. Em geral, esse ponto de referência é denominado ARP (*Antenna Reference Point* – Ponto de Referência da Antena). Por meio do ARP pode-se relacionar a posição determinada com o GNSS e a marca de referência em um monumento geodésico.

O problema maior é que o centro de fase não é estável. Ele varia com a intensidade e a direção (elevação sobretudo e azimute) dos sinais e é diferente para cada uma das portadoras (L1 (cf_{L1}), L2 (cf_{L2}) e L5 (cf_{L5}) no caso do GPS). Para levantamentos de alta precisão, todas as antenas envolvidas no projeto devem ser calibradas, para que se corrijam as observações desse efeito. Os parâmetros de calibração proporcionam a relação entre o ARP e o centro de fase. Essa relação é usualmente parametrizada segundo o deslocamento do centro de fase em relação ao ARP (PO – *Phase Offset*) e a variação do centro de fase (PCV – *Phase Center Variation*). A Figura 5.10 ilustra essa situação para o caso de uma antena capaz de rastrear em duas frequências.

O IGS, a partir de 30 de junho de 1996, passou a aplicar essas correções na geração de seus produtos (IGSMAIL – 5189) e o procedimento adotado tem-se tornado padrão geral. Uma das organizações envolvidas com a calibração de antenas tem sido o NGS. Vários detalhes podem ser obtidos pela internet, no endereço http://www.ngs.noaa.gov/ANTCAL/. No início, adotava-se a calibração relativa, isto é, todas as antenas eram

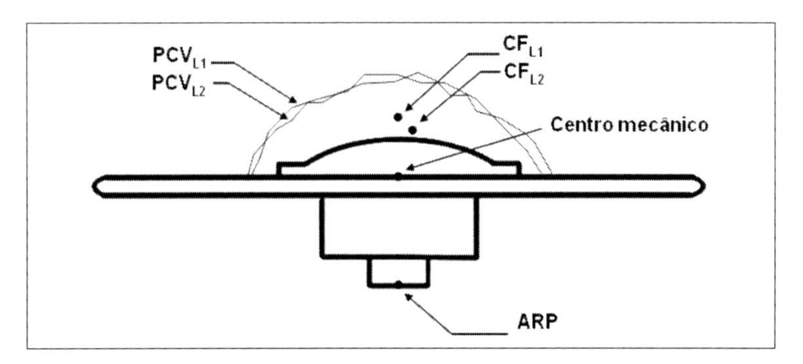

Figura 5.10 – Relação entre o ARP com o centro de fase (PO) e respectivas variações (PCV).

calibradas em relação à antena Dorne Margolin, denominada *AOAD/M_T antenna* (De Jonge, 1998; Madder, 1999). Como todas as antenas eram calibradas com base em uma mesma antena de referência, no processo de diferenciação das observáveis na determinação de uma nova linha-base (posicionamento relativo – seção 9.3), o PO e o PCV da antena de referência eram cancelados. Essa técnica fica, no entanto, limitada pelo comprimento da linha-base, uma vez que no processo de calibração assume-se que as observações para cada satélite são realizadas com o mesmo ângulo de elevação a partir de cada uma das antenas.

O uso de antenas de mesmo fabricante e modelos iguais deve reduzir o problema nas aplicações mais comuns do GNSS, pois as discrepâncias devem ser praticamente iguais. Basta que todas as antenas sejam orientadas em uma mesma direção – por exemplo, a direção do norte magnético, por ser a de mais fácil obtenção (bússola). Nessas circunstâncias, ao se realizar a diferenciação das observáveis, os efeitos são praticamente cancelados (Seeber, 1993). Mas o uso de calibração relativa não representa a solução definitiva para o problema em pauta.

A partir de 5 de outubro de 2005, com a adoção do ITRF2005 pelo IGS (realização IGS05), a recomendação passou a ser a adoção da calibração absoluta (IGSMAIL-5438-http://igscb.jpl.nasa.gov/mail/igsmail/2006/msg00161.html). Essa mudança advém de vários estudos realizados no decorrer do período em que se utilizou calibração relativa, conforme consta no IGSMAIL–5189 (http://igscb.jpl.nasa.gov/mail/igsmail/2005/msg00111.html), os quais apontaram alguns problemas. Mas o uso de calibração absoluta para realizar as correções requer também a calibração das antenas dos satélites.

O princípio de calibração absoluta de antenas GPS foi apresentado em Wübbena et al. (1997) e Wübbena et al. (2000). A metodologia de determinação foi aprimorada, sendo hoje denominada de calibração absoluta automática em campo (*Automated Absolute Field Calibration*). O método também é conhecido como IfE/GEO++, em razão da parceria entre o Instituto de Geodésia e Levantamentos (IfE) da Universidade de Hannover e a empresa Geo ++. Um serviço de calibração de antenas vem sendo oferecido pela empresa Geo++, podendo a calibração ser realizada em tempo real.

A ideia básica do método é a eliminação dos efeitos de multicaminho, seja pela coleta de dados em dias consecutivos (mesmo horário sideral), seja pelo uso de um robô de alta precisão (Figura 5.11) que rotaciona e inclina com alta velocidade a antena a ser calibrada. Observações de uma antena instalada nas proximidades do robô são utilizadas para eliminar erros dependentes da distância, mas o que se obtém são valores absolutos de PCV, os quais são dados em função do ângulo de elevação e azimute do satélite.

Figura 5.11 – Robô usado na calibração absoluta de antenas (www.geopp.de/media/docs/AOA_DM_T/index.html).

A Tabela 5.7 contém os deslocamentos do centro de fase (PO) da antena Trimble Geodetic L1/L2, *compact* + *groundplane*, a qual tem sido bastante adotada no Brasil. Sua denominação no IGS/NGS é TRM22020.00+GP. Já a Figura 5.12 mostra a variação do centro de fase (PCV) dessa mesma antena em função do ângulo de elevação. Nos dois casos se considera a calibração relativa.

Tabela 5.7 – PO em relação ao ARP da antena Trimble Geodetic L1/L2, *compact* + *groundplane* (TRM22020.00+GP) – Calibração relativa

Frequência	N (mm)	E (mm)	U (mm)
L1	–0,1	–0,6	74,2
L2	–0,5	2,8	70,5

Convém observar que as correções do centro de fase das antenas nas direções *N*, *E* e *U* (sistema topográfico/geodésico local com origem no ARP) devem ser combinadas às posições horizontal e vertical (considerando-se a altura da antena em relação ao ARP), respectivamente, do vértice onde se instalou a antena. Ou seja, as coordenadas das estações conhecidas e as das estações a serem determinadas devem ser corrigidas desses valores. No primeiro caso, durante o processamento dos dados, as coordenadas da marca de referência da estação devem passar para o centro de fase da antena. No segundo, as coordenadas estimadas devem ser reduzidas dos deslocamentos e da altura da antena em relação ao ARP. Outras possibilidades existem; ver, por exemplo, Leick (2004, p.237).

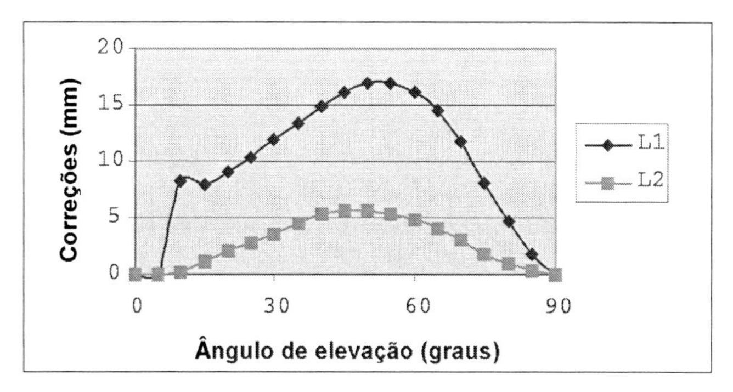

Figura 5.12 – Variação do centro de fase (PCV) da antena Trimble Geodetic L1/L2, *compact* + *groundplane* (calibração relativa).

As correções (PCV), em função do ângulo de elevação, devem ser aplicadas nas observações em cada época do processamento, via interpolação, por exemplo.

Convém ainda salientar que, caso se utilize alguma combinação linear das portadoras (L1, L2 e L5), a mesma combinação deve ser aplicada para os valores de PO e PCV. Por exemplo, quando se usa a combinação linear L_0 (*ion-free*), a componente vertical (U) do PO, que é a maior de todas, será dada por:

$$U_{L0} = m_1 * U_{L1} + m_2 * U_{L2}. \quad (5.69)$$

Os valores de m_1 e m_2 advêm da combinação *ion-free* da pseudodistância, ou seja: $m_1 \approx 2{,}546$; $m_2 \approx 1{,}546$. Em geral, os softwares disponíveis no mercado já realizam essas correções, desde que as informações concernentes à antena façam parte do banco de antenas do software. Mas o leitor deve estar atento para a necessidade de realizar atualizações no banco de dados de antenas, bem como do software, quando algum procedimento é alterado.

A Tabela 5.8 contém os valores de PO para a mesma antena apresentada anteriormente, mas agora no contexto de calibração absoluta. Além disso, na Figura 5.13 os valores de PCV são dados em função do azimute e da elevação dos satélites.

Tabela 5.8 – PO em relação ao ARP da antena Trimble Geodetic L1/L2, *compact* + *groundplane* (TRM22020.00+GP) – Calibração absoluta

Frequência	N (mm)	E (mm)	U (mm)
L1	0,5	–1,1	55,4
L2	–0,6	2,2	62,6

Os valores da Tabela 5.8 foram obtidos a partir daqueles apresentados na Tabela 5.7, levando-se em consideração os valores da calibração absoluta (realizada pelo método IfE/GEO++) e relativa (realizada pelo NGS) da antena de referência, a qual é denominada *AOAD/M_T*. Esse procedimento está de acordo com a metodologia adotada pelo NGS para obtenção da calibração absoluta.

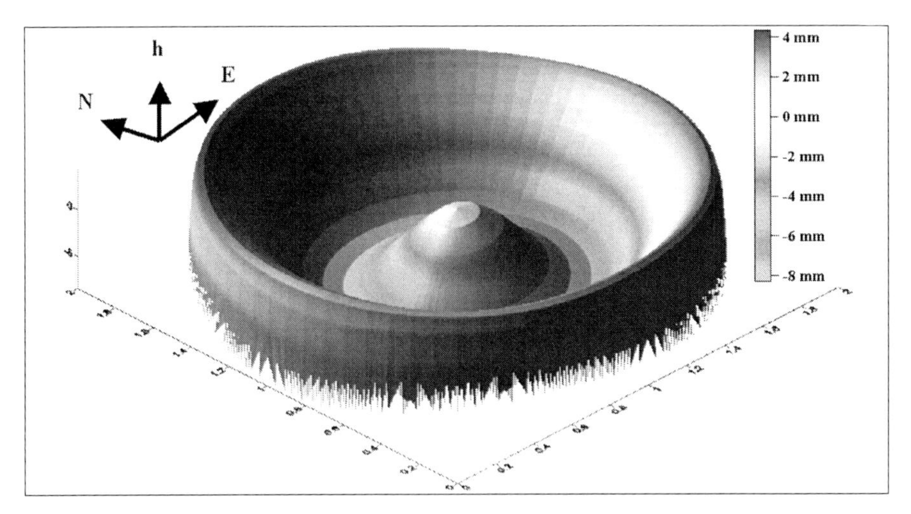

Figura 5.13 – Variação do centro de fase (PCV) da antena Trimble Geodetic L1/L2, *compact + groundplane* (calibração absoluta).

O IGS disponibiliza um arquivo contendo os parâmetros de calibração absoluta de um grande número de antenas, inclusive dos satélites GPS. Ele é denominado igs_05.atx (ftp://igscb.jpl.nasa.gov/igscb/station/general/pcv_proposed/igs_05.atx). Várias antenas têm valores de calibração dados em função do azimute e do ângulo de elevação. Esse arquivo é atualizado à medida que novas antenas são disponibilizadas.

Freiberger Junior et al. (2005) revelam a dependência da calibração com relação à estação de calibração e acrescentam que isto deve estar relacionado com multicaminho. Eles relatam que discrepâncias de até 4 mm foram obtidas e chamam a atenção para a necessidade do tratamento individualizado das antenas. No entanto, adotaram o método de calibração relativa, muito dependente do efeito de multicaminho. Göres et al. (2006) realizaram testes para avaliar a qualidade da calibração absoluta de antenas em campo usando a metodologia IfE/GEO++. Eles chegaram ao valor de 1 mm e concluíram que há variações efetivas na qualidade entre antenas de diferentes tipos. Outros testes, como os descritos por Schmid; Mader; Hering (2004), confirmaram esses valores.

5.2.3.4 *Fase* wind-up

A fase de uma antena polarizada circularmente à direita depende diretamente da orientação da antena com respeito à fonte que gera o sinal. Desse modo, a medida de fase depende da orientação relativa entre as antenas que transmitem e recebem o sinal, bem como da direção da linha de visada entre elas. Se ocorrer mudança na orientação da antena receptora, haverá mudança na direção de referência, e, em consequência, mudança na fase medida. Da mesma forma, mudando a orientação da antena transmissora, ocorrerá mudança na direção do campo elétrico da mesma e, consequentemente, na antena receptora. Como resultado, ocorre também uma mudança na fase observada. À medida que uma ou as duas antenas rotacionam, a mudança na observação da fase se acumula, sendo denominada de fase *wind-up* (Kim; Serrano; Langley, 2006). Esse efeito ocorre tanto por causa da antena do satélite quanto por causa da antena do receptor, mas será apresentado no contexto dos erros relacionados ao receptor e à antena, o que não deverá causar prejuízo para o entendimento.

No caso dos satélites GPS, eles transmitem ondas de rádio polarizadas circularmente à direita e, dessa forma, a observável fase de batimento da onda portadora depende da orientação mútua das antenas do satélite e do receptor (Kouba e Héroux, 2000). Qualquer rotação de uma das antenas em torno de seu próprio eixo mudará a fase da onda portadora, podendo atingir um ciclo, no caso de uma rotação completa da antena.

Em geral, a antena do receptor mantém sua orientação voltada para uma referência (usualmente o Norte). Contudo, a antena do satélite está sujeita às lentas rotações que dependem da direção dos seus painéis solares, os quais são orientados em relação ao Sol e, dessa maneira, ocorrem alterações na geometria estação–satélite. No período de eclipses, os satélites também estão sujeitos a rotações rápidas chamadas de "giro do meio-dia e da meia-noite", para reorientar seus painéis solares na direção do Sol. Os dados de fase da onda coletados durante esses giros são afetados por esse efeito e necessitam ser corrigidos.

Em geral, o erro da fase *wind-up* pode alcançar cerca de meio comprimento de onda. Desde 1994, a maioria dos Centros de Análises do IGS aplica essa correção. Caso ela seja negligenciada, pode ocorrer erro da ordem de decímetros nas posições determinadas. No entanto, o erro derivado da fase *wind-up* é geralmente negligenciado nos softwares comerciais. Ele pode ser calculado a partir da seguinte expressão (Leick, 2004, p.232):

$$\begin{aligned}
&D' = \hat{x}' - k.(k \bullet \hat{x}') - k \times \hat{y} \\
&D = \hat{x} - k.(k. \bullet \hat{x}) + k \times \hat{y}' \\
&\zeta = k.(D' \times D) \\
&\Delta\phi = sign(\zeta)\cos^{-1}\left(\frac{D' \bullet D}{\|D\|\|D\|}\right).
\end{aligned} \tag{5.70}$$

Nessa expressão tem-se:

- k, um vetor unitário apontando do satélite para o receptor;
- D' e D vetores dipolos efetivos das antenas do satélite e do receptor calculados a partir dos vetores unitários dos mesmos ($\hat{x}'$, $\hat{y}'$, para o satélite e $\hat{x}$, $\hat{y}$, para o receptor);
- $sign\ (\zeta) = 1$ para $\zeta > 0$; 0 para $\zeta = 0$ e -1 para $\zeta < 0$;
- $\times$ e $\bullet$ produto vetorial e interno, respectivamente.

Os vetores unitários do satélite e do receptor devem estar associados ao sistema de coordenadas vinculado ao corpo do satélite e a um sistema de coordenadas local no caso do receptor.

Os efeitos da fase *wind-up* no posicionamento RTK (*Real Time Kinematic*) foram investigados por Kim; Serrano; Langley (2007). Eles concluíram que ocorrem significativos valores de fase *wind-up* em situações em que a trajetória do veículo muda de modo acentuado. Para posicionamento relativo estático, envolvendo linhas-base curtas, esse efeito não afeta a solução. Mas isso não é verdade para linhas-base longas; nesse caso, o efeito pode afetar a solução das ambiguidades. E as soluções que deixam de fixar as ambiguidades absorvem esses efeitos, os quais passam a ser significativos na solução final (Leick, 2004, p.233). Para posicionamento por ponto preciso (PPP) (seção 8.2), esse efeito não pode ser desprezado quando se almeja alta precisão (poucos mm).

5.2.4 Erros e correções relacionados com a estação

Além dos possíveis erros presentes nas coordenadas da estação-base, sobretudo no caso em que elas são fixadas no processamento, outras variações, resultantes de fenômenos geofísicos que tenham ocorrido durante o período de coleta das observações, podem afetar as coordenadas das estações envolvidas no levantamento. É importante frisar que muitos deles não são especificamente erros, mas correções que devem ser aplicadas às coordenadas das estações, ou às medidas, sempre que se busca alta precisão. Entre eles se incluem os efeitos de marés terrestres, carga dos oceanos e carga da atmosfera.

Deve-se ainda salientar que, embora o erro decorrente do multicaminho tenha sido introduzido entre os erros relacionados com a propagação do sinal, ele também depende da localização da estação, mas não será abordado nesta seção.

5.2.4.1 Coordenadas da estação

O posicionamento GNSS no modo relativo (seção 9.3) proporciona diferenças de coordenadas tridimensionais (ΔX, ΔY e ΔZ) de alta precisão. Essas diferenças de coordenadas não contêm informação sobre a origem do sistema de referência (*datum*), que é indispensável em qualquer tipo de levantamento. Para que isso ocorra, pelo menos um ponto deve ter suas coordenadas injuncionadas a valores estimados *a priori*. Qualquer erro nas coordenadas do ponto de partida será propagado para as coordenadas dos pontos determinados a partir dele.

Outro tipo de problema, que quase sempre passa despercebido, é que um erro na posição do ponto de partida também afetará as componentes relativas, não especificamente ΔX, ΔY e ΔZ, mas $\Delta\phi$, $\Delta\lambda$ e Δh, que são os elementos de interesse na Geodésia, sobretudo no mapeamento. A obtenção de cada uma dessas componentes ($\Delta\phi$, $\Delta\lambda$ e Δh) depende das coordenadas da estação-base. Tem-se mostrado que um erro da ordem de 5 m nas coordenadas de uma estação-base pode produzir erros de 1,0, 0,9 e 0,8 ppm, respectivamente, nas diferenças de coordenadas geodésicas $\Delta\phi$, $\Delta\lambda$ e Δh (Breach, 1990). Isso mostra a importância de se dispor de coordenadas das estações que compõem a rede geodésica de um país, compatíveis com as do WGS 84, no caso em que se utilizam efemérides transmitidas. Não é o que deve ter acontecido no Brasil, até a adoção do SIRGAS 2000 em 25 de fevereiro de 2005, haja vista que os parâmetros de transformação entre o SAD69 e o WGS 84 foram estimados só na estação Chuá, origem do SAD69, mas foram aplicados para todo o Brasil. Variações da ordem de 20 m podem ser esperadas em estações localizadas a 2.000 km de Chuá, uma vez que a precisão horizontal da realização SAD69 no Brasil é da ordem de

10 ppm, o que certamente deve ter afetado a alta acurácia proporcionada pelo GPS. A utilização de estações de redes implantadas com GPS, ou de redes GPS ativas, certamente elimina esse problema.

5.2.4.2 *Marés terrestres*

A maioria das pessoas está acostumada ao termo marés oceânicas, resultantes da força de maré, que causa uma variação cíclica no nível médio do mar de determinado local, variação que pode atingir até cerca de 10 m. O que é menos conhecido, no entanto, é que a Terra também responde aos efeitos da atração lunissolar (Gemael, 1999).

A deformação da crosta da Terra, em virtude das forças de maré (Sol e Lua), é denominada marés terrestres (*Earth Body Tides*). Enquanto as marés oceânicas podem ser facilmente medidas em relação à crosta terrestre, as marés terrestres só podem ser medidas a partir de observações de sistema de satélites ou gravímetros de alta sensibilidade. Mas as marés terrestres têm comportamento bastante suave ao longo da superfície terrestre, razão pela qual em geral são desprezadas no posicionamento relativo (seção 9.3). No entanto, no posicionamento GNSS global e no posicionamento por ponto preciso (PPP) (seção 8.2), os efeitos das marés terrestres devem ser considerados.

Próximo ao Equador, em razão das marés terrestres, a superfície desloca-se quase 40 cm durante um período de 6 horas (Baker, 1984). A variação é função, conforme já citado, da força de maré e os períodos principais dessas variações são de 12 (variação semidiurna) e de 24 (variação diurna) horas. Embora a variação seja função do tempo, ela também depende da posição da estação.

As marés terrestres são compostas de uma parte permanente (*permanent tide*), dada em função da atração média do Sol e da Lua, e de uma parte variável. No entanto, os sistemas de medidas (satélites, gravimetria etc.) proporcionam o valor total da maré, sem permitir a distinção entre cada uma de suas componentes. Como consequência, a maré permanente não é uma quantidade observável.

Uma recomendação da IAG em 1979 era a remoção total dos efeitos, o que resultaria em um sistema livre dos efeitos de maré (*tide-free system*). Observou-se que essa metodologia introduzia erros no modelo do comprimento do dia (*LoD – Lenght of Day*). Foi proposto então remover todo o efeito de marés, mas restaurar apenas os efeitos devidos à maré permanente, com as variações associadas do potencial da Terra, trazendo de volta às posições em um sistema médio de maré (*zero tide system*). Essa proposição foi adotada pela IAG em 1983, mas não teve aceitação universal (Milbert, 2007). Logo, as coordenadas resultantes do processamento de dados GNSS em vários softwares são, em geral, dadas em um sistema livre de marés. Foi também o que se adotou no SIRGAS 2000, recém-adotado no Brasil. Detalhes sobre os modelos envolvidos podem ser obtidos em McCarthy e Petit (2003) e McCarthy (1992).

Um programa computacional para cálculo da maré total, denominado *solid*, pode ser obtido no endereço http://mywebpages.comcast.net/dmilbert/softs/solid.for.txt.

5.2.4.3 *Movimento do polo*

A variação das coordenadas das estações, causada pelo movimento do polo, deve também ser considerada em posicionamento geodésico de alta precisão. Tal variação pode atingir até 25 mm na componente radial e não se cancela quando se aumenta a duração da sessão. No entanto, no posicionamento relativo é praticamente eliminada.

O movimento do polo deve ser cuidadosamente tratado quando da estimativa de órbitas de satélites, as quais são calculadas em um sistema de referência inercial, sendo as observações relacionadas a um sistema de referência fixo à Terra (seção 3.2). Entre os elementos que conectam esses dois sistemas está o movimento do polo. Para o uso das observações dos satélites durante o cálculo de órbitas, elas devem ser corrigidas do movimento do polo ou suas componentes devem ser estimadas no processo (Seeber, 2003, p.206). O leitor deve também estar atento para os casos em que o processamento dos dados é realizado em um sistema inercial, o movimento do polo também deve ser considerado.

5.2.4.4 *Carga oceânica*

A carga que as marés oceânicas exercem sobre a crosta terrestre produz deslocamentos periódicos sobre a superfície (*OTL – Ocean Tide Loading*) (Baker, 1984). A magnitude do deslocamento depende das características elásticas da crosta e das posições do Sol, da Lua e do local da estação, podendo alcançar cerca de 10 cm na componente vertical em alguma parte do globo. Em regiões afastadas da costa esse valor decresce, mas ainda pode alcançar cerca de 1 cm para uma distância oceano-estação da ordem de 1.000 km (Baker; Curtis; Dodson, 1995). Considerando-se a alta precisão preconizada no GNSS, tais efeitos devem ser levados em consideração quando se objetiva levantamento de alta precisão. Para a maioria das aplicações, sobretudo aquelas relacionadas com a Cartografia, tal efeito pode ser desprezado, como é na prática, sem maiores problemas.

As aplicações de alta precisão têm aumentado em razão do uso do GNSS e com elas a necessidade de valores de deslocamento da crosta devido à carga das marés oceânicas. Um aplicativo foi disponibilizado na internet pelo *Onsala Space Observatory* que auxiliará a comunidade geodésica interessada nesses valores. Ele está disponível em http://www.oso.chalmers.se/~loading/ e fornece os valores de amplitude (m) e fase (graus), dependentes da estação de interesse, dos onze termos parciais de maré para a componente radial *dU* e das duas tangenciais (EW (Oeste) e NS (Sul)) denominadas *dW* e *dS*, respectivamente. Entre os onze termos parciais de marés têm-se aqueles advindos de ondas semidiurnas (M2, S2, W2 e K2), diurnas (K1, O1, P1 e Q1) e de longo período (Mf, Mm e Ssa) (McCarthy e Petit, 2003, p.72). Vários modelos estão disponibilizados, entre eles o FES 2004, o qual é utilizado pelos Centros de Análise do IGS.

Um programa desenvolvido por Duncan Agnew (UCSD) (IGS-MAIL-5300) permite calcular os deslocamentos da estação em um sistema local (*dU, dS e dW*) com base nos elementos obtidos do aplicativo descrito. Esse programa, em linguagem Fortran, pode ser obtido em ftp://tai.bipm.org/iers/convupdt/chapter7/. A partir desses valores pode-se calcular sua influência nas observáveis GNSS.

5.2.4.5 Carga da atmosfera

A carga da atmosfera exerce força sobre a superfície terrestre. Variações da distribuição da massa atmosférica, que podem ser inferidas com base na medida de pressão da atmosfera, induzem deformações sobre a crosta, sobretudo na direção vertical. Variações de pressão da ordem de 20 hPa são observadas na região de latitude média em um sistema de pressão sinótica com distâncias de 1.000 a 2.000 km e períodos de duas semanas. Mudanças sazonais da pressão por causa dos movimentos das massas de ar entre o continente e o oceano podem ter amplitude de até 10 hPa, em particular em grandes massas de terra no hemisfério norte. Outras variações severas de pressão são observadas em várias regiões do planeta, todas contribuindo para a deformação da crosta.

As maiores deformações estão associadas com tempestades (*synoptic storms*) na atmosfera, pela modificação brusca da massa atmosférica gerada pela forte precipitação pluviométrica, podendo o deslocamento alcançar 10 mm (Van Dam e Wahr, 1987). Estudos teóricos, no entanto, apontam para o deslocamento vertical de até 25 mm. A maioria dos programas para processamento de dados GNSS ainda não apresenta modelos para correções dessa natureza, mesmo os de natureza científica. Mas alguns modelos já se encontram disponíveis (McCarthy e Petit, 2003, p.85).

Para redes de grande dimensão, que requerem alta acurácia, recomenda-se estender a campanha para duas semanas, em vez dos usuais três a cinco dias (Blewitt; Van Dam; Heflin, 1994). Não se trata de um efeito com o qual o usuário deva se preocupar, mas vale a pena ter conhecimento sobre ele e saber que o GNSS é sensível a ele.

6
Modelos matemáticos utilizados no GNSS: fundamentação teórica

6.1 Introdução

Um projeto de Geodésia envolve atividades relacionadas com planejamento, coleta, análises preliminares, processamento e ajustamento de dados. Além disso, antes da apresentação dos resultados, deve-se realizar rigorosa avaliação. No planejamento (pré-análise) do projeto, bem como no processamento dos dados coletados, o modelo matemático (funcional e estocástico) é o elemento central. Ele relaciona os dados coletados com os parâmetros incógnitos. É usual coletar uma quantidade de dados maior que o mínimo necessário para se obter solução única para os parâmetros envolvidos no modelo, o que permite efetuar o controle de qualidade do processo.

A estimativa dos parâmetros incógnitos com dados redundantes é geralmente baseada no Método dos Mínimos Quadrados (MMQ). A seguir, apresenta-se um sumário dos princípios básicos da estimação por MMQ e controle de qualidade, além de uma breve descrição dos modelos matemáticos básicos usados no processamento de dados GNSS. Os modelos são restritos aos casos em que as posições dos satélites são conhecidas, através das efemérides transmitidas ou precisas (IGS, IGR ou IGU).

6.2 Ajustamento de observações GPS

O ajustamento de observações pelo MMQ pode ser efetuado usando-se o método das equações de observação (paramétrico), o das equações de condição (condicionado) ou o combinado. Em geral, no processamento de dados GNSS, o método adotado é o das equações de observação, quer em lote, quer recursivamente. No processamento em lote, todas as observações são ajustadas de modo simultâneo; já na forma recursiva (podendo incluir Filtragem Kalman), elas podem ser inseridas à medida que se tornam disponíveis. O processo recursivo é mais apropriado para o processamento de dados GNSS. Ambos, considerando-se apenas a forma linear, são brevemente apresentados a seguir.

6.2.1 O método das equações de observação

Um modelo linear inconsistente torna-se consistente pela introdução do vetor V dos resíduos,

$$V = AX - L_b \ com \ m > n. \tag{6.1}$$

onde:

- m é o número de equações;
- n é o número de incógnitas, igual ao posto (característica) de A;
- L_b é o vetor ($mx1$) das observações;
- X é o vetor ($nx1$) dos parâmetros incógnitos;
- A é uma matriz (mxn) de escalares conhecidos, designada matriz *design* ou Jacobina; e
- V é o vertor ($mx1$) dos resíduos.

Para a obtenção de medidas de qualidade dos resultados da estimativa de mínimos quadrados, uma descrição qualitativa dos dados de entrada (vetor das observações) deve fazer parte do modelo. Tal descrição é de natureza probabilística, haja vista que as observações (medidas), quando repetidas sob circunstâncias similares, podem ser descritas, com boa aproximação, por uma variável aleatória. Será então assumido que o vetor contendo os valores numéricos das medidas representa uma amostra do vetor aleatório das observáveis. Esse vetor é então composto de uma parte determinística (AX) e de uma parte aleatória (V), como dado na equação (6.1).

Assumindo-se que a natureza probabilística da variabilidade das medidas é definida pelo vetor V, parece aceitável assumir que o valor esperado de sua variabilidade tenha média zero, isto é: $E\{V\} = 0$, onde $E\{.\}$ representa a esperança matemática. A medida da variabilidade das observações é dada pela matriz variância e covariância (MVC), a qual é assumida como conhecida, sendo representada por:

$$D\{L\} = \Sigma_{Lb}, \qquad (6.2)$$

onde $D\{.\}$ representa o operador de dispersão. A equação (6.1), acrescida do modelo estocástico, pode ser reescrita como:

$$\mathrm{E}\{L_b\} = AX \qquad D\ \{L\} = \Sigma_{Lb}, \qquad (6.3)$$

que é o modelo matemático do vetor das observáveis. Supõe-se, por ora, que se trata de um modelo superabundante, isto é, o número de observações (m) é maior que o número de incógnitas (n).

6.2.1.1 Estimativa de mínimos quadrados em lote ou simultânea

O princípio de mínimos quadrados, no caso do método paramétrico, para o caso linear, é dado por:

$$\Phi = (AX - L_b)^T P (AX - L_b) = \text{mínimo}, \qquad (6.4)$$

onde P, uma matriz de ordem (mxm), é simétrica e positiva definida, denominada matriz dos pesos. Nessa matriz leva-se em consideração a precisão das observações envolvidas no modelo. A minimização de (6.4) proporciona a estimação do parâmetro em questão, isto é:

$$\hat{X} = (A^T PA)^{-1}(A^T PL_b) = (N)^{-1}U. \qquad (6.5)$$

onde o sobrescrito $\boldsymbol{T}$ representa uma operação de transposição, N é denominada matriz (nxn) das equações normais e U é um vetor ($nx1$) de termos independentes. Observe-se que se trata da forma linear.

Partindo do valor estimado para o parâmetro $\hat{X}$, obtêm-se, respectivamente, as estimativas das observações ajustadas $\hat{L}_a$ e resíduos $\hat{V}$:

$$\hat{L}_a = A\hat{X} \qquad e \qquad \hat{V} = A\hat{X} - L_b, \tag{6.6}$$

A qualidade das quantidades estimadas pode ser obtida com base nos dois primeiros momentos de L_b, isto é, a média e o desvio-padrão. Assumindo-se que o modelo representado por (6.3) é válido, os estimadores de mínimos quadrados são não tendenciosos, e essa propriedade é independente da escolha da matriz P. Se ela é obtida a partir da inversa da MVC de L_b e escalada pelo fator de variância *a priori* σ_0^2, ou seja:

$$P = \sigma_0^2 \Sigma_{L_b}^{\ -1}, \tag{6.7}$$

pode-se provar que o estimador BLUE (*Best Linear Unbiased Estimation* – Melhor Estimador Não Tendencioso) de X é idêntico ao estimador de mínimos quadrados. Essa é uma propriedade extremamente importante, haja vista que na prática nem sempre há como avaliar a tendência da solução. Assim, a matriz P será sempre considerada, neste livro, obtida similarmente à equação (6.7). A aplicação da lei de propagação de covariâncias às equações (6.5) e (6.6) resulta nas seguintes expressões (Gemael, 1994):

$$\begin{aligned} \Sigma_{\hat{X}} &= \hat{\sigma}_0^2 (A^T P A)^{-1} \\ \Sigma_{\hat{L}_a} &= A \Sigma_{\hat{X}} A^T \\ \Sigma_{\hat{V}} &= \Sigma_{L_b} + \Sigma_{\hat{L}_a} \end{aligned} \quad . \tag{6.8}$$

onde:

- $\Sigma_{\hat{X}}$ é a MVC dos parâmetros ajustados, de ordem (*nxn*);
- $\Sigma_{\hat{L}_a}$ é a MVC das observações ajustadas, de ordem (*mxm*); e
- $\Sigma_{\hat{V}}$ é a MVC dos resíduos estimados, de ordem (*mxm*).

As equações de (6.8) possibilitam a descrição da qualidade dos resultados em termos das MVCs. O termo $\hat{\sigma}_0^2$ (equação 6.27) é em geral denominado fator de variância *a posteriori* e é normalmente utilizado para analisar a qualidade global do ajustamento.

6.2.1.2 Estimativa de mínimos quadrados recursiva

O procedimento de estimava recursiva por mínimos quadrados permite atualizar a solução com a introdução de novas observações, sem necessidade de salvar aquelas até então utilizadas. Isso é de importância prática, em especial quando se usa um elevado número de observações, caso específico do GNSS.

Para iniciar o processo, um vetor inicial dos parâmetros (X_0) deve estar disponível, o qual pode ser obtido pelo processo de ajustamento convencional, utilizando-se, por exemplo, apenas o número mínimo de observações necessário para sua estimativa, ou por outras fontes. Dispondo-se do vetor inicial, acompanhado de sua matriz de covariância Σ_{X0}, pode-se iniciar o processo recursivo. Nesse caso, pode-se estimar X_k e Σ_{XK} a partir de X_{k-1}, de Σ_{XK-1} e das observações da época k (L_{bk}, Σ_{bk}), independentemente das demais épocas, para k = (1, 2, ..., k). Para facilitar a apresentação das próximas equações, utilizar-se-á a seguinte representação: $L_{b_k} = L_k$ e $\Sigma_{L_{bk}} = \Sigma_{L_k}$. Então, o vetor dos parâmetros ajustados para a época k é dado pela expressão (Teunissen, 2001, p.66):

$$(X_k) = X_{k-1} + K_k V_k \,, \tag{6.9}$$

Nessa expressão tem-se que a matriz ganho de Kalman é dada por:

$$K_k = \Sigma_{X_{k-1}} A_k^T \Sigma_{L_k}^{-1} \,, \tag{6.10}$$

com o seguinte vetor dos resíduos preditos:

$$V_k = A_k X_{k-1} - L_k \tag{6.11}$$

A atualização da MVC é dada por:

$$\Sigma_{X_k} = [\Sigma_{X_{k-1}}^{-1} + A_k^T \Sigma_{L_k}^{-1} A_k]^{-1}. \tag{6.12}$$

Nessa solução, a ordem da matriz a ser invertida em cada época é igual ao número de parâmetros envolvidos. Quando o número de observações em cada época é menor que o número de parâmetros, pode-se adotar um procedimento em que a ordem da matriz a ser invertida é igual ao número de observações. Nesse caso, tem-se (Teunissen, 2001, p.67):

$$K_k = \Sigma_{X_{k-1}} A_k^T \Sigma_{V_k}^{-1}, \tag{6.13}$$

com a MVC dos resíduos preditos sendo dada por:

$$\Sigma_{V_k} = [\Sigma_{L_k} + A_k \Sigma_{X_{k-1}} A_k^T], \tag{6.14}$$

enquanto a atualização da *MVC* do vetor dos parâmetros é da seguinte forma:

$$\Sigma_{X_k} = [I - K_k A_k] \Sigma_{X_{k-1}}. \tag{6.15}$$

6.2.1.3 Introdução de injunções no método das equações de observações

Injunções são informações extras sobre os parâmetros, como funções ou condições que relacionam os parâmetros, resultados de um prévio ajustamento etc. Dessa forma, além da equação (6.3), dispõe-se de informações adicionais sobre os parâmetros:

$$\begin{array}{ll} E\{L_b\} = AX & D\{L\} = \Sigma_{L_b} \\ E\{L_w\} = CX & D\{L_w\} = \Sigma_{L_w} \end{array}. \tag{6.16}$$

Nessa equação, C é uma matriz de ordem (rxn) dos coeficientes, r representa o número de equações adicionais e L_w é um vetor de ordem ($rx1$), ao qual pode estar associada uma *MVC* (Σ_{Lw}), quando se trata de um vetor de informações aleatórias. Quando não se tem uma *MVC* associada, trata-se de uma injunção absoluta.

Procedendo-se de maneira similar ao caso de processamento em lote, obtém-se a seguinte solução:

$$\hat{X} = (A^T PA + C^T P_I C)^{-1} (A^T PL_b + C^T P_I L_w) \ . \tag{6.17}$$

Nesse caso, o vetor L_w é um vetor com componentes aleatórias e P_I é a matriz dos pesos, dada pela inversa de Σ_{Lw}. Com procedimentos similares aos apresentados anteriormente, obtêm-se as *MVCs* dos parâmetros, das observações ajustadas e dos resíduos.

As informações adicionais também podem ser tratadas similarmente à estimativa recursiva, sobretudo quando se trata de injunções absolutas. Nesse caso, a solução pode ser dada de acordo com as equações (6.9), (6.11), (6.13), (6.14) e (6.15), onde a matriz A_k deve ser substituída pela matriz C e a matriz Σ_{Lw} é nula.

O leitor que for realizar implementação computacional da formulação apresentada deve estar atento a várias simplificações que podem ser realizadas em alguns casos específicos.

6.2.1.4 Eliminação de parâmetros

No processamento de dados GNSS comparecem muitos parâmetros que variam instante a instante, podendo-se destacar entre eles as correções dos erros dos relógios, as coordenadas de estações no posicionamento cinemático e os parâmetros da ionosfera. Em razão do seu grande número, é usual fazer uma pré-eliminação deles. Essa eliminação é possível, pois os parâmetros relacionados com um instante específico não estão correlacionados com os de outros instantes (a correlação física está sendo negligenciada). Em caso de interesse, esses parâmetros podem ser calculados ao final da solução via retrossubstituição.

A pré-eliminação dos parâmetros é um procedimento básico para reduzir a dimensão da matriz N das equações normais, que necessita ser invertida para a obtenção dos indicadores de qualidade. Considerando-se então dois conjuntos de parâmetros a serem estimados em uma época qualquer, denominados *1* e *2*, a equação (6.3) pode ser reescrita como:

$$E\{L_b\} = A_1X_1 + A_2X_2 \qquad D\{L\} = \Sigma_{L_b} \tag{6.18}$$

O vetor de parâmetros X_2 é considerado o que varia em cada instante. O sistema de equações normais para esse caso é dado por:

$$\begin{pmatrix} N_{11} & N_{12} \\ N_{21} & N_{22} \end{pmatrix}\begin{pmatrix} X_1 \\ X_2 \end{pmatrix} = \begin{pmatrix} U_1 \\ U_2 \end{pmatrix}. \tag{6.19}$$

Relacionando-se o sistema com a equação (6.5), o leitor poderá observar facilmente que:

$$\begin{aligned} &N_{11} = A_1^T P A_1; \quad N_{12} = A_1^T P A_2; \quad N_{21} = N_{12}^T; \quad N_{22} = A_2^T P A_2 \\ &U_1 = A_1^T P L_b; \quad U_2 = A_2^T P L_b \end{aligned} \quad . \tag{6.20}$$

Assumindo-se que o interesse é pela eliminação do segundo conjunto de parâmetros (X_2), tem-se que:

$$X_2 = N_{22}^{-1}(U_2 - N_{21}X_1). \tag{6.21}$$

Substituindo-se X_2 na primeira equação de (6.19), obtém-se um novo conjunto de equações normais, qual seja:

$$(N_{11} - N_{21}^T N_{22}^{-1} N_{21})X_1 = (U_1 - N_{21}^T N_{22}^{-1} U_2). \tag{6.22}$$

O leitor poderá observar que a fórmula de pré-eliminação basicamente calcula o efeito do parâmetro pré-eliminado naqueles remanescentes, modificando a equação normal original. E os resultados serão os mesmos que seriam obtidos com a solução que considera todos os parâmetros simultaneamente. Observe-se que a pré-eliminação dos parâmetros não é equivalente a cancelar as linhas e colunas dos parâmetros correspondentes na equação normal, além da necessidade de o sistema parcial apresentar posto completo, pois a matriz N_{22} tem de ser invertida.

6.2.2 Modelos não lineares e iterações

Os resultados apresentados anteriormente envolvem estimação linear. No entanto, a prática usual em Geodésia e em outras ciências é trabalhar com modelos não lineares. Os modelos não lineares são linearizados antes de se aplicar o MMQ. Iniciando-se o ajustamento com um valor aproximado X_0 para os parâmetros incógnitos, próximo o suficiente de X, uma linearização é aplicada por meio do uso da série de Taylor e o MMQ é aplicado sobre o modelo linearizado, o qual é expresso como:

$$E\{\Delta L\} = A_L \Delta X, \tag{6.23}$$

com:

$$\Delta L = L_b - L_0$$
$$L_0 = F(X_0)$$
$$A_L = \frac{\partial F}{\partial X_0} \quad . \tag{6.24}$$

onde:

- ΔL é o vetor das observações subtraído do vetor das observações calculadas em função dos parâmetros aproximados (X_0);
- A_L é a matriz das derivadas parciais das funções não lineares F (doravante denominada simplesmente A); e
- ΔX é o vetor das correções, a ser acrescido aos parâmetros aproximados X_0, proporcionando o parâmetro ajustado X_a.

O leitor deve observar que, para caso não linear, o vetor ΔL substituirá o vetor L_b nas equações apresentadas e o vetor ΔX será acrescido ao vetor dos parâmetros aproximados X_0.

A primeira solução do modelo linearizado melhora o vetor dos parâmetros iniciais. O processo se repete usando-se os parâmetros resultantes da solução anterior como aproximados, ou seja: $X_0^i = X_a^{i-1}$. O ciclo iterativo se encerra quando as diferenças entre sucessivas soluções não forem significativas, isto é, quando ΔX_i for menor que a tolerância pré-especificada. Esse procedimento é aplicado tanto no processamento em lote quanto no recursivo.

6.2.3 Avaliação das observações e resultados – controle de qualidade

A qualidade do ajustamento só é representativa nos casos em que o modelo das equações de observação, dado pela equação (6.3), for válido, significando que não há presença de erros no modelo. Se há interesse em uma descrição significativa da qualidade, evidências da presença ou da ausência de erros no modelo devem ser pesquisadas. Além disso, estimar a dimensão do menor erro factível de ser detectado pelo modelo (confiabilidade interna) e dimensionar sua influência nos resultados (confiabilidade externa) são pontos de extrema relevância no controle de qualidade.

Essa tarefa é realizada por meio de testes de hipóteses, em que o modelo original, designado como hipótese nula H_0, é testado contra um modelo estendido, denominado hipótese alternativa H_a. Para a realização do teste, as observáveis L ou ΔL são assumidas como tendo distribuição normal, com esperança matemática AX e dispersão Σ_L, isto é:

$$H_0 : L \sim N(AX, \Sigma_L). \tag{6.25}$$

Para obter evidências da presença de erros, a magnitude do erro ∇ é introduzida no modelo como uma incógnita adicional. O modelo estendido forma a hipótese alternativa:

$$H_a : L \sim N(AX + C\nabla, \Sigma_L), \tag{6.26}$$

onde C é uma matriz (mxq) de característica (posto) integral, e ∇ é um vetor incógnito $(qx1)$, onde q representa o número de erros a serem testados no modelo, podendo variar no intervalo $1 \leq q \leq (m-n)$. Após estimar ∇ e testar sua significância, é possível tomar uma decisão sobre a presença ou não de erro no modelo.

O caso $q = 1$ tem uma importante aplicação em Geodésia. Trata-se da detecção de erros grosseiros, pelo método conhecido como *data snooping*, desenvolvido pelo professor Baarda da Universidade Técnica de Delft (Teunissen, 2000) (seção 6.2.3.1).

O caso $q = (m-n)$ corresponde ao teste global do ajustamento, também conhecido como teste Qui-quadrado, dado por:

$$\hat{\sigma}_0^2 = \hat{V}^T P \hat{V} / (m-n), \tag{6.27}$$

com $(m-n)$ representando o número de graus de liberdade. O teste é rejeitado se $\hat{\sigma}_0^2 > \chi^2_{q,\alpha} / (m-n)$, com $\chi^2_{q,\alpha}$ sendo obtido da distribuição Qui-quadrado com $q = m-n$ graus de liberdade e nível de significância α. Observe-se que a análise é realizada usando-se um teste unicaudal à direita, pois nesse caso o teste atende a alguns requisitos estatísticos (*most powerful test*) (Teunissen, 2000).

A importância prática desse teste está no fato de a matriz C não ter de ser especificada, diferentemente dos demais casos. Esse teste funciona como uma proteção, pois dá uma indicação sobre a validade do ajustamento como um todo. Em caso de rejeição, o responsável pelo processamento dos dados deverá fazer uma análise para localizar os possíveis problemas que estejam afetando o ajustamento. Podem ocorrer problemas de ponderação das observações, de formulação inadequada do modelo das observáveis, de erros grosseiros nas observáveis etc. A capacidade das próprias observações de detectar e localizar erros grosseiros ou *outliers* está relacionada com a confiabilidade do processo adotado.

6.2.3.1 Detecção de erros nas observações

Os erros das observações podem ser classificados em aleatórios, sistemáticos e grosseiros. Os aleatórios são inevitáveis, em geral pequenas diferenças entre as observações e o valor esperado. Eles são tratados como variáveis aleatórias, seguindo, portanto, funções estatísticas. Na teoria da estimação e de testes estatísticos, esses erros são, geralmente, considerados tendo distribuição normal.

Os erros sistemáticos ou *bias* (tendência) apresentam-se como a diferença entre o modelo funcional e a realidade. Teoricamente é possível eliminá-los pelo refinamento do modelo matemático, mas isso é muito difícil na prática para um usuário não especialista, pois na maioria das vezes requer alteração do software utilizado, o que nem sempre é possível. Os erros grosseiros resultam de mau funcionamento dos aparelhos ou de problemas relacionados ao fator humano. Como exemplo típico pode-se citar a falta de atenção do operador em um procedimento operacional. No mínimo, os erros grosseiros podem ser evitados, se cuidados especiais forem tomados.

Tal descrição dos erros é muito importante para a compreensão dos modelos de ajustamento, mas não ajuda no desenvolvimento de uma estratégia para a detecção de erros. Isso ocorre porque é impossível separar os erros no mundo real, de acordo com sua classificação. O processo de estimação proporciona resíduos que possuem uma mescla de todos os tipos de erros. Algumas propriedades estatísticas dos resíduos são requeridas para tratar o problema, como o que tenha distribuição normal ou *t* de *student*. Um *outlier* é definido como um resíduo que contradiz a propriedade estatística preconizada. Isso permite definir algumas estratégias de teste recorrendo a conceitos estatísticos. Independentemente da diferença entre a definição de erro grosseiro e *outlier*, assume-se que os *outliers* detectados são causados por erros grosseiros.

As estratégias de detecção de *outlier* têm suas raízes alicerçadas nos trabalhos do professor Baarda, da Universidade Técnica de Delft (Baarda, 1968), cuja técnica é denominada *data snooping*. Pope (Pope, 1976), seguindo linhas similares às de Baarda, apresentou outro método, denominado método de Pope, ou teste *Tau*. Mais recentemente surgiu o *Danish Method* (Krarup e Kubik, 1982), além de vários outros métodos. Neste livro apenas os dois primeiros serão apresentados, pois fazem parte de programas computacionais de uso rotineiro no processamento de dados GNSS.

(a) Método de Baarda: *Data Snooping*

Neste método utiliza-se a convenção de que somente um *outlier* está presente em cada teste envolvendo várias observações. Assim, ao testar a presença de um *outlier* na observação (i), o teste de hipótese assume a seguinte forma:

$$H_0 : E\{L\} = AX \quad \text{contra} \quad H_{a_i} : E\{L\} = (A \quad C_{L_i}) \begin{pmatrix} X \\ \nabla_i \end{pmatrix}; \nabla_i \neq 0$$

$$C_{L_i} = (0 \ \ldots \ 0 \ \underset{(i)}{1} \ 0 \ \ldots \ 0)^T \qquad (6.28)$$

Na equação 6.28, ∇i é considerado um *outlier*. O teste correspondente é dado por:

$$\text{Rejeita } H_0 \text{ se } |w_i| \rangle k_\alpha^{1/2}, \qquad (6.29)$$

onde

$$w_i = \frac{C_{L_i} PV}{\sqrt{C_{L_i} P \Sigma_V P C_{L_i}}}$$

$$k_\alpha^{1/2} = \sqrt{\chi^2_{\alpha,1}} \qquad (6.30)$$

Na expressão (6.30), Σ_V é a MVC dos resíduos (ver Gemael, 1994 e equação 6.8) e $\chi^2_{\alpha,1}$ é obtido da tabela da distribuição Qui-quadrado. Observe-se que o número de graus de liberdade (*q*) neste caso é *1*, que corresponde ao número de *outlier* sendo testado. Se o teste rejeitar H_0, suspeita-se que há um *outlier* na observação (*i*).

Aplicando-se o teste sucessivamente para cada uma das observações (*1, ..., n*), testam-se todas elas. Deve-se, no entanto, corrigir uma por vez, iniciando-se por aquela que apresentar o valor de w_i de maior magnitude.

(b) Método de Pope: Teste *Tau*

A diferença fundamental entre o método de Pope e o de Baarda reside no fato de considerar ou não o conhecimento do fator de variância *a priori* (σ_0^2). No método de Baarda assume-se que esse fator é conhecido, diferentemente do método de Pope, baseado no resíduo padronizado dado por:

$$t_i = \frac{v_i}{s_{v_i}}, \tag{6.31}$$

onde s_{v_i} é o valor estimado do desvio-padrão do resíduo. Esse valor é obtido da extração da raiz quadrada do enésimo elemento da diagonal de Σ_V.

Tanto o resíduo quanto seu desvio-padrão são em geral estimados a partir dos mesmos dados, sendo, portanto, estatisticamente dependentes. Dessa forma, a razão dada pela expressão (6.31) não segue estritamente a distribuição *t* de *Student*. Essa expressão é governada pela distribuição *Tau* (τ) com (*m-n*) graus de liberdade (*q*). Tem-se, portanto:

$$t_i = \frac{v_i}{s_{v_i}} \approx \tau_{(q)}\,. \tag{6.32}$$

A tabela da distribuição *Tau* não é facilmente encontrada nos livros de estatística, como é a da distribuição *t* de *Student*. É, portanto, conveniente apresentar a expressão que converte a variável t em τ, e vice-versa:

$$\tau_{(q)} = \frac{\sqrt{q}\;\, t_{(q-1)}}{\sqrt{q-1+t_{(q-1)}{}^2}}$$

$$t_{(q-1)} = \sqrt{\frac{(q-1)\tau_{(q)}{}^2}{q-\tau_{(q)}{}^2}} \text{ para } \tau^2 \langle q \,. \tag{6.33}$$

Ao definir a hipótese nula H_0 do método de Pope, assume-se também que todas as observações têm distribuição normal. Dessa forma, os resíduos estimados no método paramétrico têm média nula, isto é:

$$H_0 : E\{v_i\} = 0 \ \forall \ i \in \{1,2,...,m\} \text{ contra } H_a : E\{v_i\} \neq 0 \qquad (6.34)$$

O nível de significância a para o teste Qui-quadrado, em geral, é escolhido como 5%. Desse modo, o nível de significância α_0 para o teste unidimensional deve ser alterado, haja vista que o número de graus de liberdade nesse caso é unitário. Usualmente adota-se a seguinte correspondência:

$$\alpha_0 = 1 - (1 - \alpha)^{1/m}. \qquad (6.35)$$

A hipótese nula H_0 é rejeitada para um resíduo v_i se:

$$t_i \langle \tau_{\alpha_0/2}(q) \text{ ou } t_i \rangle \tau_{\alpha_0/2}(q). \qquad (6.36)$$

Nesse caso, a observação correspondente ao resíduo testado contém, por definição, um *outlier* e dessa forma é uma candidata à investigação adicional.

Tanto o método de Baarda (*data snooping*) quanto o de Pope (Método *Tau*) baseiam-se no fato de que só uma observação é afetada por um erro grosseiro. Se mais de uma observação contém *outlier*, a teoria falha. O procedimento apresentado a seguir é aconselhável para os casos em que isso ocorre. Deve-se primeiro analisar a observação com maior valor w_i ou τ_i. Despreza-se tal observação e repete-se o ajustamento, aplicando o método novamente. O processo se repete até que não haja mais observações suspeitas de conter *outliers*. No entanto, o analista deverá verificar se há algum problema no modelo, considerando a eliminação de observações. Se isso ocorrer, é bem provável que dados tenham de ser coletados novamente.

6.2.3.2 Confiabilidade interna e externa

Em Geodésia, o termo confiabilidade está associado ao controle que as observações exercem sobre o sistema em que elas estão envolvidas. Tem-se a confiabilidade interna e externa. A confiabilidade interna é uma medida da dimensão do menor erro que pode ser detectado com certa probabilidade pelo modelo (sistema). A influência desse erro não detectável nos resultados finais é a confiabilidade externa (Teunissen, 2000).

Para o caso da detecção de *outliers* (*data snooping* e teste *tau*) tem-se:

$$|\nabla_i| = \left[\frac{\lambda_0}{C_{L_i}^T P \Sigma_V P C_{L_i}}\right]^{1/2}. \qquad (6.37)$$

onde $|\nabla_i|$ é chamado menor erro detectável (*MED*) da observação *i* pelo modelo. Logo, a expressão (6.37) é uma medida de confiabilidade interna. Se a *MVC* das observações é diagonal, a expressão se reduz a:

$$|\nabla_i| = \sigma_i \left[\frac{\lambda_0}{(1 - \frac{\hat{\sigma}_{l_i}^2}{\sigma_{l_i}^2})}\right]^{1/2}. \qquad (6.38)$$

Na expressão (6.38) λ_0 é o fator de não centralidade para o caso em que a potência do teste $\gamma = \gamma_0$, sendo σ_i e $\hat{\sigma}_i$ a precisão da i-ésima observação e a observação ajustada, respectivamente. Em Geodésia é usual adotar $\gamma_0 = 80\%$. Na Tabela 6.1, extraída de Teunissen (2000), são mostrados alguns valores típicos de γ, dados em função de α (nível de significância), graus de liberdade (q) e λ.

Quanto menor o *MED*, melhor a confiabilidade da rede planejada. O *MED* será grande se $\hat{\sigma}_l^2$ for próximo de σ_l^2 e pequeno se $\hat{\sigma}_l^2$ for bem menor que σ_l^2.

Tabela 6.1 – Potência do Teste (γ) para diferentes valores de α, q e λ

α = 0.01	q = 1	q = 7	α = 0.1	q = 1	q = 7	α = 0.05	q = 1	q = 7
λ = 1	0,1227	0,0415	λ = 1	0,4099	0,2272	λ = 1	0,2950	0,1378
λ = 4	0,5997	0,2710	λ = 4	0,8817	0,6288	λ = 4	0,8074	0,5017
λ = 9	0,9522	0,7363	λ = 9	0,9953	0,9355	λ = 9	0,9888	0,8874

A equação (6.38) só pode ser calculada após o ajustamento ter sido feito. Em muitos casos, antes mesmo de a coleta de dados em campo ser realizada, tem-se o conhecimento *a priori* de como será a configuração da rede de pontos a ser levantada, bem como uma noção da precisão das observações, por meio do conhecimento dos equipamentos e dos métodos, entre outros fatores, que poderão ser usados. Dessa maneira, seria importante no processo de planejamento ter condições de calcular o valor esperado para $|\nabla_i|$ antes que o levantamento fosse executado, o que possibilitaria analisar *a priori* a confiabilidade interna da rede. Teunissen (2000) mostra o desenvolvimento da equação (6.38) de tal forma a atingir esse objetivo. O termo adimensional da equação (6.38)

$$r_i = 1 - (\hat{\sigma}_i^2 / \sigma_i^2), \tag{6.39}$$

denominado agora de r_i, é conhecido como redundância local da i-ésima observação. Observando-se que $0 \leq \hat{\sigma}_i^2 \leq \sigma_i^2$ conclui-se que r_i sempre estará compreendido no seguinte intervalo: $0 \leq r_i \leq 1$. A razão pela qual r_i é chamado de número de redundância local é a propriedade:

$$\sum_{i=1}^{n} r_i = \sum_{i=1}^{n} 1 - (\hat{\sigma}_i^2/\sigma_i^2) = q \tag{6.40}$$

onde, como já citado, q é o número de graus de liberdade (redundância). Ou seja, a soma de todos os números de redundância local é igual ao número de redundância do modelo. Mais detalhes podem ser obtidos em Teunissen (2000) e Monico; Matsuoka; Sapucci (2006).

No que concerne à confiabilidade externa (∇X), que diz respeito à influência do *MDB* (∇_i) de uma observação (i) sobre os resultados finais do ajustamento, ela pode ser obtida por:

$$\nabla X_i = (A^T PA)^{-1}(A^T PC_{L_i} \nabla_i). \tag{6.41}$$

O leitor deve observar que se tem de calcular um valor para cada observação envolvida, o que pode não ser uma tarefa prática. Teunissen (2000) apresenta uma abordagem mais direcionada para fins práticos, a qual está exemplificada em Monico; Matsuoka; Sapucci (2006).

6.2.3.3 Corrigindo o modelo estocástico

Uma vez eliminados os erros grosseiros ou *outliers*, é de se esperar que o ajustamento seja aceito pelo teste global do modelo (equação 6.27). No entanto, nem sempre isso ocorre, sobretudo no ajustamento de redes GNSS. Por exemplo, os resultados advindos do processamento de dados GPS das sessões individuais de levantamentos são, em geral, muito otimistas. Muito embora mais detalhes sejam apresentados posteriormente, quando se for abordar o processamento de dados GPS, essas características proporcionam evidências da necessidade de reavaliar o modelo estocástico das variáveis estocásticas envolvidas. Se esse for de fato o caso, a *MVC* dos vetores dos resultados GPS advinda dos processamentos de dados (fase e pseudodistâncias) GPS deve ser escalada, isto é, multiplicada por um determinado fator. A experiência tem mostrado que esse fator é da ordem de 10 (Monico e Perez, 2001), mas isso depende muito da natureza da rede e da qualidade dos dados processados. No entanto, se todos os erros grosseiros foram de fato eliminados, pode-se utilizar o fator de variância *a posteriori* do ajustamento como o escalar. Dessa forma, a nova MVC das observações ($\Sigma^n_{L_b}$) passa a ser:

$$\Sigma^n_{L_b} = \hat{\sigma}_0^2 \Sigma_{L_b}. \tag{6.42}$$

É importante ressaltar que a correção do modelo estocástico deve ser realizada com muita atenção e cuidado, e apenas após a detecção e eliminação dos erros grosseiros e confirmação do modelo funcional. Caso contrário, pode-se aceitar um ajustamento com observações eivadas de erros. Vale ressaltar ainda que a adequada escolha do modelo estocástico das observações originais (fase e pseudodistância) tem importância fundamental nesta análise. Mais detalhes serão apresentados posteriormente (exemplo no Capítulo 9).

6.3 Modelos matemáticos das observáveis GNSS

As observáveis GNSS fundamentais, a pseudodistância e a fase da onda portadora, foram descritas no Capítulo 5. Cada observação gera uma equação de observação no modelo representado pela equação (6.3). Isso implica que os erros que afetam a observação devem ser assumidos como tendo esperança matemática nula. Essa condição é praticamente alcançada ao se efetuar diferenças (combinações) entre as observações (simples, dupla e tripla diferenças) e, em alguns casos, por meio de combinações especiais das observáveis. Essas combinações podem ser com a fase da onda portadora, com as pseudodistâncias, ou entre ambas. No entanto, ao se efetuar diferenças ou combinações, aumenta o ruído da observável resultante.

A equação de observação da pseudodistância apresentada no capítulo anterior (Eq. 5.3) será reescrita para os sinais *L1* e *L2*. Procedimento similar seria adotado para a portadora L5 do GPS e para as observáveis GLONASS e Galileo. Os efeitos de sinais refletidos e de outros erros serão considerados parte dos resíduos das observações (v_{PD1} e v_{PD1}):

$$\begin{aligned} PD_{1r}^{s} + v_{PD_1} &= \rho_r^s + c[dt_r - dt^s] + I_r^s + T_r^s \\ PD_{2r}^{s} + v_{PD_2} &= \rho_r^s + c[dt_r - dt^s] + \bar{I}_r^s + T_r^s \end{aligned} \quad (6.43)$$

Os elementos que compõem as duas equações envolvidas em (6.43) já foram definidos, exceto o termo $\bar{I}_r^s$ que representa os efeitos da ionosfera na pseudodistância em *L2*. Os subscritos *1* e *2* identificam os sinais relacionados com as portadoras *L1* e *L2*. Por simplicidade, a dependência do instante da observação (t) está sendo ignorada nas equações.

A equação de observação da fase da onda portadora, também apresentada no capítulo anterior (Eq. 5.11), será reescrita para as duas portadoras, *L1* e *L2*:

$$\begin{aligned} \phi_{r1}^s + v_{\phi_1} &= f_1\left(\frac{\rho_r^s - I_r^s + T_r^s}{c}\right) + f_1 * (dt_r - dt^s) + \\ &\quad [\phi_1^s(t_0) - \phi_{1r}(t_0))] + N_1 \\ \phi_{r2}^s + v_{\phi_2} &= f_2\left(\frac{\rho_r^s - \bar{I}_r^s + T_r^s}{c}\right) + f_2 * (dt_r - dt^s) + \\ &\quad [\phi_2^s(t_0) - \phi_{2r}(t_0))] + N_2 \end{aligned} \quad (6.44)$$

Da mesma forma que no caso anterior, os termos que compõem as equações do conjunto (6.44) já foram definidos anteriormente, e os efeitos de sinais refletidos e outros erros serão considerados parte dos resíduos (v_{ϕ_1} e v_{ϕ_2}).

6.3.1 Combinações lineares das observáveis GPS envolvidas em uma estação

As combinações lineares a serem apresentadas nesta seção referem-se àquelas envolvidas entre observáveis coletadas em uma mesma estação. Assim, uma combinação linear (CL_i) das portadoras ϕ_1 e ϕ_2 é dada por:

$$CL_i = m_1\phi_1 + m_2\phi_2. \qquad (6.45)$$

Logo, $f_{CL} = m_1 f_1 + m_2 f_2$ é a frequência, $\lambda_{CL} = c / f_{CL}$ é o comprimento de onda da combinação linear resultante, com c sendo a velocidade da luz no vácuo, e $N_{CL} = m_1 N_1 + m_2 N_2$ é a ambiguidade da combinação linear. N_{CL} será inteira se m_1 e m_2 também o forem. As medidas de fase da onda portadora estão dadas em ciclos.

6.3.1.1 Combinações envolvendo as medidas de fase da onda portadora

Um sumário das principais combinações lineares, incluindo as originais (*L1* e *L2*), é dado na Tabela 6.2. Os desvios-padrão das observações de fase das duas ondas portadoras originais (σ_{L_1} e σ_{L_2}) podem ser propagados para as diferentes combinações lineares a partir da expressão:

$$\sigma_{CL} = \left(\sqrt{m_1^2 + m_2^2}\right)\sigma_\phi. \qquad (6.46)$$

com σ_ϕ sendo o desvio-padrão das observações originais em radianos. Para as observações originais (*L1* e *L2*) está assumindo-se σ_ϕ = 0,10 radianos, o que corresponde a 3,0 e 3,9 mm nas portadoras *L1* e *L2*, respectivamente. Esses valores representam, aproximadamente, as especificações dos equipamentos disponíveis no mercado, muito embora equipamentos mais modernos já apresentem precisão com uma ordem de magnitude melhor. O valor de λ_{CL} representa o comprimento da combinação linear resultante, que, quando multiplicado pela equação (6.46) e dividido por 2π, proporciona o desvio-padrão em unidades de comprimento.

Uma combinação linear muito importante é a denominada livre da ionosfera (*ionospheric free observable*), identificada na Tabela 6.2 como L_0. Alguns autores a denominam observável L_3. O comprimento de onda dessa observável, da forma como comparece na Tabela 6.2, é igual ao da

Tabela 6.2 – Combinações lineares das portadoras

Observável	m_1	m_2	$\cong \lambda_{CL}$ (cm)	$\cong \sigma_{CL}$ (mm)
L_0	$f_1^2/(f_1^2 - f_2^2)$ $\cong 2{,}546$	$-f_1 f_2/(f_1^2 - f_2^2)$ $\cong -1{,}984$	19,0	9,0
L'_0	1	$-f_2/f_1 \cong 0{,}779$	48,0	10,0
L_{LG}	c/f_1	c/f_2		
L1	1	0	19,0	3,0
L2	0	1	24,0	3,9
L_Δ	1	-1	86,2	19,4
L_Σ	1	1	10,7	2,1
L_{43}	4	-3	11,4	9,1
L_{54}	5	-4	10,1	10,3

portadora *L1* e os efeitos da ionosfera são reduzidos consideravelmente. Ver a seção 5.2.2.2 para mais detalhes. L_0 é a combinação linear em geral usada no posicionamento geodésico de alta precisão, em especial em redes que envolvem bases longas, sendo denominada *ion-free*.

O processamento envolvendo a observável L_0, com a denominada banda larga (*wide lane* – L_Δ), é muito útil na etapa de detecção de perdas de ciclos e de erros grosseiros (*outliers*). Isto se deve ao sinergismo das duas observáveis, uma com os efeitos da ionosfera praticamente nulos e a outra com comprimento de onda relativamente longo (~86 cm). O maior comprimento de L_Δ faz que essa observável se torne importante nos problemas de resolução da ambiguidade (seção 9.7). Já a observável L_Σ (banda estreita — *narrow lane*) apresenta o ruído mais baixo de todas as combinações lineares apresentadas, mas seu comprimento de onda de apenas 10,7 cm faz que a resolução da ambiguidade se torne difícil sobre aquela.

É importante o leitor notar que as ambiguidades das combinações L_Δ e L_Σ são dependentes. Elas são dadas por:

$$N_\Delta = N_1 - N_2; \qquad N_\Sigma = N_1 + N_2. \tag{6.47}$$

Logo, quando N_Δ é dada por um número par, N_Σ também será par. E quando N_Δ for ímpar, N_Σ também será. Essa condição (*even-odd condition*) pode ser integrada no processo de solução das ambiguidades. O leitor interessado pode consultar Seeber (2003, p.264).

No posicionamento relativo, envolvendo o processamento de bases curtas, em que os efeitos da ionosfera são praticamente eliminados, o ruído da observável L_0 torna-se dominante, não oferecendo vantagens em sua utilização. Nesses casos é aconselhável usar as observáveis originais, isto é, *L1* ou *L2*, ou ambas.

A equação denominada L_{LG} é livre da geometria envolvida nas observáveis (*geometry-free*) e pode ser aplicada para realizar análise da qualidade dos dados. Neste caso não há significado em apresentar o valor do comprimento de onda λ. Mais detalhes são apresentados na seção 6.4.

Outras combinações lineares foram apresentadas e várias outras são citadas na literatura, cada uma objetivando a solução de um problema em particular. Algumas delas são bem próximas da combinação *ion-free*, como as combinações $L_{5,4}$, $L_{4,3}$, as quais têm a vantagem de resultar em ambiguidades inteiras.

Combinações lineares podem também envolver só as pseudodistâncias obtidas a partir do código, mas somente naquelas resultantes do código P, haja vista que o código C/A não é disponível na portadora *L2*. E de especial interesse é a combinação denominada pseudodistância livre dos efeitos da ionosfera (Eq. 5.56).

Considerando-se que a modernização do GPS disponibilizará a portadora *L5*, a qual terá frequência de 1176,45 MHz, outras combinações lineares serão possíveis, por exemplo, *L1-L5* e *L2–L5*, com comprimento de onda de 0,75 e 5,86 m, respectivamente. Essas novas combinações lineares certamente auxiliarão no processamento de dados GPS.

6.3.1.2 Combinações envolvendo medidas de pseudodistâncias e de fase da onda portadora

Uma combinação de muita utilidade prática é a que envolve medidas de pseudodistâncias e de fase da onda portadora. Trata-se de um procedimento que envolve a filtragem da pseudodistância pela fase da onda portadora, entre outros. Esse procedimento na literatura é comumente denominado suavização da pseudodistância (*pseudorange smoothing*) pela portadora, o que não está totalmente correto, haja vista que, no conceito de filtragem de Kalman, não se realiza a suavização propriamente dita, apenas a filtragem. Além disso, uma série de aproximações é adotada (Teunissen e Kleusberg, 1996).

Assumindo-se que se tenham medidas disponíveis nas duas portadoras para um instante t_i, isto é, $PD_1(t_i), PD_2(t_i), \phi_1(t_i)$ e $\phi_2(t_i)$, e que as pseudodistâncias foram transformadas em ciclos, dividindo-as pelos correspondentes comprimentos de ondas das portadoras L1 e L2, obtendo-se PD^c_{L1} e PD^c_{L2}, respectivamente, pode-se então escrever:

$$PD^c(t_i) = \frac{f_1 PD_1^c(t_i) - f_2 PD_2^c(t_i)}{f_1 + f_2}, \tag{6.48}$$

Equação similar para a fase da onda portadora é a *wide lane*, isto é:

$$L_\Delta = \phi_\Delta(t_i) = \phi_1(t_i) - \phi_2(t_i). \tag{6.49}$$

Aplicando-se a lei de propagação de covariâncias (Gemael, 1994) na expressão (6.48), pode-se perceber que o ruído de $PD^c(t_i)$ é reduzido por um fator da ordem de 0,7 em relação à observação original, enquanto na (6.49) há uma ampliação da ordem de $\sqrt{2}$. Como a precisão da pseudodistância é da ordem do metro e a da fase da onda portadora é da ordem de poucos milímetros, o acréscimo nessa última não prejudica a combinação dessas duas observáveis. É interessante o leitor observar que PD^c e ϕ_Δ apresentam o mesmo comprimento de onda. Torna-se então possível realizar uma combinação entre essas duas observáveis. Elas podem ser formadas em todos os instantes. Além disso, para todos os instantes t_i, depois do instante t_{i-1}, valores extrapolados para a pseudodistância $PD^c_{ext}(t_i)$ podem ser calculados partindo-se da seguinte expressão (Hofmann-Wellenhof; Lichtenegger; Collins, 1997):

$$PD^c_{ext}(t_i) = PD^c_{fil}(t_{i-1}) + (\phi_\Delta(t_i) - \phi_\Delta(t_{i-1})), \tag{6.50}$$

onde o valor filtrado PD^c_{fil} é obtido da média aritmética entre a pseudodistância observada e seu valor extrapolado, isto é:

$$PD^c_{fil}(t_i) = \frac{1}{2}[PD^c(t_i) + PD^c_{ext}(t_i)]. \tag{6.51}$$

Para tanto, deve-se estabelecer a seguinte condição inicial:

$$PD^c(t_1) = PD^c_{ext}(t_1) = PD^c_{fil}(t_1) \tag{6.52}$$

para todo $i > 1$.

O leitor pode observar também que, à medida que o número de instantes i aumenta, a precisão da observável resultante PD^c_{fil} melhora. Analisando-se a expressão

$$\sigma_{PD^c_{fil}} = \frac{(i-1) * \sigma^2_{\phi_\Delta} + \sigma^2_{PD^c}}{i}, \quad (6.53)$$

que representa a precisão da combinação resultante, observa-se que a pseudodistância filtrada pela fase da onda portadora torna-se muito mais precisa. No entanto, o algoritmo é sensível a perdas de ciclos da portadora. Quando isso ocorrer, o algoritmo deve ser reinicializado. Uma expressão alternativa para reduzir o problema é apresentada em Hofmann-Wellenhof; Lichtenegger; Collins (1997).

Para os casos em que se têm disponíveis as observáveis pseudodistância e fase da onda apenas para uma portadora, L1, por exemplo, obtém-se (Teunissen e Kleusberg, 1996):

$$PD^c_{fil}(t_i) = \frac{1}{i} PD^c_1(t_i) + \frac{i-1}{i}[PD^c_{fil}(t_{i-1}) + (\phi_1(t_i) - \phi_1(t_{i-1}))], \quad (6.54)$$

que é a forma recursiva das expressões apresentadas anteriormente. As mesmas condições da equação (6.52) devem ser consideradas.

Uma combinação linear envolvendo código e fase, também muito empregada, é denominada combinação linear Melbourne-Wübbena, a qual elimina os efeitos da ionosfera, relógio, troposfera e geometria. Essa combinação é dada por:

$$L_{MW} = (\phi_1 - \phi_2) - \frac{f_1 - f_2}{f_1 + f_2}(\frac{f_1}{c} PD_1 + \frac{f_2}{c} PD_2) \quad (6.55)$$

e pode ser útil na identificação de perdas de ciclos, além de seguir em linhas gerais os princípios que nortearam a obtenção da equação (6.50).

6.3.2 Combinações lineares das observáveis GPS entre diferentes estações

As combinações lineares apresentadas na seção anterior referem-se a combinações entre observáveis coletadas em uma mesma estação. As observáveis também podem ser combinadas entre diferentes estações, satélites e épocas. Quando se combinam observáveis entre estações, trata-se do posicionamento relativo ou diferencial. Deve-se chamar a atenção para o fato de que o termo diferencial está sendo usado para realizar diferenças entre as observáveis de diferentes estações, e não deve ser confundido com a técnica DGPS (*Differential* GPS – GPS Diferencial), um conceito diverso.

Para o caso em questão, em uma linha-base (uma linha composta de duas estações), assume-se que uma das estações dispõe de coordenadas conhecidas, das quais se determinam as coordenadas da outra. Uma vantagem do posicionamento relativo é que erros presentes nas observações originais são reduzidos quando se formam as diferenças entre as observáveis das estações. Essas observáveis secundárias, derivadas das originais, são em geral denominadas simples, duplas e triplas diferenças. Pode-se, por exemplo, ter a simples, dupla ou tripla diferença das observáveis L_0, $L1$, $L2$ etc.

6.3.2.1 *Simples diferença*

Simples diferenças (SD) podem ser formadas entre dois receptores, dois satélites ou duas épocas. Combinações usuais envolvem diferenças entre satélites e estações. A SD calculada entre dois receptores é ilustrada na Figura 6.1. A suposição fundamental é de que dois receptores (r_1 e r_2) rastreiam simultaneamente o mesmo satélite (s^1).

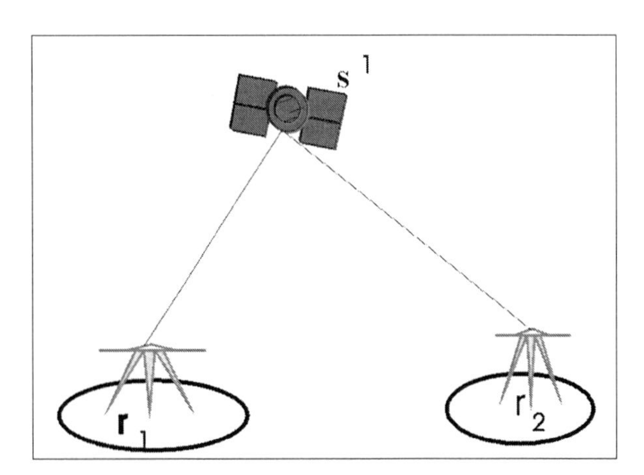

Figura 6.1 – Formação da SD.

A diferença entre as pseudodistâncias observadas simultaneamente em duas estações é a SD da pseudodistância. A equação de observação é dada por:

$$\Delta PD_{1,2}^{1} + v_{PD_{SD}} = \Delta \rho_{1,2}^{1} + c(dt_1 - dt_2), \tag{6.56}$$

onde:

$$\Delta \rho_{1,2}^{1} = \rho_1^1 - \rho_2^1. \tag{6.57}$$

Nessa observação, o erro do relógio do satélite dt^s que aparece na equação (6.43) é eliminado. Erros devidos às posições do satélite e à refração atmosférica são minimizados, em especial em bases curtas, onde os efeitos da ionosfera e da troposfera são similares em cada estação. Para bases longas, a refração troposférica pode ser modelada e a ionosférica pode ser reduzida pelo uso da combinação linear L_0, caso em que se necessita de um receptor de dupla frequência. Uma opção seria simplesmente ignorar tais efeitos, o que deterioraria os resultados. Os erros não modelados ou não totalmente eliminados são assumidos como de natureza aleatória, fazendo parte do resíduo da observação em questão.

Com as mesmas considerações citadas, a SD da fase da onda portadora é expressa por:

$$\Delta \phi_{1,2}^{1} + v_{SD_{\Phi}} = \frac{f^{S_1}}{c} \Delta \rho_{1,2}^{1} + f^{S_1}[dt_1 - dt_2] + \phi_{1,2}(t_0) + N_{1,2}^{1}, \tag{6.58}$$

onde f^{S_1} é a frequência da observável em consideração. Tem-se ainda que:

$$\begin{aligned} \phi_{1,2}(t_0) &= \phi_1(t_0) - \phi_2(t_0) \\ N_{1,2}^{1} &= N_1^1 - N_2^1 \end{aligned} \quad . \tag{6.59}$$

Observe-se que o erro do relógio do satélite dt^s e a fase inicial no satélite, correspondente à época de referência t_0, ($\phi_t^1(t_0)$), ambos constando da equação (6.44), são eliminados. Isso vale para o GPS, o GLONASS e o Galileo.

6.3.2.2 Dupla diferença

A dupla diferença (DD) é a diferença entre duas SDs. Envolve, portanto, dois receptores e dois satélites. Uma ilustração é mostrada na Figura 6.2.

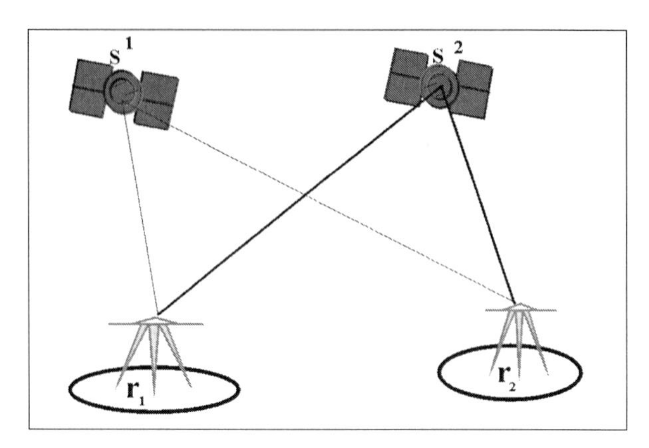

Figura 6.2 – Formação da DD.

A equação de DD para a pseudodistância é dada por:

$$\Delta PD_{1,2}^{1,2} + v_{PR_{DD}} = \Delta\rho_{1,2}^{1,2}, \tag{6.60}$$

onde:

$$\Delta\rho_{1,2}^{1,2} = \Delta\rho_{1,2}^{1} - \Delta\rho_{1,2}^{2}. \tag{6.61}$$

A equação correspondente para a fase da onda portadora é da forma:

$$\begin{aligned}\Delta\phi_{1,2}^{1,2} = {} & \frac{f^{S_1}}{c}(\Delta\rho_{1,2}^{1}) - \frac{f^{S_2}}{c}(\Delta\rho_{1,2}^{2}) + f^{s_1}(dt_1 - dt_2) \\ & - f^{s_2}(dt_1 - dt_2) + N_{1,2}^{1,2} + v_{\Phi_{DD}}\end{aligned}, \tag{6.62}$$

com

$$N_{1,2}^{1,2} = N_{1,2}^{1} - N_{1,2}^{2} = N_1^1 - N_2^1 - N_1^2 + N_2^2. \tag{6.63}$$

O leitor deve observar que na equação (6.62) foi feita uma distinção entre as frequências de cada um dos satélites envolvidos (f^{s_1} e f^{s_2}). Essa equação deve ser adotada para o GLONASS, pois cada satélite tem frequência específica.

No caso das equações envolvendo GPS e Galileo, ambas as frequências são iguais, proporcionando a seguinte equação de DD:

$$\Delta\phi_{1,2}^{1,2} = \frac{f}{c}(\Delta\rho_{1,2}^{1,2}) + N_{1,2}^{1,2} + v_{\Phi_{DD}} . \qquad (6.64)$$

O termo $N_{1,2}^{1,2}$ é chamado ambiguidade da DD, e para algumas combinações lineares é suposto ser um número inteiro. Observe-se que os termos que representam as combinações da fase inicial dos receptores e os erros dos relógios dos receptores (dt_1 e dt_2) são eliminados na equação (6.64), a qual é válida para o GPS e para o Galileo.

A equação de DD é normalmente a observável preferida nos processamentos de dados GNSS envolvendo a fase da portadora. Ela parece proporcionar a melhor relação entre o ruído resultante da combinação e a eliminação de erros sistemáticos envolvidos nas observáveis originais.

6.3.2.3 Tripla diferença

A equação de tripla diferença é dada pela diferença entre duas DD, envolvendo os mesmos receptores e satélites, mas em instantes distintos (t_1 e t_2). No caso de pseudodistância, a tripla diferença não oferece qualquer vantagem com relação às anteriores. Já para a fase da portadora, a ambiguidade é eliminada, deixando como incógnitas apenas as coordenadas dos receptores. Ela é dada por:

$$\Delta\Phi_{1,2}^{1,2}(t_1) - \Delta\Phi_{1,2}^{1,2}(t_2) + v_{\phi_{TD}} = \frac{f}{c}[\Delta\rho_{1,2}^{1,2}(t_1) - \Delta\rho_{1,2}^{1,2}(t_2)] . \qquad (6.65)$$

Essa observável é bastante sensível à perda de ciclos, razão pela qual ela é muito adotada na detecção de perdas de ciclos na fase de pré-processamento dos dados. Em geral, ela não é usada na solução final, pois o benefício advindo da eliminação das ambiguidades é contrabalançado por maior ruído na observável resultante, além de haver a introdução da correlação temporal entre as várias combinações em épocas distintas. Um método desenvolvido para determinação de órbitas GPS que faz uso das triplas diferenças (Goad et al., 2004) tem proporcionado bons resultados com eficiência computacional.

O uso de tal observável é muito comum com o GPS e também deverá ser com o Galileo. Para o caso do GLONASS, em razão da não eliminação da combinação dos erros dos relógios dos receptores, ela não deverá trazer vantagens.

6.3.3 MVC das observáveis resultantes das combinações lineares

As observações de fase ou de pseudodistância pura, isto é, as observações originais, são supostas não correlacionadas no espaço e no tempo. A partir do momento em que novas observáveis são produzidas com base nas combinações de várias observáveis originais, elas tornam-se correlacionadas, devendo tal correlação ser considerada no ajustamento.

Um vetor ϕ_i, contendo as observações coletadas nas estações *1* e *2*, a partir de n satélites, durante uma época t_i e arranjado da seguinte forma:

$$\phi_i^T = [\phi_1^1, \phi_1^2, \ldots, \phi_1^n, \phi_2^1, \phi_2^2, \ldots, \phi_2^n], \tag{6.66}$$

tem sua MVC dada por:

$$\Sigma_\phi = \sigma^2 I_{2n}. \tag{6.67}$$

Na equação (6.67), I_{2n} é a matriz identidade de ordem igual ao número de observações contidas no vetor, isto é, $2n$, e σ^2 é a variância da observação não diferenciada. As observações de SD podem ser escritas como:

$$\phi_{SD_i} = [I_n \; -I_n]\phi_i, \tag{6.68}$$

onde ϕ_{SD_i} é um vetor $(nx1)$ contendo as SD. Aplicando-se a lei de propagação de covariâncias, obtém-se a MVC do vetor das SD,

$$\Sigma_{\phi_{SD_i}} = 2\sigma^2 I_n. \tag{6.69}$$

As $((n\text{-}1)\text{x}1)$ observáveis de DD independentes contidas no vetor ϕ_{DDi} são obtidas a partir das SD e podem ser escritas como:

$$\phi_{DD_i} = C\phi_{SD_i}. \tag{6.70}$$

A matriz C, de ordem ((*n-1*)x*n*), contendo os elementos necessários para a obtenção das DDs, pode ser definida de várias formas. Na prática, só duas são extensivamente usadas, as quais são denominadas diferença sequencial e satélite de referência ou base (Talbot, 1991). No método da diferença sequencial, a matriz *C* é dada por:

$$C = \begin{bmatrix} 1 & -1 & 0 & \ldots & 0 & 0 \\ 0 & 1 & -1 & 0 & \ldots & 0 \\ \ldots & & & & & \\ 0 & \ldots & & 0 & 1 & -1 \end{bmatrix}, \tag{6.71}$$

e no método do satélite-base, com o satélite *1* definido como base:

$$C = \begin{bmatrix} 1 & -1 & 0 & \ldots & 0 & 0 \\ 1 & 0 & -1 & 0 & \ldots & 0 \\ \ldots & & & & & \\ 1 & 0 & & 0 & 0 & -1 \end{bmatrix}, \tag{6.72}$$

Aplicando-se a lei de propagação de covariâncias e considerando-se a matriz *C* dada por (6.71), obtém-se:

$$\Sigma_{\phi_{DD_i}} = 2\sigma^2 \begin{bmatrix} 2 & -1 & 0 & 0 & \ldots & 0 & 0 \\ -1 & 2 & -1 & 0 & \ldots & 0 & 0 \\ \ldots & & & & & & \\ 0 & 0 & \ldots & 0 & -1 & 2 & -1 \\ 0 & 0 & \ldots & 0 & 0 & -1 & 2 \end{bmatrix}. \tag{6.73}$$

No caso em que se considera um satélite-base (equação 6.72), independentemente do satélite escolhido, tem-se:

$$\Sigma_{\phi_{DD_i}} = 2\sigma^2 \begin{bmatrix} 2 & 1 & \ldots & 1 & 1 \\ 1 & 2 & 1 & \ldots & 1 \\ \ldots & & & & \\ 1 & 1 & \ldots & 1 & 2 \end{bmatrix}. \tag{6.74}$$

É importante frisar que a escolha do método para formar as DD não afeta os resultados do processamento e apenas observáveis independentes são usadas. No caso em questão, onde se consideram n satélites, apenas (n-1) DD são independentes, de um total de $n(n-1)/2$ possíveis.

As DD são consideradas não correlacionadas entre épocas. Portanto, a MVC de, por exemplo, k instantes de medidas é composta por k blocos diagonais, similares aos da equação (6.73) ou (6.74). O desenvolvimento da MVC para o caso de redes pode ser encontrado em Monico (1995) e Monico; Ashkenazi; Moore (1995). Uma expressão genérica para as DD de um instante i qualquer é dada por:

$$\Sigma_{\phi_{DD_i}} = \sigma^2[\Lambda\Lambda^T] \otimes [CC^T]. \tag{6.75}$$

Na expressão acima, a matriz C é do tipo da que consta nas equações (6.71) ou (6.72) e $\otimes$ representa o produto de Kronecker. A matriz Λ leva em consideração a formação das linhas-base da rede. Cada linha é formada por elementos nulos e não nulos, esses últimos compostos por +1 e –1, os quais identificam os vértices da rede envolvidos em cada linha-base. Para uma rede de m estações, definida pelas linhas-base 1-2; 2-3; 3-4;...;$(m-1)$-m, a matriz Λ será dada por:

$$\Lambda = \begin{bmatrix} 1 & -1 & 0 & 0 & \dots & 0 \\ 0 & 1 & -1 & 0 & \dots & 0 \\ \dots & & & & & \\ 0 & 0 & \dots & 0 & 1 & -1 \end{bmatrix}. \tag{6.76}$$

Observe-se também que apenas linhas-base independentes devem fazer parte do processamento final. No caso de m estações, tem-se (m-1) linhas-base independentes, de um total de $m(m-1)/2$ possíveis. Portanto, para uma rede com dez estações, rastreando simultaneamente sete satélites, tem-se nove linhas-base independentes (45 possíveis), cada uma com seis DDs independentes (21 possíveis), perfazendo um total de 54 DDs independentes por época, de um total de 945 DDs possíveis.

Fica a cargo do leitor o desenvolvimento da MVC da tripla diferença para o caso de uma linha-base.

As expressões apresentadas envolvem apenas as DDs da fase da onda portadora. Quando, além destas, comparecer a pseudodistância, as expressões (6.73), (6.74) e (6.75) devem ser expandidas para considerar ambas as observáveis. Como exemplo, considere-se que no caso da equação (6.73) também serão incluídas as DDs da pseudodistância. Logo, a MVC da época correspondente seria dada por:

$$\Sigma_{\phi,PD} = \begin{pmatrix} \Sigma_{\phi_{DD}} & 0 \\ 0 & \Sigma_{PD_{DD}} \end{pmatrix}. \tag{6.77}$$

Nessa expressão tem-se a MVC das DDs das pseudodistâncias, ou seja:

$$\Sigma_{PD\,DD} = 2\sigma_{PD}^{2} \begin{bmatrix} 2 & -1 & 0 & 0 & \ldots & 0 & 0 \\ -1 & 2 & -1 & 0 & \ldots & 0 & 0 \\ \ldots & & & & & & \\ 0 & 0 & \ldots & 0 & -1 & 2 & -1 \\ 0 & 0 & \ldots & 0 & 0 & -1 & 2 \end{bmatrix}. \tag{6.78}$$

Na construção da equação (6.77), a relação entre σ_{PD} e σ_{ϕ} é de fundamental importância. No software Bernese 5.0, tem-se adotado a razão 100 (Dach et al. 2007).

No desenvolvimento dos modelos apresentados, considerou-se que a precisão de todas as observações de mesmo tipo é igual, tendo sido utilizado σ_{ϕ} para a fase e σ_{PD} para a pseudodistância. No entanto, sabe-se que, além da qualidade da medida interna dos receptores GNSS, outros fatores afetam a qualidade das medidas, sobremaneira em função do ângulo de elevação. Dessa forma, com o desenvolvimento apresentado, é comum introduzir a precisão como sendo dependente do ângulo de elevação. Entre as várias possibilidades, Dach et al. (2007) propõem a seguinte:

$$\sigma_{E}^{2} = \sigma^{2} / \mathrm{sen}^{2}(E). \tag{6.79}$$

Na expressão (6.79), que pode ser aplicada para cada uma das observáveis envolvidas, E é o ângulo de elevação do satélite. Logo, observações a partir de satélites com ângulo de elevação menor terão sua qualidade reduzida quando comparadas com aquelas envolvendo ângulo de elevação maior.

Finalmente, deve-se chamar a atenção do leitor para o fato de que, quando são usadas combinações lineares de observáveis de uma mesma estação, como apresentado na seção 6.3.1.1, deve-se substituir o σ das expressões apresentadas nesta seção pelo correspondente σ_{CL}.

6.3.4 Linearização dos modelos envolvendo as observáveis GPS

As observáveis GPS são não lineares com respeito às coordenadas das estações e satélites, as quais compõem a distância geométrica, entre as antenas dos satélites e do receptor, a qual é representada por ρ. Nesta seção, a linearização de ρ é apresentada, iniciando-se, para uma época t de interesse, por sua expressão:

$$\rho_i^j(t) = \sqrt{(X^j(t) - X_i)^2 + (Y^j(t) - Y_i)^2 + (Z^j(t) - Z_i)^2}. \qquad (6.80)$$

As coordenadas $X^j(t)$, $Y^j(t)$, $Z^j(t)$ do satélite j são normalmente injuncionadas aos valores obtidos a partir das efemérides transmitidas ou precisas e considerados constantes no ajustamento. Assumindo-se os valores aproximados X_{io}, Y_{io}, e Z_{io} para as coordenadas do receptor i (estação), uma distância aproximada pode ser calculada:

$$\rho_{i0}^j(t) = \sqrt{(X^j(t) - X_{i0})^2 + (Y^j(t) - Y_{i0})^2 + (Z^j(t) - Z_{i0})^2}, \qquad (6.81)$$

e as coordenadas da estação podem ser representadas por:

$$\begin{aligned} X_i &= X_{i0} + \Delta X_i \\ Y_i &= Y_{i0} + \Delta Y_i \\ Z_i &= Z_{i0} + \Delta Z_i \end{aligned}, \qquad (6.82)$$

onde ΔX_i, ΔY_i e ΔZ_i são as correções aos valores aproximados e, portanto, às incógnitas do ajustamento. Introduzindo-se a equação (6.82) em (6.80) e expandindo-se a expressão resultante em uma série de Taylor de primeira ordem, obtém-se:

$$\rho_i^j(t) = \rho_{i0}^j(t) + \frac{\partial \rho_{i0}^j(t)}{\partial X_{i0}} \Delta X_i + \frac{\partial \rho_{i0}^j(t)}{\partial Y_{i0}} \Delta Y_i + \frac{\partial \rho_{i0}^j(t)}{\partial Z_{i0}} \Delta Z_i, \qquad (6.83)$$

com as derivadas parciais dadas por:

$$\frac{\partial \rho_{i0}^{j}(t)}{\partial X_{i0}} = -\frac{X^{j}(t) - X_{i0}}{\rho_{i0}^{j}(t)} = a_{i}^{j}(t)$$
$$\frac{\partial \rho_{i0}^{j}(t)}{\partial Y_{i0}} = -\frac{Y^{j}(t) - Y_{i0}}{\rho_{i0}^{j}(T)} = b_{i}^{j}(t) \quad . \qquad (6.84)$$
$$\frac{\partial \rho_{i0}^{j}(t)}{\partial Z_{i0}} = -\frac{Z^{j}(t) - Z_{i0}}{\rho_{i0}^{j}(t)} = c_{i}^{j}(t)$$

Agora, a equação (6.83) é linear com respeito às incógnitas ΔX_i, ΔY_i e ΔZ_i, podendo a distância geométrica finalmente ser escrita como:

$$\rho_{i}^{j}(t) = \rho_{i0}^{j}(t) + a_{i}^{j}(t)\Delta X_{i} + b_{i}^{j}(t)\Delta Y_{i} + c_{i}^{j}(t)\Delta Z_{i} \,. \qquad (6.85)$$

A distância geométrica envolvida nas equações apresentadas deve ser substituída pela forma linear dada pela equação (6.85). Observe-se que a estação terrestre está sendo considerada estática. Para posicionamento cinemático, a variação da posição com o tempo deve ser levada em consideração.

6.4 O conjunto de equações livre de geometria

Nesta seção serão consideradas as quatro observáveis envolvidas em um receptor de dupla frequência (PD_1, PD_2, ϕ_1, ϕ_2), representadas pelas equações (6.43) e (6.44), incluindo explicitamente os efeitos de multicaminho. Mas, nesse caso, ao termo ρ (distância geométrica satélite-receptor) serão adicionados os erros dos relógios e da refração troposférica. Esse novo elemento contém os termos não dispersivos e é idêntico para os quatro tipos de medidas (Blewitt, 1996), ou seja:

$$\rho' = \rho + c[dt_r - dt^s] + T_r^s \,. \qquad (6.86)$$

Dessa forma tem-se:

$$\begin{aligned}
\Phi_1 &= \rho' && - I + \lambda_1 N_1 + \delta m_1 \\
\Phi_2 &= \rho' && -(f_1/f_2)^2\, I + \lambda_2 N_2 + \delta m_2 \\
PD_1 &= \rho' && + I + dm_1 \\
PD_2 &= \rho' && +(f_1/f_2)^2\, I + dm_2
\end{aligned} \quad . \qquad (6.87)$$

Nessa equação, as medidas de fase da onda portadora são dadas em unidade métrica (Φ_1 e Φ_2). O termo I é o atraso de grupo na frequência *L1*, o qual tem sinal oposto para o caso da fase. Trata-se de um termo que apresenta tendência, pois os sinais *L1* e *L2* são transmitidos em instantes um pouco diferentes para cada satélite. As ambiguidades N_1 e N_2, em razão de alguns erros sistemáticos, não são de fato quantidades inteiras. O último termo de cada uma das equações que compõem (6.87) representa o erro devido sobretudo ao multicaminho, que em geral é maior que o ruído do receptor. Enquanto o multicaminho da fase (δ_{m1} e δ_{m2}) varia de poucos milímetros, podendo alcançar algo em torno de quatro centímetros, o das pseudodistâncias (dm_1 e dm_2) é duas ordens de magnitude maior (decímetro ao metro). Nem todos os erros foram considerados na equação (6.87), pois, na maioria dos algoritmos desenvolvidos a partir da mesma, eles são reduzidos de modo considerável. No entanto, tal fato deve ser lembrado nos casos em que ocorrer qualquer tipo de problema. Adicionalmente, não se deve esquecer que, geralmente, todos os parâmetros variam de uma época para outra de forma imprevisível.

É importante frisar que a equação (6.87) pode ser aplicada não só a partir das observações originais, mas também como SDs e DDs. No caso de DDs, os parâmetros N_1 e N_2 são de fato números inteiros e o termo I um parâmetro diferencial da ionosfera.

A equação (6.87), quando negligenciados os termos correspondentes ao multicaminho, apresenta quatro equações com quatro incógnitas. Ela pode ser escrita em notação matricial (Leick, 2004, p.244; Blewitt, 1996, p.234), podendo ser associada com a equação (6.3):

$$\begin{bmatrix} \Phi_1 \\ \Phi_2 \\ PD_1 \\ PD_2 \end{bmatrix} = \begin{bmatrix} 1 & -1 & 1 & 0 \\ 1 & -(f_1/f_2)^2 & 0 & 1 \\ 1 & 1 & 0 & 0 \\ 1 & (f_1/f_2)^2 & 0 & 0 \end{bmatrix} \begin{bmatrix} \rho' \\ I \\ \lambda_1 N_1 \\ \lambda_2 N_2 \end{bmatrix}. \qquad (6.88)$$

Observe-se que os coeficientes não apresentam unidade, o que é conveniente para analisar a *MVC*. Além disso, pode-se observar que os elementos que constam dessa matriz não dependem da geometria dos satélites, razão pela qual é chamado de modelo livre da geometria (*geometric-free model*). Para realizar os cálculos é conveniente que o coeficiente (f1/f2) seja dado exatamente por 154/120.

Uma solução para essa equação é dada por:

$$\begin{bmatrix} \rho' \\ I \\ \lambda_1 N_1 \\ \lambda_2 N_2 \end{bmatrix} = \begin{bmatrix} 0 & 0 & 2{,}546 & -1{,}546 \\ 0 & 0 & -1{,}546 & 1{,}546 \\ 1 & 0 & -4{,}901 & 3{,}091 \\ 0 & 1 & -5{,}091 & 4{,}091 \end{bmatrix} \begin{bmatrix} \Phi_1 \\ \Phi_2 \\ PD_1 \\ PD_2 \end{bmatrix}. \quad (6.89)$$

O leitor deve observar que nessa equação as ambiguidades são constantes, até que ocorra perda de ciclos. Logo, trata-se de uma equação importante para resolver ambiguidades e detecção de perdas de ciclos.

Considerando-se que as observações são independentes, com variâncias iguais para PD_1 e PD_2, bem como para ϕ_1 e ϕ_2, e que essas últimas são bem menores que as duas primeiras, tem-se que:

$$\Sigma_{L_b} = diag(\varepsilon\sigma^2, \varepsilon\sigma^2, \sigma^2, \sigma^2), \quad (6.90)$$

com ε sendo aproximadamente 10^{-4}. Aplicando-se o MMQ (Eq. 6.5) obtém-se:

$$\Sigma_{par} = \sigma^2 \begin{bmatrix} 8{,}870 & -6{,}324 & -15{,}194 & -19{,}286 \\ & 4{,}779 & 11{,}103 & 14{,}194 \\ & & 26{,}297 & 33{,}480 \\ simétrica & & & 42{,}663 \end{bmatrix}. \quad (6.91)$$

Os desvios-padrão dos parâmetros são dados então por:

$$\sigma_{\rho'} = 2{,}978\sigma; \; \sigma_I = 2{,}186\sigma; \; \sigma_{N_1} = 5{,}128\sigma / \lambda_1; \; \sigma_{N_2} = 6{,}532\sigma / \lambda_2. \quad (6.92)$$

O desvio-padrão de ρ' é aproximadamente três vezes o nível de erros das medidas, enquanto o atraso ionosférico da *L1* é da ordem de duas vezes. Com respeito às ambiguidades, esses números alcançam 5,128 e 6,532 para N_1 e N_2, respectivamente. Logo, para solucionar as ambiguidades, o nível de multicaminho nas pseudodistâncias deve ser muito bem controlado.

Uma característica muito interessante desse modelo é que nenhuma suposição foi feita a respeito do estado da antena do receptor, podendo a mesma estar em movimento. Isso permite derivar algoritmos para correção de perdas de ciclos e solução das ambiguidades (seção 9.7) factíveis de serem aplicados em posicionamento cinemático. No que concerne ao multicaminho na pseudodistância, esse modelo permite analisar o multicaminho enquanto a antena se movimenta.

6.5 Considerações finais sobre os modelos

Embora a maioria dos programas computacionais disponíveis no mercado utilize as chamadas DDs como observável básica, a tendência na maioria dos programas científicos é fazer uso das observáveis originais. Enquanto nas DDs deve-se adotar um processo adequado para levar em consideração a correlação das observáveis, o que nem sempre ocorre nos programas comerciais, o tratamento das observáveis na forma original é mais simples. Cada procedimento apresenta vantagens e desvantagens. Mas quando o tratamento matemático é aplicado corretamente, ambos proporcionam os mesmos resultados.

7
Descrição dos métodos de posicionamento GNSS e introdução ao posicionamento por ponto e DGPS

7.1 Introdução

Posicionamento diz respeito à determinação da posição de objetos com relação a um referencial específico. Pode então ser classificado em posicionamento absoluto, quando as coordenadas estão associadas diretamente ao geocentro, e relativo, no caso em que as coordenadas são determinadas com relação a um referencial materializado por um ou mais vértices com coordenadas conhecidas. O objeto a ser posicionado pode estar em repouso ou em movimento, o que gera um complemento à classificação com respeito ao referencial adotado. No primeiro caso, trata-se do posicionamento estático, enquanto o segundo diz respeito ao posicionamento cinemático. No que concerne ao posicionamento utilizando GNSS, independentemente do estado do objeto, ele pode ser realizado pelos métodos absoluto e relativo. Pode-se ainda usar, no contexto do posicionamento por satélite, o método denominado DGPS (*Differential GPS*), muito empregado na navegação, do qual alguns detalhes serão apresentados adiante. Logo, pode-se ter posicionamento absoluto estático ou posicionamento absoluto cinemático. A mesma classificação pode ser feita em relação ao posicionamento relativo e quanto ao DGPS.

Apesar do grande interesse que o GNSS despertou na comunidade científica e usuária, sobretudo com respeito ao GPS, ainda não foi adotada uma terminologia padrão. Por essa razão, a grande quantidade de termos existentes na literatura pode confundir o leitor. Portanto, alguns conceitos introdutórios serão apresentados a seguir e, sempre que se julgar necessário, alguns detalhes extras serão inseridos, de modo a dirimir eventuais dúvidas que possam ocorrer. Vale ressaltar que, com o envolvimento cada vez maior do número de usuários, essa preocupação passou a fazer parte das discussões de grupos envolvidos com atividades relacionadas ao GNSS.

No posicionamento absoluto, também denominado posicionamento por ponto, quando se utilizam efemérides transmitidas, a posição do ponto é determinada no referencial vinculado ao sistema que está sendo usado. No caso do GPS é o WGS 84, que atualmente é realizado pelo WGS 84 (G1150) (seção 3.5), e, no caso do GLONASS, o PZ90. No entanto, quando são empregadas as efemérides precisas e as correções dos relógios, com dados da fase da onda portadora, tem-se o denominado posicionamento por ponto preciso (PPP). Nesse caso, o referencial vinculado ao posicionamento é aquele das efemérides precisas (atualmente ITRF2005).

No posicionamento relativo, a posição de um ponto é determinada com relação à de outro(s), cujas coordenadas são conhecidas. As coordenadas do(s) ponto(s) conhecido(s) devem estar referenciadas ao WGS 84, ou em um sistema compatível com esse (SIRGAS2000, ITRF2000, ITRF 2005, IGS 05). Nesse caso, os elementos que compõem a linha-base,[1] ou seja, ΔX, ΔY e ΔZ, são estimados e, ao serem acrescentados às coordenadas da estação-base ou de referência (estação com coordenadas conhecidas), proporcionam as coordenadas da estação desejada.

No DGPS, um receptor GPS é estacionado em uma estação de referência. Diferenças são calculadas, quer entre as coordenadas estimadas (posicionamento por ponto) e as conhecidas, quer entre as pseudodistâncias observadas e as determinadas a partir das posições dos satélites e da estação. No primeiro caso, as discrepâncias em coordenadas são transmitidas para os usuários. Já no segundo caso, em intervalos preestabelecidos, 5 segundos, por exemplo, correções de pseudodistâncias e suas variações, geradas a partir das diferenças, são transmitidas para os usuários, os quais as aplicam às pseudodistâncias coletadas. Em ambos

1 Linha-base envolve duas estações, uma supostamente conhecida e outra a determinar.

os casos, a qualidade dos resultados melhora consideravelmente. O método DGPS foi desenvolvido para que fossem reduzidos os efeitos advindos da disponibilidade seletiva (SA), implementada nos satélites GPS e desativada em 2000. Em termos de referencial, o DGPS pode ser considerado um método de posicionamento por ponto (Hoffman-Wellenhof; Lichtenegger; Collins, 1997), pois proporciona as coordenadas com relação ao geocentro.

O conceito do DGPS é diferente daquele envolvido no posicionamento relativo, muito embora alguns textos apresentem ambos como do mesmo tipo. O leitor verificará no transcorrer do livro que, enquanto no primeiro aplicam-se as correções estimadas na estação-base nas coordenadas ou pseudodistâncias da estação a determinar, no relativo há um vetor ligando as duas estações e o que se usa é SD ou DD. Mas, segundo Leick (1995, p.403), se uma estratégia adequada for aplicada, os resultados obtidos no posicionamento usando DGPS e no DD (posicionamento relativo com pseudodistâncias) são iguais. Na realidade, se não ocorresse atraso no envio das correções (latência), ambos os modelos seriam equivalentes (Tiberius, 1998, p.115).

No DGPS, bem como no posicionamento relativo, as correções deterioram-se com o afastamento em relação à estação-base. Para eliminar essa deficiência do DGPS, desenvolveu-se o WADGPS (*Wide Area* DGPS), que envolve uma rede de estações-base. Nesse caso, as correções são diferentes daquelas advindas do DGPS.

Cabe ainda apresentar nesta parte introdutória o conceito de posicionamento em tempo real e pós-processado. No primeiro caso, a estimativa da posição da estação de interesse ocorre praticamente no mesmo instante em que as observações são coletadas. No pós-processamento, as posições dos pontos em que os dados foram coletados são estimadas em um processamento posterior à coleta. Cada um deles apresenta vantagens e desvantagens e sua adoção depende, sobretudo, da aplicação. Por exemplo, em navegação, é imprescindível que as posições sejam disponibilizadas em tempo real. Já no estabelecimento de uma rede geodésica, os dados podem ser pós-processados, o que permite aplicar técnicas mais rigorosas de controle de qualidade. No entanto, se os dados coletados durante a navegação forem armazenados, eles também podem ser pós-processados. E deve estar claro para o leitor que, no posicionamento relativo em tempo real, os dados coletados na estação de referência devem ser transmitidos para o receptor posicionado na estação a determinar. No caso de DGPS pós-processado, não há muito que melhorar no processamento. Mas se as observáveis estiverem disponíveis, a melhor alternativa seria realizar o pós-processamento aplicando o método de posicionamento relativo.

No posicionamento com GPS surgiram vários métodos intermediários entre o posicionamento relativo estático e cinemático, explorando a capacidade do sistema de proporcionar coordenadas altamente precisas depois de um breve período de coleta de dados, ou mesmo com o receptor em movimento. Diante disso, surgiram várias denominações para os métodos rápidos desenvolvidos. Algumas vezes, denominações diferentes são empregadas para descrever o mesmo procedimento. Entre os vários termos surgidos destacam-se: estático rápido, semicinemático, pseudocinemático, cinemático puro ou contínuo, cinemático rápido, pseudoestático, *stop and go* etc.

Existem diferentes possibilidades para subdividir os métodos "rápidos" de posicionamento relativo via GNSS. Aqui será adotado o seguinte (Seeber, 1993, p.282; Seeber, 2003, p.290):

- método estático rápido;
- método semicinemático; e
- método cinemático (puro).

No método cinemático, o receptor coleta dados enquanto está se deslocando, o que permite estimar as coordenadas de sua trajetória. Quando o receptor é desligado durante o deslocamento de uma estação para outra, trata-se do método estático rápido. Se o receptor tiver de manter sintonia com os satélites durante o deslocamento, mesmo sem estar armazenando as observações, trata-se do método semicinemático. A maioria dos receptores permite que se faça, em um mesmo projeto, coleta de dados no modo cinemático, semicinemático e estático (rápido).

Após esta introdução será apresentado o posicionamento por ponto simples, método em que se baseou a concepção do GPS e do GLONASS, e o DGPS, desenvolvido para reduzir os efeitos da SA. Atualmente esses dois métodos proporcionam acurácia da ordem de 10 m e de 0,5 a 1 m, respectivamente, e fazem uso apenas de pseudodistâncias. Os métodos capazes de proporcionar alta acurácia (poucos cm a mm) serão apresentados nos próximos capítulos. Trata-se do posicionamento por ponto preciso (Capítulo 8), posicionamento relativo e RTK em rede (Capítulo 9), nos quais a observável fundamental é a fase da onda portadora.

7.2 Posicionamento por ponto

No posicionamento por ponto necessita-se apenas de um receptor. Esse método de posicionamento tem sido muito empregado em navegação de baixa precisão e em levantamentos expeditos. O posicionamento instantâneo de um ponto, isto é, em tempo real, usando a pseudodistância derivada do código C/A presente na portadora L1, apresentava até o dia 1º de maio de 2000 precisão planimétrica melhor que 100 m, 95% do tempo. Mesmo se a coleta de dados, sobre um ponto estacionário, fosse de longa duração, a qualidade dos resultados não melhoraria de modo significativo, em razão dos vários erros sistemáticos envolvidos na observável utilizada. Com a eliminação da SA, à 0h (horário de Washington, Estados Unidos) do dia 02.05.00, a qualidade citada anteriormente melhorou algo em torno de 10 vezes. Isso pode ser observado nas Figuras 7.1(a) e 7.1(b), que mostram a dispersão de dois posicionamentos antes e depois da eliminação da SA.

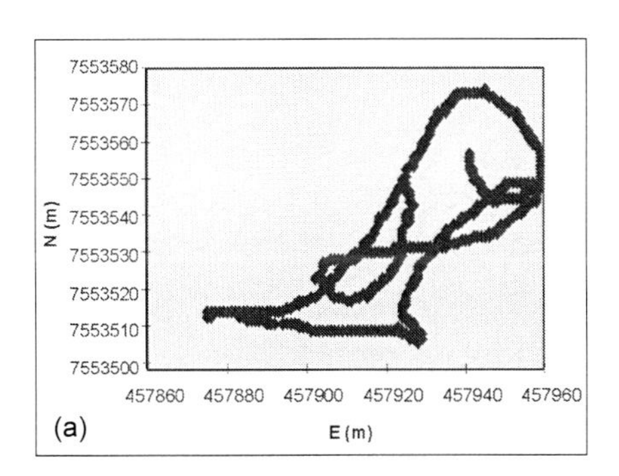

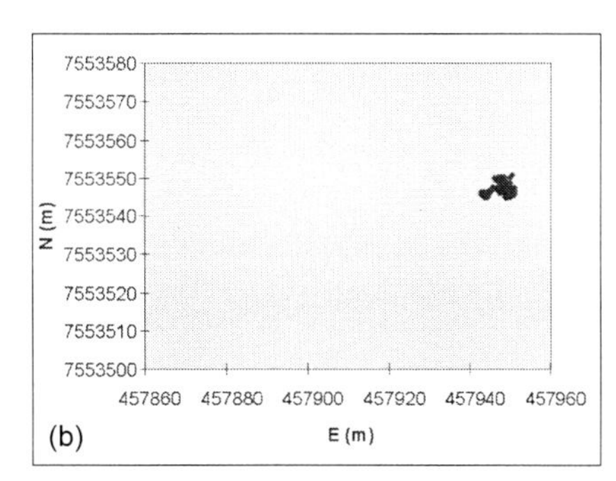

Figuras 7.1 (a) e (b) – Dispersão do posicionamento por ponto antes e após a desativação da AS.

Caso esteja disponível, é possível incluir no processamento, além da pseudodistância, a medida da fase da onda portadora. No entanto, tal procedimento não tem sido prática comum nesse tipo de posicionamento, pois, para uma única época, não proporciona refinamento da solução. Assim, esse método não atende aos requisitos de precisão intrínsecos ao posicionamento geodésico. Neste livro, esse método será denominado posicionamento por ponto simples, segundo os princípios de Gemael e Bittencourt (2004). Os principais erros que o afetam estão relacionados com a qualidade da observável utilizada (pseudodistância) e a acurácia dos parâmetros transmitidos nas mensagens de navegação. No que diz respeito a esses últimos, enquanto a acurácia da órbita do satélite é da ordem de poucos metros, a dos relógios dos satélites é uma ordem de magnitude maior (Zumberge e Bertiger, 1996). Acrescentam-se a esses erros aqueles advindos da refração troposférica e ionosférica e multicaminhamento do sinal, entre outros (seção 5.2).

Para os casos em que não há necessidade de posicionamento em tempo real, ou seja, as observações podem ser pós-processadas, é possível usar as efemérides precisas e as correções para os relógios dos satélites produzidas pelo IGS, ambas com precisão muito melhor (seção 4.5). Esses produtos podem ser utilizados no processamento de observações de pseudodistância, na fase da onda portadora ou em ambos os casos, podendo as observáveis ter sido coletadas por receptores de uma ou de duas frequências.

O procedimento em que se adotam as observações de pseudodistância, seja de receptores de uma ou duas frequências, tem sido utilizado há algum tempo pelo Sistema de Controle Ativo Canadense (*Canadian Active Control System*) do *Natural Resources Canada* (NRCAn), que é um dos colaboradores do IGS. Resultados têm mostrado precisão da ordem de 1 metro, no posicionamento 3-D, empregando-se uma única época de observação (Héroux e Kouba, 1995). Esse procedimento tem sido denominado posicionamento por ponto preciso (PPP) e pode ser aplicado em uma grande variedade de atividades.

Adotando-se as observáveis fase da onda portadora e pseudodistância coletadas por receptores de duplas frequências, também em conjunto com os produtos IGS, o posicionamento por ponto pode proporcionar resultados similares aos casos em que dados de vários receptores são processados em conjunto, em uma rede GPS. E, o que é mais importante, com baixo custo computacional (Zumberge et al., 1997). Esse método também será inserido no contexto do posicionamento por ponto preciso (PPP) (Capítulo 9). Vale, no entanto, ressaltar que se trata de um método que até bem pouco tempo atrás não era cogitado para aplicações de posicionamento em tempo real, algo que atualmente vem se tornando uma realidade (Leick, 2004, p.256), em decorrência da introdução das efemérides IGS denominadas IGU. O PPP apresenta grande potencialidade para ser usado em aplicações de geodinâmica, com enormes vantagens sobre o processamento de redes GNSS, em que há grande dispêndio computacional.

Essas novas possibilidades se devem ao fato de que, mesmo antes da eliminação da SA, pesquisas estavam sendo realizadas para melhorar o nível de acurácia do posicionamento por ponto, ampliando seu leque de aplicações. Os fundamentos dos métodos de posicionamento por ponto simples e DGPS serão apresentados a seguir. É importante também registrar que o método para o qual o GPS foi concebido envolve um único receptor e antena (Goad, 1996). Os demais métodos farão parte dos dois próximos capítulos.

7.2.1 Fundamentos do posicionamento por ponto simples

Considere-se, para um instante qualquer, um receptor A coletando pseudodistâncias dos satélites visíveis. Cada observação coletada gera uma equação que comporá o sistema de equações representado pela equação (6.3) do capítulo anterior. A equação de observação linearizada é dada por:

$$E(\Delta PD_A^j) = a_A^j \Delta X_A + b_A^j \Delta Y_A + c_A^j \Delta Z_A + c(dt_A - dt^j) + I_A^j + T_A^j \qquad (7.1)$$

com ΔPD_A^j sendo a diferença entre a pseudodistância observada entre a estação A e o satélite $j\,(PD_A^j)$ e a calculada em função dos parâmetros aproximados (ρ_{A0}^j), que trata da distância topocêntrica entre o satélite, no instante de transmissão do sinal, e o receptor, no instante de recepção.

Os coeficientes a_A^j, b_A^j e c_A^j são obtidos da linearização da equação de observação (equação (6.84)). Trata-se dos elementos que compõem a matriz A do ajustamento pelo método paramétrico (Gemael, 1994). O fator c é a velocidade da luz no vácuo. Tem-se uma equação com quatro incógnitas (ΔX_A, ΔY_A, ΔZ_A e dt_A), relativas às três correções às coordenadas da estação e ao erro do relógio do receptor, respectivamente. Assim sendo, exige-se a presença de, no mínimo, quatro satélites para obter uma posição instantânea. Com um número maior de satélites disponíveis, pode-se realizar o ajustamento (seção 6.2). O erro do relógio do satélite (dt^j) pode ser calculado a partir das informações contidas nas efemérides dos satélites. Os efeitos atmosféricos (ionosfera (I_A^j) e troposfera (T_A^j)) são normalmente negligenciados, mas podem ser modelados. Quando apenas três satélites estiverem visíveis, pode-se obter uma posição bidimensional. Mas, se o receptor estiver em repouso, pode-se processar os dados em um ajustamento recursivo, sem a necessidade da presença de quatro satélites para a obtenção de uma posição tridimensional.

Portanto, nesse método de posicionamento, as coordenadas da estação serão influenciadas pelos erros nas coordenadas e correções dos relógios dos satélites, além de outros erros, como os advindos da refração atmosférica, o que limitará sua precisão.

A distância topocêntrica ρ_{A0}^j é igual à distância geométrica percorrida pelo sinal entre os instantes de transmissão e recepção. Ela é utilizada não só nas equações envolvendo pseudodistância, mas também naquelas envolvendo a fase da onda portadora. O instante da recepção do sinal no sistema de tempo GPS não é conhecido, pois o relógio do receptor apresenta erros em relação a esse sistema de tempo. Além disso, para se obter o instante de transmissão do sinal necessita-se do intervalo de tempo da propagação do sinal τ e do erro do relógio do satélite dt^s. Desse modo, a distância topocêntrica é normalmente linearizada com respeito ao instante nominal do receptor t_r, obtendo-se a seguinte expressão:

$$\rho_{A0}^j(t_{GPS}^t) = \rho_{A0}^j(t_r) - \dot{\rho}_{A_0}^j(t_r) * (dt_r - dt^s + \tau), \qquad (7.2)$$

onde os termos de ordem maiores que a primeira foram desprezados. Observando a expressão (7.2), o leitor poderá perceber que o segundo termo do lado direito da equação trata de uma correção à distância topocêntrica calculada para o instante de recepção t_r para que a distância passe a ser válida no instante de transmissão do sinal na escala de tempo GPS. O termo $\dot{\rho}_{A_0}^j$ atinge no máximo 800 m/s (Leick, 1995, p.271).

Apresenta-se a seguir uma possibilidade de solução para a equação (7.2). O leitor interessado em outras possibilidades pode consultar Leick (1995); Goad (1996). Deve-se inicialmente obter a posição do satélite no instante de transmissão do sinal. A equação (4.7) proporciona uma boa aproximação para esse instante, o qual estará sujeito aos erros envolvidos na pseudodistância. A partir das coordenadas do satélite e das coordenadas aproximadas da estação a determinar, calcula-se a distância topocêntrica usando a equação (6.81). Uma vez estimados, na primeira iteração, o erro do relógio do receptor e a correção às coordenadas aproximadas, calcula-se o instante de transmissão do sinal a partir da equação (4.7), ou seja:

$$t^{t}_{GPS} = t_r - dt_r + dt^s - \tau. \tag{7.3}$$

sendo τ obtido da distância topocêntrica calculada ao final da primeira iteração, dividida pela velocidade da luz c (observe-se que $\frac{PD}{c} \cong \tau + dt_r - dt^s$). O processo repete-se até que as correções aos parâmetros sejam menores que o valor estipulado. O uso da equação (7.3), substituindo a (4.7), a partir da primeira iteração, proporciona resultados mais confiáveis, pois se passa a empregar valores ajustados dos parâmetros.

7.2.1.1 Diluição da precisão

Os diversos DOPs (*Dilution of Precision*), frequentemente usados em navegação e no planejamento de observações GNSS, são obtidos a partir do conceito de posicionamento por ponto apresentado anteriormente. O DOP auxilia na indicação da precisão dos resultados que serão obtidos. Ele depende basicamente de dois fatores:

- da precisão da observação de pseudodistância, expressa pelo erro equivalente do usuário (UERE – *User Equivalent Range Error* – ver Tabela 5.2), que é associado ao desvio-padrão da observação (σ_r); e
- da configuração geométrica dos satélites, obtida pelos DOPs.

A relação entre σ_r e o desvio-padrão associado ao posicionamento (σ_P) é descrita pela expressão (Seeber, 1993):

$$\sigma_P = DOP\sigma_r. \tag{7.4}$$

As seguintes designações são encontradas na literatura:

- σ_H = HDOP σ_r para posicionamento horizontal;
- σ_V = VDOP σ_r para posicionamento vertical;
- σ_P = PDOP σ_r para posicionamento tridimensional; e
- σ_T = TDOP σ_r para determinação de tempo.

O efeito combinado de posição tridimensional e tempo é denominado *GDOP*, dado pela seguinte expressão:

$$GDOP = \sqrt{(PDOP)^2 + (TDOP)^2}. \qquad (7.5)$$

O PDOP pode ser interpretado como o inverso do volume *V* de um tetraedro formado pelas posições do usuário e dos quatro satélites:

$$PDOP = \frac{1}{V}. \qquad (7.6)$$

Na Figura 7.2 apresenta-se uma ilustração geométrica da situação em questão.

A melhor geometria ocorre quando o volume é maximizado, o que implica um *PDOP* (equação 7.6) mínimo. Na Figura 7.2 pode-se observar que, na situação (a), os satélites estão mais dispersos que em relação à situação (b), donde se conclui que o volume em (a) é maior que em (b). Portanto, o *PDOP* de (a) é melhor que o de (b). Em resumo, pode-se dizer que, quanto menor for o valor dos diferentes DOPs, melhor a configuração dos satélites para realizar o posicionamento.

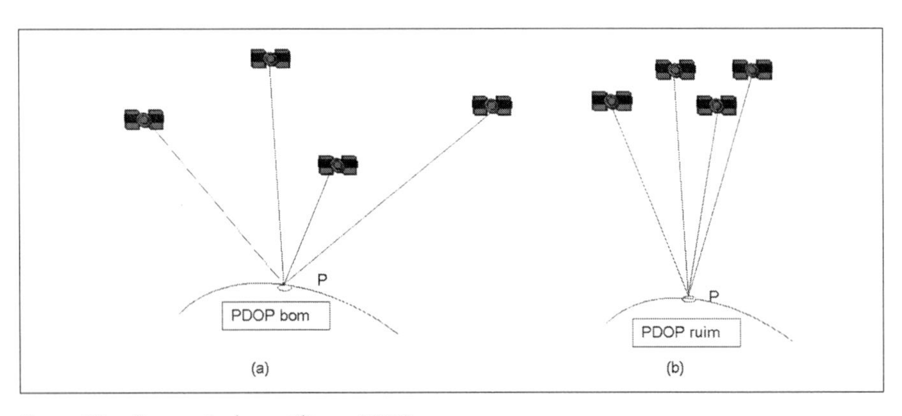

Figura 7.2 – Geometria dos satélites e PDOP.

O mesmo conceito pode ser derivado do ajustamento das observações GNSS, em particular do tópico denominado pré-análise (Gemael, 1994). A primeira equação do grupo de equações (6.8) do capítulo anterior, ou seja:

$$\Sigma_{\hat{X}} = \hat{\sigma}_0^2 (A^T PA)^{-1}. \qquad (7.7)$$

proporciona a MVC dos parâmetros. Considerando-se as pseudodistâncias com a mesma precisão e independentes, cada uma apresentando desvio-padrão σ_r, a matriz peso resultante é diagonal e, para o propósito desta análise, igual à matriz identidade. Em se tratando de pré-análise, a expressão (7.7) pode ser calculada antes da coleta de dados. Para tanto, deve-se atribuir ao fator de variância ***a posteriori*** ($\hat{\sigma}_0^2$) valor igual à variância das observações, ou seja σ_r^2. Assim, a MVC dos parâmetros a estimar será dada aproximadamente por:

$$\Sigma_{\hat{X}} = \sigma_r^2 (A^T A)^{-1}, \tag{7.8}$$

que contém os seguintes elementos

$$\Sigma_X = \sigma_r^2 \begin{bmatrix} \sigma_{xx} & \sigma_{xy} & \sigma_{xz} & \sigma_{xt} \\ \sigma_{yx} & \sigma_{yy} & \sigma_{yz} & \sigma_{yt} \\ \sigma_{zx} & \sigma_{zy} & \sigma_{zz} & \sigma_{zt} \\ \sigma_{tx} & \sigma_{ty} & \sigma_{tz} & \sigma_{tt} \end{bmatrix}, \tag{7.9}$$

onde σ_{ii} representa a variância da variável em questão (i) e σ_{ij} a covariância entre as variáveis i e j. A variância da estimativa de uma posição é dada por:

$$\sigma_P^2 = \sigma_r^2 (\sigma_{xx} + \sigma_{yy} + \sigma_{zz}), \tag{7.10}$$

que corresponde a

$$\sigma_P = PDOP \sigma_r . \tag{7.11}$$

Transformando a MVC dada pela equação (7.10) para representar as componentes horizontais E e N e a componente vertical h, obtém-se, respectivamente:

$$\sigma_H^2 = \sigma_r^2 (\sigma_{EE} + \sigma_{NN}), \tag{7.12}$$

e

$$\sigma_h^2 = \sigma_r^2 (\sigma_{hh}), \tag{7.13}$$

ou seja:

$$\sigma_H = HDOP\sigma_r \tag{7.14}$$

e

$$\sigma_h = VDOP\sigma_r. \tag{7.15}$$

De forma geral tem-se:

$$GDOP = \sqrt{\sum diag(A^T A)^{-1}}. \tag{7.16}$$

A definição dos diversos DOPs, a partir do conceito de ajustamento de observações, deixa claro que, quanto maior o número de satélites sendo rastreados, é de se esperar que melhores serão os diversos DOPs.

A seleção adequada de valores de DOP para a definição da janela de observação (período de coleta dos dados) não é crítica nos dias atuais, haja vista que, a partir do momento em que a constelação GPS tornou-se completa, em 08.12.1993, os valores dos *PDOPs* passaram a ser relativamente baixos. Em geral, dispõe-se de um número de satélites maior que os quatro necessários e os valores são por volta de quatro, adequados para a maioria das aplicações. Mas a análise dos *DOPs* ainda é importante, em especial se um receptor com capacidade de rastrear apenas quatro satélites for usado. Neste caso, deve-se selecionar os quatro satélites que proporcionam melhor *PDOP*, o que é feito automaticamente pelos receptores. Mas essa situação não existe atualmente. Todos os receptores rastreiam pelo menos oito satélites.

Nas aplicações geodésicas, os valores *DOPs* são de menor importância, pois os receptores modernos são capazes de rastrear todos os satélites visíveis. No entanto, eles são úteis nas operações de planejamento dos levantamentos quando há possibilidade de ocorrer obstrução do sinal. A inclusão dessa informação nos programas de planejamento pode auxiliar na definição do intervalo de coleta de dados. Nas aplicações geodésicas, faz-se, em geral, o uso de posicionamento relativo, e nesse caso é de maior importância o conceito de RDOP (*Relative* DOP), introduzido pelo professor Clyde C. Goad em 1988 (Seeber, 1993). No entanto, os fabricantes não têm fornecido softwares propícios para o cálculo dessa grandeza.

A Figura 7.3 mostra o número de satélites visíveis (Nsats) e os PDOPs para uma estação de latitude 2° 00' S e longitude 44° 30' W, que corresponde aproximadamente à região de São Luís, Maranhão. Pode-se observar que, nessa região, para o dia em questão, é possível efetuar levantamentos GPS com *PDOP* da ordem de quatro durante 24 horas, havendo certos períodos com dez satélites disponíveis.

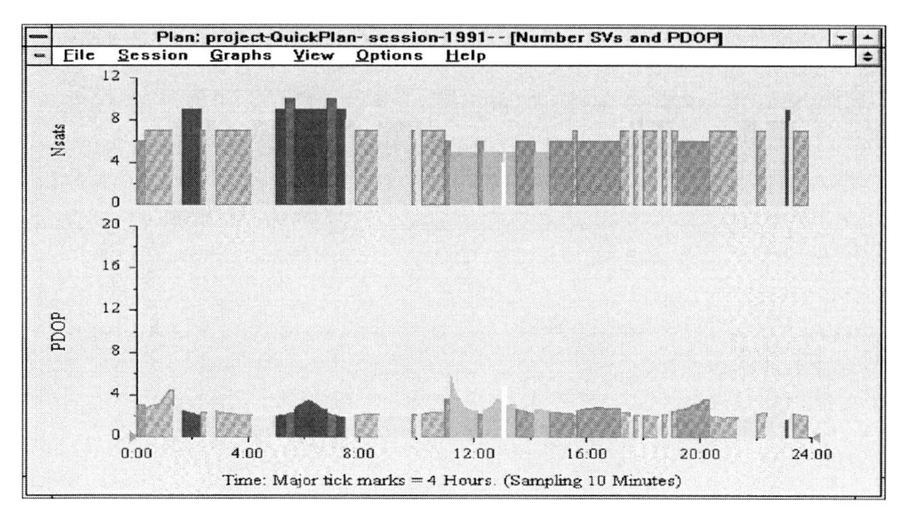

Figura 7.3 – Número de satélites e *PDOPs* para São Luís, MA (17.7.1996).

Essa situação melhora de modo sensível quando se considera, conjuntamente, o GLONASS e o Galileo. Mas para uso somente do GLONASS a situação atualmente é crítica.

7.2.2 Exemplo de posicionamento por ponto simples

Nesta seção será apresentado um exemplo de posicionamento por ponto simples, contendo os vários detalhes nele envolvidos. Com base nele, o leitor interessado poderá aplicar o mesmo procedimento para o posicionamento por ponto preciso, apresentado no próximo capítulo. Para tanto, basta usar as efemérides precisas e os erros dos relógios dos satélites produzidos pelo IGS ou outra agência, em vez das efemérides transmitidas, podendo ainda incluir as observáveis fase da onda portadora.

Exemplo 1

O exemplo a seguir refere-se ao posicionamento por ponto de uma estação no modo simples, isto é, pela utilização das pseudodistâncias em uma única portadora e das efemérides transmitidas. Trata-se do método mais simples de posicionamento por satélite, mas de fundamental importância para o entendimento dos demais. Consideram-se como fonte de erro apenas os erros dos relógios envolvidos. As demais fontes, como os efeitos atmosféricos, multicaminho, deformações da crosta terrestre etc., são negligenciadas.

Os dados usados foram coletados na estação UEPP da RBMC, no dia 25.07.1999. O arquivo de dados no formato RINEX 2.0 é apresentado na Figura 7.4, a qual mostra o cabeçalho do arquivo, que contém informações sobre as observações existentes, bem como uma época de dados que será adotada no exemplo. Os dados são provenientes dos sinais emitidos pelos satélites PRNs: 02, 07, 10, 13, 19, 26 e 27 e foram registrados às 14h37min45,090s. Serão empregadas as pseudodistâncias identificadas por C1.

Tomaram-se como coordenadas aproximadas aquelas contidas no cabeçalho do arquivo de dados, e para o erro do relógio do receptor, o valor nulo. Assim, o vetor dos parâmetros aproximados é dado por:

$$X_0 = \begin{bmatrix} x_0 \\ y_0 \\ z_0 \\ dt_{r0} \end{bmatrix} = \begin{bmatrix} 3.687.627,3634 \\ -4.620.821,5137 \\ -2.386.884,4153 \\ 0 \end{bmatrix}$$

A partir dos dados contidos na Figura 7.4 pode-se expressar o vetor das observações (L_b), considerando-se as pseudodistâncias geradas pelo código C/A, isto é:

$$Lb = \begin{bmatrix} 48.100.232,525 \\ 47.574.517,142 \\ 50.223.295,501 \\ 47.847.868,400 \\ 51.708.803,181 \\ 49.370.715,900 \\ 49.337.431,587 \end{bmatrix}$$

```
2                  OBSERVATION DATA                          RINEX VERSION / TYPE
DAT2RIN 1.01d        IBGE/DEGED          26JUL99  9:09:25    GTMPG /RUN BY / DATE
Agencia "HOST"       IBGE/BRASIL                             OBSERVER / AGENCY
16683                TRIMBLE 4000SSI     Nav 7.22 Sig 3.06   REC # / TYPE / VERS
70172                DORNE MARGOLIN T                        ANT # / TYPE
UEPP - RBMC Presidente Prudente                              MARKER NAME
91559                                                        MARKER NUMBER
3687627.3634 -4620821.5137 -2386884.4153                     APPROX POSITION XYZ
      0.0000        0.0000        0.0000                     ANTENNA: DELTA H/E/N
------------------------------------------------------------ COMMENT
Note: The above offsets are NOT corrected.                   COMMENT
------------------------------------------------------------ COMMENT
1     1     0                                                WAVELENGTH FACT L1/2
5     L1    C1    L2    P2    D1                             # / TYPES OF OBSERV
15                                                           INTERVAL
     1999     7    25     0     1   15.000000                 TIME OF FIRST OBS
      1999     7    26     0     0     0.000000                TIME OF LAST OBS
      .     .     .     .     .     .                                    .
      31  1663  1664  1650  1650  1663                        PRN / # OF OBS
                                                             END OF HEADER

                                        ...
  -2904393.68800  49372023.69700  -2223189.85440  49372031.97440        460.43800
  42935495.31900  49326932.38400   9482780.23440  49326939.95840      -3677.18800
99  7 25 14 37 45.0900000  0  7   2   7 10 13 19 26 27
  19254153.71700  48100232.52500  15076482.50740  48100240.29840      -4732.31300
  -908618.72900  47574517.14200    -691633.81840  47574525.26740      -1227.90600
  24274948.44800  50223295.50100  18945414.87540  50223307.79840      -4802.57800
  22089502.81000  47847868.40000  14163123.89940  47847874.61140      -4398.95300
  69731458.81200  51708803.18100   3747247.62240  51708821.80640      -4561.96900
  -2911267.06800  49370715.90000  -2228545.71140  49370724.49340        455.92200
  42990669.20700  49337431.58700   9525772.88140  49337439.36140      -3679.39100
 99  7 25 14 38  0.0900000  0  7   2   7 10 13 19 26 27
```

Figura 7.4 – Trecho do arquivo de dados GPS da estação UEPP do dia 25.7.1999.

Na Figura 7.5 é apresentado o arquivo das efemérides transmitidas para os satélites presentes no arquivo de observações, o qual contém os parâmetros do relógio do satélite e os elementos keplerianos necessários para determinar sua posição no instante da transmissão do sinal, além de outras informações.

O instante da recepção do sinal, em segundos da semana GPS, foi obtido pela determinação do número de dias (D) transcorridos desde o início da semana a que ele pertence (meia-noite de sábado para domingo) até a data em que foi gerado. Como o arquivo foi gerado em um domingo, tem-se que $D = 0$. Logo, o instante de recepção do sinal (t_r), em segundos da semana GPS correspondente, é expresso por:

$$t_r = (D * 24 + HOR) * 3600 + MIN * 60 + SEG = 52665{,}090\,s,$$

onde *HOR*, *MIN* e *SEG* referem-se a hora, minuto e segundos em que foram realizadas as observações. Melhor alternativa seria obter o instante de transmissão em segundos de Dia Juliano Modificado.

Para se obter o instante de transmissão do sinal, no sistema de tempo GPS, é necessário dispor do intervalo de tempo de propagação deste, que é diferente para cada satélite, e dos erros dos relógios do receptor e do satélite. A equação (4.7) é uma boa aproximação para iniciar o processamento, mas está eivada dos erros dos relógios do receptor e do satélite e da própria observável. O intervalo de tempo da propagação do sinal pode ser obtido com boa aproximação da seguinte forma (combinação das equações 4.6 e 4.7):

$$\tau = \frac{PD^S}{c} - dt_r + dt^s.$$

Dessa forma, quando se estima o erro do relógio do receptor dt_r, a solução torna-se mais confiável ao se utilizar esse valor, uma vez que é obtido levando-se em consideração todas as observáveis. O cálculo do erro do relógio do satélite (dt^S) é função do instante de transmissão do sinal, que, por sua vez, pode ser obtido, em uma primeira aproximação, pela equação (4.7).

Assim, para o satélite 2 tem-se:

$$\bar{t}^{t_2}_{GPS} = t_r - \frac{PD^{S_2}}{c} = 52665{,}090\,s - \frac{48.100.232{,}525}{299.792.458} = 52664{,}92955489459s.$$

Agora é possível obter, com boa aproximação, o erro do relógio do satélite:

$$dt^{S_2} = a_0 + a_1(\bar{t}^{t_2}_{GPS} - t_{oe}) + a_2(\bar{t}^{t_2}_{GPS} - t_{oe})^2$$

$$dt^{S_2} = \text{-}8{,}938554 * 10^{-5} + \text{-}4{,}774847 * 10^{-12}(52664{,}92955 - 50.400) +$$

$$+ 0(52664{,}92955 - 50400)^2$$

$$dt^{S_2} = \text{-}8{,}93963614 * 10^{-5}\,s$$

Conhecendo-se o erro do relógio do satélite, pode-se melhorar o intervalo de tempo de propagação:

$$\bar{\tau}^{s_2} = \frac{PD^{S_2}}{c} - dt_r + dt^{s_2} = \frac{48.100.232{,}525}{299.792.458} - 0 - 8{,}93963614 * 10^{-5} =$$

$$= 0{,}160355709\ s.$$

```
     2              NAVIGATION DATA                         RINEX VERSION / TYPE
DAT2RIN 1.01d       IBGE/DEGED          26JUL99  9:09:41    GTMPGM / RUN BY /DATE
                                                            COMMENT
    .1770D-07   .2235D-07  -.1192D-06  -.5960D-07           ION ALPHA
    .1270D+06   .1475D+06  -.1966D+06  -.1966D+06           ION BETA
    .888178419700D-15  .558793544769D-08   233472     252 DELTA-UTC: A0,A1,T,W
    13                                                      LEAP SECONDS
                                                            END OF HEADER
 2 99  7 25 14  0  0.0 -.893855467439D-04 -.477484718431D-11  .000000000000D+00
    .202000000000D+03 -.104375000000D+02  .528486299290D-08  .198892212430D-01
   -.430271029472D-06  .192960973363D-01  .844150781631D-05  .515366617012D+04
    .504000000000D+05 -.113621354103D-06 -.109460211590D+01  .344589352608D-06
    .935341128118D+00  .207875000000D+03 -.218584747117D+01 -.856142804641D-08
   -.392873507616D-09  .100000000000D+01  .102000000000D+04  .000000000000D+00
    .700000000000D+01  .000000000000D+00 -.139698386192D-08  .202000000000D+03
    .432000000000D+05
 7 99  7 25 14  0  0.0  .570364762098D-03  .875388650456D-11  .000000000000D+00
    .106000000000D+03  .985625000000D+02  .454126059030D-08 -.116772467900D+01
    .532530248165D-05  .106366396649D-01  .833719968796D-05  .515367368698D+04
    .504000000000D+05  .163912773132D-06 -.499668154899D-02  .203028321266D-06
    .954685620111D+00  .215781250000D+03 -.215421753944D+01 -.799854745732D-08
    .732173355102D-10  .100000000000D+01  .102000000000D+04  .000000000000D+00
    .700000000000D+01  .000000000000D+00 -.186264514923D-08  .106000000000D+03
    .447900000000D+05
10 99  7 25 14  0  0.0  .388114713132D-04  .454747350886D-12  .000000000000D+00
    .102000000000D+03 -.104718750000D+03  .417124517768D-08  .165979920358D-01
   -.557489693165D-05  .353970366996D-02  .649504363537D-05  .515376867867D+04
    .504000000000D+05  .484287738800D-07  .210601515969D+01  .745058059692D-08
    .971455964377D+00  .259343750000D+03 -.734582047891D-01 -.799890461506D-08
   -.300369654459D-09  .100000000000D+01  .102000000000D+04  .000000000000D+00
    .700000000000D+01  .000000000000D+00 -.186264514923D-08  .358000000000D+03
    .432000000000D+05
13 99  7 25 14  0  0.0 -.475659035146D-04 -.251247911365D-10  .000000000000D+00
    .200000000000D+02 -.253750000000D+02  .425231998334D-08  .448066310480D+00
   -.141188502312D-05  .216559192631D-02  .100508332253D-04  .515371514130D+04
    .504000000000D+05  .223517417908D-07 -.312930730016D+01 -.577419996262D-07
    .962630785253D+00  .188531250000D+03 -.857707358680D+00 -.782568311397D-08
    .316798910232D-09  .100000000000D+01  .102000000000D+04  .000000000000D+00
    .700000000000D+01  .000000000000D+00 -.121071934700D-07  .788000000000D+03
    .432000000000D+05
19 99  7 25 14  0  0.0  .164774246514D-04  .886757334229D-11  .000000000000D+00
    .133000000000D+03  .133750000000D+02  .560737642688D-08  .226608613741D+01
    .715255737305D-06  .506830343511D-02  .516138970852D-05  .515372571373D+04
    .504000000000D+05 -.134110450745D-06 -.215025440366D+01 -.745058059692D-08
    .926907155232D+00  .261562500000D+03 -.272029797218D+01 -.850035407387D-08
    .246795994329D-09  .100000000000D+01  .102000000000D+04  .000000000000D+00
    .700000000000D+01  .000000000000D+00 -.279396772385D-08  .133000000000D+03
    .432000000000D+05
26 99  7 25 14  0  0.0  .655554234982D-03  .966338120634D-11  .000000000000D+00
    .280000000000D+02 -.218750000000D+02  .421410410578D-08 -.149327722234D+01
   -.127032399178D-05  .114340891596D-01  .101737678051D-04  .515363006401D+04
    .504000000000D+05 -.145286321640D-06 -.312328915655D+01 -.141561031342D-06
    .961583174988D+00  .185531250000D+03 -.383863120868D-01 -.772639326386D-08
    .551808699333D-09  .100000000000D+01  .102000000000D+04  .000000000000D+00
    .700000000000D+01  .000000000000D+00 -.651925802231D-08  .284000000000D+03
    .489300000000D+05
27 99  7 25 14  0  0.0  .269147567451D-04  .113686837722D-11  .000000000000D+00
    .500000000000D+02  .931250000000D+01  .530629245695D-08  .180237987215D+01
    .581145286560D-06  .134754533647D-01  .548735260963D-05  .515360943222D+04
    .504000000000D+05 -.135973095894D-06 -.211281573919D+01  .221654772758D-06
    .940412232699D+00  .265500000000D+03 -.287717030878D+01 -.840999316712D-08
    .589310261424D-10  .100000000000D+01  .102000000000D+04  .000000000000D+00
    .700000000000D+01  .000000000000D+00 -.419095158577D-08  .500000000000D+02
```

Figura 7.5 – Trecho do arquivo de efemérides transmitidas (t_{oe} = 14h).

Por sua vez, o instante aproximado de transmissão no sistema de tempo GPS é dado por:

$$\bar{t}_{GPS}^{t_2} = t_r - dt_r - \bar{\tau}^{s_2} + dt^s$$

$$\bar{t}_{GPS}^{t_2} = 52.665{,}090 - 0 - 0{,}160355709 - 8{,}93963614 * 10^{-5} =$$
$$= 52.664{,}929554894 \text{ s.}$$

Observe-se que há uma pequena diferença entre o valor acima e o obtido com a equação (4.7). Isso se deve ao fato de ainda não ter sido estimado o erro do relógio do receptor dt_r e se tratar de um processo iterativo. Conhecido o instante de transmissão do sinal, pode-se calcular a posição do satélite, usando as equações apresentadas no Capítulo 4. O t_{oe}, tempo origem das efemérides, é fornecido no arquivo das efemérides transmitidas. Em seguida devem ser corrigidas as coordenadas dos satélites do movimento de rotação da Terra (seção 5.2.2.5), durante o intervalo de tempo de propagação do sinal. Pode-se então, finalmente, obter a posição do satélite no WGS 84. No caso do satélite 2 tem-se:

$$X^{S_2} = \begin{bmatrix} x \\ y \\ z \end{bmatrix} = \begin{bmatrix} 13.191926{,}036 \\ -9.634.277{,}149 \\ -20.330.138{,}156 \end{bmatrix}.$$

Procedendo de forma análoga para os demais satélites, obtêm-se suas coordenadas e os respectivos erros do relógio. Para o caso desse exemplo, eles se encontram na Tabela 7.1.

Tabela 7.1 – Coordenadas cartesianas e erro do relógio dos satélites utilizados no exemplo

Satélite	Coordenadas cartesianas no instante de transmissão do sinal (m)			Erro do relógio (µs)
	x	***Y***	***z***	
2	13.191926,036	–9.634.277,149	–20.330.138,156	–89,3963614364
7	21.244.105,748	–15.360.752,012	–2.877.135,125	570,3845890496
10	–135.122,979	–25.794.393,804	5.954.578,737	38,8125012807
13	19.720.605,766	–17.653.994,853	–1.657.890,383	–47,6228094177
19	25.910.284,743	5.823.456,939	–2.525.126,594	16,4975089736
26	–1.932.297,136	–16.733.519,796	–20.382.553,367	655,5761218187
27	22.374.396,828	–3.351.761,100	–14.280.051,988	26,9173316672

Para realizar o ajustamento, será adotado o método paramétrico. Deve-se agora montar as matrizes envolvidas. Primeiro, será obtido o vetor $\Delta L = L_b - L_0$. Aplicando os valores aproximados atribuídos aos parâmetros e a posição do satélite 2, após subtrair o valor observado, obtém-se o primeiro elemento do vetor ΔL:

$$\delta l_1 = l_{1_b} - \rho_1^{S_2} + c(dt_r - dt^{S_2}) = 48.100.232{,}5250 - 20.914.750{,}427785 + 0 + $$
$$+ 26.800{,}354931 = 27.158.681{,}742 \text{ m.}$$

Procedendo de forma análoga para os demais satélites, obtém-se o vetor ΔL completo:

$$\Delta L = \begin{bmatrix} 27.158.681{,}742 \\ 27.158.712{,}879 \\ 27.158.675{,}190 \\ 27.158.692{,}746 \\ 27.158.738{,}028 \\ 27.158.658{,}074 \\ 27.158.719{,}047 \end{bmatrix}.$$

A matriz A é obtida pela linearização (seção 6.3.4), por meio da equação (6.83). Aplicando os valores aproximados dos parâmetros e os dados da posição do satélite 2, obtêm-se os elementos da matriz A referentes a esse satélite:

$$a_1^2 = -\frac{(x^{S_2} - x_0)}{\rho_1^{S_2}} = -\frac{(13.191926{,}0363 - 3.687.627{,}3634)}{20.914.750{,}427785} = -0{,}4544304129$$

$$b_1^2 = -\frac{(y^{S_2} - y_0)}{\rho_1^{S_2}} = -\frac{(-9.634.277{,}1491 - (-4.620.821{,}5137))}{20.914.750{,}427785} = 0{,}2397090825$$

$$c_1^2 = -\frac{(z^{S_2} - z_0)}{\rho_1^{S_2}} = -\frac{(-20.330.138{,}1555 - (-2.386.884{,}4153))}{20.914.750{,}427785} = 0{,}8579233973.$$

A quarta coluna é um termo linear, que se refere ao erro do relógio do receptor escalado pela velocidade da luz. Procedendo de forma análoga com os demais satélites, obtém-se a seguinte matriz:

$$A = \begin{bmatrix} -0{,}4544304129 & 0{,}2397090824 & 0{,}8579233973 & 1 \\ -0{,}8528026361 & 0{,}5216901043 & 0{,}0238138360 & 1 \\ 0{,}1656573034 & 0{,}9175479889 & -0{,}3614738521 & 1 \\ -0{,}7754803851 & 0{,}6303863217 & -0{,}0352598599 & 1 \\ -0{,}9050151676 & -0{,}4253420396 & 0{,}0562989683 & 1 \\ 0{,}2507932603 & 0{,}5405380613 & 0{,}8030699502 & 1 \\ -0{,}8422478454 & -0{,}0571989397 & 0{,}5360474308 & 1 \end{bmatrix}$$

Note-se que, com relação ao erro do relógio do receptor, a derivada deveria ser igual à velocidade da luz ($c = 299.792.458\ m$). No entanto, se esse valor fizer parte da matriz A, ela poderá se tornar mal condicionada, ocasionando problemas no ajustamento. Dessa forma, o valor da correção do erro do relógio do receptor, contido no vetor dos parâmetros ajustados, está multiplicado pela velocidade da luz.

Quanto à matriz peso, será usada a matriz identidade, pois a precisão esperada é a mesma para cada uma das observações, consideradas não correlacionadas. Essa consideração não afetará o objetivo explicativo do exemplo. No entanto, para trabalhos de alta precisão, é necessário diferenciar o peso entre as observações, em função de alguns fatores, como o ângulo de elevação do satélite observado.

Efetuando o ajustamento (seções 6.2.1. e 6.2.2) e dividindo o último elemento do vetor dos parâmetros pela velocidade da luz, chega-se ao vetor das correções aos parâmetros aproximados:

$$X = \begin{bmatrix} -26{,}3714227378 \\ -35{,}0887820125 \\ -23{,}3132342100 \\ 0{,}090591678313 \end{bmatrix}.$$

Logo, o vetor dos parâmetros ajustados é dado por:

$$Xa = X_0 + X = \begin{bmatrix} 3.687.600{,}9919 \\ -4.620.856{,}6025 \\ -2.386.907{,}7285 \\ 0{,}090591678313 \end{bmatrix}.$$

Como o modelo não é linear com respeito às coordenadas da estação, e linear com respeito ao erro do relógio do receptor, torna-se necessário efetuar um processo iterativo, o qual deve ser repetido até atender ao critério estipulado. No caso específico desse exemplo adotou-se que as correções às coordenadas aproximadas deviam ser menores que 0,0004 m. A convergência foi atingida depois de apenas duas iterações, chegando-se ao seguinte vetor dos parâmetros ajustados:

$$Xa = \begin{bmatrix} 3.687.631{,}5173 \\ -4.620.832{,}2421 \\ -2.386.907{,}7295 \\ 0{,}090591678318 \end{bmatrix}.$$

Comparando as coordenadas estimadas nesse processo com as obtidas na realização do SIRGAS, cuja precisão é de poucos milímetros, chega-se aos seguintes valores:

$$\Delta X = X_a - X_{SIRGAS} = \begin{bmatrix} 7{,}2073 \\ -13{,}6711 \\ -27{,}3235 \end{bmatrix} \text{(m)}.$$

que correspondem a uma resultante de 31,390 m. Essa acurácia está dentro do esperado no que concerne ao SPS, antes do desligamento do SA. Observe-se, no entanto, que a refração atmosférica não foi levada em consideração. Caso o fosse, os resultados poderiam ser melhores.

Em termos de precisão obteve-se:

$\sqrt{\hat{\sigma}_0^2} = 6{,}615$ m, que representa a precisão da pseudodistância estimada no ajustamento, e, para os parâmetros, os seguintes desvios-padrão:

$$\hat{\sigma}_x = 7{,}47 \text{ m } \hat{\sigma}_y = 8{,}42 \text{ m } \hat{\sigma}_z = 6{,}54 \text{ m } \hat{\sigma}_{dt_r} = 24{,}54 * 10 - 09 \text{ s.}$$

É importante observar que se trata de um processamento em que a precisão está muito próxima dos valores da tendência (*bias*). Não se trata de um resultado esperado, em face dos erros sistemáticos que não foram adequadamente tratados neste exemplo.

7.3 GPS diferencial (DGPS)

O DGPS foi desenvolvido em razão da necessidade de reduzir os efeitos da disponibilidade seletiva imposta ao GPS no modo absoluto (SPS). Tal técnica não só melhora a acurácia, mas também a integridade[2] do GPS. Seu uso original foi na navegação, mas atualmente pode ser empregado em várias atividades. As observações normalmente utilizadas em navegação são as pseudodistâncias ou as pseudodistâncias filtradas pela portadora (seção 6.3.1.2) (Hatch, 1982). O método que adota só a pseudodistância é mais utilizado na prática. Esse método pode proporcionar precisão da ordem de 0,5 a 3 m (dependendo do comprimento da linha-base), tendo capacidade de realizar posicionamento em tempo real, muito embora seja possível também realizar pós-processamento.

O conceito de DGPS envolve o uso de um receptor estacionário em uma estação com coordenadas conhecidas, rastreando todos os satélites visíveis. O processamento dos dados nessa estação (posicionamento por ponto) permite que se calculem as correções posicionais, bem como as pseudodistâncias. As correções Δ das coordenadas *X*, *Y* e *Z* são possíveis de ser determinadas, pois as coordenadas da estação-base são conhecidas. Trata-se das correções no domínio das posições. As correções das pseudodistâncias (correções no domínio das observações) são baseadas nas diferenças entre as pseudodistâncias observadas e as calculadas a partir das coordenadas dos satélites e da estação-base.

2 Integridade é a probabilidade de que a posição informada atenda às especificações estabelecidas.

Estando a estação-base localizada nas proximidades da região de interesse, há forte correlação entre os erros envolvidos na estação-base e na móvel (estação a determinar – usuário). Assim, se o usuário receber tais correções, ele poderá corrigir suas posições ou as observações coletadas, dependendo da estratégia adotada. A Figura 7.6 ilustra o conceito de DGPS.

A aplicação de correções posicionais é o método mais simples de utilizar em DGPS, mas era sobremaneira afetado pela SA, quando esta estava ativada. Além disso, o método é mais efetivo quando os mesmos satélites são rastreados simultaneamente na estação-base e na do usuário. Em consequência, o desenvolvimento do método ficou de certa forma restrito ao que utiliza correções das pseudodistâncias.

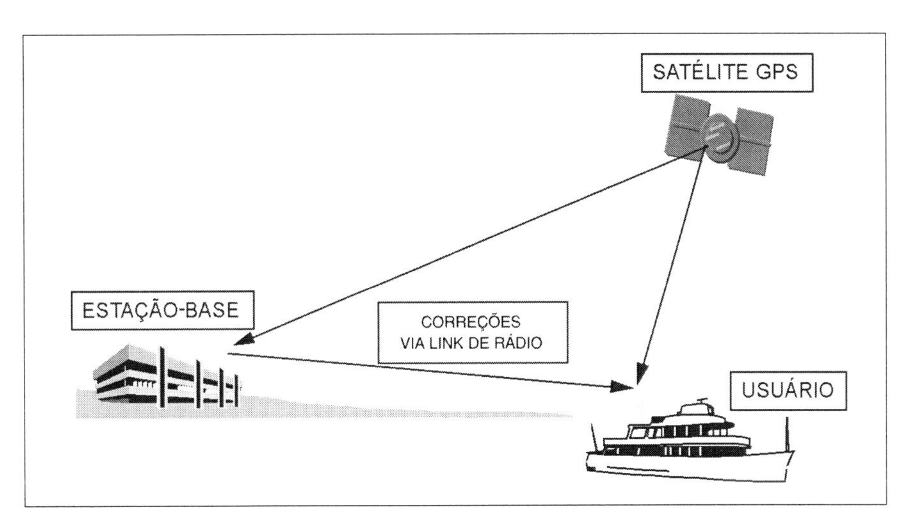

Figura 7.6 – Conceito de GPS diferencial.

Quando se utilizam correções para as observações de pseudodistância, não há necessidade de o usuário rastrear a mesma constelação de satélites presente na estação-base, pois só se aplicam as correções relacionadas aos satélites efetivamente rastreados. Se alguns dos satélites rastreados não dispuserem de correções enviadas pela estação-base, e se houver um número suficiente de satélites para efetuar o posicionamento, é aconselhável não usar as observações relacionadas com esses satélites que não dispõem das correções. Uma estratégia que pode reduzir esse tipo de problema é a introdução de uma máscara de elevação na estação móvel superior à da estação de referência. Uma boa alternativa é acrescentar 1° a cada 100 km de afastamento em relação à estação-base.

Um aspecto importante no DGPS é o intervalo de transmissão das correções e suas variações. Quanto maior o intervalo de transmissão, menor será a acurácia da posição corrigida. As correlações entre as correções reduzem-se com o passar do tempo. A transmissão da variação da correção em função do tempo, com a correção, visa reduzir esse problema, e ao mesmo tempo reduzir a quantidade de informações a serem transmitidas. Correções com atraso de 10 segundos resultam em uma degradação da acurácia da ordem de 0,5 m (Parkinson e Enge, 1996, p.12). Com o desligamento da SA em 2000, essa situação passou a não ser tão problemática. Testes realizados por Dal Póz et al. (2003) confirmam essa premissa.

O formato largamente empregado para transmissão das correções é o RTCM SC-104 (*Radio Technical Commission for Maritime Services Special Committee 104*). A versão atual do RTCM é a 3.0. A correção da pseudodistância para um satélite específico *s* tem a seguinte forma:

$$\Delta p^s(t_k) = \Delta p^s(t_0) + \Delta \dot{p}^s * (t_k - t_0)\,, \tag{7.17}$$

onde:

- $\Delta p^s(t_k)$ é a correção a ser aplicada no instante t_k na observação referente ao satélite *s*;
- $\Delta p^s(t_0)$ é a correção da época de referência t_0 referente ao satélite *s*; e
- $\Delta \dot{p}^s$ é a taxa de variação da correção válida para um determinado intervalo.

A correção diferencial Δp^s, conforme já citado, pode ser determinada utilizando-se pseudodistâncias ou pseudodistâncias filtradas pela portadora. Ela contém os erros que afetam uma pseudodistância específica, como: erros do relógio do satélite, das efemérides, dos atrasos ionosférico e troposférico, além daqueles próprios do receptor e da estação.

Uma alternativa para obter a correção diferencial é dada por:

$$\Delta p^s(t_0) = PD_r^s(t_0) - \rho_r^s(t_0) - c\left(\overline{dt}_r - dt^s\right). \tag{7.18}$$

Nessa expressão, com exceção do erro médio do relógio do receptor $\overline{dt_r}$, todos os demais elementos já foram apresentados. Uma boa aproximação para o erro do relógio do receptor, em um instante com n satélites, é dada por:

$$\overline{dt_r} = \frac{\sum_{i=1}^{n} dt_r}{n}, \tag{7.19}$$

onde

$$dt_r = \left(PD_r^s - \rho_r^s + cdt^s\right)/c. \tag{7.20}$$

Obtendo-se as correções Δp^s das épocas t_i e t_{i+1}, por exemplo, pode-se calcular a variação da correção $\Delta\dot{p}^s$ como:

$$\Delta\dot{p}^s = \frac{\Delta p^s(t_{i+1}) - \Delta p^s(t_i)}{(t_{i+1} - t_i)}. \tag{7.21}$$

A correção Δp^s com sua taxa de variação $\Delta\dot{p}^s$ terá validade para um determinado período, devendo ser atualizada constantemente. A pseudodistância medida a partir do satélite *s*, coletada pelo usuário em um instante *k*, dentro do intervalo válido da correção, será então corrigida, isto é:

$$PD_{corr} = PD_r^s(t_k) + c\left(\overline{dt_r} - dt^s\right) - \Delta p^s(t_k). \tag{7.22}$$

Utilizando as observáveis corrigidas, como na equação (7.22), o usuário poderá realizar o posicionamento por ponto (ver exemplo na seção 7.2.2) nessa estação para determinar sua posição.

Se as correções geradas em uma estação de referência forem aplicadas às pseudodistâncias coletadas pelo receptor de um de seus usuários, com latência de até 10 segundos, os erros comuns às duas estações serão praticamente eliminados, o que poderá proporcionar precisão melhor que 1 m (1 *sigma*) em um raio de 50 km (Parkinson e Enge, 1996, p.4). Há degradação da precisão com o afastamento da estação-base, mas podendo-se ainda obter resultados adequados a algumas aplicações em regiões afastadas até 1.000 km. Nesse caso, a acurácia deve ficar no intervalo de 1 a 5 m.

Para aplicações em serviços de vigilância e sistemas AVL (*Automatic Vehicle Location*), é comum o uso do DGPSI (DGPS Invertido). Nesse procedimento, são as estações móveis que enviam os dados à estação-base, onde são aplicadas as correções. Trata-se, portanto, de aplicações em que a posição corrigida é de maior interesse para os administradores de um sistema AVL. Mais detalhes podem ser encontrados em Marques (2000).

Na FCT/Unesp vem-se desenvolvendo o conceito de DGPS em rede. Nesse caso, as correções diferenciais são calculadas, individualmente, para cada uma das estações (mínimo de três) de referência da rede, do mesmo modo que para o DGPS. No entanto, na aplicação das correções diferenciais para a estação móvel, deve-se obter um único vetor de correções de pseudodistância para cada satélite. Para tanto, ajustou-se a equação de um plano para a área de abrangência da rede, tendo como dados de entrada as correções de cada uma das estações-base. Embora existam outras possibilidades, essa solução tem apresentado bons resultados (Dalbelo; Alves; Monico, 2006).

Retornando ao problema da decorrelação espacial no DGPS, uma proposição já bastante difundida é o conceito de WADGPS, acrônimo de *Wide Area* DGPS (Pessoa, 1996), assunto da seção 7.4.

7.3.1 Exemplo de DGPS

Nesta seção será apresentado um exemplo de DGPS, contendo vários detalhes envolvidos na obtenção das correções no espaço das observações e sua aplicação na pseudodistância em um instante posterior. O exemplo será restrito aos dados de um único satélite, haja vista que o procedimento é similar para os demais.

Exemplo 1

Os dados utilizados são de duas estações pertencentes à Rede Ativa do Oeste do Estado de São Paulo. Uma das estações está localizada em Presidente Prudente (PPTE) e a outra na cidade de Ourinhos (Ouri). A estação PPTE foi usada como base e a estação Ouri, por sua vez, foi considerada a estação móvel. A coleta dos dados foi realizada no dia 2.01.2007 com taxa de coleta de 15 s. Essa taxa não é a usual para aplicações DGPS, mas não prejudicará o caráter explicativo do exemplo.

As coordenadas da estação PPTE atualizadas para a época de rastreio são:

$$X_b = \begin{bmatrix} 3.687.624{,}3697 \\ -4.620.818{,}7217 \\ -2.386.880{,}3034 \end{bmatrix} m.$$

O arquivo da estação-base, no formato RINEX, com as duas épocas de dados utilizadas no exemplo, é mostrado na Figura 7.7. Para a estação móvel, o arquivo com uma época de dados, também no formato RINEX, faz parte da Figura 7.8. Esses arquivos contêm os seguintes PRNs em comum: 02, 04, 05, 09, 12, 17, 24, 26, 29, 30, para os quais devem ser determinadas as correções DGPS usando-se a observável C1.

```
     2.10           OBSERVATION DATA    G (GPS)             RINEX VERSION / TYPE
teqc  2006Apr5      IBGE/DEGED          20070103 12:25:18UTCPGM / RUN BY / DATE
PPTE - RBMC Presidente Prudente                             MARKER NAME
93900                                                       MARKER NUMBER
Agencia "HOST"      IBGE/BRASIL                             OBSERVER / AGENCY
4427235643          TRIMBLE NetRS       NP 1.15 / SP 0.00   REC # / TYPE / VERS
12379370            ZEPHYR GEODETIC                         ANT # / TYPE
  3687624.8089 -4620818.1727 -2386880.6536                  APPROX POSITION XYZ
        .0025         .0000         .0000                   ANTENNA: DELTA H/E/N
*** Above antenna height is from mark to BOTTOM OF ANTENNA. COMMENT
     1     1                                                WAVELENGTH FACT L1/2
     5    L1    C1    L2    P2    D1                        # / TYPES OF OBSERV
   15.0000                                                  INTERVAL
  2007     1     2     0     0    0.0000000     GPS         TIME OF FIRST OBS
                                                            END OF HEADER
  07  1  2  0  0  0.0000000  0 10G 4G26G12G 5G24G 9G29G30G17G 2
 -11939170.91147  22118399.3594  -25720426.23545  22118398.8324        -211.5784
 -19234575.18547  22280643.1334  -14959997.88245  22280643.1644       -2804.7504
 -17625651.35948  22626545.7814  -13723131.86845  22626545.7234        1430.1564
 -14190972.98947  22931589.3134  -11004788.46245  22931589.5744        1572.3914
 -17015060.08847  22937782.0164  -13038492.02745  22937782.2344        3038.2974
 -22741208.43048  21007408.5944  -21002453.49646  21007408.0944        1951.1094
 -10219808.69247  23364645.6254   -7895730.98044  23364645.4064       -3324.1564
  -2756193.88945  25251821.3594   -2432942.10442  25251823.0124        1727.9534
  -8929014.45546  24099616.6954   -7721246.13744  24099617.0204       -3202.4694
 -23101313.52648  21342427.1024  -18542389.51146  21342424.1374        1810.4224
 07  1  2  0  0 15.0000000  0 10G 4G26G12G 5G24G 9G29G30G17G 2
 -11935935.53747  22119015.0234  -25717905.16645  22119014.5274        -219.9694
 -19192478.10347  22288653.1884  -14927194.97845  22288653.9024       -2808.4374
 -17647103.41348  22622463.5704  -13739847.73145  22622463.1764        1430.0784
 -14214563.43347  22927099.7114  -11023170.59945  22927100.2304        1572.9224
 -17060622.02947  22929111.4844  -13073994.81945  22929112.0474        3036.5784
 -22770431.63248  21001847.5004  -21025224.81946  21001847.1684        1945.2194
 -10169947.42846  23374133.3594   -7856878.06944  23374133.7274       -3324.2034
  -2782119.75446  25246889.6414   -2453144.11642  25246889.4844        1728.6724
  -8880978.26946  24108757.0784   -7683815.34444  24108757.8834       -3202.2664
 -23128416.69748  21337269.8984  -18563508.84946  21337266.7664        1803.3444
```

Figura 7.7 – Trecho do arquivo de dados GPS da estação PPTE do dia 2.01.2007.

```
     2.10           OBSERVATION DATA    G (GPS)             RINEX VERSION / TYPE
teqc  2007Feb5                          20070601 13:52:07UTCPGM / RUN BY / DATE
OURI on 5018                                                MARKER NAME
                                                            MARKER NUMBER
                    UNESP/FAPESP                            OBSERVER / AGENCY
4533255084          TRIMBLE NETRS       Nav  1.15 / Boot  1 REC # / TYPE / VERS
     0                                                      RCV CLOCK OFFS APPL
                    TRM41249.00                             ANT # / TYPE
  3785722.2608 -4494900.0264 -2471712.8131                  APPROX POSITION XYZ
        0.0030        0.0000        0.0000                  ANTENNA: DELTA H/E/N
     1     1                                                WAVELENGTH FACT L1/2
     4    L1    C1    L2    P2                              # / TYPES OF OBSERV
    15.0000                                                 INTERVAL
  2007     1     2     0     0    0.0000000      GPS        TIME OF FIRST OBS
MSXP|IAx86-PII|bcc32 5.0|MSWin95->XP|486/DX+                COMMENT
teqc  2006Dec12                         20070117 20:45:55UTCCOMMENT
                                                            END OF HEADER
07  1  2  0  0 30.0000000  0 11G30G26G  2G29G  4G  6G  9G12G  5G24G17
 103821887.25642  25354360.7914   25354360.4444  133238058.14646
  91833321.35645  22426611.2744   22426610.2294  117852703.90347
  87266592.52246  21311376.5694   21311371.5894  111992124.51747
  96225410.28144  23499210.7004   23499209.6324  123489272.62047
  90052969.80445  21991825.6584   21991823.3314  115567919.34447
                  25464423.1634                  133816445.11046
  85980366.60146  20997261.4974   20997259.2294  110341432.49748
  92799773.18847  22662634.9944                  119093013.00547
  94065288.03545  22971689.7354   22971688.1944  120717104.42747
  94080495.07945  22975401.0314   22975400.6294  120736581.13747
  98091424.33246  23954900.2494                  125883931.39946
```

Figura 7.8 – Trecho do arquivo de dados GPS da estação OURI do dia 2.01.2007.

Primeiro, as coordenadas e o erro do relógio dos satélites no instante de transmissão do sinal devem ser determinados, utilizando-se a metodologia apresentada no exemplo 1 da seção 7.2.2. Além disso, as coordenadas dos satélites devem ser corrigidas do movimento de rotação da Terra (seção 5.2.2.5). Realizado esse procedimento, as coordenadas dos satélites e os respectivos erros dos relógios são obtidos. A Tabela 7.2 apresenta esses valores para a primeira época.

Usando-se as coordenadas dos satélites no instante de transmissão do sinal (Tabela 7.2) e as coordenadas conhecidas no instante de rastreio da estação-base, são calculadas as distâncias geométricas entre o receptor e os satélites. A Tabela 7.3 apresenta os valores das distâncias geométricas para a primeira época.

Em seguida calcula-se o erro médio do relógio do receptor para a primeira época, utilizando as equações (7.19) e (7.20). O valor obtido é dado por:

$$\overline{dt_r} = \frac{\sum_{i=1}^{10} dt_r}{10} = 4{,}3024797 * 10^{-8}.$$

Tabela 7.2 – Coordenadas cartesianas e erro do relógio dos satélites para a primeira época

Satélite	Coordenadas cartesianas no instante de transmissão do sinal (m)			Erro do relógio (μs)
	x	***Y***	***z***	
2	22.822.935,89082	–13.171.224,78365	1.750.585,01245	69,45825
4	24.371.757,63866	–3.594.055,41719	–10.449.459,14651	351,24626
5	–4.690.503,72959	–18.261.430,53985	–18.996.740,05930	456,06423
9	8.818.614,27659	–18.614.076,24146	–17.213.202,30218	51,31354
12	–3.576.288,54654	–18.100.639,29353	–19.015.527,33755	–72,16170
17	14.801.561,56132	5.065.011,99409	–21.483.250,13721	84,05667
24	17.900.336,38014	–16.564.135,33628	11.118.401,46507	65,05110
26	8.056.976,60073	–23.030.019,20045	9.336.676,97538	–74,54099
29	10.178.830,93053	–20.143.860,21766	13.951.060,88117	293,75063
30	–15.078.386,87589	–18.782.031,48295	–11.621.187,02004	21,28743

Tabela 7.3 – Distâncias geométricas obtidas para a primeira época entre a estação-base e satélites

Satélite	Distância geométrica (M)
2	21.363.244,31868
4	22.223.698,78177
5	23.068.306,41191
9	21.022.800,35519
12	22.604.908,62612
17	24.124.805,83265
24	22.957.278,33148
26	22.258.294,96596
29	23.452.694,95731
30	25.258.177,78569

Assim, a partir da equação (7.18) obtêm-se as correções diferenciais. Para o satélite 02, as correções diferenciais são:

$$\Delta\rho^{2}(t_{0}) = 21.342.427{,}1024 - 21.363.244{,}31868 - c(4{,}3024797 * 10^{-8} - \\ -(69{,}45825 * 10^{-6})) = -7{,}05576$$

Esse procedimento é repetido para os demais satélites, bem como para os satélites envolvidos na segunda época.

A etapa seguinte diz respeito ao cálculo das taxas de variações das correções diferenciais. Estas são calculadas a partir da equação (7.21). Utilizando-se as correções do satélite 02 da segunda e da primeira época (Tabela 7.4), a correção é dada por:

$$\Delta \dot{p}^2 = \frac{-6{,}50303 - (-7{,}05576)}{(15{,}000)} = 0{,}03684867.$$

A Tabela 7.4 apresenta as correções para cada satélite nas duas épocas, bem como as taxas de variações das correções calculadas a partir dos dados da primeira e segunda época.

Tabela 7.4 – Correções diferenciais para as duas épocas e taxa de variação.

Satélite	Correções diferenciais – época 1 (m)	Correções diferenciais – época 2 (m)	Taxa de variação (m/s)
2	-7,05576	-6,50303	0,0368
4	-11,34109	-11,20035	0,0094
5	-5,38219	-5,74903	-0,0245
9	-21,24862	-21,23651	0,0008
12	-9,27662	-9,18343	0,0062
17	-2,47923	-2,94281	-0,0309
24	-7,38341	-7,61188	-0,0152
26	-11,55829	-12,07584	-0,0345
29	1,99244	1,61847	-0,0249
30	12,48696	14,31263	0,1217

Geradas as correções e as respectivas taxas de variações, estas são enviadas ao usuário, adotando-se um sistema de comunicação e dentro do padrão RTCM, por exemplo. O usuário, por sua vez, aplica tais correções às pseudodistâncias coletadas em instante posterior e realiza o posicionamento por ponto simples (como no exemplo 1 da seção 7.2.2).

Assumindo-se que as correções da segunda época (t_2) e as variações foram enviadas para o usuário que as recebeu com uma latência de 3 segundos, a correção a ser aplicada (equação (7.17)) pelo usuário nas pseudodistâncias deverá ser feita no instante de coleta de dados após o recebimento das correções. Para o caso dos dados usados nesse exemplo, esse instante coincidirá com a terceira época de 15 segundos da estação-base. Logo, tem-se:

$$\Delta p^2(t_b) = -6{,}50303 + 0{,}0368 * (15{,}0000) = -5{,}9503 \text{ m}$$

O mesmo procedimento é realizado para os demais satélites. A Tabela 7.5 mostra as correções finais para todos os satélites.

Tabela 7.5 – Correções diferenciais a serem aplicadas na estação móvel

Satélite	$Correções_k$ (m)
2	–5,9503
4	–11,0596
5	–6,1159
9	–21,2244
12	–9,0902
17	–3,4064
24	–7,8404
26	–12,5934
29	1,2445
30	16,1383

De posse das correções, basta o usuário utilizá-las, como na equação (7.22), e realizar o posicionamento por ponto (ver exemplo na seção 7.2.2). Para o caso em questão obteve-se o seguinte resultado:

$$X = \begin{pmatrix} 3.785.720,8766 \\ -4.494.897,23647 \\ -2.471.710,94255 \end{pmatrix} m$$

Comparando esses valores com as coordenadas conhecidas da estação Ouri, obtêm-se as seguintes discrepâncias:

$$\Delta X = \begin{pmatrix} 0,2167 \\ 0,4965 \\ -0,3956 \end{pmatrix} m$$

Usando procedimento similar, o leitor interessado poderá realizar outros exemplos de DGPS.

7.4 *Wide Area* DGPS (WADGPS)

Para se explorar todo o potencial do DGPS, as separações entre as estações de referência não devem ultrapassar cerca de 200 km. Centenas de estações DGPS deveriam ser estabelecidas para atender aos mais diversos tipos de usuários de uma área mais abrangente. O WADGPS foi desenvolvido para que fossem reduzidas as deficiências inerentes ao DGPS, sem a necessidade de estabelecer grande número de estações.

Enquanto o DGPS produz uma correção escalar para cada uma das pseudodistâncias, um sistema de WADGPS proporciona um vetor de correções composto dos erros das efemérides e do relógio para cada satélite, além dos parâmetros inerentes aos efeitos ionosféricos e à refração troposférica. Neste caso, as correções são dadas no domínio do vetor de estado, para os erros envolvidos dentro da área de abrangência.

Na composição de um sistema de WADGPS, há pelo menos uma estação monitora, estações de referência e sistema de comunicação. Cada estação de referência é equipada com oscilador e receptor GNSS (GPS) de alta qualidade (dupla frequência). As medidas coletadas em cada estação são enviadas para a estação monitora, a qual estima e analisa as componentes do vetor de correções. Normalmente, a observável principal é a pseudodistância filtrada pela portadora (seção 6.3.1.2) ou a própria pseudodistância. As correções são transmitidas para os usuários por um sistema de comunicação conveniente, como satélites de comunicação geoestacionários, redes FM etc.

O objetivo principal é superar o problema relacionado com a decorrelação dos erros dependentes da distância pelo uso de algoritmos adequados. Dessa forma, as fontes individuais de erros são calculadas e transmitidas para os usuários em uma forma apropriada. O usuário aplica essas correções em função de sua localização

Os usuários aplicam essas correções nas pseudodistâncias observadas (filtradas) e efemérides coletadas. A acurácia das correções do WADGPS é aproximadamente constante dentro da região de abrangência do sistema, deteriorando-se fora dela. Mais detalhes podem ser encontrados em Kee (1996) e Aquino (1996; 1997). Esse método é muitas vezes denominado DGPS via satélite.

Outra possibilidade é o uso de algoritmos que proporcionem órbita e erros dos relógios dos satélites com alta acurácia, válidos para uma grande área de abrangência (ou mesmo global) e que sejam utilizados com receptores de dupla frequência. Alternativamente, pode-se usar receptores de simples frequência com modelos de ionosfera. Mas esse assunto ainda é objeto de investigações.

Vários serviços de WADGPS têm sido implementados no mundo. Bertiger et al. (1997) descrevem o desenvolvimento de um protótipo no JPL destinado a aplicações em agricultura de precisão. Daí em diante o sistema vem funcionando plenamente em tempo real, sob a designação RTG (*Real Time Gipsy*) (http://gipsy.jpl.nasa.gov/orms/rtg/).

A FAA (*Federal Aviation Administration*) dos Estados Unidos vem estabelecendo e aprimorando o WAAS (*Wide Area Augmentation System*), visando alcançar os requisitos de integridade relacionados com segurança e apoio aos voos em rota e em processo de aproximação. Na Europa, o EGNOS (*European GPS Navigation Overlay System*) apresenta objetivos similares, bem como o serviço japonês designado de MSAS (MTSAT *Satellite Based Augmentation System*) (Seeber, 2003, p.340). Todos esses sistemas representam uma contribuição para a primeira geração do GNSS (GNSS-1), sendo também conhecidos como SBAS (*Satellite Based Augmentation Systems*). Com exceção do EGNOS, os demais sistemas têm sua origem relacionada com o RTG.

No Canadá foi desenvolvido o CDGPS (*Canada-Wide Differential GPS*) que proporciona correções diferenciais via satélite de comunicação para todo o país, com acurácia da ordem de 1 e 0,3 m para receptores de simples e dupla frequência, respectivamente. O usuário deve para tanto empregar receptores desenvolvidos em especial para o CDGPS. Mais detalhes, bem como atualizações sobre o sistema, podem ser obtidos em http://www.cdgps.com/e/desc.htm.

A empresa Fugro oferece dois tipos de serviços baseados em WADGPS: o *Starfix* e o *Skyfix-XP*. O primeiro é baseado em correções a partir de redes de referência e o segundo, a partir de órbita e correções do relógio, ambos com receptores de dupla ou simples frequência. Tem-se ainda no mercado a Omnistar e a LandStar/Racal, as quais têm oferecido esse tipo de serviço no Brasil, sendo as mais populares em nossa região. Para ter à disposição esses serviços, o usuário deverá fazer uma subscrição e dispor de receptores adequados para tal fim. Atualmente, há grande quantidade de receptores no mercado que possibilitam a aquisição de sinal de WADGPS, incluindo o WAAS e o EGNOS.

Mas o leitor deve estar atento porque, até o momento (dezembro de 2007), esses serviços são específicos para Estados Unidos e Europa.

Vários países no mundo têm estabelecido suas próprias redes de estações de referência para as mais variadas aplicações, entre elas para desenvolver o conceito de WADGPS. No Brasil, a RBMC deverá expandir e oferecer serviços desse tipo para seus usuários.

8
Posicionamento por ponto preciso: fundamentos e resultados

8.1 Introdução

O posicionamento por ponto simples foi apresentado no Capítulo 7, bem como uma breve introdução aos demais métodos de posicionamento. Posicionamento por ponto simples, ou apenas posicionamento por ponto, refere-se à obtenção da posição de uma estação com base em observações de pseudodistância, derivadas do código civil, fixando-se a órbita e demais parâmetros dos satélites aos valores calculados com base nas mensagens de navegação (*Broadcast Ephemerides* – Efemérides Transmitidas). Trata-se do serviço proporcionado pelo GPS sob a denominação de SPS (*Standard Positioning Service* – Serviço de Posicionamento Padrão).

Quando se utilizam as observáveis pseudodistância ou fase da onda portadora, ou ambas, coletadas por receptores de simples ou dupla frequência, com efemérides precisas, trata-se do PPP. Esse método apresenta grande potencialidade para ser empregado em aplicações que exigem alta acurácia, como geodinâmica, além de apresentar grandes vantagens se comparado com o processamento de redes GNSS, em que há grande dispêndio computacional.

Neste capítulo serão apresentados a fundamentação teórica do PPP, alguns serviços disponíveis *on-line* e a descrição de alguns resultados obtidos.

Vale também ratificar que, até bem pouco tempo atrás, o PPP era um método em que não se vislumbravam aplicações em tempo real, algo que tem mudado com a introdução das órbitas do IGS na forma ultrarrápida (IGU).

8.2 Fundamentos do posicionamento por ponto preciso

Posicionamento por ponto preciso (PPP) requer fundamentalmente o uso de efemérides e correções dos relógios dos satélites, ambos com alta precisão. Em consequência, esses parâmetros devem ser disponibilizados aos usuários por alguma fonte independente. Atualmente, o IGS produz três tipos de efemérides e correções para o relógio dos satélites (seção 4.5):

- IGS, que resulta da combinação das órbitas produzidas pelos centros de análises do IGS e fica disponível com uma latência da ordem de 13 dias, apresentando acurácia melhor que 5 cm em posição e 0,1 ns para as correções dos relógios dos satélites;
- IGR, resultante da combinação das órbitas rápidas produzidas pelos centros de análise, ficando disponível com uma latência de 17 horas e com nível de qualidade similar ao das efemérides IGS; e
- IGU, que trata das órbitas ultrarrápidas, composta de uma parte determinada com base em dados (observada) e outra predita. Enquanto a primeira apresenta latência de três horas, a segunda fica disponível em tempo real. A acurácia da primeira parte da ultrarrápida é da ordem de 5 cm em posição e 0,2 ns nas correções dos relógios. Já a parte predita tem acurácia em posição da ordem de 10 cm e de 5 ns nas correções dos relógios.

A atualização desses produtos é semanal para as efemérides IGS, diária para as IGR e 4 vezes ao dia para as IGU. A maioria desses produtos tem cada um dos elementos disponibilizados (coordenadas X, Y e Z e erro do relógio) em intervalos de 15 minutos. Esse intervalo é adequado para realizar interpolações das órbitas dos satélites, mas nem sempre para as correções dos relógios destes, em face da alta variabilidade, o que acarreta grande degradação na qualidade das correções interpoladas.

Visando reduzir a degradação resultante da interpolação, o *Geodetic Survey Division* (GSD) do NRCan já há algum tempo gera, além das órbitas e das correções dos relógios dos satélites GPS no formato padrão do IGS (com intervalo de 15 minutos), as correções dos relógios dos satélites, usando dados do CACS com intervalo de 30 segundos (Héroux e Kouba, 1995). O JPL também realiza trabalho similar. Eles têm produzido órbitas e correções para os relógios dos satélites, no formato SP3, com intervalo de 30 segundos. Esses produtos podem ser acessados via internet, na página sideshow.jpl.nasa.gov. Mas esta é acessível apenas para usuários autorizados.

Outros centros deverão disponibilizar esse tipo de produto no futuro. O leitor deve ficar atento para o fato e tirar proveito dele. Importante frisar que os produtos IGS estão disponíveis aos usuários sem nenhum custo.

Seguindo a evolução natural da área, o IGS, a partir do início da semana GPS 1085, ou seja, 22 de outubro de 2000, passou a disponibilizar as correções dos relógios dos satélites a cada 5 minutos, com atualização similar à das efemérides IGS. A identificação de um arquivo dessa natureza é dada por IGSwwwwd.clk, sendo que *wwww* representa a semana GPS e *d* o dia da semana (0,1, ..., 6). A partir da semana GPS 1087, com início em 6 de novembro de 2000, o IGS também passou a disponibilizar esse tipo de correção com as efemérides IGR. Mais informações podem ser obtidas em http://igscb.jpl.nasa.gov/components/prods.html.

No que diz respeito às observáveis envolvidas no PPP, é comum que se utilizem dados de receptores de dupla frequência, muito embora o uso de dados de simples frequência também tenha sido inserido nesse método. Enquanto no primeiro caso a observável *ion-free* é utilizada, tanto para a fase quanto para a pseudodistância, no segundo é comum empregar algum modelo para reduzir os efeitos da ionosfera. Vale ressaltar que, desde maio de 1998, o IGS está produzindo um modelo global para a ionosfera no formato IONEX. Além disso, estudos de modelos para aplicações regionais estão em desenvolvimento no Brasil (Camargo, 1999; Aguiar, 2005) e em outros locais no mundo. No que se refere à refração troposférica, alguns dos vários modelos disponíveis (Silva, 1998; Sapucci e Monico, 2001b; Leick, 2004; Sapucci, 2005) podem ser adotados.

Quando se recorre a dados de receptores de dupla frequência, tanto de pseudodistância quanto de fase nas duas portadoras, cada conjunto das equações (6.43) e (6.44) é combinado para produzir a observável *ion-free* da pseudodistância (PD^s_{rIF}) e da fase (φ^s_{rIF}), respectivamente, ou seja:

$$PD^s_{r\,IF} = \rho^s_r + c(dt_r - dt^s) + T^s_{r\,0} + dT^s_r m(E)$$
$$\phi^s_{r\,IF} = \frac{f_1}{c}\rho^s_r + f_1(dt_r - dt^s) + N_{IF} + \frac{f_1}{c}T^s_{r\,0} + \frac{f_1}{c}dT^s_r m(E). \quad (8.1)$$

Nessa equação tem-se:

- ρ^s_r é a distância geométrica entre o centro de fase da antena do receptor, no instante de recepção do sinal, e do satélite, no instante de transmissão;
- f_1 é a frequência da observável *ion-free* (igual à da portadora L1);
- c é a velocidade da luz no vácuo;
- dt_r é o erro do relógio do receptor;
- N_{IF} é a ambiguidade da observável *ion-free* (número real);
- T^s_{r0} é o atraso troposférico aproximado a partir de algum modelo disponível;
- dT^s_r é uma correção residual de T^s_{r0}, a ser estimada no modelo; e
- $m(E)$ é a função de mapeamento utilizada.

O valor de T^s_{r0} é obtido a partir da equação (5.16), a qual envolve as componentes hidrostática e úmida, com as respectivas funções de mapeamento (seção 5.2.2.1 (b)). A função de mapeamento que acompanha a correção residual de T^s_{r0} pode ser mais simples do que as apresentadas, haja vista que o parâmetro dT^s_r deve ser relativamente pequeno se comparado com T^s_{r0}. A estimativa do atraso zenital total (T_z) ao final do processamento será então dada por:

$$T_Z = \left[\frac{T_{ZH}}{mh(E)} + \frac{T_{ZW}}{mw(E)}\right] + dT^s_r. \quad (8.2)$$

A partir do modelo dado pela equação (8.1), o leitor pode observar que os parâmetros (incógnitas) a serem estimados envolvem as coordenadas da estação, erro do relógio do receptor (1 por época, em geral), correção residual da troposfera dT_r^s com várias possibilidades de modelagem (seção 5.2.2.1 (c)) e o vetor de ambiguidades N_{IF}(1 por satélite).

Muito embora nem todos os erros envolvidos nas observáveis GNSS tenham sido introduzidos na equação (8.1), todos devem ser tratados com cuidado, se o objetivo é obter alta acurácia. Por exemplo, o erro do relógio do satélite (dt^s), disponibilizado pelo IGS ou por qualquer outro centro, deverá ser adicionado ao valor da observável do lado esquerdo das equações em (8.1), após ser multiplicado por c, para o caso da pseudodistância, e f_1, para a fase da onda portadora. O atraso troposférico aproximado deverá ser subtraído das observáveis. Erros advindos do centro de fase da antena do satélite e do receptor (PO e PCV) (seções 5.2.15 e 5.2.3.3), fase *wind-up* (seção 5.2.3.4), marés terrestres (seção 5.2.4.2), carga dos oceanos (5.2.4.4), entre outros, devem ser levados em consideração.

No PPP, quando todos os erros forem adequadamente tratados e se for usado um período longo de observações de receptores de dupla frequência, obtém-se alto nível de acurácia.

Mais detalhes sobre o PPP podem ser encontrados em Zumberge et al. (1997), em que se mostrou que com esse método é possível obter precisão de poucos milímetros e de poucos centímetros para as componentes horizontal e vertical, respectivamente. Nesse caso, trata-se do posicionamento por ponto estático, para um período de 24 horas de dados, coletados a uma taxa de 30 segundos. Em outra experiência, Zumberge et al. (1998) descrevem uma aplicação de PPP para um receptor em movimento, coletando dados a uma taxa de 5 segundos. Para esse caso, em uma etapa anterior, os erros dos relógios dos satélites foram estimados a cada 30 segundos. Os resultados mostraram que cada posição do receptor pode alcançar precisão da ordem de 7 cm.

Algo que pode passar despercebido pelos usuários de PPP é a infraestrutura necessária para dar apoio ao método, pois ele é relativamente simples. Para que sejam geradas as efemérides precisas e as correções dos relógios, ambos altamente precisos, bem como os parâmetros de orientação da Terra, uma rede de estações GNSS global, com alguns relógios atômicos para serem usados como referência no sistema de tempo, deve estar disponível. No que concerne à rede, atualmente não se trata de um problema. Numerosas estações GNSS contínuas estão em funcionamento em várias partes do mundo.

No entanto, após determinado número de estações (setenta, por exemplo), a inclusão de novas estações não proporciona melhorias nos parâmetros estimados globalmente. Dessa forma, parte das estações pode ser usada para estimar os parâmetros, os quais serão então usados para realizar o PPP das demais estações. Isso pode ser pensado como a solução de um modelo composto por dois grupos de parâmetros, aqueles de natureza global e outros de natureza local, que dependem dos parâmetros globais. Uma discussão bastante interessante a respeito do tema é apresentada por Blewitt (1996, p.253).

No PPP que usa receptores de simples frequência estará envolvida apenas a primeira equação de (6.43) e de (6.44). O procedimento será similar ao caso apresentado nesta seção, com exceção do termo referente aos efeitos da ionosfera (I_r^s), que deverá ser reduzido por meio de algum modelo. PPP com observações advindas de receptores de simples frequência deve proporcionar resultados com pior acurácia, em especial na componente altimétrica. A razão principal para isso são os efeitos da ionosfera, haja vista que todos os demais erros e efeitos podem ser tratados da mesma maneira que em situações em que se tem observações de receptores de dupla frequência.

8.3 Serviços de PPP *on-line*

Algumas organizações têm disponibilizado o PPP *on-line*, abrindo perspectivas de uso dele até então não esperadas.

O JPL disponibiliza um serviço gratuito *on-line* de PPP por meio do uso de mensagem de e-mail e ftp (*file-transfer protocol*) como interface para um computador no JPL onde os parâmetros necessários (órbitas e erros dos relógios) são calculados regularmente. A interface funciona de tal forma que a mensagem do usuário externo faz que o computador do JPL vá procurar os dados do usuário. A mensagem deve ser enviada para ag@cobra.jpl.nasa.gov, devendo ter como assunto a palavra "*Static*", para posicionamento estático, e "*Kinematic*", para posicionamento cinemático. No corpo da mensagem deve constar o endereço da URL onde o arquivo RINEX foi depositado, por exemplo, ftp://gege.prudente.unesp.br/ppp. Em etapa posterior, os dados do usuário são processados e os resultados analisados e disponibilizados em uma área que seja acessível ao usuário. A seguir é o usuário que recebe uma mensagem em que se informa o endereço para onde os resultados foram enviados. As operações no JPL são realizadas de modo automático (Zumberge, 1999). Atualmente apenas dados de receptores de dupla frequência no modo pós-processado são passíveis de ser analisados. Mais detalhes podem ser encontrados em http://facility.unavco. org/software/processing/gipsy/auto_gipsy_info.html, bem como em http://milhouse. jpl.nasa.gov/ag/.

O NRCan também disponibiliza um serviço para processamento de dados GNSS que utiliza PPP. O serviço é gratuito, exigindo apenas um cadastramento do usuário no sistema. Esse serviço está disponível via CSRS-PPP (CSRS – *Canadian Spatial Reference System*), proporcionando aos usuários do Canadá e de outras localidades a possibilidade de realizar o posicionamento com um único receptor, apenas pela submissão de seus dados via internet. A precisão esperada aproxima-se daquela obtida pelo método de posicionamento relativo, sem a necessidade de usar dados coletados simultaneamente por uma estação de referência. CSRS-PPP pode processar dados GPS de receptores de simples e dupla frequência, quer no modo estático, quer no cinemático, mas ambos pós-processados. O usuário interessado em usar esse serviço deve acessar o endereço http://www.geod.nrcan.gc.ca/online_data_e.php.

No que se refere ao PPP *on-line*, tem-se ainda o GAPS (GPS *Analysis and Positioning Software*) desenvolvido pela UNB (*University of New Brunswick*) no Canadá. Nesse serviço é possível realizar o PPP no modo estático e no cinemático. Em maio de 2007, apenas dados de receptores de dupla frequência eram processados. Informações sobre o uso do serviço podem ser obtidas em http://gaps.gge.unb.ca.

Outras possibilidades deverão surgir no futuro, devendo o usuário interessado estar atento a informações relacionadas aos serviços GNSS *on-line* na internet. No Brasil, uma fonte para esse tipo de informação é a página do GEGE (http://gege.prudente.unesp.br). Há uma perspectiva de que o IBGE passe a fornecer esse tipo de serviço em breve.

8.4 PPP em tempo real

As pesquisas em andamento hoje no que concerne ao PPP estão direcionadas para a realização desse método de posicionamento em tempo real. No ION GNSS 2004, 2005 e 2006, todos feitos nos Estados Unidos, uma sessão foi dedicada exclusivamente ao PPP. Além disso, artigos sobre esse tema foram apresentados em outras sessões (ION GNSS, 2004; 2005; 2006). Os trabalhos, de forma geral, evidenciaram a potencialidade do método para aplicações em tempo real (Hérox et al., 2004; Chen, 2004). Isso se deve, sobretudo, ao fato de que alguns centros passaram a disponibilizar os produtos essenciais para o PPP (efemérides e correções dos relógios dos satélites) em tempo real, a exemplo do que vêm fazendo o IGS, o NRCan e o JPL.

O JPL dispõe de um serviço para PPP em tempo real funcionando há algum tempo. Mas vale citar que o serviço vai além disso, pois outros tipos de serviços são oferecidos. Embora seja denominado GDGPS (*Global Differential* GPS), o processamento dos dados do usuário é realizado com o emprego de posicionamento por ponto. O fato de comparecer na designação do serviço o termo diferencial deve ser consequência da metodologia adotada. Correções diferenciais em tempo real são geradas para as órbitas e correções do relógio advindas das efemérides transmitidas. Em virtude da alta redundância do sistema (número de estações, centro de processamento, comunicação), ele é bastante confiável. Na página da internet com informações sobre o GDGPS (http://www. gdgps.net/) comparecem detalhes sobre o funcionamento do sistema, serviços disponíveis e várias publicações relacionadas com o tema. A acurácia estipulada para o serviço é de 10 cm, em qualquer lugar da Terra ou próximo a essa.

Outros serviços dessa natureza vêm sendo disponibilizados. Embora o sistema *SkyFix-HP* da Fugro tenha sido apresentado na seção 7.4, no conceito de WADGPS, o processamento final dos dados deve ser realizado usando-se o PPP, ou de forma muito similar, haja vista que as órbitas e os erros dos relógios dos satélites são corrigidos. Outro sistema, denominado *StarFire*, aparece na literatura similar ao PPP (Leick, 2004, p.258) e deve usar metodologia similar ao *SkyFix-HP*.

Como se trata de uma tecnologia em plena expansão, o leitor deverá estar atento para as últimas novidades, seja participando em congressos ou acompanhando páginas na internet relacionadas com o tema.

8.5 Exemplos de aplicações do PPP

Nesta seção são apresentados alguns exemplos referentes à utilização do PPP. Os casos serão restritos ao PPP no modo pós-processado. Um primeiro experimento está descrito em Monico (2000b) e em Monico e Perez (2001). No primeiro artigo o objetivo principal era mostrar a potencialidade do método para aplicações em Geodinâmica e, no segundo, a ênfase estava na realização de referenciais geodésicos. Para fins deste exemplo ele será designado de Experimento I. Os dados disponibilizados pelo IBGE foram coletados nas estações da RBMC, que na época do experimento era composta por nove estações (Figura 8.1).

A Tabela 8.1 mostra as estações com dados envolvidos no processamento. A não inclusão de dados de algumas estações se deve ao fato de estes não estarem disponíveis, em virtude de algum tipo de problema durante o período utilizado no processamento.

Em um segundo experimento (Experimento II), apresentado em Perez, Monico e Chaves (2004), foram usados dados da RBMC e de algumas estações do IGS na América do Sul, além de outras (Figura 8.2). As estações envolvidas no processamento e informações sobre as placas tectônicas às quais pertencem são mostradas na Tabela 8.2. Os dados utilizados representam um período de quase três anos, subdividido

Figura 8.1 – Distribuição das estações da RBMC.

em seis períodos de quinze dias cada um. Com isso, todas as condições climáticas foram consideradas, sem a necessidade de processar grande quantidade de dados. A primeira observação é do dia 28 de junho de 1998, ao passo que a última é do dia 1º de abril de 2001. Nesse experimento objetivou-se estimar o campo de velocidade da placa Sul--Americana utilizando o PPP.

Tabela 8.1 – Dados utilizados no processamento do primeiro experimento.

	Dia do ano (1998)																				
Estações	91	92	93	94	95	96	97	121	122	123	124	125	126	127	152	153	154	155	156	157	158
BOMJ	XX		XX	XX	XX	XX	XX	XX	XX	XX	XX	XX	XX	XX	XX	XX	XX	XX		XX	XX
BRAZ								XX	XX	XX	XX	XX	XX	XX							
CUIB	XX	XX	XX	XX	XX	XX	XX	XX	XX	XX	XX	XX	XX	XX	XX	XX	XX	XX	XX	XX	XX
FORT	XX	XX	XX	XX	XX	XX	XX	XX	XX	XX	XX	XX	XX	XX	XX	XX	XX	XX	XX	XX	XX
IMPZ	XX	XX	XX	XX	XX		XX	XX	XX	XX	XX	XX	XX	XX							
MANA	XX	XX	XX	XX	XX	XX	XX	XX	XX	XX	XX	XX	XX	XX	XX	XX	XX	XX	XX	XX	XX
PARA	XX	XX	XX	XX	XX	XX	XX								XX	XX	XX	XX	XX	XX	XX
UEPP	XX	XX	XX	XX	XX	XX	XX	XX	XX	XX	XX	XX	XX	XX	XX	XX	XX	XX	XX	XX	XX
VICO	XX	XX	XX	XX	XX	XX	XX	XX	XX	XX	XX	XX	XX	XX	XX	XX	XX	XX	XX	XX	XX

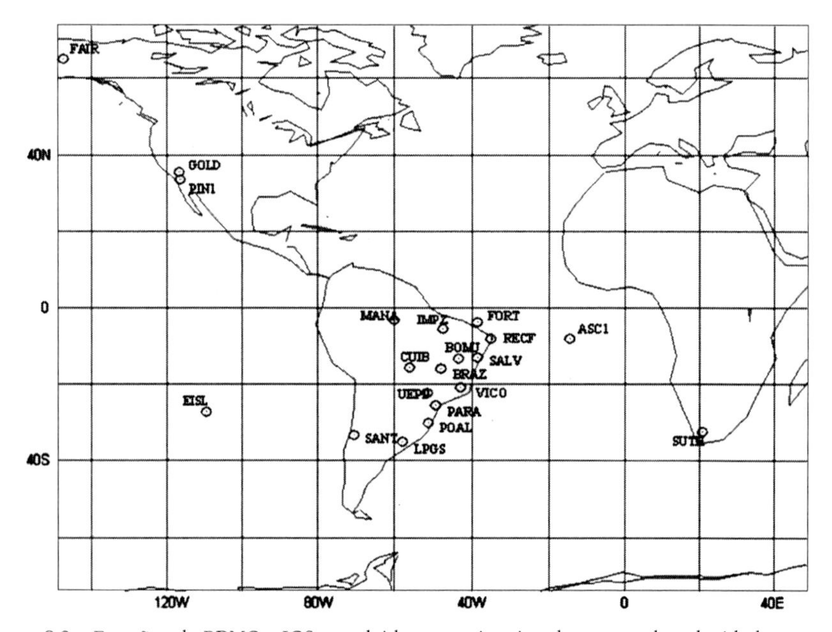

Figura 8.2 – Estações da RBMC e IGS envolvidas na estimativa do campo de velocidade.

Tabela 8.2 – Informações sobre as estações da RBMC e IGS

Estação	Identificação	País	Placa tectônica	Rede
Bom Jesus	BOMJ	Brasil	SOAM	RBMC
Brasília	BRAZ	Brasil	SOAM	RBMC and IGS
Cuiabá	CUIB	Brasil	SOAM	RBMC
Fortaleza	FORT	Brasil	SOAM	RBMC and IGS
Imperatriz	IMPZ	Brasil	SOAM	RBMC
Manaus	MANA	Brasil	SOAM	RBMC
Curitiba	PARA	Brasil	SOAM	RBMC
Porto Alegre	POAL	Brasil	SOAM	RBMC
Recife	RECF	Brasil	SOAM	RBMC
Salvador	SALV	Brasil	SOAM	RBMC
Pres. Prudente	UEPP	Brasil	SOAM	RBMC
Viçosa	VICO	Brasil	SOAM	RBMC
Ascension	ASC1	Reino Unido	SOAM	IGS
Easter Island	EISL	Chile	NAZC	IGS
Fairbanks	FAIR	Estados Unidos	NOAM	IGS
Goldstone	GOLD	Estados Unidos	NOAM	IGS
La Plata	LPGS	Argentina	SOAM	IGS
Pinyon Flats	PIN1	Estados Unidos	PCFC	IGS
Santiago	SANT	Chile	SOAM	IGS
Sutherland	SUTH	África do Sul	AFRC	IGS

8.5.1 Software utilizado no processamento

Os dados referentes às informações que constam das Tabelas 8.1 e 8.2 foram processados utilizando-se o software GIPSY-OASIS II (GOA-II), propício para realizar vários tipos de processamentos, incluindo dados GPS, SLR e DORIS. No caso do GPS, os dados de entrada devem estar no formato RINEX.

O software GOA-II foi desenvolvido pelo JPL e permite a realização do PPP. Além desta, várias outras opções fazem parte desse sistema, que pode ser considerado um dos softwares que representam o estado da arte em processamento de dados GPS. Mais detalhes sobre o GOA-II podem ser encontrados em Webb e Zumberge (1997). Pode-se usar efemérides precisas produzidas pelo IGS, ou pelo próprio JPL, bem como as efemérides transmitidas. No primeiro caso, como as correções dos relógios eram produzidas apenas a cada 15 minutos (apenas recentemente essas correções são dadas a cada 5 minutos), só observações coletadas nos instantes coincidentes com as correções fazem parte do processamento, o que reduz de modo considerável o número de observações passíveis de serem incluídas no processamento. Empregando-se as efemérides produzidas pelo JPL, próprias para serem utilizadas com o software GOA-II, todas as observáveis podem ser usadas, haja vista que as correções dos relógios são também disponibilizadas.

8.5.2 Estratégia aplicada no processamento

Nos Experimentos I e II fizeram parte do processamento as observáveis referentes à fase da onda portadora e à pseudodistância, disponíveis em L1 e L2. A observável básica foi a combinação linear livre dos efeitos da ionosfera (*ion-free*), denominada L0 (seção 6.3.1.1). Adotou-se 30 segundos como o intervalo para processamento dos dados, com ângulo de elevação igual ou superior a 15°. No que se refere à troposfera, o resíduo do atraso zenital troposférico foi tratado estocasticamente, em um processo denominado *random walk* (Bierman, 1977), com variação do ruído do processo estocástico dado por $2cm/\sqrt{1h}$. Os erros dos relógios dos receptores foram estimados no processamento, adotando-se como relógio padrão o da estação FORT (estação com oscilador atômico).

As órbitas e correções dos relógios dos satélites usadas no processamento foram as produzidas pelo JPL. As órbitas são produzidas em um ajustamento livre e as estações envolvidas transformadas posteriormente para o ITRF de interesse. No Experimento I adotou-se o ITRF96 (Boucher; Altamimi; Silard, 1998), ao passo que, no segundo, o ITRF97 (Boucher; Altamimi; Silard, 1999). Dessa forma, os resultados obtidos no processamento também foram transformados para cada um desses referenciais, mediante a aplicação dos parâmetros fornecidos pelo próprio JPL.

8.5.3 Critérios para análise da qualidade dos resultados

A análise de qualidade em posicionamento geodésico tem sido, em geral, baseada em três critérios:

- cálculo do desvio-padrão formal, resultante da geometria envolvida no processamento (matriz A) e da matriz variância-covariância (MVC) das observações (precisão);

- repetibilidade das coordenadas estimadas (precisão); e
- comparação com outras técnicas de processamento (tendência).

O desvio-padrão formal dos parâmetros, que é um indicador da precisão, foi obtido a partir da MVC dos parâmetros, obtida no processamento com a técnica de Filtro de Kalman. Trata-se de uma quantidade que normalmente proporciona valores otimistas para a qualidade dos parâmetros.

A repetibilidade diária (*Rep*) permite uma estimativa de precisão mais realista para as coordenadas das estações ou componentes das linhas-base. Ela é dada pela expressão (Blewitt, 1989)

$$\mathrm{Rep} = \left(\frac{n}{n-1} \sum_{i=1}^{n} \frac{(R_i - \hat{R})^2}{\sigma_i^2} \Big/ \sum_{i=1}^{n} \frac{1}{\sigma_i^2} \right)^{1/2}. \tag{8.4}$$

Nessa expressão, n é o número de dias de ocupação, R_i e σ_i são a estimativa e o erro formal (desvio-padrão) da componente da linha-base para o i-ésimo dia e $\hat{R}$ é a média ponderada da componente considerada.

A comparação com outros resultados considerados de melhor qualidade permitiu avaliar o desempenho do PPP em relação a outras metodologias.

No Experimento II também se fez a estimativa do vetor de rotação da placa Sul-americana (*SOAM plate*) e esta foi comparada com outros resultados disponíveis (ITRF2000, NNR-NUVEL 1A e APKIM 2000). Para tanto, após as estimativas das posições das estações em instantes diferentes (t_1, t_2, ..., t_n), uma única posição X_i foi estimada para cada estação, em uma época t (média da campanha para esse caso), com o vetor de velocidade $V_i = (v_x, v_y, v_z)$, a partir da expressão

$$\begin{bmatrix} X_t \\ V_t \end{bmatrix} = \begin{bmatrix} \sum_{i=1}^{n} P_i & \sum_{i=1}^{n} (t-t_i)P_i \\ \sum_{i=1}^{n} (t-t_i)P_i & \sum_{i=1}^{n} (t-t_i)^2 P_i \end{bmatrix}^{-1} \begin{bmatrix} \sum_{i=1}^{n} P_i X_i \\ \sum_{i=1}^{n} (t-t_i)P_i X_i \end{bmatrix}, \tag{8.5}$$

onde P é a matriz peso obtida a partir da inversa da MVC de cada solução PPP. De posse desses resultados obteve-se, com a aplicação do ajustamento por mínimos quadrados, o vetor de rotação de Euler (Ω_X, Ω_Y e Ω_Z) (seção 3.7.3).

$$\begin{bmatrix} v_x \\ v_y \\ v_z \end{bmatrix} = \begin{bmatrix} 0 & -\Omega_Z & \Omega_Y \\ \Omega_Z & 0 & -\Omega_X \\ -\Omega_Y & \Omega_X & 0 \end{bmatrix} \begin{bmatrix} x \\ y \\ z \end{bmatrix} = \varpi \times X. \tag{8.6}$$

8.5.3.1 Análise do Experimento I

Das várias análises apresentadas em Monico (2000b) e Monico e Perez (2001), pode-se observar que a repetibilidade é cerca de 10 vezes maior que a precisão formal do ajustamento, a qual não chega a atingir 2 mm na componente *h*, que representa o pior caso. Consequentemente, a análise pela repetibilidade indica que os resultados são altamente precisos. Para as componentes geodésicas locais *E* e *N* e as três cartesianas *X*, *Y* e *Z*, não há nenhum vínculo aparente entre a repetibilidade e o comprimento da linha-base. A componente *E* proporciona repetibilidade melhor que 10 mm, o que indica boa consistência entre os diferentes dias de dados processados. Os melhores resultados, em termos de repetibilidade, estão relacionados com a componente *N*, cujo valor não ultrapassa 5 mm. Para a repetibilidade da componente *h*, aparentemente, há um vínculo com o comprimento da linha-base. Realizando uma regressão linear, obtêm-se 6 mm ± 4 ppb (partes por bilhão).

Na comparação com outras soluções, considerou-se a solução SIRGAS, época 1995,4 (IBGE, 1997), atualizada para a época média do processamento do Experimento I (ITRF96 – época 1998,4), mediante a adoção do modelo de placas tectônicas NNR-NUVEL-1A (McCarthy, 1996). Pode-se observar compatibilidade da ordem de 2,3 cm na componente *h*, e de 1,7 cm na componente *E*. Trata-se de valores relativamente elevados se comparados com a precisão dos resultados apresentados. Mas, ao se considerar que as estações usadas para conectar o SIRGAS ao ITRF94 apresentam precisões que podem chegar a 3 cm, tais resultados são pertinentes.

Os resultados também foram comparados com aqueles advindos do ITRF2000. Para tanto, as velocidades dessa solução foram empregadas para fazê-la coincidir com a época 1998,4. Ao fazer a propagação de covariância pode-se observar que a precisão do ITRF2000 para algumas das estações brasileiras não é de boa qualidade. Uma delas (IMPZ) chegou a atingir 5,4, 5,9 e 1,4 cm em *X*, *Y* e *Z*, respectivamente. Nessa estação as discrepâncias são da ordem de 3,0, 2,5 e 1,4 cm. Para as demais, as discrepâncias não chegam a atingir 2,0 cm, mesmo na componente *h*.

8.5.3.2 Análise do Experimento II

Os mesmos tipos de análises apresentadas na seção anterior foram realizados nesse experimento, obtendo-se resultados similares. Além disso, foram calculadas as velocidades das estações, as quais foram comparadas com as obtidas no ITRF2000 e a partir dos modelos NNR--Nuvel-1A e APKIM 2000. Os resultados mostraram-se dentro do nível de incerteza esperado para cada caso. Vale ressaltar que ocorreram grandes discrepâncias com relação ao ITRF2000, em virtude sobretudo das incertezas dessa solução, para estações no Brasil.

Na Tabela 8.3 são apresentadas as estimativas do vetor de rotação da placa sul-americana advindas do processamento e de outras soluções disponíveis.

Tabela 8.3 – Vetores de rotação da placa sul-americana

MODEL	Ω_X (rad/Ma)	Ω_Y (rad/Ma)	Ω_Z (rad/Ma)	ω (°/Ma)
Solution final	–0,00090	–0,00186	–0,00073	0,1257
ITRF2000	–0,00105	–0,00122	–0,00022	0,1130
NNR-NUVEL-1A	–0,00104	–0,00152	–0,00087	0,1164
APKIM2000	–0,00095	–0,00116	–0,00060	0,0925

Com base nos resultados mostrados na Tabela 8.3 pode-se observar que a solução final advinda do PPP concorda mais com o modelo NNR-NUVEL-1A, alcançando 1,2 mm/ano (1"/Ma em v representa aproximadamente 0,03 mm/ano no Equador). Com respeito ao ITRF2000, alcança 1,5 mm/ano. O pior resultado é com relação ao APKIM2000, que alcança 3,7 mm/ano. Trata-se de um resultado inesperado, pois este teve incorporadas observações SLR, GPS e VLBI. No entanto, o modelo mais recente dessa série, APKIM2002, está mais alinhado com todas as soluções (Drewes, 2003).

8.6 Exemplo de aplicação do PPP on-line

Para mostrar ao leitor a potencialidade do método, com a facilidade de uso, sem detalhes sobre a grande infraestrutura necessária para oferecer esse tipo de serviço, apresentam-se a seguir os resultados obtidos por intermédio dos três serviços de PPP on-line apresentados na seção 8.3. Selecionou-se uma estação da RBMC, no caso a estação PPTE, a qual dispõe de coordenadas conhecidas. Os dados referem-se ao dia 22 de setembro de 2006, compreendendo 24 horas de observação. A Tabela 8.4 apresenta as coordenadas cartesianas obtidas no referencial ITRF2005 para o dia dos dados com o respectivo desvio-padrão (S), para cada uma das soluções (JPL, NRCan, UNB). Para uma análise da tendência, na Tabela 8.5 encontram-se as discrepâncias (Δ) entre as coordenadas cartesianas estimadas e aquelas dadas no SIRGAS 2000 na época dos dados. Logo, as coordenadas da estação PPTE tiveram de ser atualizadas para a época 2006,73.

O leitor, ao analisar a Tabela 8.4, constatará a alta precisão proporcionada pelo método. O serviço da UNB proporcionou a melhor precisão. No que concerne à tendência os melhores resultados também

Tabela 8.4 – Coordenadas ITRF2005 estimadas pelos serviços PPP on-line e respectiva precisão (época 2006,73).

(m)	JPL	NRCan	UNB
X	3687624,4048	3687624,3484	3687624,3677
S_X	0,0028	0,0075	0,0019
Y	–4620818,7420	–4620818,6926	–4620818,7321
S_Y	0,0032	0,0078	0,0020
Z	–2386880,4771	–2386880,3116	–2386880,3225
S_Z	0,0017	0,0040	0,0010

Tabela 8.5 – Discrepâncias entre as coordenadas ITRF2005 estimadas pelos serviços PPP on-line e SIRGAS 2000 para a época 2006,73

(cm)	JPL	NRCan	UNB
ΔX	3,46	–2,18	–0,25
ΔY	–2,29	2,65	–1,30
ΔZ	–16,92	–0,37	–1,46

foram apresentados pelo modelo da UNB. Esse serviço apresenta uma acurácia resultante de aproximadamente 2 cm, ao passo que nos serviços do NRCan e do JPL esse valor é de 3,6 e 17,4 cm, respectivamente. Deve ficar claro que o processamento envolveu um período de 24 horas, o que nem sempre é viável em várias aplicações. Para período menor, a qualidade do resultado deve deteriorar um pouco. Os serviços também oferecem a possibilidade de realizar o processamento no modo cinemático.

8.7 Comentários finais relacionados com o PPP

O PPP vem ganhando grande espaço entre os métodos de posicionamento, abrindo possibilidades para várias aplicações.

Na FCT/Unesp, as aplicações do PPP vêm apresentando resultados bastante promissores. Até o momento, a limitação está no que se refere ao uso do software GOA-II, pois apenas o executável está disponibilizado. Isso dificulta o entendimento mais profundo do método, bem como alterações destinadas a alguma aplicação específica. Para reduzir essa deficiência, a implementação do PPP vem sendo desenvolvida na FCT/Unesp. A implementação do PPP foi realizada no contexto de uma dissertação de mestrado (Faustino, 2006).

Em razão da facilidade do método e dos bons resultados obtidos, é de se esperar que as empresas envolvidas com GNSS comecem em breve a disponibilizar esse tipo de possibilidade com seus produtos.

9
Posicionamento relativo e solução das ambiguidades GNSS

9.1 Introdução

Para realizar o posicionamento relativo o usuário deve dispor de dois ou mais receptores. No entanto, com o advento dos chamados Sistemas de Controle Ativos (SCA),[1] essa realidade mudou. Dispondo de apenas um receptor ele poderá efetuar o posicionamento relativo. Deverá, para tanto, acessar os dados de uma ou mais estações pertencentes ao SCA. No caso do Brasil tem-se a RBMC, além de outras estações contínuas. Nesse caso, o sistema de referência do SCA será introduzido na solução do usuário via coordenadas das estações usadas como referência.

No contexto de posicionamento relativo, utilizam-se, em geral, as duplas diferenças (DD) como observáveis fundamentais. Serão abordados a seguir os métodos de posicionamento relativo estático, estático rápido, semicinemático e cinemático, suscetíveis de ser realizados adotando-se uma das seguintes observáveis originais:

- pseudodistância;
- fase da onda da portadora; e
- fase da onda portadora e pseudodistância.

1 Em um SCA, receptores rastreiam continuamente os satélites visíveis e os dados podem ser acessados via sistema de comunicação.

Com exceção do posicionamento relativo estático, outras denominações estão presentes na literatura para os métodos rápidos de posicionamento, como: pseudocinemático, cinemático rápido, *stop and go* etc. O autor adotou a classificação apresentada por Seeber (1993, p.282). Nos métodos rápidos, é essencial a solução e a validação do vetor das ambiguidades GNSS, assunto que fará parte da seção 9.7.

O conceito fundamental do posicionamento relativo é que os dois ou mais receptores envolvidos rastreiem, simultaneamente, pelo menos dois satélites comuns. Portanto, parece oportuno discutir de modo breve a simultaneidade das observações, cujo conceito está implícito em todos os métodos de posicionamento relativo a serem apresentados.

9.2 Simultaneidade das observações

Quando se realizam diferenças entre observáveis coletadas simultaneamente, objetiva-se, sobretudo, reduzir alguns tipos de erros. Deve-se então escolher a simultaneidade entre dois instantes: o de recepção ou o de transmissão do sinal. Sinais que são recebidos no mesmo instante são transmitidos em instantes diferentes, e sinais que são transmitidos no mesmo instante são recebidos em instantes diferentes. Isso só não ocorreria se as distâncias entre receptores e satélites fossem iguais, possibilidade extremamente pequena. Com a eliminação da SA, e mesmo antes de sua existência, parecia razoável pensar em simultaneidade no instante de transmissão do sinal, pois os osciladores atômicos dos satélites são muito superiores aos osciladores de quartzo dos receptores. No entanto, esse raciocínio não é totalmente correto.

Quando se formam as equações de observação das simples diferenças (SD), o erro do relógio do satélite é eliminado, pois assume-se que os sinais recebidos nas duas estações foram emitidos simultaneamente. Na prática, isso não ocorre, exceto se os dois receptores estiverem totalmente sincronizados, e as duas distâncias envolvidas forem iguais. Do posicionamento por ponto pode-se perceber que é possível obter alta precisão na estimativa do erro do relógio do receptor, a qual pode ser melhor que 10^{-06}s. O resultado do exemplo 7.22 alcançou precisão de 10^{-09}s. Dessa forma, cada receptor pode se manter sincronizado com o referencial de tempo do sistema envolvido, dentro desse limite de precisão, o que de fato ocorre na prática. Quando ambos os receptores envolvidos na SD estiverem sincronizados ao nível do *ms* com o tempo GPS, por exemplo, o erro do relógio do satélite é praticamente eliminado, podendo ser negligenciado. À medida que o erro de sincronismo aumenta, os resultados vão se deteriorando. Raciocínio análogo pode ser aplicado para o erro do relógio do receptor, pois se pode pensar na DD como duas SDs que envolvem dois satélites e cada um dos dois receptores.

Embora tenham ocorrido simplificações ao se formar as DDs, atenção especial deve ser dada ao cálculo da distância topocêntrica entre as antenas do receptor e do satélite. Essa distância é empregada para calcular as derivadas parciais que compõem a matriz A, onde o rigor não é crítico, e o vetor $\Delta L = L_0 - L_b$, ambos empregados no ajustamento. No último caso, o vetor L_0 deve ser calculado com rigor compatível com a precisão da observável, que no caso da fase da onda portadora é milimétrica. Para chegar a esse resultado, deve-se considerar a equação (7.2) e os erros envolvidos nos relógios. Deve-se então usar o instante de transmissão correspondente ao sinal recebido em cada receptor.

Como os instantes de transmissão dos sinais recebidos nos receptores envolvidos nas DDs são diferentes, deve-se calcular a posição do satélite correspondente em cada um deles, para posterior cálculo das distâncias topocêntricas. Em razão da alta precisão exigida no cálculo do vetor L_0, esses cuidados devem ser tomados, pois se trata de erros que não são totalmente eliminados na formação das DDs, por causa das incertezas envolvidas na simultaneidade das observações.

9.3 Posicionamento relativo estático

A observável normalmente adotada no posicionamento relativo estático é a DD da fase de batimento da onda portadora, muito embora possa também se utilizar a DD da pseudodistância, ou ambas. Os casos em que se tem as duas observáveis proporcionam melhores resultados em termos de acurácia. Nesse tipo de posicionamento, dois ou mais receptores rastreiam, simultaneamente, os satélites visíveis por um período de tempo que pode variar de dezenas de minutos (20 minutos no mínimo) até algumas horas. Os casos envolvendo períodos curtos de ocupação, até 20 minutos, serão tratados neste livro como método relativo estático rápido.

Como no posicionamento relativo estático o período de ocupação das estações é relativamente longo, apenas as DDs da fase da onda portadora são em geral incluídas como observáveis. Como a precisão da fase da onda portadora é muito superior à da pseudodistância, a participação desta última não melhora os resultados de forma significativa. Mesmo assim, as pseudodistâncias devem estar disponíveis, pois elas são empregadas no pré-processamento para estimar o erro do relógio do receptor, ou calcular o instante aproximado de transmissão do sinal pelo satélite. Trata-se de método muito adotado em posicionamento geodésico, em particular em softwares comerciais.

Considerando-se dois receptores r_1 e r_2, o que constitui uma simples-linha base, e os satélites s^1 e s^2, a DD de fase (equação 6.64) é agora reescrita na forma linear usando-se a expressão (6.83). Assumindo que os efeitos da refração ionosférica e troposférica foram devidamente modelados ou negligenciados, tem-se:

$$\begin{aligned} \lambda\,\Delta\Phi_{1,2}^{1,2} - \Delta\rho_{1,2_0}^{1,2} + v_{\Phi_{DD}} &= (a_1^{1,2})\Delta X_1 + (b_1^{1,2})\Delta Y_1 + (c_1^{1,2})\Delta Z_1 + \\ &+ (a_2^{2,1})\Delta X_2 + (b_2^{2,1})\Delta Y_2 + (c_2^{2,1})\Delta Z_2 + \lambda N_{1,2}^{1,2} \end{aligned}, \quad (9.1)$$

onde:

$$\begin{aligned} &a_i^{1,2} = a_i^1 - a_i^2;\ b_i^{1,2} = b_i^1 - b_i^2;\ c_i^{1,2} = c_i^1 - c_i^2 \quad \text{para i = 1,2} \\ &\Delta\rho_{1,2_0}^{1,2} = [\rho_{10}^1 - \rho_{20}^1 - \rho_{10}^2 + \rho_{20}^2] + \lambda N_{1,2_0}^{1,2} \end{aligned}. \quad (9.2)$$

O subscrito $(.)_0$ nas equações (9.1) e (9.2) indica que a expressão (.) foi calculada em função dos valores aproximados. Observe-se que a unidade na equação (6.64) do Capítulo 6 é ciclo, ao passo que na equação (9.1) foi convertida para a unidade métrica (foi multiplicado por λ).

Assumindo-se que os dados foram coletados durante *k* instantes nas duas estações, designadas de 1 e 2, envolvendo os mesmos *n* satélites, o modelo linearizado das DDs de fase da onda portadora pode ser expresso por:

$$E\{\begin{bmatrix} \Delta L_1 \\ \Delta L_2 \\ \dots \\ \Delta L_k \end{bmatrix}\} = \begin{bmatrix} A_{1,2_1} & I_{n-1} \\ A_{1,2_2} & I_{n-1} \\ \dots & \dots \\ A_{1,2_K} & I_{n-1} \end{bmatrix} \begin{bmatrix} \Delta R_{1,2} \\ N \end{bmatrix}, \quad (9.3)$$

onde:

- ΔL_i é um vetor de ordem $((n\text{-}1)\times 1)$ das diferenças entre as DDs observadas (metros) e as calculadas em função dos parâmetros aproximados;
- $A_{1,2}$ é uma matriz, de ordem $((n\text{-}1)\times 6)$, composta pelos coeficientes das correções às coordenadas aproximadas das estações 1 e 2;
- I_{n-1} é a matriz identidade, de ordem $(n\text{-}1)\times(n\text{-}1)$, que contém os coeficientes das ambiguidades;
- $\Delta R_{1,2}$ é um vetor, de ordem (6×1), das correções às coordenadas aproximadas das estações 1 e 2, isto é: $\Delta R_{1,2}^T = [\Delta X_1, \Delta Y_1, \Delta Z_1, \Delta X_2, \Delta Y_2, \Delta Z_2]$; e
- N é um vetor, de ordem $((n\text{-}1)\times 1)$, das ambiguidades.

A matriz peso, dada pela equação (6.7), é obtida pela inversa da MVC das observações DD. Se elas forem consideradas não correlacionadas entre épocas, a MVC será uma matriz bloco diagonal e a matriz P será obtida, simplesmente, pela inversão de cada bloco separadamente. Em uma época qualquer, quando o método do satélite de referência é usado, cada bloco será do tipo da equação (6.74). A inversa da matriz P nessa época particular é dada por (Hofmann-Wellenhof; Lichtenegger; Collins, 1992):

$$P_i = \frac{1}{2n}\begin{bmatrix} (n-1) & -1 & -1 & \dots \\ -1 & (n-1) & -1 & \dots \\ \vdots & & & \\ -1 & \dots & -1 & (n-1) \end{bmatrix}, \qquad (9.4)$$

onde $(n\text{-}1)$ é o número de DDs consideradas na época. Pode-se constatar que, na prática, a inversa é resultante de algumas operações matemáticas, não havendo necessidade de usar algoritmos específicos para o cálculo da inversa de uma matriz. Analisando as equações (9.4), (6.74) e (6.7), o leitor concluirá que a variância de peso *a priori* (σ_0^2) foi tomada como igual à variância da observação de fase da onda portadora (σ^2). Quando comparecem observações de fase e de pseudodistância, pequenas modificações deverão ser realizadas.

O modelo representado pela equação (9.3) tem solução, haja vista ter característica integral, pois todas as informações necessárias para a solução foram incluídas. O referencial está implícito nas coordenadas dos satélites, as quais são consideradas conhecidas no ajustamento. É comum, no entanto, fixar as coordenadas de uma das estações no ajustamento, o que também traz vantagens práticas. Isso pode ser efetuado pela eliminação das colunas $A_{1,2}$ de cada uma das épocas ($i = 1,..., k$) relacionadas com as coordenadas da estação em questão. Outra forma é introduzir injunções no modelo representado pelas equações (9.3), a partir das equações de observações posicionais (pseudo-observações), com peso grande o suficiente para manter as coordenadas fixas no ajustamento, ou pelo uso da inversa da MVC previamente determinada (equação 6.17). Tal procedimento é o preferido, pois é mais fácil de ser implementado em um programa computacional.

Nesse método, em razão de a duração da coleta de dados ser relativamente longa, o vetor de ambiguidades, exceto por alguns problemas não esperados, pode ser facilmente solucionado para ser injuncionado como um vetor de números inteiros no ajustamento. Isso se deve à alteração da geometria dos satélites durante o período de coleta de dados, que reduz a correlação entre as componentes da base e as ambiguidades envolvidas na equação (9.3), facilitando sua solução.

A Figura 9.1 mostra a precisão das coordenadas X, Y e Z e das DDs das ambiguidades, em função do tempo, considerando uma linha-base de aproximadamente 18,5 km, com taxa de coleta de 15 segundos e cinco satélites sendo observados.

Pode-se observar que, depois de certo período de coleta de dados (60-61 épocas), a precisão, tanto das coordenadas quanto das ambiguidades, se estabiliza. A partir daí, as observações adicionais proporcionam maior confiabilidade na solução.

Para linhas-base com comprimentos diferentes, o comportamento ilustrado na Figura 9.1 deve se alterar um pouco. Alterações também ocorrem quando há mudança na configuração dos satélites. Isso pode ser observado na Figura 9.2, que também mostra a precisão das coordenadas e das ambiguidades para a mesma linha-base, mas para um período com maior número de satélites.

Os casos das sessões que envolvem mais que dois receptores coletando dados simultaneamente devem ser tratados como uma rede GNSS. Nesse caso, a sessão tem linhas-base múltiplas (*multibaseline*). Em um tratamento rigoroso, todas as observações da sessão devem ser processadas em conjunto. A MVC das observações deve ser construída com base na equação (6.75). Em etapa posterior, os resultados das várias

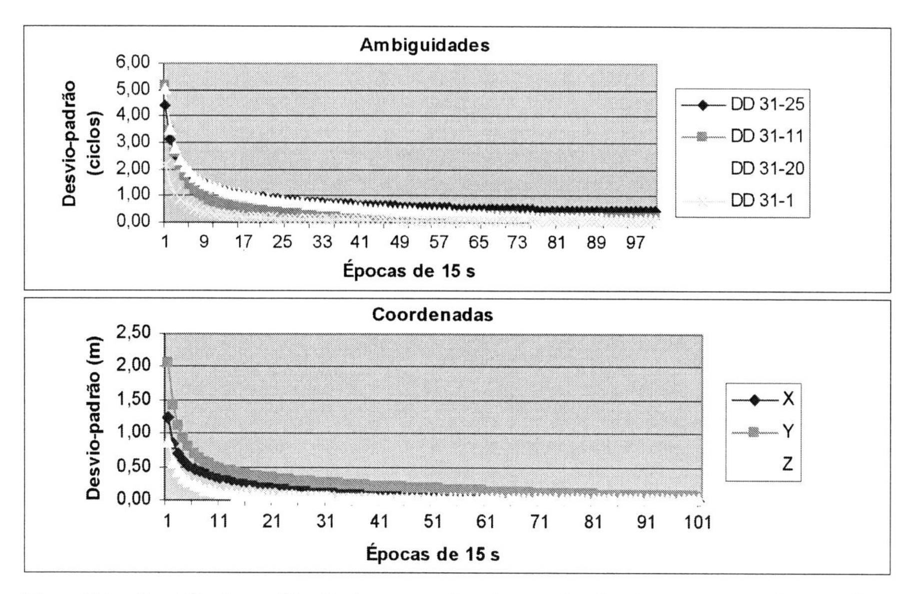

Figura 9.1 – Precisão das ambiguidades e coordenadas em função do tempo para cinco satélites visíveis.

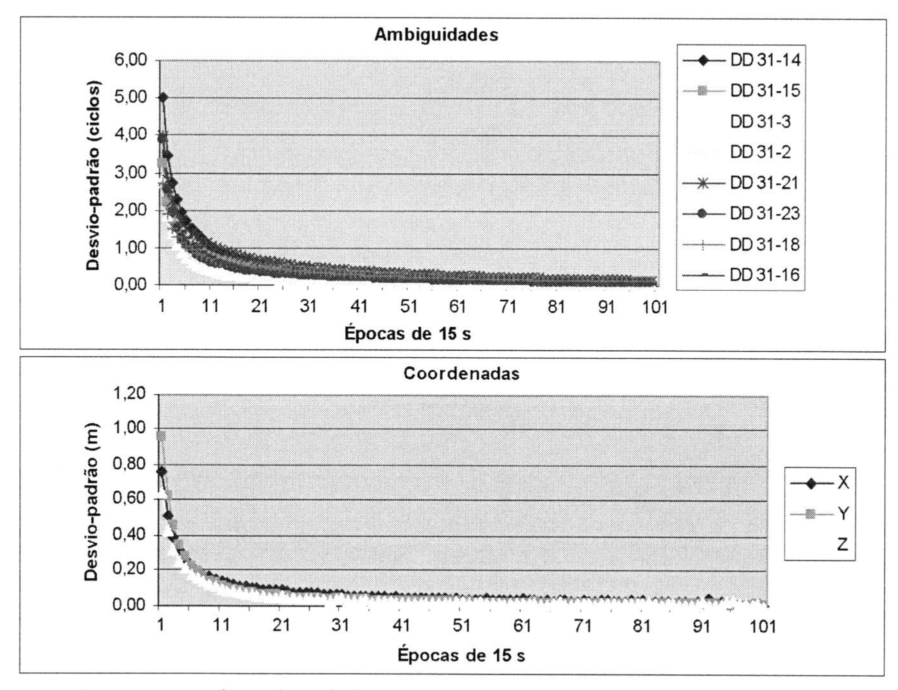

Figura 9.2 – Precisão das ambiguidades e coordenadas em função do tempo para nove satélites visíveis.

sessões (multisessões), ou seja, as diferenças de coordenadas dos vetores independentes e respectivas MVC, devem ser ajustados. Mais detalhes podem ser encontrados em Leick (1995) e Monico (1995).

Em muitos softwares comerciais, cada linha-base é processada individualmente, desprezando-se a correlação entre as várias linhas-base simultâneas da sessão. Posteriormente, faz-se um ajustamento envolvendo todos os resultados de cada linha-base. Trata-se de um processo não rigoroso, pois a correlação entre os vetores das sessões foi desconsiderada. Um exemplo de ajustamento será apresentado na seção 9.8 para o caso em que cada linha-base foi processada independentemente.

Para uma rede que dispõe de *R* receptores e coleta dados simultaneamente de *S* satélites, durante *K* épocas, o número de DDs independentes envolvidas no ajustamento rigoroso da sessão é *(R-1)*(S-1)*K*, de um total de *R*S*K* observações originais. No conceito de rede, tem-se *(R-1)* linhas-base independentes, cada uma com *(S-1)* DDs independentes. O número de DDs possíveis para cada linhas-base é dado por *(S)*(S-1)/2*, para um total de *(R)*(R-1)/2* linhas-base possíveis. Mas vale ressaltar que no ajustamento consideram-se apenas as observações independentes.

Para introduzir ao leitor o conceito de linhas-base independentes, de forma bem simples, apresenta-se a seguir um exemplo. Considere-se três receptores (*1*, *2* e *3*) rastreando simultaneamente os mesmos satélites. Nesse caso, é possível formar três linhas-base (*1-2*), (*1-3*) e (*2-3*), gerando um triângulo. Observe-se que a linha (*2-3*) é dependente das outras duas, pois pode ser obtida a partir da seguinte operação: (*1-3*) – (*1-2*) = (*2-3*). Portanto, em um caso como este, apenas duas linhas-base devem ser inseridas no ajustamento. Para se verificar o erro de fechamento envolvido no triângulo, a linha-base tratada como dependente deve ser reocupada em outro momento. Caso contrário, o erro de fechamento será praticamente nulo, o que irá gerar uma falsa impressão sobre a ótima qualidade do resultado. O leitor pode pensar em outras situações, como o caso em que se dispõe de quatro receptores ou mais.

O posicionamento relativo estático permite obter precisão da ordem de 1,0 a 0,1 ppm, ou mesmo melhor do que isso. No entanto, nas redes geodésicas em que as linhas-base envolvidas forem longas (maiores que 15 km) e a precisão requerida for melhor que 1 ppm, é imprescindível o uso de receptores de dupla frequência. O tratamento adequado dos erros envolvidos é de fundamental importância para o sucesso na aplicação do método apresentado.

9.4 Posicionamento relativo estático rápido

O posicionamento relativo estático rápido segue, em linhas gerais, o mesmo princípio que o posicionamento estático. A diferença fundamental diz respeito ao período de ocupação da estação de interesse. Neste caso, as ocupações não excedem 20 minutos, ao passo que no posicionamento relativo estático as ocupações duram mais que isso, podendo chegar a várias horas. A utilização do método estático rápido é propícia para levantamentos em que se deseja alta produtividade, mas há muitas obstruções entre as estações a serem levantadas. Nesse método, podem-se empregar receptores de simples (L1) ou de dupla frequência (L1 e L2).

Um receptor serve como base, permanecendo fixo sobre uma estação de referência, coletando dados, enquanto outro receptor percorre as estações de interesse (receptor móvel), em cada uma das quais permanece parado cerca de 5 a 20 minutos, para coletar dados. Não há necessidade de continuar rastreando durante o deslocamento entre estações, o que permite desligar o receptor móvel. Logo, o modelo matemático envolvido é praticamente o mesmo que aquele apresentado na equação (9.3).

Os dados coletados simultaneamente na estação de referência e nas estações a determinar, formando várias linhas-base, são processados. Para que os resultados apresentem razoável nível de precisão, o vetor de ambiguidades envolvido em cada linha-base deve ser solucionado, isto é, fixado como inteiro (seção 9.7). Deve-se, portanto, adotar um algoritmo adequado de solução da ambiguidade, ou mesmo aqueles envolvidos nas técnicas OTF (*On-The-Fly* – seção 9.7) (Seeber, 2003), também denominados AROF (*Ambiguity Resolution On-The-Fly*) (Hatch e Euler, 1994).

O posicionamento relativo estático rápido é adequado para levantamentos de linha-base de até 10 km. Sob circunstâncias normais, sua precisão varia de 1 a 5 ppm.

Para o caso aqui apresentado, considera-se apenas uma ocupação de cada estação de interesse. Outra possibilidade, que consta na literatura, diz respeito à reocupação de todas as estações, depois de um intervalo de 50 a 120 minutos (Seeber, 1993). Os dois arquivos de dados são tratados como um único, mas com a presença de perdas de ciclo entre eles. No intervalo entre as duas ocupações, os satélites se deslocam, alterando a geometria, o que é essencial para solucionar as ambiguidades. Deve-se, no entanto, solucionar a perda de ciclos existente no arquivo de dados. Não se trata de um procedimento adotado atualmente nos receptores modernos; no entanto, ele foi essencial no desenvolvimento e nas melhorias das técnicas de posicionamento com satélite, em especial o GPS.

Nota-se que, mesmo com as reocupações, trata-se de um método estático. Mas esse procedimento é frequentemente denominado pseudocinemático. Outro nome atribuído é estático intermitente.

9.5 Posicionamento relativo semicinemático

O posicionamento relativo semicinemático também baseia-se no fato de que a solução do vetor de ambiguidades, presente em uma linha-base a determinar, requer que a geometria envolvida entre as duas estações e os satélites se altere. Então, coletam-se dados continuamente na estação-base e por, pelo menos, dois curtos períodos na estação em que se pretende determinar suas coordenadas. As duas coletas devem estar separadas por um intervalo de tempo longo o suficiente (20 a 30 minutos) para proporcionar alteração na geometria dos satélites e permitir a solução das ambiguidades. Durante esse intervalo, outras estações podem ser ocupadas por um período de tempo relativamente curto. O método requer que o receptor continue rastreando os satélites durante as visitas às estações, embora a trajetória entre as estações não seja de interesse. Essa condição exige um cuidadoso planejamento do levantamento antes de sua execução. O modelo matemático é representado pelo seguinte sistema linear:

$$E\{\begin{bmatrix} \Delta L_1 \\ \Delta L_2 \\ \ldots \\ \Delta L_k \end{bmatrix}\} = \begin{bmatrix} A_1 & 0 & \ldots & 0 & I_{n-1} \\ 0 & A_2 & 0 & \ldots & I_{n-1} \\ & & \ldots & & \\ 0 & \ldots & 0 & A_{k-1} & I_{n-1} \\ A_K & 0 & \ldots & 0 & I_{n-1} \end{bmatrix} \begin{bmatrix} \Delta R_1 \\ \Delta R_2 \\ \ldots \\ \Delta R_{k-1} \\ N \end{bmatrix}, \qquad (9.5)$$

que o leitor pode reconhecer facilmente. ΔR_i é o vetor das correções às coordenadas aproximadas de cada estação ocupada, ou seja, ΔX_i, ΔY_i e ΔZ_i. Para facilitar a representação das equações, as coordenadas da estação-base são consideradas conhecidas e fixas no ajustamento, não comparecendo na equação (9.5). Nesse caso, apenas a primeira estação foi reocupada na época *k*.

Outra possibilidade seria a reocupação de todas ou de nenhuma das estações. A equação (9.5) mostra que o vetor de ambiguidades *N* faz parte de todas as linhas-base levantadas. Como as épocas (*1*) e (*k*) estão separadas por um intervalo relativamente longo, os elementos envolvidos nas matrizes A_1 e A_k são bem diferentes, permitindo a solução do vetor *N*. Para receptores de simples frequência, as distâncias em relação à estação conhecida não devem ultrapassar 10 km.

Este método também tem sido denominado pseudoestático (Goad, 1996, p.236). Ele é suscetível de ser realizado com receptores de simples ou de dupla frequência. A introdução da pseudodistância também pode ser considerada, o que deve melhorar a performance do método.

Neste livro, o método denominado *stop and go* é inserido no posicionamento semicinemático. Trata-se do método que, provavelmente, tenha dado origem à denominação de levantamentos cinemáticos (Seeber, 1993, p.284). A ideia básica é que primeiro se determinam as ambiguidades, para em um segundo momento se ocupar as estações de interesse por um curto intervalo de tempo, o suficiente para identificar a estação (*stop*) e em seguida se deslocar para a próxima (*go*), sem perder a sintonia com os satélites. Na concepção original, três técnicas principais eram empregadas para solucionar o vetor de ambiguidades:

- determinação de uma estação-base com longa ocupação;
- curto período de ocupação sobre uma estação-base conhecida; e
- troca de antenas.

No primeiro caso trata-se do posicionamento relativo estático apresentado na seção 9.3. Com os avanços ocorridos, é claro que se pode atualmente empregar os algoritmos usados no método estático rápido ou mesmo a técnica OTF, para a solução inicial do vetor de ambiguidades. No segundo caso, como se conhecem as coordenadas de duas estações, os parâmetros a determinar no ajustamento são apenas as ambiguidades, o que pode ser realizado instantaneamente. A terceira técnica foi usada de maneira extensiva na fase inicial do desenvolvimento do GPS, pois, além de ser precisa, rápida e confiável, não requer o conhecimento de uma linha-base próxima ao local. A Figura 9.3 ilustra o procedimento.

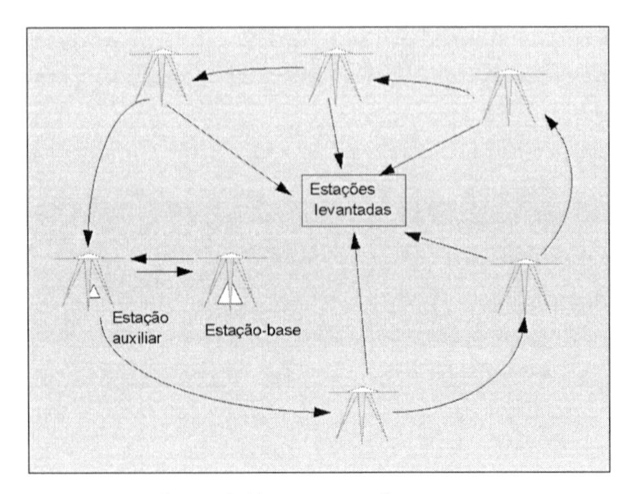

Figura 9.3 – Posicionamento relativo rápido com troca de antenas.

Para solucionar as ambiguidades adotando a técnica de troca de antenas (*swap antennas*), instala-se um dos receptores em uma estação na região do levantamento, a qual possui pontos com coordenadas conhecidas, e o outro em uma estação auxiliar próxima (2 a 5 metros). Coletam-se dados por pelo menos uma época e então as antenas são trocadas, sem perder a sintonia com os satélites, e coletando-se novamente dados de pelo menos uma época. Não havendo perda de ciclos, as ambiguidades antes e depois da troca de antenas são as mesmas. Combinando-se as equações de observações envolvidas no primeiro período de coleta de dados, com as do período seguinte, os valores das ambiguidades podem ser determinados. Neste caso, a geometria entre as estações e os satélites foi alterada ao se fazer a troca de antenas, razão pela qual as ambiguidades podem ser solucionadas rapidamente. Esse procedimento foi um dos primeiros que permitiram realizar posicionamento geodésico com precisão centimétrica, em um pequeno intervalo de tempo de coleta de dados (Remondi, 1986). Mas trata-se de um procedimento que não é mais adotado na prática.

Uma vez solucionadas as ambiguidades, basta se deslocar para os pontos de interesse e coletar dados por um breve intervalo de tempo. Se houver perdas de ciclo durante o deslocamento, o vetor de ambiguidades deve ser solucionado novamente. Para tanto, pode-se usar o último ponto levantado, que, com a estação-base, forma uma linha-base conhecida, permitindo a solução quase instantânea das ambiguidades. Trata-se, portanto, de um método adequado para áreas não sujeitas a obstruções do sinal. É essencial que o receptor informe a respeito da ocorrência de perdas de ciclo!

Em outra possibilidade, muito adotada atualmente, o usuário não precisa aguardar pela solução das ambiguidades. Inicia-se o levantamento ocupando os pontos de interesse por poucos segundos, mas de forma que a duração total do levantamento, sem ocorrência de perdas de ciclos (ou perda de sintonia com os satélites), atinja algo em torno de 20 minutos. O vetor das ambiguidades é solucionado no final, com as coordenadas das estações, em um processamento envolvendo os dados de todas as épocas. Dessa forma, trata-se de um procedimento propício para levantamentos em que os dados podem ser pós-processados. O modelo, nesse caso, é equivalente ao da equação (9.6), mas considera-se que não se tem interesse pelas coordenadas da trajetória entre as estações.

Nessas condições, o nível de precisão é da mesma ordem que o do posicionamento relativo estático rápido.

9.6 Posicionamento relativo cinemático

No posicionamento relativo cinemático tem-se como observável fundamental a fase da onda portadora, muito embora o uso da pseudodistância seja muito importante na solução do vetor de ambiguidades. Os dados desse tipo de posicionamento podem ser processados após a coleta (pós-processados) ou durante a própria coleta (tempo real). Outra metodologia desenvolvida mais recentemente diz respeito ao posicionamento RTK em rede.

9.6.1 Posicionamento relativo cinemático pós-processado

Neste método de posicionamento, um receptor ocupa uma estação de coordenadas conhecidas enquanto o outro se desloca sobre as feições de interesse. As observações simultâneas dos dois receptores possibilitam calcular as DDs, onde vários erros envolvidos nas observáveis são reduzidos. No que concerne à solução do vetor de ambiguidades, há duas opções: solucioná-lo antes de iniciar o movimento ou estimá-lo com os dados coletados em movimento. No primeiro caso, alguns dos vários métodos apresentados podem ser adotados. No que concerne ao segundo, se não houver perda de sintonia com os satélites, o vetor de ambiguidades permanece o mesmo em todo o levantamento. Se ele durar algo em torno de 20 a 30 minutos, é possível solucionar a ambiguidade com as coordenadas da trajetória da antena. O modelo matemático linearizado pode ser representado por:

$$E\{\begin{bmatrix} \Delta L_1 \\ \Delta L_2 \\ \cdot \\ \dots \\ \dots \\ \Delta L_k \end{bmatrix}\} = \begin{bmatrix} A_1 & 0 & \dots & 0 & I \\ 0 & A_2 & 0 & \dots & I \\ & & \dots & & \\ & \dots & & & \\ & 0 & \dots & A_k & I \end{bmatrix} \begin{bmatrix} \Delta R_1 \\ \Delta R_2 \\ \dots \\ \Delta R_k \\ N \end{bmatrix}, \tag{9.6}$$

onde os índices (*1, 2, ..., k*) representam as épocas em que os dados foram coletados. Se não ocorrer perda de sintonia com os satélites, o vetor de ambiguidades pode ser solucionado no ajustamento ao final do levantamento. Mesmo com perdas de ciclos, desde que não sejam em número elevado, que inviabilize o levantamento, há possibilidades de solução.

É evidente que deve haver um número suficiente de satélites que proporcione redundância e a solução seja passível de ser obtida. Por exemplo, no caso de quatro satélites disponíveis, não há solução, pois ao final da coleta de dados o número de observações não seria suficiente. Com quatro satélites sendo rastreados, considerando-se apenas a fase da onda portadora, obtêm-se três DDs a cada época de coleta de dados, número igual às correções das coordenadas aproximadas X_0, Y_0 e Z_0 a serem determinadas. Acrescentam-se ainda as três ambiguidades, o que resulta em um grau de liberdade negativo igual a –3. No caso de cinco satélites e *k* posições, o número de graus de liberdade é (*k - 4*). Em resumo, o número de graus de liberdade neste caso é dado por:

$$gl = k(n_{sat} - 4) - n_{sat} + 1, \tag{9.7}$$

onde n_{sat} representa o número de satélites rastreados. Deve ficar claro que no posicionamento cinemático, embora a antena esteja em movimento, a trajetória é descrita pelo posicionamento de uma série de pontos, que na equação (9.7) é representada por *k* posições.

Um exemplo de interesse dos profissionais ligados às atividades de mapeamento diz respeito aos voos fotogramétricos que utilizam GPS para determinar as coordenadas do centro perspectivo da câmera no instante de tomada da foto.

9.6.2 Posicionamento relativo cinemático em tempo real

Normalmente, o processamento dos dados descrito na seção anterior é realizado no escritório, após a coleta de dados. Há, no entanto, muitas aplicações que obteriam grande benefício se as coordenadas da antena do receptor fossem determinadas em tempo real. Para que esse conceito seja realizado na prática, é necessário que os dados coletados na estação de referência sejam transmitidos para a estação móvel, necessitando-se para tanto de um link de rádio ou algum outro tipo de sistema de comunicação. O receptor da estação móvel deve dispor de software apropriado para a realização do processamento dos dados em tempo real, com solução quase instantânea do vetor de ambiguidades. Trata-se de método similar ao DGPS em tempo real, o qual tem sido adotado desde 1985. Mas se no DGPS são utilizadas pseudodistâncias, nesse caso objetiva-se empregar a fase da onda portadora, visando melhorar de modo considerável a qualidade dos resultados. Esse método é denominado RTK (*Real Time Kinematic*), um dos métodos de posicionamento mais avançados do momento.

Para viabilizar a execução de um levantamento cinemático em tempo real, ou seja, RTK, o RTCM SC-104 (*Radio Technical Commission for Maritime Services Special Committee 104*), que planejou o formato das mensagens DGPS, adicionou quatro novos tipos de mensagens, criando um novo formato (RTCM, 2001, 2004). Essas mensagens contêm as medidas de fase da onda portadora e pseudodistâncias coletadas na estação de referência (mensagens tipo 18 e 19) e as correções às respectivas medidas (mensagens tipo 20 e 21), as quais devem ser enviadas para a estação móvel, com as demais informações necessárias. As correções são baseadas no conhecimento da posição da estação de referência, na posição dos satélites e no comportamento do relógio dos satélites, e corrigidas do erro do relógio da estação-base. Em geral, os efeitos da refração atmosférica não são considerados, haja vista que as aplicações do método são limitadas às distâncias curtas, onde esses efeitos são praticamente idênticos nas duas estações e ficam bastante reduzidos nas equações DD.

Resumidamente, um sistema RTK é composto por dois receptores (de dupla ou simples frequência) com as respectivas antenas, link de comunicação (para transmitir e receber correções e/ou observações da estação de referência) e software apropriado para realizar o processamento e a validação dos dados. Uma das limitações desse método diz respeito ao link de rádio empregado na transmissão dos dados. Isso deve ser realizado em uma taxa de pelo menos 2.400 bits por segundo (*bps*), exigindo o uso de VHF ou UHF, o que limita seu uso, na maioria das vezes, a distâncias menores que 4,3 km (Langley, 1998). Transmissão de dados para aplicações RTK via internet vem se tornando uma realidade, podendo no futuro reduzir essa limitação. O usuário pode acessar a internet usando um celular e obter os dados, por exemplo, de um servidor NTRIP Caster.

Outro ponto a ser considerado diz respeito ao atraso no processamento dos dados, decorrido desde a coleta destes na estação de referência até o instante em que eles se tornam disponíveis no receptor móvel. Trata-se da latência do sistema. Muitas vezes se faz necessário predizer as medidas da estação-base para alimentar o algoritmo que forma as DDs. Para latência da ordem de 1 segundo, as DDs apresentam erros na ordem do centímetro. Pode-se, alternativamente, utilizar correções da fase da onda portadora, as quais variam muito mais lentamente do que a fase propriamente dita, reduzindo os erros referentes ao atraso. De qualquer forma, a precisão esperada em um sistema RTK é da ordem de poucos centímetros.

A ocorrência de perdas de ciclos também irá degradar a acurácia do posicionamento. Portanto, o software instalado no receptor móvel deve dispor de algoritmo capaz de detectar e corrigir essas falhas em tempo real. Um dos procedimentos mais usados para esse fim é o controle de qualidade baseado no processo denominado DIA (*Detection, Identification and Adaptation*) (Teunissen, 1996a), com a técnica de solução das ambiguidades em tempo real com o receptor em movimento, denominada técnica OTF.

Vários pesquisadores têm trabalhado no desenvolvimento de algoritmos e métodos para solucionar as ambiguidades GNSS, em especial para GPS em aplicações cinemáticas em tempo real (métodos OTF). Podem ser citados o método LAMBDA (*Least Square AMBiguity Decorrelation Adjustment*) (Teunissen, 1996b); o método FARA (*Fast Ambiguity Resolution Approach*) (Frei e Beutler, 1990); o tratamento como rede neural (Euler e Landau, 1992), entre outros (Han e Rizos, 1997). Eles se baseiam, em geral, na estimativa de mínimos quadrados com algoritmo de procura. Como as ambiguidades são solucionadas praticamente em tempo real, o usuário tem à sua disposição distâncias entre o receptor e os satélites com precisão da ordem de poucos milímetros, o que permite posicionamento com acurácia da ordem de poucos centímetros (Seeber, 1993).

Convém chamar a atenção do leitor para os métodos que usam o conceito OTF. Embora desenvolvidos para aplicações cinemáticas, podem muito bem ser adotados em aplicações estáticas, permitindo reduzir sobremaneira o tempo de ocupação das estações a serem levantadas.

Em algumas aplicações, como marítimas e na aviação, são necessárias posições em tempo real. Em atividades de engenharia, o método RTK pode viabilizar locações de obras, controle de máquinas, cálculo de volumes etc.

Importante frisar que a nomenclatura RTK não é usada de forma geral. O mesmo método aparece muitas vezes sob a denominação de DGPS preciso. Veja-se, por exemplo, Krueger; Seeber; Soares (1997).

9.6.3 Posicionamento relativo cinemático em redes

No posicionamento cinemático, quer pós-processado, quer RTK, em razão dos erros envolvidos no processo, como efeitos atmosféricos (ionosfera e troposfera), órbita dos satélites e outros, os quais são dependentes do comprimento da linha-base, fica-se restrito a aplicações em que a distância entre a estação-base e a móvel seja bem curta (menor que 20 km). No caso do RTK comparece também o problema do sistema de comunicação. Para superar o problema relacionado com os erros, foi desenvolvido o conceito de rede de estações de referência (RTK em Rede) (Landau et al., 2002; Lachapelle e Alves, 2002; Rizos, 2002; Fortes, 2002). Com esse método existe, além de outras, a possibilidade de se usar o conceito de VRS (*Virtual Reference Station* – estação de referência virtual). O usuário poderá ampliar a distância do receptor móvel em relação às estações de referência, além de melhorar a confiabilidade dos resultados. Os dados coletados em cada estação de referência da rede são enviados para uma central de controle onde são realizados todos os processamentos necessários. Essa central também dissemina para os usuários as informações necessárias. Trata-se de um processo similar ao WADGPS, que se refere a uma expansão do DGPS. Enquanto o WADGPS e o DGPS são baseados na pseudodistância (ou pseudodistância suavizada pela portadora), RTK e RTK em rede têm como observável básica a fase da onda portadora.

As estações de referência da rede devem ter suas coordenadas conhecidas, o que não caracteriza problema, pois elas podem ser determinadas *a priori*. Logo, elas poderão ser injuncionadas no ajustamento, facilitando a solução das ambiguidades. Mas não se trata de uma tarefa tão trivial quanto possa parecer, em virtude dos próprios erros que se deseja modelar, sobretudo aqueles advindos da ionosfera e troposfera. Dessa forma, para o caso da ionosfera, modelos como o Mod_Ion (Camargo, 1999) e tomografia da ionosfera (Pajares et al., 2001), entre outros, podem ser adotados *a priori* para reduzir esse efeito. No que concerne à troposfera, pode-se utilizar predições da refração troposférica a partir de modelos de PNT (Sapucci et al., 2004), bem como os modelos convencionais de Sastamoinem e Hopfield (Sapucci e Monico, 2001b). Com as ambiguidades solucionadas, é possível calcular os erros "verdadeiros" que estão sendo cometidos nas observações envolvidas na estação, os quais, como se sabe, são devidos sobretudo à ionosfera, troposfera, órbita etc. Modelos que representem os erros para a região de abrangência da rede podem ser desenvolvidos, havendo várias possibilidades de operacionalizar o método.

Portanto, correções podem ser geradas e disseminadas aos usuários para melhorar a acurácia do posicionamento. Um resultado direto da modelagem dos erros espacialmente correlacionados é a capacidade de melhorar a solução da ambiguidade, o que permite ampliar a distância do usuário com relação às estações de referência da rede. Em muitos casos, a distância de até 20 km no RTK convencional pode passar para dezenas de quilômetros quando se utiliza uma rede de estações de referência.

No RTK em rede, dependendo do método usado para gerar as correções, pode haver um possível aumento da carga de transmissão dos dados (correções) e complexidade na implementação do software do usuário, se comparado ao uso de uma única linha-base. Soluções para superar esse problema, entre elas o conceito de VRS, são apresentadas em Fotopoulos (2000) e Vollath et al. (2000).

O conceito de VRS reduz a complexidade no que diz respeito ao software para o usuário. Partindo das correções advindas na modelagem dos erros presentes em cada estação de referência, geram-se dados GNSS em formato apropriado (RINEX) em uma estação próxima ao usuário, denominada VRS (Figura 9.4) (Lapachelle e Alves, 2002). Para se gerar a VRS de uma estação móvel RTK, a localização aproximada do usuário (da ordem de 100 m) deve ser transmitida para uma estação central onde a VRS é gerada. Consequentemente, para aplicações em tempo real, um link de comunicação bidirecional entre o usuário e a central de controle deve ser estabelecido. Neste caso o usuário poderia adotar o software disponível no receptor, como se houvesse uma estação de referência nas proximidades do receptor móvel. A necessidade de o receptor móvel transmitir sua posição pode ser eliminada se a estação de controle central transmitir observações virtuais para uma grade de pontos dentro da rede. Neste caso, os dados da grade mais próxima seriam adotados no processamento. Em uma situação como essa, a grade de pontos também pode dar apoio para aplicações cinemáticas. No caso de pós-processamento, o mesmo pode ser dito quanto ao software e ao estado do usuário (estático ou em movimento), podendo os arquivos da VRS ser obtidos posteriormente à coleta de dados (Zhang e Roberts, 2003; Retscher, 2002; Higgins, 2001; Landau; Vollath; Chen, 2002).

O conceito de VRS poderá ser bem aceito no Brasil se um serviço dessa natureza for disponibilizado para os usuários. O método pode ser bem apropriado para aplicações em georreferenciamento de imóveis rurais, visando atender às demandas requeridas pelo Instituto Nacional de Colonização e Reforma Agrária (INCRA). E utilizando-se o conceito de VRS, é possível dar uma vida útil maior para os equipamentos já adquiridos pelos vários usuários.

O método RTK em rede encontra-se em plena expansão, estando em um limiar entre a pesquisa e a operacionalização. Várias empresas vêm oferecendo esse tipo de serviço no mercado, podendo-se citar a Trimble (www.trimble.com), com o sistema *Trimble VRS Now*, que inclui a Alemanha (rede Sapos – *Satellite Positioning Service*) e o Reino Uni-

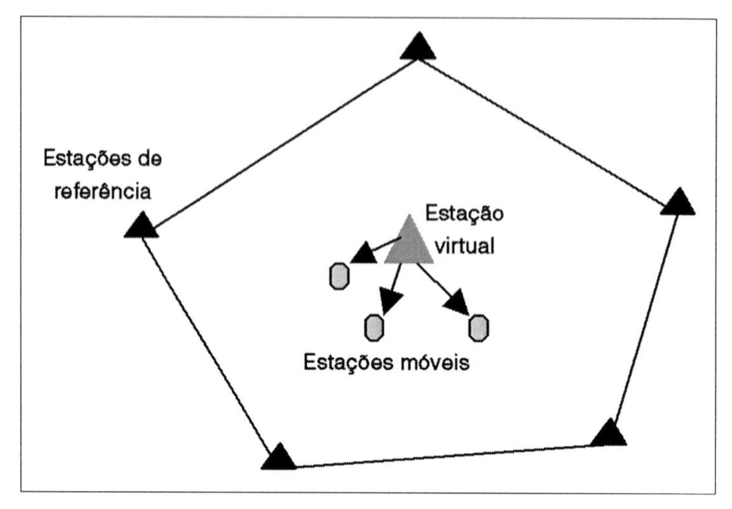

Figura 9.4 – Conceito de VRS – Adaptado de WANNINGER (1999).

do (rede do *Ordnance Survey*), entre outros. A empresa Leica (www.leica-geosystems.com) desenvolveu o sistema denominado *SpiderNet* e também vem oferecendo esse tipo de serviço. Em termos de pesquisa, o número de publicações é bastante significativo, não sendo factível relacioná-las neste livro. Os interessados podem, no entanto, consultar os anais do ION GPS e ION GNSS, onde poderão encontrar vários artigos sobre o tema. No que diz respeito a publicações em língua portuguesa sobre o assunto, o leitor pode consultar, entre outras, Afonso (2006), Sejas et al. (2004), Ramos et al. (2007), Alves et al. (2005) e Souza et al. (2005).

9.7 Solução e validação do vetor de ambiguidades

O vetor de ambiguidades presente nas equações de observação da fase da onda portadora, para o caso das DDs, é, teoricamente, composto por números inteiros. No entanto, no ajustamento, ele se apresenta como um vetor de números reais, associado a uma MVC, denominada solução flutuante (*float solution* na literatura inglesa). Trata-se da solução das ambiguidades com um vetor composto por números reais. Sua estimativa como um vetor de números inteiros, em geral denominada solução fixa (*fix solution* na literatura inglesa), constitui um dos problemas mais pesquisados na área de posicionamento com GPS. Esse processo é denominado solução das ambiguidades.

Os efeitos ionosféricos, a refração troposférica, multicaminho e outros erros não modelados, bem como a geometria dos satélites (número de satélites), afetam a solução das ambiguidades. Outro aspecto importante é o intervalo de coleta de dados. O conteúdo de informações da fase da onda portadora é função do tempo, estando diretamente correlacionado com o movimento do satélite. Por exemplo, uma série de dados de fase da onda portadora coletada durante uma hora, com taxa de 15 segundos, o que corresponde a 241 medidas para um satélite, contém mais informações do que uma série de dados de 4 minutos com taxa de coleta de 1 segundo, apesar de o número de medidas ser o mesmo. Portanto, o intervalo de tempo de coleta de dados é crítico na resolução das ambiguidades. Mas muitas vezes tem-se interesse em obter uma solução instantânea. Nesse caso, o uso de dados de receptores de dupla frequência é praticamente indispensável.

Outro aspecto que se deve considerar é a validação da solução em questão, o qual tem sido abordado em vários artigos (Verhagen, 2005; Han, 1997). É preferível a solução das ambiguidades como real a uma solução fixa de forma incorreta, a qual tem sua qualidade degradada pela introdução de erros sistemáticos nas coordenadas da estação. Logo, também fazem parte desse assunto tópicos relacionados com o controle de qualidade da solução.

Em face do exposto, pode-se observar que a solução das ambiguidades envolve aspectos científicos bastante interessantes. Por exemplo, comparece a teoria da estimação baseada no método dos mínimos quadrados inteiros (MQI), algoritmos de procura do vetor das ambiguidades e do controle de qualidade. Além disso, grande número de aplicações científicas vem se beneficiando com a alta acurácia proporcionada pelo GNSS quando o vetor de ambiguidades é solucionado de forma rápida e correta. Grande interesse comercial no problema sempre esteve e continua presente (Kim e Langley, 2000).

Os trabalhos mais relevantes sobre solução e validação das ambiguidades foram desenvolvidos nos últimos dez anos na Universidade Técnica de Delft, na Holanda, sob a liderança do professor Peter Teunissen. Grande número de trabalhos sobre esse tema foi publicado.

A solução do vetor de ambiguidades envolve basicamente três passos (Teunissen, 2003a; 2003b). No primeiro passo estima-se a solução no espaço dos números reais, que com sua respectiva MVC permite construir um espaço de procura. No segundo, a partir do espaço de procura, o vetor de ambiguidades correto deve ser identificado, sendo, em geral, utilizado o MQI. Por último, em um terceiro passo, esse vetor é então introduzido no ajustamento como injunção, obtendo-se as coordenadas da estação. Essa é a solução denominada fixa. A avaliação da qualidade do vetor de ambiguidades, para identificar o correto ou o mais provável, normalmente é realizada com o segundo passo. Esses três passos podem ser refinados e/ou expandidos (Hans e Rizos, 1997). Uma proposição de teoria unificada para a resolução das ambiguidades pode ser encontrada em Teunissen (2003a; 2003b).

9.7.1 A solução e a influência da fixação das ambiguidades sobre os parâmetros

A partir das equações de observações da fase e da pseudodistância, obtidas de forma similar à equação (9.3), pode-se escrever a equação:

$$E\{\Delta L\} = \begin{bmatrix} A & I_N \end{bmatrix} \begin{bmatrix} \Delta R_{1,2} \\ N \end{bmatrix} \qquad D(\Delta L) = \Sigma_{L_b}. \tag{9.7}$$

Nessa equação, A e I_N referem-se às matrizes dos coeficientes das componentes da linha-base e do vetor de ambiguidades. No caso do posicionamento relativo estático, com n satélites e k épocas, elas têm o seguinte padrão:

$$A = \begin{bmatrix} A_1 \\ A_1 \\ \ldots \\ A_k \\ A_k \end{bmatrix}; \quad I_N = \begin{bmatrix} I_{n-1} \\ 0 \\ \ldots \\ I_{n-1} \\ 0 \end{bmatrix}. \tag{9.8}$$

Observe-se que as matrizes A_1 são iguais para as equações de pseudodistância e fase da onda portadora.

Em (9.8), I_{n-1} é a matriz identidade de ordem $(n-1)$ e 0 é uma matriz nula de ordem $(n-1) \times (n-1)$. Os demais elementos já foram identificados no livro. A solução pode ser representada por:

$$\hat{X} = \begin{bmatrix} \Delta\hat{R}_{12} \\ \hat{N} \end{bmatrix}; \Sigma_{\hat{X}} = \begin{bmatrix} \Sigma_{\hat{R}} & \Sigma_{\hat{R}\hat{N}} \\ \Sigma_{\hat{N}\hat{R}} & \Sigma_{\hat{N}} \end{bmatrix}, \tag{9.9}$$

cujos elementos podem ser facilmente identificados pelo leitor.

Uma vez que o vetor de ambiguidades no espaço dos números reais ($\hat{N}$) é estimado e o correspondente vetor fixo ($\breve{N}$) resolvido por alguns dos diversos métodos disponíveis (seção 9.7.2), pode-se introduzir a seguinte injunção no ajustamento:

$$C\hat{X} - \breve{N} = 0. \tag{9.10}$$

Associando-se a injunção com a equação (6.16), a matriz C e L_w são dadas, respectivamente, por:

$$C = \begin{bmatrix} 0 & 0 & 0 & 1 & 0 & & \ldots & 0 \\ \ldots & & & 0 & 1 & 0 & \ldots & 0 \\ & & & 0 & 0 & 1 & 0 & 0 \\ & & & \ldots & & & & \\ 0 & 0 & 0 & 0 & 0 & \ldots & 0 & 1 \end{bmatrix}; \; L_w = \hat{N} - \breve{N}. \tag{9.11}$$

As três primeiras colunas de C estão associadas com as coordenadas da estação a serem determinadas, as quais não fazem parte da injunção em questão, e as restantes estão associadas com as ambiguidades. Logo, o vetor $\hat{X}$ é composto pelas correções às coordenadas da estação e o vetor das ambiguidades. O vetor L_w é composto pelos valores das ambiguidades fixas, que nesse caso não têm MVC associada. A influência da injunção em que as ambiguidades são fixadas como números inteiros sobre as coordenadas da estação e sua MVC é dada por:

$$\begin{aligned} \Delta\breve{R}_{12} &= \Delta\hat{R}_{12} - \Sigma_{\hat{R}\hat{N}}\Sigma_{\hat{N}}^{-1}L_w, \\ \Sigma_{\Delta\breve{R}} &= \Sigma_{\hat{R}} - \Sigma_{\hat{R}\hat{N}}\Sigma_{\hat{N}}^{-1}\Sigma_{\hat{N}\hat{R}}, \\ \hat{\sigma}^2_{0\,fix} &= \hat{\sigma}^2_{0\,float} + (\hat{N} - \breve{N})^T\Sigma_{\hat{N}}^{-1}(\hat{N} - \breve{N}). \end{aligned} \tag{9.12}$$

Esse conjunto de equações pode ser entendido como uma solução recursiva do tipo das equações (6.9), (6.13) e (6.15), onde a matriz A_k é substituída pela C, L_k por L_w, X_{k-1} por $\Delta\hat{R}_{12}$, além da associação da MVC $\Sigma_{X_{k-1}}$ com a segunda equação de (9.12). O termo $\hat{\sigma}^2_{0\,float}$ é o fator de variância *a posteriori* (equação 6.27) sem a influência da injunção. Ao ser acrescido da norma quadrática da influência das injunções, obtém-se o $\hat{\sigma}^2_{0\,fix}$, que é o fator de variância *a posteriori* considerando-se as ambiguidades solucionadas.

Pode-se observar pela expressão (9.12) que a precisão das coordenadas da estação após a solução das ambiguidades é melhor que a da solução original. Resta agora apresentar como se obtém o vetor $\breve{N}$, assunto da próxima seção.

9.7.2 Técnicas de solução do vetor das ambiguidades

Várias técnicas têm sido desenvolvidas para a solução do vetor das ambiguidades. Os métodos que envolvem a determinação de uma base com longo período de ocupação e também com curto período de ocupação sobre uma base conhecida e troca de antenas (*swap antennas*) já foram apresentados na seção 9.5. Hatch e Euler (1994), Kim e Langley (2000) e Seeber (2003) apresentam uma classificação das técnicas de solução das ambiguidades baseada no domínio de onde a solução é obtida. São utilizadas três classificações: solução das ambiguidades no domínio das medidas (observáveis), das coordenadas e das ambiguidades propriamente ditas. Seeber (2003) também apresenta as técnicas denominadas combinadas.

9.7.2.1 Solução das ambiguidades no domínio das medidas

Nessa classificação estão as técnicas que utilizam combinações de medidas de pseudodistâncias e de fase da onda portadora para determinar as ambiguidades. Elas são independentes da geometria, sendo muitas vezes denominadas "livres da geometria" (*geometric free*) (seção 6.4).

Como a precisão das pseudodistâncias não é suficiente para a solução das ambiguidades, sua suavização deve ser realizada (seção 6.3.1.2), o que poderá requerer, dependendo da qualidade do receptor, várias épocas. Como os receptores vêm sendo aperfeiçoados continuamente, melhores desempenhos dessa técnica também são esperados com o passar do tempo. Atualmente, ela vem sendo empregada de forma ampla, em particular para aplicações cinemáticas com linhas-base curtas (Hatch et al., 2000).

Para melhor entendimento dessa técnica, o leitor deve recuperar os fundamentos envolvidos no desenvolvimento da equação (6.90) da seção 6.4 e adequá-la para DD, já que a solução da ambiguidade só pode ser realizada partindo-se dessa combinação. Mas a qualidade das medidas de pseudodistâncias, que também são introduzidas no modelo, é muito ruim para se obter uma solução confiável. Assim, tem-se empregado a observável *wide-lane*, cuja ambiguidade ($N_\Delta = N_1 - N_2$) pode ser solucionada com maior confiabilidade, mesmo com pseudodistâncias de qualidade reduzida. Sua vantagem é que independe do comprimento da linha-base. Nesse caso, o desvio-padrão de N_Δ é dado por:

$$\sigma^2_{N_\Delta} = (0{,}157\,\sigma / \lambda_1)^2, \tag{9.13}$$

o que mostra que o desvio-padrão de $\hat{N}_\Delta$ não atinge 1 ciclo até que o erro da pseudodistância alcance 1,20 m, ou seja, 6,36 × λ_1 (Blewitt, 1996, p.242). Uma boa estratégia para identificar perdas de ciclos pode ser partir da análise de $\hat{N}_\Delta$ em todas as épocas. Uma vez obtida $\hat{N}_\Delta$, deve-se resolver N_1 e N_2, separadamente. Usando mais uma vez informações da equação (6.90) e assumindo que se tem disponível um bom modelo para a ionosfera (I), torna-se possível encontrar o melhor valor das ambiguidades a partir das equações (Blewitt, 1996, p.245):

$$\begin{aligned} \tilde{\Phi}_1 &= \Phi_1 - \lambda_1 N_1 = \rho' - I, \\ \tilde{\Phi}_2 &= \Phi_2 - \lambda_2 N_2 = \rho' - (f_1/f_2)^2 I, \end{aligned} \tag{9.14}$$

e considerando a estimativa de $\hat{N}_\Delta$. Então:

$$\begin{aligned} I &= 1{,}546(\tilde{\Phi}_1 - \tilde{\Phi}_2), \\ \frac{I}{1{,}546} &= (\Phi_1 - \lambda_1 N_1) - (\Phi_2 - \lambda_2 N_2) = \Phi_1 - \Phi_2 - \lambda_1 N_1 + \lambda_2 N_2, \\ \frac{I}{1{,}546} &= \Phi_1 - \Phi_2 - \lambda_2 \hat{N}_\Delta + (\lambda_2 - \lambda_1) N_1. \end{aligned} \tag{9.15}$$

A obtenção de N_1 a partir da equação (9.15) é relativamente fácil para linhas-base curtas, onde a dupla diferença da ionosfera pode ser considerada nula. No entanto, o coeficiente ($\lambda_2 - \lambda_1$) é aproximadamente 5,4 cm, muito pequeno quando se considera o posicionamento relativo com linhas-base maiores que 20 km. Para o posicionamento relativo estático rápido, com linhas-base curtas, trata-se de uma técnica que proporciona a solução da ambiguidade quase instantaneamente.

Para linhas-base longas pode-se utilizar uma técnica em que se faz uso da observável livre dos efeitos da ionosfera, que também está presente na equação (6.90), com um modelo para a distância topocêntrica, em geral, baseado na solução real (*float*) e em $\hat{N}_\Delta$. Então se tem (Blewitt, 1996, p.245):

$$\begin{aligned} \rho &= 2{,}546\tilde{\Phi}_1 - 1{,}546\tilde{\Phi}_2 \\ &= 2{,}546\Phi_1 - 1{,}546\Phi_2 - 1{,}546\lambda_2\hat{N}_\Delta + (1{,}546\lambda_2 - 2{,}546\lambda_1)N_1. \end{aligned} \tag{9.16}$$

Dessa equação pode-se obter N_1. O coeficiente de N_1 é da ordem de 10,7cm, o que mostra que essa técnica pode funcionar bem se os erros na DD da distância topocêntrica forem mantidos abaixo desse valor. Efemérides precisas e modelos para estimativas da refração troposférica são essenciais para o sucesso da técnica.

Outra possibilidade nesse contexto é quando também se empregam as pseudodistâncias. Basta, para tanto, considerar as duas últimas equações que compõem a (6.90), que na forma original é dada por:

$$\begin{aligned} \lambda_1 N_1 &= \Phi_1 - (f_1^2 + f_2^2)/(f_1^2 - f_2^2)PD_1 + 2f_2^2/(f_1^2 - f_2^2)PD_2, \\ \lambda_2 N_2 &= \Phi_2 - 2f_1^2/(f_1^2 - f_2^2)PD_1 + (f_1^2 + f_2^2/(f_1^2 - f_2^2)PD_2, \end{aligned} \tag{9.17}$$

e formar a observável *wide-lane* (N_Δ). Procedimento similar é apresentado em Hofmann-Wellenhof; Lichtenegger; Collins (2001, p.219). Essa técnica fica muito afetada pelos efeitos de multicaminho na pseudodistância.

Com a modernização do GPS, quando se terá disponível uma nova portadora, outras possibilidades serão factíveis de ser aplicadas. Estudos já foram iniciados nessa direção (Hatch et al., 2000; Vollath et al., 1999).

9.7.2.2 *Solução das ambiguidades no domínio das coordenadas*

A solução das ambiguidades no domínio das coordenadas inclui uma das primeiras técnicas propostas para a solução das ambiguidades, chamada de método da função da ambiguidade (AFM – *Ambiguity Function Method*) (Remondi, 1984; Gemael e Andrade, 2004). A observável básica é a SD (seção 6.3.2.1) entre duas estações, das quais uma dispõe de coordenadas conhecidas ao passo que na outra será construído um espaço de procura. A AFM não é afetada pela mudança de um ciclo inteiro da portadora ou por perdas de ciclos. Logo, as incógnitas são apenas as coordenadas da estação e as diferenças dos erros dos relógios dos receptores. Um algoritmo de procura é definido de forma que as coordenadas incógnitas vão sendo alteradas até produzir um vetor de SD compatível com o observado. Apesar dos significativos desenvolvimentos dessa técnica, seu desempenho computacional não é eficiente, o que a torna apenas de interesse histórico (Seeber, 2003, p. 271; Kim e Langley, 2000).

9.7.2.3 Solução das ambiguidades no domínio das ambiguidades

A solução das ambiguidades no domínio das ambiguidades constitui-se como a categoria que apresenta o maior número de técnicas, as quais são baseadas no MQI (Teunissen, 1996b). Sua aplicação também visa reduzir o intervalo de tempo necessário para a coleta de dados, por combinações ótimas da(s) portadora(s). Se a linha-base é relativamente curta e o intervalo de ocupação relativamente grande, as ambiguidades estimadas como números reais deverão ser muito próximas de números inteiros. Basta, para tanto, converter cada uma delas para o inteiro mais próximo. Nesse caso, a solução fixa não representa melhoria significativa em relação à ambiguidade estimada como real, que pode ser uma boa alternativa de solução.

À medida que o intervalo de tempo de coleta de dados for sendo reduzido, a influência da solução das ambiguidades será mais significativa, associada a um fator de risco maior de se utilizar uma solução incorreta. Nesse caso, deve-se construir uma região de procura das ambiguidades, seja a partir da solução flutuante ou a partir de uma solução das pseudodistâncias, para os casos estático e cinemático.

O princípio do MQI, uma vez que se obtém a solução no domínio dos números reais (*float*) do sistema de equações lineares (9.3), é dado por (Teunissen, 1996b):

$$\min_N (\hat{N} - \breve{N})^T \Sigma_{\hat{N}}^{-1} (\hat{N} - \breve{N}) \text{ com } \breve{\mathrm{N}} \in \mathrm{Z}^{\mathrm{m}}. \tag{9.18}$$

Uma vez que a solução que minimiza a equação (9.18) for obtida, basta introduzir os valores determinados para $\breve{N}$ como injunções (equação 9.12). O problema representado pela expressão (9.18) é normalmente solucionado usando-se algoritmos de procura.

O número de ambiguidades a ser considerado depende do número de satélites rastreados e do espaço de procura das DDs das ambiguidades. Por exemplo, se a janela de procura para cada ambiguidade for de 6 ciclos (± 3 ciclos), estando disponíveis seis satélites (5 DDs), o número de combinações para ser testado é $6^5 = 7776$. Se, ao invés de 6 ciclos, a janela for de 7, esse número passa para 16807. Logo, fica evidente que a solução do problema não é obtida analisando-se todas as possíveis soluções, mas pela adoção de uma estratégia apropriada.

Várias propostas têm sido apresentadas na literatura, muitas das quais são apresentadas em Leick (2004, p.277), Hofmann-Wellenhof; Lichtenegger; Collins (2001, p.223) e Seeber (2003).

Uma das técnicas pioneiras foi o método sequencial (Talbot, 1999). Nessa técnica, espera-se pela alteração da geometria dos satélites, mas a cada época testa-se cada uma das ambiguidades separadamente, para verificar se algumas delas podem ser fixadas como números inteiros. Normalmente, por causa da forte correlação entre as ambiguidades, a resolução de uma das ambiguidades (injunção) contribui sobremaneira para que as demais também sejam solucionadas, além de melhorar a precisão das componentes da linha-base. Uma vez que todas as ambiguidades forem solucionadas, pode-se dar continuidade a um levantamento relativo cinemático, por exemplo, ou incluir no processamento as demais épocas de um levantamento estático. O problema relacionado a essa técnica é que em geral deve-se esperar consideravelmente até que as ambiguidades possam ser fixadas como números inteiros.

Frei e Beutler (1990) propuseram a técnica denominada FARA (*Fast Ambiguity Resolution Approach*). Após a estimativa da solução *float* (real), com a respectiva MVC, constrói-se a região de procura baseada no intervalo de confiança das ambiguidades estimadas como números reais, sendo dada por $\pm\, t\sigma_N$, sendo t derivado estatisticamente. Um segundo critério é introduzido, de forma que leve em consideração a correlação entre as ambiguidades. Para tanto, constrói-se outro intervalo para as diferenças das DDs das ambiguidades (*Nij* = *Nj*-*Ni*), tendo como base $\sigma_{N_{ij}} = (\sigma^2_{N_i} - 2\sigma_{N_{i,j}} + \sigma^2_{N_j})^{1/2}$, obtendo-se assim $\pm\, t\,\sigma_{Ni,j}$. Esse critério reduz de modo considerável o número de candidatos a ser pesquisados.

Euler e Landau (1992) também desenvolveram uma técnica baseada na conjugação do MQI como algoritmo de procura, similar ao FARA. Se as ambiguidades forem fixadas como constantes (inteiras), a influência das injunções em $\hat{\sigma}^2_{0\,flut}$ é dada por (veja equação 9.12):

$$R_{\breve{N}} = [\hat{N} - \breve{N}]^T \Sigma^{-1}_{\hat{N}} [\hat{N} - \breve{N}]. \quad (9.19)$$

Essa forma quadrática tem distribuição Qui-quadrado com graus de liberdade igual ao número de ambiguidades em questão e deve proporcionar $R_{\breve{N}}$ mínimo. Definindo-se uma região de procura, da mesma forma que na técnica apresentada anteriormente, um processo de busca é efetuado. Além disso, ao que foi realizado na técnica FARA, a MVC das ambiguidades foi decomposta pelo método de Cholesky, isto é,

$$\Sigma^{-1}_{\hat{N}} = LL^T, \quad (9.20)$$

podendo a expressão (9.19) ser agora dada por:

$$R_{\breve{N}} = [(\hat{N} - \breve{N})^T L][(\hat{N} - \breve{N})^T L]^T, \quad (9.21)$$

e ser reescrita como

$$R_{\breve{N}} = Z^T Z; \quad Z^T = [\hat{N} - N]^T L. \quad (9.22)$$

A estratégia fundamental dessa técnica baseia-se no fato de que a decomposição pode ser efetuada antes da procura e, ao se calcular cada elemento de Z, pode-se obter um valor parcial de $R_{\breve{N}}$, o qual já pode ser testado contra um valor preestabelecido. Se o valor parcial é rejeitado, interrompe-se o cálculo de $R_{\breve{N}}$ para o vetor de ambiguidades em teste e passa-se a testar o próximo vetor. Essa estratégia faz que a procura seja mais eficiente. Se mais de um vetor é aceito ao final de uma determinada época, a procura continua na próxima, mas só os vetores de ambiguidades até então aceitos serão usados. O problema do método está relacionado ao uso de uma janela retangular para efetuar a procura.

Teunissen (1993) apresentou a ideia e além disso desenvolveu o método LAMBDA. Entre as várias técnicas disponíveis, essa é a que proporciona a mais alta probabilidade de estimar, entre todos os estimadores inteiros possíveis, o vetor inteiro de ambiguidades corretamente. Essa característica, ao lado da rapidez da técnica, a tem tornado a mais popular e de aceite quase que geral (Leick, 2004, p.282). O núcleo central da técnica LAMBDA baseia-se na reparametrização do vetor de ambiguidades, mediante a aplicação da transformação Z, de modo a obter novas ambiguidades, mas com menor correlação. Supondo-se correlação nula entre as ambiguidades (caso ideal), a condição estabelecida na equação (9.18) seria atendida ao se aproximar cada ambiguidade estimada (real) para o inteiro mais próximo. No entanto, para curtos períodos de coleta de dados, tal situação não ocorre na prática.

As ambiguidades são decorrelacionadas por intermédio de uma transformação apropriada, aplicada sobre as ambiguidades originais, pertencentes ao espaço dos números reais (R^m). Considerando-se o vetor de ambiguidades $\hat{N}$ e as ambiguidades reparametrizadas por $\hat{z}$ tem-se:

$$\hat{z} = Z^T \hat{N} \quad ; \quad \Sigma_{\hat{z}} = Z^T \Sigma_{\hat{N}} Z, \tag{9.23}$$

com Z^T sendo uma matriz de transformação admissível. A solução do problema é baseada em um ajustamento condicionado sequencial sobre as ambiguidades transformadas. A minimização é agora representada pela seguinte expressão:

$$\Theta = (\hat{z} - \breve{z})^T \Sigma_{\hat{z}}^{-1} (\hat{z} - \breve{z}) = mim, \tag{9.24}$$

de modo que $\breve{z}$ seja um vetor de ambiguidades inteiras. A decorrelação faz que a região de procura seja bastante inferior à original, uma vez que, paralelamente com a decorrelação das ambiguidades, a precisão das mesmas também melhora de forma considerável. A matriz de transformação Z^T, bem como sua inversa, deve ser composta por números inteiros, a fim de que as ambiguidades também o sejam. Logo, o determinante de Z^T deve ser ±1. Uma vez encontrada a solução, basta transformá-la para o espaço original R^m via $(Z^T)^{-1}$.

Para o caso de duas ambiguidades $\hat{N} = [\hat{N}_1, \hat{N}_2]^T$, com sua respectiva MVC dada por:

$$\Sigma_{\hat{N}} = \begin{bmatrix} \sigma_{N_1}^2 & \sigma_{N_1 N_2} \\ \sigma_{N_2 N_1} & \sigma_{N_2}^2 \end{bmatrix}, \tag{9.25}$$

a transformação $z = Z^T N$ é dada pela seguinte forma especial:

$$Z^T = \begin{bmatrix} 1 & \alpha \\ 0 & 1 \end{bmatrix}, \tag{9.26}$$

com $\hat{z} = [\hat{z}_1 \quad \hat{z}_2]$. O elemento α é dado por:

$$\alpha = n\,\text{int}(-\sigma_{N_1N_2} / \sigma^2_{N_2}), \tag{9.27}$$

onde $n\,\text{int}(.)$ representa o inteiro mais próximo. É interessante observar que z_1 e z_2 seriam totalmente decorrelacionados se $\alpha = (-\sigma_{N_1N_2} / \sigma^2_{N_2})$. No entanto, tal procedimento produziria uma transformação não admissível, pois não preservaria a propriedade de os elementos da transformada Z serem inteiros. Essa transformação é denominada transformação de Gauss inteira (De Jonge e Tiberius, 1996, p.12).

No método LAMBDA, a matriz Z^T é construída a partir de $\Sigma_{\hat{N}}$ da expressão (9.9), por uma sequência de transformações inteiras de Gauss e permutações. A decorrelação é obtida dessa transformação e, quando necessária, a reordenação das ambiguidades é feita pelas permutações, o que permite decorrelação adicional. Considerando-se que há m variáveis no vetor $\hat{N}$, a seguinte decomposição de Cholesky deve ser realizada:

$$\Sigma_{\hat{N}} = L^T DL. \tag{9.28}$$

A matriz L é uma matriz triangular inferior composta dos fatores de Cholesky modificados, contendo o elemento unitário (1) na diagonal. D é uma matriz diagonal que contém os termos quadrados dos fatores de Cholesky. Considerando-se que se está tratando com as ambiguidades i e $i+1$, pode-se fazer a seguinte partição das matrizes apresentadas:

$$L = \begin{bmatrix} L_{11} & 0 & 0 \\ L_{21} & L_{22} & 0 \\ L_{31} & L_{32} & L_{33} \end{bmatrix} \quad \text{e D} = \begin{bmatrix} D_{11} & 0 & 0 \\ 0 & D_{22} & 0 \\ 0 & 0 & D_{33} \end{bmatrix}. \tag{9.29}$$

A matriz de transformação Z é particionada de forma similar,

$$Z_1 = \begin{bmatrix} I_{11} & 0 & 0 \\ 0 & Z_{22} & 0 \\ 0 & 0 & I_{33} \end{bmatrix}, \tag{9.30}$$

com Z_{22} sendo uma matriz de ordem 2, do tipo da equação (9.26). Tem-se agora que

$$\hat{z}_1 = Z_1^T \hat{N},$$
$$\Sigma_{\hat{z}_1} = Z_1^T \Sigma_{\hat{N}} Z_1 = Z_1^T L^T DLZ_1 = L_1^T DL_1. \qquad (9.31)$$

Além disso, pode ser facilmente mostrado que a partir da escolha de Z_1 e Z_{22} tem-se as seguintes expressões:

$$\Sigma_{z_1} = Z_1^T \Sigma_{\hat{N}} Z_1 = \begin{bmatrix} \Sigma_{11} & & sim \\ Z_{22}^T \Sigma_{21} & Z_{22}^T \Sigma_{22} Z_{22} & \\ \Sigma_{31} & \Sigma_{32} Z_{22} & \Sigma_{33} \end{bmatrix} = \begin{bmatrix} \Sigma_{11} & & sim \\ \overline{\Sigma}_{21} & \overline{\Sigma}_{22} & \\ \Sigma_{31} & \overline{\Sigma}_{32} & \Sigma_{33} \end{bmatrix}, \qquad (9.32)$$

$$L_1 = \begin{bmatrix} L_{11} & 0 & 0 \\ \overline{L}_{21} & \overline{L}_{22} & 0 \\ L_{31} & \overline{L}_{32} & L_{33} \end{bmatrix} \text{ e } D' = \begin{bmatrix} D_{11} & & \\ & \overline{D}_{22} & \\ & & D_{33} \end{bmatrix}. \qquad (9.33)$$

A estrutura das matrizes continua a mesma e a parte da decomposição de Cholesky que é afetada pela transformação Z coincide com a da MVC. Os fatores modificados podem então ser relacionados com os originais. A partir da expressão

$$L_1^T D_1 L_1 = Z_1^T L^T DLZ_1, \qquad (9.34)$$

as seguintes relações podem ser obtidas:

$$\overline{L}_{32} = L_{32} Z_{22},$$
$$\overline{L}_{22}^T \overline{D}_{22} \overline{L}_{22} = Z_{22}^T (L_{22}^T D_{22} L_{22}) Z_{22},$$
$$\overline{L}_{21} = \overline{L}_{22} (L_{22} Z_{22})^{-1} L_{21}. \qquad (9.35)$$

Introduzindo-se a matriz Z_{22} no conjunto de equações (9.35) obtém-se

$$\overline{L}_{32} = \begin{bmatrix} l_{i+2,i} + \alpha\, l_{i+2,i+1} & l_{i+2.i+1} \\ l_{i+3,i} + \alpha\, l_{i+3,i+1} & l_{i+3,i+1} \\ \cdots & \\ l_{n,i} + \alpha\, l_{n,i+1} & l_{n,i+1} \end{bmatrix}, \qquad (9.36)$$

$$\bar{L}_{22} = \begin{bmatrix} 1 & 0 \\ l_{i+1,i} + \alpha & 1 \end{bmatrix} \text{ e } \bar{D}_{22} = \begin{bmatrix} d_i & 0 \\ 0 & d_{i+1} \end{bmatrix}, \tag{9.37}$$

$$\bar{L}_{21} = L_{21}. \tag{9.38}$$

Os termos $\bar{L}_{21}$ e $\bar{D}_{22}$ não foram alterados, permanecendo iguais aos originais. Em geral, tomando-se a matriz Z como identidade e com um número adicional α na posição (i, j), com $i > j$, os elementos que mudam são:

$$\begin{aligned} l'_{i,j} &= l_{i,j} + \alpha, \\ l'_{k,j} &= l_{k,j} + \alpha\, l_{k,i} \text{ para } k = i+1,\ldots,m. \end{aligned} \tag{9.39}$$

Se $\alpha = 0$, a transformação (9.31) não é necessária. No entanto, deve-se verificar se as ambiguidades i e $i+1$ devem ser permutadas para que possam ser adicionalmente decorrelacionadas. Considerando-se que a transformação Z referente à permutação é dada por:

$$Z_2 = \begin{bmatrix} I & \ldots & & 0 \\ \ldots & 0 & 1 & \\ & 1 & 0 & \\ 0 & & & I \end{bmatrix} = \begin{bmatrix} I_{11} & 0 & 0 \\ 0 & P & 0 \\ 0 & 0 & I_{33} \end{bmatrix}, \tag{9.40}$$

novos padrões são obtidos para as matrizes envolvidas na transformação, similares aos dados em (9.35). Tem-se então

$$\begin{aligned} \bar{L}_{32} &= L_{32}P, \\ \bar{L}_{22}^T \bar{D}_{22} \bar{L}_{22} &= P^T (L_{22}^T D_{22} L_{22}) P, \\ \bar{L}_{21} &= \bar{L}_{22} (L_{22}P)^{-1} L_{21}. \end{aligned} \tag{9.41}$$

Desenvolvendo essas relações obtêm-se as seguintes expressões:

$$\bar{L}_{32} = \begin{bmatrix} l_{i+2,i+1} & l_{i+2,i} \\ l_{i+3,i+1} & l_{i+3,i} \\ \ldots & \ldots \\ l_{n,i+1} & l_{n,i} \end{bmatrix}, \tag{9.42}$$

$$\bar{L}_{22} = \begin{bmatrix} 1 & 0 \\ \dfrac{l_{i+1,i} d_{i+1}}{d_i + l_{i+1,i}^2 d_{i+1}} & 1 \end{bmatrix}, \tag{9.43}$$

$$\bar{D}_{22} = \begin{bmatrix} d_{i+1} - \dfrac{l_{i+1,i}^2 d_{i+1}^2}{d_i + l_{i+1,i}^2 d_{i+1}} & 0 \\ 0 & d_i + l_{i+1,i}^2 d_{i+1} \end{bmatrix}, \tag{9.44}$$

$$\bar{L}_{21} = \begin{bmatrix} -l_{i+1,i} & 1 \\ \dfrac{d_i}{d'_{i+1}} & l'_{i+1,i} \end{bmatrix} L_{21},$$

$$\mathrm{d}'_{\mathrm{i+1}} = d_i + l_{i+1,i}^2 d_{i+1}; \; l'_{i+1,i} = \frac{d_{i+1}}{d'_{i+1}} l_{i+1,i}. \tag{9.45}$$

Observe-se que a permutação altera também as matrizes $\bar{L}_{21}$ e $\bar{D}_{22}$, diferentemente do caso anterior. Para alcançar o máximo em decorrelação, os termos $d'_{i+1,i+1}$ e $d_{i+1,i+1}$ devem ser inspecionados enquanto as ambiguidades *i* e *i+1* estiverem sendo consideradas. Se $d'_{i+1,i+1} < d_{i+1,i+1}$, deve-se realizar a permutação e o processo é reinicializado com o último par de ambiguidades tratado, ou seja, *i-1* e *i*, até se alcançar a primeira e segunda. Uma nova transformação *Z* é construída sempre que a decorrelação ou a permutação ocorrer. O processo se encerra quando não há mais necessidade de realizar trocas de elementos da diagonal. Nesse caso, os elementos da diagonal estarão em ordem crescente.

O resultado da transformação será então

$$\hat{z} = Z_q^T \ldots Z_2^T Z_1^T \hat{b} = Z^T \hat{N}, \tag{9.46}$$

tal como apresentado na expressão (9.23), com *q* representando o número de transformações envolvidas. A próxima etapa é realizar a procura, dados $\hat{z}$ e $\Sigma_{\hat{z}}$, de modo que satisfaça a condição (9.24).

A procura nesse novo espaço poderia ser realizada usando-se um dos procedimentos apresentados anteriormente. Mas, no método LAMBDA, a procura é baseada na correspondência entre a decomposição LDL^T de $\Sigma_{\hat{z}}$ e a estimativa de mínimos quadrados condicional. Com a decomposição aplicada à equação (9.24) e o desenvolvimento algébrico adicional, pode-se escrever a seguinte equação:

$$\sum_{i=1}^{m} d_i \left[(\breve{z}_i - \hat{z}_i) + \sum_{j=i+1}^{m} l_{ij} (\breve{z}_j - \hat{z}_j) \right]^2 \leq \chi^2. \quad (9.47)$$

O símbolo χ^2 funciona como um escalar que pode ser usado para delimitar os limites de procura. O termo ao quadrado da equação (9.47) é a diferença entre $\breve{z}_i$ e $\hat{z}_{i|i+1,...,m}$, sendo que esse último representa a estimativa de $\breve{z}_i$ condicionada aos valores de $\breve{z}_j$ com $j = i + 1, m$, ou seja, a estimativa de $\breve{z}_i$ conhecendo-se os valores de $\breve{z}_j$. Dessa forma, a estimativa condicionada da ambiguidade i e respectiva variância são dadas por:

$$\begin{aligned} \hat{z}_{i|i+1,...,m} &= \hat{z}_i - \sum_{j=i+1}^{m} l_{ji} (z_j - \hat{z}_j), \\ \sigma^2_{\hat{z}_{i|i+1,...,m}} &= d_i^{-1}, \end{aligned} \quad (9.48)$$

e a equação (9.47) pode ser reescrita como:

$$\sum_{i=1}^{m} \frac{(\breve{z}_i - \hat{z}_{i|i+1,...,m})^2}{\sigma^2_{\hat{z}_{i|i+1,...,m}}} \leq \chi^2. \quad (9.49)$$

Utilizando a estrutura da soma dos quadrados da equação (9.49), podem-se estabelecer os m intervalos que serão utilizados para a procura. Esses intervalos sequenciais são dados por (Teunissen, 2003a):

$$\begin{aligned} &(\hat{z}_1 - \breve{z}_1)^2 \leq \sigma_1^2 \chi^2 \\ &(\hat{z}_{2|1} - \breve{z}_2)^2 \leq \sigma_{2|1}^2 (\chi^2 - \frac{(\hat{z}_1 - \breve{z}_1)^2}{\sigma_1^2}) \\ &(\hat{z}_{3|2} - \breve{z}_3)^2 \leq \sigma_{3|1}^2 (\chi^2 - \frac{(\hat{z}_1 - \breve{z}_1)^2}{\sigma_1^2} - \frac{(\hat{z}_{2|1} - \breve{z}_2)^2}{\sigma_{2|1}^2}). \\ &\ldots \end{aligned} \quad (9.50)$$

Para que a procura seja eficiente, a MVC deve ser tão próxima quanto possível de uma matriz diagonal e o espaço de procura não deve ser muito abrangente. Para tanto, o valor de χ^2 deve ser pequeno e ao mesmo tempo deve garantir que o espaço de procura possa conter pelo menos um vetor de candidatos. Uma possibilidade é associar χ^2 com o volume do elipsoide advindo da MVC das ambiguidades, o qual pode ser facilmente calculado (De Jonge e Tiberius, 1996, p.29). Uma outra possibilidade é atribuir o valor de $R_{\hat{N}}$ (equação 9.19) advindo do melhor candidato. Para tanto, os valores das ambiguidades devem ser arredondados para o vetor de inteiros mais próximos e substituídos na equação (9.19). Como no processo já houve a decorrelação e melhoria na precisão (transformação Z), é provável que o melhor candidato esteja dentro dessa região de procura. Para garantir pelo menos dois vetores candidatos, um novo valor de χ^2 deve ser calculado, alterando-se alguns dos valores do vetor de ambiguidades considerado o mais provável. Mais detalhes são apresentados em Leick (2004, p. 286) e em De Jonge e Tiberius (1995).

A técnica LAMBDA requer como dados de entrada apenas as ambiguidades e respectiva MVC. Logo, mesmo quando outros parâmetros estão sendo estimados simultaneamente (coordenadas da estação, atraso troposférico, erros dos relógios), a técnica pode ser aplicada. O mesmo pode ser dito para sistemas de equações provenientes de receptores de simples ou dupla frequência, ou mesmo para a modernização do GPS e o futuro sistema Galileo. Mesmo quando se tratar do processamento de dados de linhas-base múltiplas, a técnica LAMBDA também pode ser aplicada.

Os interessados em obter o programa (código-fonte) para aplicar o método LAMBDA podem consultar a página na internet da TUDelft (www.lr.tudelft.nl) e procurar pela palavra LAMBDA.

9.7.3 Validação do vetor das ambiguidades

A validação do vetor das ambiguidades também é assunto de grande importância e tem despertado a atenção de vários pesquisadores da área de posicionamento geodésico com GNSS. Sua importância deve-se ao fato de que uma solução incorreta das ambiguidades certamente proporcionará resultados desastrosos. Além disso, qualquer teoria relacionada com a estimativa de parâmetros só pode ser considerada rigorosa se proporciona meios de validar esses resultados.

Na teoria clássica de Ajustamento de Observações, a MVC proporciona informações suficientes sobre os parâmetros estimados, pois observações distribuídas de acordo com a distribuição normal, quando introduzidas em um modelo linear, produzem um estimador linear que terá o mesmo tipo de distribuição (Teunissen e Verhagen, 2004; Verhagen,

2005). No entanto, essa teoria relativamente simples não pode ser aplicada quando estimadores inteiros estiverem envolvidos no processo, pois eles não têm distribuição normal. Dessa forma, ao invés da MVC, a própria distribuição dos parâmetros deve ser usada para obter medidas apropriadas à validação dos parâmetros inteiros.

Testes de discriminação são adotados na prática. Eles visam comparar a probabilidade da solução fixa considerada correta com outros conjuntos de solução de vetores de ambiguidades inteiras. Quando se aplica o MQI, a probabilidade da solução fixa $\breve{N}$ é sempre maior que a de qualquer outro vetor inteiro. Mas, se a probabilidade de $\breve{N}$ não for suficientemente maior que a de $\breve{N}'$, as duas soluções não podem ser discriminadas com confiança suficiente.

9.7.3.1 *Testes de discriminação*

Euler e Schaffrin (1990) (apud Teunissen e Verhagen, 2005) introduziram um teste de discriminação que se tornou muito popular. Ele é dado por:

$$\text{Aceita } \breve{N} \text{ se: } \left\|\hat{N} - \breve{N}_2\right\|^2_{\Sigma_{\hat{N}}} \Big/ \left\|\hat{N} - \breve{N}_1\right\|^2_{\Sigma_{\hat{N}}} = R_2/R_1 \geq c. \qquad (9.51)$$

Nessa expressão, a notação R_i é usada para a norma ao quadrado dos resíduos do vetor das ambiguidades da melhor ($i = 1$) e da segunda melhor ($i = 2$) solução inteira, $\breve{N}_1$ e $\breve{N}_2$ respectivamente. Na literatura inglesa esse teste é denominado *ratio test*. Para fins deste trabalho ele será denominado teste *ratio*.

Com base na teoria clássica de testes de hipóteses, podem-se considerar três hipóteses:

$$H_0 : N = \hat{N},\ H_1 : N = \breve{N}_1,\ H_2 : N = \breve{N}_2 . \qquad (9.52)$$

Para determinar o valor crítico c assume-se que:

$$(m - n - p)R_i \Big/ n\|\hat{v}\|^2_{\Sigma_L} \approx F(n, m - n - p, \lambda_i),\ i = 1,2 , \qquad (9.53)$$

onde $\hat{v}$ é o vetor dos resíduos da solução real, $F(n,m - n - p,\lambda_i)$ denota a distribuição F não central com n e m-n-p graus de liberdade e λ_i (Lambda) o parâmetro de não centralidade. Assim, assume-se que, na equação (9.53), $\|\hat{v}\|^2_{\Sigma_L}$ e Ri são independentes. Entretanto, essa suposição não é verdadeira porque $\breve{N}_1$, $\breve{N}_2$ e $\hat{v}$ dependem do mesmo vetor L de observações, não podendo seguir a distribuição F. Além disto, desde que L é aleatório, o vetor de ambiguidades fixas obtidas com o MQI deve ser de natureza estocástica.

Outro problema relacionado com essa teoria é que a determinação do valor crítico (c) não é direta. Euler e Schaffrin (1990) (apud Teunissen e Verhagen, 2005) usaram testes computacionais para concluir que deveria ser escolhido um valor entre 5 e 10. Wei e Schawarz (1995) (apud Teunissen e Verhagen, 2005), mesmo sem uma justificativa teórica, propuseram o uso de $c = 2$.

Entretanto, para se utilizar os testes de hipótese da teoria clássica para derivação do teste *ratio*, as características probabilísticas dos parâmetros deveriam ser levadas em consideração, o que não é possível nesse caso. Em contrapartida, a validação baseada nesse teste geralmente é satisfatória. Isto deve ocorrer porque a aleatoriedade de $\breve{N}$ pode de fato ser negligenciada se existe probabilidade suficiente de que a solução seja correta, ou seja, se a taxa de sucesso for muito próxima de 1 (Teunissen e Verhagen, 2004; Verhagen, 2005). Logo, valores críticos determinados empiricamente podem expressar bons resultados, tanto que em muitos softwares o valor empírico $c = 3$ é utilizado (Leick, 2004).

Outro teste de discriminação proposto baseia-se na diferença entre R_2 e R_1, a qual é dada por:

$$\text{Aceita } \breve{N} \text{ se: } \left\|\hat{N} - \breve{N}_2\right\|^2_{\Sigma_{\hat{N}}} - \left\|\hat{N} - \breve{N}_1\right\|^2_{\Sigma_{\hat{N}}} = R_2 - R_1 \geq e_\Delta, \tag{9.54}$$

onde e_Δ é um valor crítico, determinado empiricamente (De Jonge e Tiberius, 1995). Está implícito no teste da equação (9.54) que a discriminação entre as ambiguidades é assumida suficiente quando a distância entre $\breve{N}_2$ e $\hat{N}$ for suficientemente maior que a distância entre $\breve{N}_1$ e $\hat{N}$. Para efeitos deste trabalho esse teste será denominado de teste das diferenças das soluções das ambiguidades. Uma possibilidade que comparece na literatura para a solução de (9.54) é apresentada a seguir (Teunissen, 1996).

Admitindo-se que o teste

$$(\hat{N} - \breve{N}_1)^T \Sigma_{\hat{N}}^{-1} (\hat{N} - \breve{N}_1) / n_{amb}\sigma^2 < F_\alpha(n_{amb}, \infty), \tag{9.55}$$

tenha sido aceito, então, se

$$(\hat{N} - \breve{N}_2)^T \Sigma_{\hat{N}}^{-1} (\hat{N} - \breve{N}_2) / n_{amb}\sigma^2 > F_{\alpha'}(n_{amb}, \infty) \geq F_{\alpha}(n_{amb}, \infty) \,. \quad (9.56)$$

o vetor de ambiguidades $\breve{N}_1$ tem a mais alta probabilidade entre todos os candidatos de ser o correto. Nas equações (9.55) e (9.56), n_{amb} refere-se ao número de ambiguidades a serem solucionadas. Para garantir que o vetor $\breve{N}_2$ seja bem menos provável que o $\breve{N}_1$, deve-se escolher um valor para $F_{\alpha'}(n_{amb}, \infty)$ bem maior que o de $F_{\alpha}(n_{amb}, \infty)$. A vantagem desse teste alternativo em comparação com o expresso pela equação (9.51) está relacionada com o fato de aquele ser baseado em um teste estatístico que tem distribuição de probabilidade bem conhecida.

Mais recentemente, o teste *ratio* no contexto da estimação de abertura inteira (AI) foi proposto por Teunissen e Verhagen (2004) e Verhagen (2005), apresentando uma fundamentação matemática mais robusta. Pesquisas sobre esse teste estão se iniciando no Brasil. O leitor interessado em uma visão inicial sobre o assunto pode consultar Souza e Monico (2005). A validação da solução da ambiguidade ainda é um tema que está aberto para pesquisas.

9.8 Exemplos de posicionamento relativo, solução e validação do vetor das ambiguidades e ajustamento de rede GPS

Nesta seção serão apresentados um exemplo de posicionamento relativo estático de uma linha-base (Exemplo 1) e um de solução e validação do vetor de ambiguidades (Exemplo 2), com vários detalhes envolvidos no procedimento. O leitor interessado poderá aplicá-los em outros modos de posicionamento relativo apresentados neste capítulo. Em seguida apresenta-se um pequeno exemplo de ajustamento de uma rede GPS (Exemplo 3).

Exemplo 1: Posicionamento relativo estático de uma linha-base

Apresenta-se a seguir parte dos arquivos de observação no formato RINEX para a estação-base, denominada ILHA (Figura 9.5), e para a estação a ser determinada (ILH1) (Figura 9.6). As coordenadas que constam do arquivo da estação-base foram adotadas como conhecidas e as da estação ILH1, como aproximadas. Apenas as informações mais importantes foram mantidas nos arquivos. Os arquivos completos de observação, bem como o de navegação, estão disponíveis em http://gege.prudente.unesp.br. Para fins do exemplo, sempre que mais conveniente, a estação ILHA será designada estação 1 e a ILH1, estação 2.

```
     2              OBSERVATION DATA                    RINEX VERSION / TYPE
DAT2RIN 2.35b       CARRUPT             19JUN01 10:10:56    GMTPGM / RUN BY / DATE
Arthur              FEC                                 OBSERVER / AGENCY
20090163            TRIMBLE 4600LS      Nav 2.00 Sig 0.10   REC # / TYPE / VERS
20090163            4600LS INTERNAL                     ANT # / TYPE
ILHA                                                    MARKER NAME
0162                                                    MARKER NUMBER
  3741338.8160 -4662312.6940 -2217463.0760              APPROX POSITION XYZ
        1.4480        0.0000        0.0000              ANTENNA: DELTA H/E/N
     1     0     0                                      WAVELENGTH FACT L1/2
     2    L1    C1                                      # / TYPES OF OBSERV
    15                                                  INTERVAL
  2001     2     5    17    29   45.000000              TIME OF FIRST OBS
                                                        END OF HEADER
 1  2  5 17 32  0.0000000  0  8  1 11 13 19 20 22 27 28
     -69786.40700  21126120.22700
     288641.66600  21216883.26600
    -230549.70500  22464242.10900
    -482052.80100  21219323.00000
    -279816.20400  21061178.83600
    -188005.30900  23488531.92200
    -599889.01500  23694948.34400
    -379137.26600  23333055.69500
...
```

Figura 9.5 – Parte do arquivo da estação-base (ILHA).

```
     2              OBSERVATION DATA                    RINEX VERSION / TYPE
DAT2RIN 2.35b       CARRUPT             19JUN01 10:10:14    GMTPGM / RUN BY / DATE
Arthur              FEC                                 OBSERVER / AGENCY
20090579            TRIMBLE 4600LS      Nav 2.00 Sig 0.10   REC # / TYPE / VERS
20090579            4600LS INTERNAL                     ANT # / TYPE
ILH1                                                    MARKER NAME
0579                                                    MARKER NUMBER
  3748417.3821 -4659407.1995 -2211684.5503              APPROX POSITION XYZ
        1.5400        0.0000        0.0000              ANTENNA: DELTA H/E/N
     1     0     0                                      WAVELENGTH FACT L1/2
     2    L1    C1                                      # / TYPES OF OBSERV
    15                                                  INTERVAL
  2001     2     5    17    32    0.000000              TIME OF FIRST OBS
                                                        END OF HEADER
 1  2  5 17 32  0.0000000  0  8  1 11 13 19 20 22 27 28
     -6294.54710  21337041.93000
     47839.04610  21418130.45300
    -30367.09510  22676227.65600
    -69178.18310  21423347.21100
    -37944.78610  21269095.02300
    -24525.41810  23685925.95300
    -92287.86110  23898741.99200
    -58641.09210  23528964.90600
```

Figura 9.6 – Parte do arquivo da estação a determinar (ILH1).

As coordenadas conhecidas e aproximadas das estações devem ser corrigidas do *offset* do centro de fase da antena (1,448 m na estação ILHA e 1,540 na estação ILH1). Logo, para o processamento dos dados devem-se utilizar os valores apresentados na Tabela 9.1

Tabela 9.1 – Coordenadas conhecidas e aproximadas das estações 1 e 2 para o centro de fase da antena

Coordenadas (m)	Estação 1	Estação 2
X	3741339,6650	3748418,2867
Y	–4662313,7520	–4659408,3240
Z	–2217463,5826	–2211685,0877

Para a construção do modelo estocástico das observações de fase e da pseudodistância foram utilizados os seguintes valores:

- Precisão da pseudodistância (C1): 0,30 m;
- Precisão da fase da onda portadora (L1): 0,003 m.

Com base nessas informações pode-se construir a MVC das DDs de pseudodistância e fase da onda portadora (seção 6.3.3), a qual é dada por:

$$\Sigma_{DD} = \begin{pmatrix} \Sigma_{DD(\phi)} & 0 \\ 0 & \Sigma_{DD(PD)} \end{pmatrix}$$

A MVC das DDs é uma matriz bloco-diagonal, sendo a submatriz 0 uma matriz nula (não se considera correlação entre a fase e o código), com dimensão igual ao número de DDs, que neste caso é 7. As submatrizes relacionadas com as DDs da fase e da pseudodistância são dadas por:

$$\Sigma_{DD(\phi)} = 0{,}003^2 \begin{pmatrix} 4 & 2 & 2 & 2 & 2 & 2 & 2 \\ 2 & 4 & 2 & 2 & 2 & 2 & 2 \\ 2 & 2 & 4 & 2 & 2 & 2 & 2 \\ 2 & 2 & 2 & 4 & 2 & 2 & 2 \\ 2 & 2 & 2 & 2 & 4 & 2 & 2 \\ 2 & 2 & 2 & 2 & 2 & 4 & 2 \\ 2 & 2 & 2 & 2 & 2 & 2 & 4 \end{pmatrix}; \quad \Sigma_{DD(PD)} = 0{,}300^2 \begin{pmatrix} 4 & 2 & 2 & 2 & 2 & 2 & 2 \\ 2 & 4 & 2 & 2 & 2 & 2 & 2 \\ 2 & 2 & 4 & 2 & 2 & 2 & 2 \\ 2 & 2 & 2 & 4 & 2 & 2 & 2 \\ 2 & 2 & 2 & 2 & 4 & 2 & 2 \\ 2 & 2 & 2 & 2 & 2 & 4 & 2 \\ 2 & 2 & 2 & 2 & 2 & 2 & 4 \end{pmatrix}.$$

As observáveis C1 e L1 (em metros) obtidas a partir dos arquivos RINEX para as 17h 32min 0,0s do dia 05 de fevereiro de 2001 (semana GPS 1100 e ToW = 149520,000s) são apresentadas na Tabela 9.2.

Tabela 9.2 – Observações envolvidas no processamento da primeira época.

PRN	C1 (1)	Fase L1 (1)	C1 (2)	Fase L1 (2)
1	21126120,227	–69786,407	21337041,930	–6294,547
11	21216883,266	288641,666	21418130,453	47839,046
13	22464242,109	–230549,705	22676227,656	–30367,095
19	21219323,000	–482052,801	21423347,211	–69178,183
20	21061178,836	–279816,204	21269095,023	–37944,786
22	23488531,922	–188005,309	23685925,953	–24525,418
27	23694948,344	–599889,015	23898741,992	–92287,861
28	23333055,695	–379137,266	23528964,906	–58641,092

Em seguida, as SDs e DDs foram obtidas (Tabelas 9.3 e 9.4):

Tabela 9.3 – Simples diferenças

PRN	C1 (m)	L1 (m)
1	–210921,703	–12082,099
11	–201247,187	45823,215
13	–211985,547	–38093,484
19	–204024,211	–78567,427
20	–207916,187	–46026,600
22	–197394,031	–31109,189
27	–203793,648	–96593,288
28	–195909,211	–60988,394

Tabela 9.4 – Duplas diferenças (satélite-base = PRN 20)

PRN	C1 (m)	L1 (m)
1	3005,516	–33944,501
11	–6669,000	–91849,815
13	4069,360	–7933,116
19	–3891,976	32540,827
22	–10522,156	–14917,412
27	–4122,539	50566,687
28	–12006,976	14961,794

Em uma próxima etapa foram calculadas as coordenadas dos satélites no instante de recepção do sinal (t_r). Para a estação-base (ILHA), foram calculadas as coordenadas e velocidades dos satélites utilizando-se o instante de recepção do sinal nesta estação: T1 = TR1 = 149520,000s da semana GPS 1100 (Tabela 9.5).

Tabela 9.5 – Coordenadas e velocidades dos satélites para o instante de recepção do sinal na estação ILHA

	X (m)	Y (m)	Z (m)	Vx (m/s)	Vy (m/s)	Vz (m/s)
1	3779187,033	–19398346,200	–17560846,302	1180,773	1938,280	–1873,204
11	15625070,812	–21061848,127	4430342,242	62,153	679,165	3017,781
13	–4284696,628	–23844730,553	–10974844,562	853,970	1120,532	–2755,251
19	9118144,438	–24499620,708	3902825,667	576,427	–255,734	–3066,587
20	12059452,297	–13371304,784	–19595453,453	2471,019	191,128	1388,045
22	26657802,715	1490594,621	–3139005,330	–350,385	330,169	–3043,946
27	2057030,107	–22890391,623	12986954,206	1075,626	–1277,249	–2527,400
28	24122632,279	–5840631,625	9293248,211	1163,342	303,713	–2879,761

Para a estação a ser determinada (ILH1), as coordenadas dos satélites foram atualizadas com base na diferença de tempo de recepção entre os dois receptores nessas estações (DT21 = T2-T1), multiplicada pelas velocidades dos satélites (Tabela 9.6), ou seja:

$$X_2^s = X_1^s + DT21 * V_X^s,$$

$$Y_2^s = Y_1^s + DT21 * V_Y^s,$$

$$Z_2^s = Z_1^s + DT21 * V_Z^s.$$

Como as duas estações registraram o mesmo instante de recepção, as coordenadas são as mesmas para as duas estações, mas isto nem sempre ocorre. Em geral, DT21 não é nulo.

Tabela 9.6 – Coordenadas dos satélites para o instante de recepção do sinal na estação ILH1

PRN	X (m)	Y (m)	Z (m)
1	3779187,033	–19398346,200	–17560846,302
11	15625070,812	–21061848,127	4430342,242
13	–4284696,628	–23844730,553	–10974844,562
19	9118144,438	–24499620,708	3902825,667
20	12059452,297	–13371304,784	–19595453,453
22	26657802,715	1490594,621	–3139005,330
27	2057030,107	–22890391,623	12986954,206
28	24122632,279	–5840631,625	9293248,211

Considerando-se que se obtêm as medidas de pseudodistância de cada satélite a partir do processo de correlação do código e que o erro do relógio do receptor (dt^s) pode ser obtido pelas efemérides transmitidas, pode-se estimar um valor aproximado médio para os erros dos relógios dos receptores com base nas seguintes expressões:

$$dt_{r1} = \left(\sum_{i=1}^{n\_sat=8} PD_1^{si} - \rho_1^{si} + cdt^{si} \right) / 8,$$

$$dt_{r2} = \left(\sum_{i=1}^{n\_sat=8} PD_2^{si} - \rho_2^{si} + cdt^{si} \right) / 8.$$

O intervalo de propagação pode ser calculado para a estação 1 por:

$$\tau_i = \frac{PD_r^{si}}{c} - dt_{r1} + dt^{si}$$

De maneira similar obtém-se o intervalo de propagação do sinal para a estação 2, bastando substituir o erro do relógio do receptor.

Com os valores dos erros dos relógios dos receptores das duas estações e dos intervalos de tempo de propagação do sinal, as coordenadas dos satélites podem ser obtidas no instante de transmissão do sinal (t^t). A expressão seguinte, quando substituída pelos valores correspondentes das coordenadas das estações 1 e 2, proporciona estes resultados (Tabelas 9.7 e 9.8).

$$X^s(t^t) = X^s(t_r) - (dt_r + \tau)^* V_X^s,$$
$$Y^s(t^t) = Y^s(t_r) - (dt_r + \tau)^* V_Y^s,$$
$$Z^s(t^t) = Z^s(t_r) - (dt_r + \tau)^* V_Z^s$$

Tabela 9.7 – Coordenadas dos satélites para o instante de transmissão do sinal (estação 1).

PRN	X (m)	Y (m)	Z (m)
1	3779103,619	−19398483,127	−17560713,972
11	15625066,413	−21061896,201	4430128,631
13	−4284760,627	−23844814,530	−10974638,075
19	9118103,388	−24499602,496	3903044,054
20	12059278,811	−13371318,202	−19595550,905
22	26657830,357	1490568,573	−3138765,192
27	2056945,069	−22890290,646	12987154,020
28	24122541,702	−5840655,271	9293472,426

Tabela 9.8 – Coordenadas dos satélites para o instante de transmissão do sinal (estação 2).

PRN	X (m)	Y (m)	Z (m)
1	3779102,788	-19398484,491	-17560712,654
11	15625066,371	-21061896,657	4430126,606
13	-4284761,231	-23844815,322	-10974636,127
19	9118102,995	-24499602,322	3903046,140
20	12059277,097	-13371318,335	-19595551,868
22	26657830,588	1490568,356	-3138763,188
27	2056944,338	-22890289,777	12987155,738
28	24122540,942	-5840655,470	9293474,307

A próxima etapa é realizar a correção da rotação da Terra entre o instante em que o sinal deixa o satélite até ser recebido no receptor (seção 5.2.2.5):

$$\alpha = \omega_e \tau_r^s$$

$$\begin{bmatrix} X^s \\ Y^s \\ Z^s \end{bmatrix} = \begin{bmatrix} \cos(\alpha) & sen(\alpha) & 0 \\ -sen(\alpha) & \cos(\alpha) & 0 \\ 0 & 0 & 1 \end{bmatrix} \begin{bmatrix} X^{s'} \\ Y^{s'} \\ Z^{s'} \end{bmatrix}.$$

Apresentam-se, a seguir, as coordenadas dos satélites corrigidas do movimento de rotação da Terra com respeito à estação 1 (Tabela 9.9) e à estação 2 (Tabela 9.10).

Tabela 9.9 – Coordenadas dos satélites para o instante de transmissão do sinal corrigidas no movimento de rotação da Terra (estação 1)

PRN	X (m)	Y (m)	Z (m)
1	3779003,239	-19398502,682	-17560713,972
11	15624957,210	-21061977,213	4430128,631
13	-4284891,490	-23844791,014	-10974638,075
19	9117975,591	-24499650,058	3903044,054
20	12059210,044	-13371380,221	-19595550,905
22	26657838,966	1490414,599	-3138765,192
27	2056812,575	-22890302,551	12987154,020
28	24122508,406	-5840792,788	9293472,426

Tabela 9.10 – Coordenadas dos satélites para o instante de transmissão do sinal corrigidas do movimento de rotação da Terra (estação 2)

PRN	X (m)	Y (m)	Z (m)
1	3779002,380	–19398504,052	–17560712,654
11	15624957,187	–21061977,656	4430126,606
13	–4284892,136	–23844791,799	–10974636,127
19	9117975,203	–24499649,882	3903046,140
20	12059208,320	–13371380,363	–19595551,868
22	26657839,194	1490414,430	–3138763,188
27	2056811,849	–22890301,683	12987155,738
28	24122507,658	–5840792,934	9293474,307

De posse das coordenadas dos satélites e das estações, juntamente com as observações, pode-se obter o vetor ΔL das DDs (primeira equação 6.24), da fase e da pseudodistância, similar ao apresentado nas equações (9.1) e (9.2). Para a fase da onda portadora tem-se:

$$L_{1,2}^{20,j} = \Delta\Phi_{1,2}^{20,j} - \Delta\rho_{1,2\ 0}^{20,j} \text{ para } j = 1, 11, 13, 19, 22, 27, 28.$$

Para a pseudodistância, Δϕ deve ser substituído por ΔPD.

O sobrescrito 20 refere-se ao satélite-base, enquanto o *j* é associado aos demais satélites envolvidos. Enquanto o primeiro termo do lado direito dessa equação é dado pelos valores das DDs observadas da fase e da pseudodistância, o segundo advém das DDs calculadas. Para tanto devem-se calcular as distâncias topocêntricas entre os satélites no instante de transmissão e as estações no instante de recepção. Esses valores devem ser calculados a partir das posições dos satélites (Tabelas 9.9 e 9.10) e coordenadas das estações 1 e 2. Os resultados estão na Tabela 9.11.

Tabela 9.11 – Distâncias topocêntricas (m) entre os satélites e as estações 1 e 2

Satélite	Estação 1	Estação 2
1	21273740,039	21279908,963
11	21315717,437	21312205,881
13	22562710,953	22569942,985
19	21445016,655	21444282,795
20	21143148,427	21146312,020
22	23745963,932	23738604,846
27	23796588,067	23795624,964
28	23436776,653	23427929,487

Pode-se agora obter o vetor L, de ordem (14 x 1), do qual os sete primeiros elementos referem-se às DDs da fase e os sete restantes estão associados com a pseudodistância.

$$L = \begin{pmatrix} -36949{,}833 \\ -85174{,}667 \\ -12001{,}556 \\ 36438{,}280 \\ -4394{,}733 \\ 54693{,}383 \\ 26972{,}552 \\ 0{,}184 \\ 6{,}149 \\ 0{,}921 \\ 5{,}477 \\ 0{,}522 \\ 4{,}156 \\ 3{,}783 \end{pmatrix}$$

Em seguida pode-se também obter a matriz A, de ordem (14 x 10). Neste caso, as coordenadas da estação-base foram consideradas conhecidas, de tal forma que apenas as coordenadas da estação 2 foram consideradas incógnitas.

$$A = \begin{pmatrix}
0{,}392 & 0{,}281 & -0{,}101 & -0{,}190 & 0{,}000 & 0{,}000 & 0{,}000 & 0{,}000 & 0{,}000 & 0{,}000 \\
-0{,}164 & 0{,}358 & -1{,}134 & 0{,}000 & -0{,}190 & 0{,}000 & 0{,}000 & 0{,}000 & 0{,}000 & 0{,}000 \\
0{,}749 & 0{,}438 & -0{,}434 & 0{,}000 & 0{,}000 & -0{,}190 & 0{,}000 & 0{,}000 & 0{,}000 & 0{,}000 \\
0{,}143 & 0{,}513 & -1{,}107 & 0{,}000 & 0{,}000 & 0{,}000 & -0{,}190 & 0{,}000 & 0{,}000 & 0{,}000 \\
-0{,}572 & -0{,}671 & -0{,}783 & 0{,}000 & 0{,}000 & 0{,}000 & 0{,}000 & -0{,}190 & 0{,}000 & 0{,}000 \\
0{,}464 & 0{,}354 & -1{,}461 & 0{,}000 & 0{,}000 & 0{,}000 & 0{,}000 & 0{,}000 & -0{,}190 & 0{,}000 \\
-0{,}477 & -0{,}362 & -1{,}313 & 0{,}000 & 0{,}000 & 0{,}000 & 0{,}000 & 0{,}000 & 0{,}000 & -0{,}190 \\
0{,}392 & 0{,}281 & -0{,}101 & 0{,}000 & 0{,}000 & 0{,}000 & 0{,}000 & 0{,}000 & 0{,}000 & 0{,}000 \\
-0{,}164 & 0{,}358 & -1{,}134 & 0{,}000 & 0{,}000 & 0{,}000 & 0{,}000 & 0{,}000 & 0{,}000 & 0{,}000 \\
0{,}749 & 0{,}438 & -0{,}434 & 0{,}000 & 0{,}000 & 0{,}000 & 0{,}000 & 0{,}000 & 0{,}000 & 0{,}000 \\
0{,}143 & 0{,}513 & -1{,}107 & 0{,}000 & 0{,}000 & 0{,}000 & 0{,}000 & 0{,}000 & 0{,}000 & 0{,}000 \\
-0{,}572 & -0{,}671 & -0{,}783 & 0{,}000 & 0{,}000 & 0{,}000 & 0{,}000 & 0{,}000 & 0{,}000 & 0{,}000 \\
0{,}464 & 0{,}354 & -1{,}461 & 0{,}000 & 0{,}000 & 0{,}000 & 0{,}000 & 0{,}000 & 0{,}000 & 0{,}000 \\
-0{,}477 & -0{,}362 & -1{,}313 & 0{,}000 & 0{,}000 & 0{,}000 & 0{,}000 & 0{,}000 & 0{,}000 & 0{,}000
\end{pmatrix}$$

De posse da matriz A, vetor L e matriz P (obtida a partir da inversa da MVC) as estimativas das coordenadas e vetor de ambiguidades podem ser realizadas. Fazendo a operação $(A^TPA)^{-1}(A^TPL)$, obtém-se o vetor de solução X (correção aos parâmetros aproximados). Interessante observar que para as ambiguidades adotou-se o vetor nulo como valor aproximado para as mesmas.

$$X = \begin{pmatrix} -4{,}211 \\ 5{,}949 \\ -2{,}843 \\ 194174{,}297 \\ 447627{,}647 \\ 63072{,}201 \\ -191455{,}024 \\ 23097{,}860 \\ -287393{,}041 \\ -141722{,}855 \end{pmatrix}$$

As coordenadas e ambiguidades estimadas, bem como os desvios--padrão, obtidos antes de se iniciar a primeira iteração, são apresentadas a seguir. Elas são obtidas a partir da seguinte expressão (seção 6.2):

$$X_a^1 = X_0 + X$$

Os três primeiros elementos deste vetor são as coordenadas estimadas, ao passo que os demais, abaixo do traço, referem-se às ambiguidades. Após realizadas as iterações, os seguintes resultados foram obtidos para a primeira época de dados.

$$X_a^1 = \begin{pmatrix} 3748414{,}076 \\ -4659402{,}375 \\ -2211687{,}931 \\ \hline 194174{,}297 \\ 447627{,}647 \\ 63072{,}201 \\ -191455{,}024 \\ 23097{,}860 \\ -287393{,}041 \\ -141722{,}855 \end{pmatrix}$$

Os resultados da primeira iteração são iguais aos da etapa inicial, pois o ajustamento convergiu com apenas uma iteração.

A MVC das coordenadas e ambiguidades obtidas ao final das iterações da primeira época é apresentada a seguir (não foi multiplicada pelo fator de variância *a posteriori*).

$$\Sigma_{X_a} = \begin{pmatrix} 0,434 & -0,381 & -0,094 & 0,381 & -0,527 & 1,047 & -0,152 & 0,427 & 1,075 & 0,288 \\ -0,381 & 0,476 & 0,082 & -0,124 & 0,735 & -0,589 & 0,522 & -0,873 & -0,672 & -0,518 \\ -0,094 & 0,082 & 0,104 & -0,128 & -0,381 & -0,419 & -0,452 & -0,432 & -0,873 & -0,634 \\ 0,381 & -0,124 & -0,128 & 0,670 & 0,201 & 1,508 & 0,697 & -0,180 & 1,684 & 0,166 \\ -0,527 & 0,735 & -0,381 & 0,201 & 4,108 & 0,486 & 3,805 & 0,563 & 3,009 & 2,556 \\ 1,047 & -0,589 & -0,419 & 1,508 & 0,486 & 3,720 & 1,635 & 0,654 & 4,674 & 1,389 \\ -0,152 & 0,522 & -0,452 & 0,697 & 3,805 & 1,635 & 3,925 & 0,478 & 4,072 & 2,509 \\ 0,427 & -0,873 & -0,432 & -0,180 & 0,563 & 0,654 & 0,478 & 3,573 & 2,731 & 3,570 \\ 1,075 & -0,672 & -0,873 & 1,684 & 3,009 & 4,674 & 4,072 & 2,731 & 8,072 & 4,608 \\ 0,288 & -0,518 & -0,634 & 0,166 & 2,556 & 1,389 & 2,509 & 3,570 & 4,608 & 4,639 \end{pmatrix}$$

Obteve-se o valor de 0,238 para o fator de variância *a posteriori*.

Em uma primeira etapa tentou-se obter a solução das ambiguidades como inteiras a partir da aplicação do método LAMBDA. Obteve-se o vetor apresentado a seguir para as ambiguidades, com o valor de 3,883 para o fator de variância *a posteriori*.

$$\breve{N} = \begin{pmatrix} 194176,0 \\ 447632,0 \\ 63075,0 \\ -191450,0 \\ 23095,0 \\ -287389,0 \\ -141723,0 \end{pmatrix}$$

O teste *ratio* proporcionou o valor 1,245, não considerado adequado para aceitar a solução. Isto é razoável, haja vista que apenas uma época de dados foi utilizada até o momento. De qualquer forma, o que se apresentou teve mais o papel de ilustrar os diversos passos envolvidos no posicionamento relativo. Outras formas de solucionar o problema de cálculo da posição do satélite no instante de transmissão do sinal são factíveis. Fica a cargo do leitor a investigação de tal procedimento.

Em seguida, em um processo recursivo, os dados referentes a 100 épocas (de 15 segundos) foram processados, obtendo-se os resultados apresentados a seguir.

- Vetor das coordenadas e ambiguidades da solução real (*float*).

$$X_{100}^{a} = \begin{pmatrix} 3748413{,}721 \\ -4659402{,}237 \\ -2211687{,}665 \\ \hline 194173{,}781 \\ 447626{,}674 \\ 63070{,}519 \\ -191456{,}469 \\ 23098{,}086 \\ -287395{,}894 \\ -141723{,}401 \end{pmatrix}$$

- MVC das coordenadas e ambiguidades.

$$\Sigma_{X_{100}^{a}} = \begin{pmatrix} (0{,}0187)^2 & 0{,}318E-04 & -0{,}412E-04 & 0{,}001 & 0{,}000 & 0{,}001 & 0{,}001 & -0{,}001 & 0{,}001 & -0{,}001 \\ 0{,}318E-04 & (0{,}0172)^2 & -0{,}111E-04 & 0{,}000 & 0{,}000 & 0{,}001 & 0{,}001 & -0{,}001 & 0{,}001 & 0{,}000 \\ -0{,}412E-04 & -0{,}111E-04 & (0{,}0111)^2 & 0{,}000 & 0{,}000 & 0{,}000 & 0{,}000 & 0{,}000 & -0{,}001 & 0{,}000 \\ 0{,}001 & 0{,}000 & 0{,}000 & 0{,}002 & 0{,}001 & 0{,}004 & 0{,}002 & -0{,}003 & 0{,}003 & -0{,}002 \\ 0{,}000 & 0{,}000 & 0{,}000 & 0{,}001 & 0{,}004 & 0{,}002 & 0{,}004 & -0{,}001 & 0{,}005 & 0{,}001 \\ 0{,}001 & 0{,}001 & 0{,}000 & 0{,}004 & 0{,}002 & 0{,}008 & 0{,}005 & -0{,}005 & 0{,}007 & -0{,}003 \\ 0{,}001 & 0{,}001 & 0{,}000 & 0{,}002 & 0{,}004 & 0{,}005 & 0{,}005 & -0{,}003 & 0{,}006 & -0{,}001 \\ -0{,}001 & -0{,}001 & 0{,}000 & -0{,}003 & -0{,}001 & -0{,}005 & -0{,}003 & 0{,}005 & 0{,}004 & 0{,}004 \\ 0{,}001 & 0{,}001 & -0{,}001 & 0{,}003 & 0{,}005 & 0{,}007 & 0{,}006 & 0{,}004 & 0{,}009 & -0{,}001 \\ -0{,}001 & 0{,}000 & 0{,}000 & -0{,}002 & 0{,}001 & 0{,}003 & -0{,}001 & 0{,}004 & -0{,}001 & 0{,}004 \end{pmatrix}$$

- Fator de variância *a posteriori*: 1, 886

Com a aplicação do método LAMBDA, obteve-se o vetor de ambiguidades inteiro, bem como os demais elementos envolvidos no processamento, os quais são apresentados a seguir.

$$\breve{N} = \begin{pmatrix} 194174 \\ 447627 \\ 63071 \\ -191456 \\ 23097 \\ -287395 \\ -141724 \end{pmatrix}$$

- Fator de variância *a posteriori*: 3,133
- Teste *ratio*: 3,182

Considerando-se que para se aceitar a solução de ambiguidade o valor do teste *ratio* deve ser maior que 3, a solução pode ser aceita. Calculando-se a influência das injunções das ambiguidades como inteiras nas coordenadas, obtém-se a seguinte solução:

$$\breve{X}_a^{100} = \begin{pmatrix} 3748412{,}863 \\ -4659400{,}979 \\ -2211687{,}148 \end{pmatrix} \text{m}; \quad \Sigma_{\breve{X}_a^{100}} = \begin{pmatrix} (0{,}0083)^2 & -0{,}380\text{E}-04 & -0{,}347\text{E}-04 \\ -0{,}380\text{E}-04 & (0{,}0082)^2 & 0{,}227\text{E}-05 \\ -0{,}347\text{E}-04 & 0{,}227\text{E}-05 & (0{,}0074)^2 \end{pmatrix} (\text{m})^2$$

O leitor pode observar a alta precisão proporcionada pelo método, haja vista que o desvio-padrão de cada componente ficou melhor que 1 cm. Observe-se também a melhor qualidade da solução fixa em relação à real (*float*).

Exemplo 2: Solução e validação do vetor de ambiguidades

Apresenta-se nesta seção um exemplo de solução das ambiguidades que utiliza o método LAMBDA conforme os procedimentos apresentados na seção 9.7.2.3. Para tanto, foram utilizadas vinte épocas de dados de uma linha de base curta. O objetivo é mostrar o funcionamento do método.

O vetor de ambiguidades real (proveniente da combinação de DDs) e sua respectiva MVC estimados após o processamento dos dados de vinte épocas são dados por:

$$\hat{N} = \begin{pmatrix} 73154009{,}564 \\ 8220293{,}749 \\ 23809002{,}470 \\ 14270899{,}878 \\ 26947802{,}477 \\ -4858095{,}784 \\ -4830668{,}675 \\ 55348389{,}906 \end{pmatrix}$$

$$\Sigma_{\hat{N}} = \begin{pmatrix} 0{,}1998 & -0{,}0439 & 0{,}0595 & 0{,}0022 & 0{,}0266 & -0{,}0503 & 0{,}1312 & 0{,}1481 \\ -0{,}0439 & 0{,}2044 & -0{,}1678 & 0{,}1956 & -0{,}1241 & 0{,}0255 & 0{,}0289 & -0{,}2194 \\ 0{,}0595 & -0{,}1678 & 0{,}1639 & -0{,}1649 & 0{,}1218 & -0{,}0100 & -0{,}0205 & 0{,}2170 \\ 0{,}0022 & 0{,}1956 & -0{,}1649 & 0{,}2015 & -0{,}1271 & 0{,}0071 & 0{,}0653 & -0{,}1968 \\ 0{,}0266 & -0{,}1241 & 0{,}1218 & -0{,}1271 & 0{,}0924 & -0{,}0014 & -0{,}0292 & 0{,}1542 \\ -0{,}0503 & 0{,}0255 & -0{,}0100 & 0{,}0071 & -0{,}0014 & 0{,}0254 & -0{,}0384 & -0{,}0339 \\ 0{,}1312 & 0{,}0289 & -0{,}0205 & 0{,}0653 & -0{,}0292 & -0{,}0384 & 0{,}1112 & 0{,}0275 \\ 0{,}1481 & -0{,}2194 & 0{,}2170 & -0{,}1968 & 0{,}1542 & -0{,}0339 & 0{,}0275 & 0{,}3148 \end{pmatrix}$$

Para facilitar os cálculos, utiliza-se o vetor $\hat{N}$ de ambiguidades reduzidas, isto é, $(\hat{N} - \text{int}(\hat{N}))$:

$$\hat{N} = \begin{pmatrix} 0{,}564 \\ 0{,}749 \\ 0{,}470 \\ 0{,}878 \\ 0{,}477 \\ -0{,}784 \\ -0{,}675 \\ 0{,}906 \end{pmatrix}.$$

A parte inteira, também chamada de incremento, será acrescentada à ambiguidade estimada como um valor inteiro no final do procedimento.

Para realizar a decorrelação da matriz $\Sigma_{\hat{N}}$, é necessário obter a matriz Z de transformação inteira. No método LAMBDA, a matriz Z^T é construída a partir de $\Sigma_{\hat{N}}$ da expressão (9.9). Neste procedimento, a matriz $\Sigma_{\hat{N}}$ passa pela decomposição de Cholesky (L^TDL), onde nesse caso tem-se:

$$L = \begin{bmatrix} 1,0000 & 0,0000 & 0,0000 & 0,0000 & 0,0000 & 0,0000 & 0,0000 & 0,0000 \\ 0,2006 & 1,0000 & 0,0000 & 0,0000 & 0,0000 & 0,0000 & 0,0000 & 0,0000 \\ 0,0544 & -0,0733 & 1,0000 & 0,0000 & 0,0000 & 0,0000 & 0,0000 & 0,0000 \\ 0,4801 & 0,9082 & -0,1517 & 1,0000 & 0,0000 & 0,0000 & 0,0000 & 0,0000 \\ -0,4702 & -0,6643 & 0,4722 & -0,6122 & 1,0000 & 0,0000 & 0,0000 & 0,0000 \\ 0,3998 & 1,7217 & 0,0506 & 1,2506 & 0,1274 & 1,0000 & 0,0000 & 0,0000 \\ 1,0866 & 0,4418 & -0,3621 & 0,7578 & -0,3922 & -0,3256 & 1,0000 & 0,0000 \\ 0,4704 & -0,6969 & 0,6894 & -0,6250 & 0,4897 & -0,1076 & 0,0872 & 1,0000 \end{bmatrix},$$

$$D = \begin{bmatrix} 0 & 0 & 0 & 0 & 0 & 0 & 0 & 0 \\ 0 & 0 & 0 & 0 & 0 & 0 & 0 & 0 \\ 0 & 0 & 0 & 0 & 0 & 0 & 0 & 0 \\ 0 & 0 & 0 & 0 & 0 & 0 & 0 & 0 \\ 0 & 0 & 0 & 0 & 0,001 & 0 & 0 & 0 \\ 0 & 0 & 0 & 0 & 0 & 0,0102 & 0 & 0 \\ 0 & 0 & 0 & 0 & 0 & 0 & 0,1088 & 0 \\ 0 & 0 & 0 & 0 & 0 & 0 & 0 & 0,3148 \end{bmatrix}$$

Utilizando-se o procedimento descrito na seção 9.7.2.3, obtém-se uma matriz Z admissível:

$$Z = \begin{pmatrix} -3,0 & -2,0 & 1,0 & -1,0 & 1,0 & -3,0 & 1,0 & 1,0 \\ 3,0 & 1,0 & 3,0 & 0,0 & 2,0 & -1,0 & 1,0 & 0,0 \\ 3,0 & 5,0 & 5,0 & 2,0 & 1,0 & 0,0 & -2,0 & 0,0 \\ -4,0 & 1,0 & -3,0 & -1,0 & -2,0 & 4,0 & -1,0 & -1,0 \\ -1,0 & -3,0 & 0,0 & -3,0 & -4,0 & 0,0 & 2,0 & 0,0 \\ 1,0 & -2,0 & -2,0 & 2,0 & -1,0 & -2,0 & -1,0 & 1,0 \\ 6,0 & 1,0 & 1,0 & 2,0 & -2,0 & 0,0 & -1,0 & 0,0 \\ -1,0 & 0,0 & -4,0 & 0,0 & 1,0 & 3,0 & 0,0 & -1,0 \end{pmatrix}$$

Após a obtenção da matriz Z, as matrizes L e D ficam da seguinte forma:

$$L = \begin{bmatrix} 1,0000 & 0,0000 & 0,0000 & 0,0000 & 0,0000 & 0,0000 & 0,0000 & 0,0000 \\ -0,4986 & 1,0000 & 0,0000 & 0,0000 & 0,0000 & 0,0000 & 0,0000 & 0,0000 \\ -0,1759 & -0,4884 & 1,0000 & 0,0000 & 0,0000 & 0,0000 & 0,0000 & 0,0000 \\ -0,0746 & -0,1111 & -0,4580 & 1,0000 & 0,0000 & 0,0000 & 0,0000 & 0,0000 \\ 0,5255 & -0,0868 & -0,0600 & 0,0873 & 1,0000 & 0,0000 & 0,0000 & 0,0000 \\ 0,7396 & -0,4634 & 0,3873 & -0,0304 & 0,4689 & 1,0000 & 0,0000 & 0,0000 \\ 0,7969 & -0,4453 & 0,0604 & 0,4462 & 0,4054 & 0,3061 & 1,0000 & 0,0000 \\ 0,1883 & 0,2863 & -0,4275 & -0,0147 & 0,4314 & 0,1112 & 0,0252 & 1,0000 \end{bmatrix},$$

$$D = \begin{bmatrix} 0,0006 & 0 & 0 & 0 & 0 & 0 & 0 \\ 0 & 0,0006 & 0 & 0 & 0 & 0 & 0 \\ 0 & 0 & 0,0006 & 0 & 0 & 0 & 0 \\ 0 & 0 & 0 & 0,0006 & 0 & 0 & 0 \\ 0 & 0 & 0 & 0 & 0,0006 & 0 & 0 \\ 0 & 0 & 0 & 0 & 0 & 0,0004 & 0 \\ 0 & 0 & 0 & 0 & 0 & 0 & 0,0003 \end{bmatrix}$$

Pode-se agora obter as ambiguidades reparametrizadas $\hat{z}$, ou seja:

$$\hat{z} = Z^T \hat{N} = \begin{pmatrix} -7,772 \\ 2,313 \\ -0,205 \\ -4,857 \\ 1,907 \\ 5,363 \\ 1,910 \\ -2,006 \end{pmatrix}$$

A matriz $\Sigma_{\hat{Z}}$ decorrelacionada das ambiguidades é dada por:

$$\Sigma_{\hat{Z}} = Z^T \Sigma_{\hat{N}} Z = \begin{pmatrix} -0{,}0059 & -0{,}0030 & -0{,}0025 & -0{,}0030 & -0{,}0005 & 0{,}0001 & 0{,}0016 & 0{,}0000 \\ -0{,}0030 & -0{,}0018 & 0{,}0002 & -0{,}0018 & 0{,}0002 & -0{,}0017 & 0{,}0017 & 0{,}0005 \\ -0{,}0025 & 0{,}0002 & -0{,}0012 & 0{,}0003 & 0{,}0011 & 0{,}0006 & -0{,}0005 & -0{,}0000 \\ -0{,}0030 & -0{,}0018 & 0{,}0003 & -0{,}0009 & -0{,}0001 & -0{,}0013 & 0{,}0009 & 0{,}0005 \\ -0{,}0005 & 0{,}0002 & 0{,}0011 & -0{,}0001 & 0{,}0011 & -0{,}0009 & -0{,}0001 & 0{,}0001 \\ 0{,}0001 & -0{,}0017 & 0{,}0006 & -0{,}0013 & -0{,}0009 & -0{,}0006 & 0{,}0014 & 0{,}0002 \\ 0{,}0016 & 0{,}0017 & -0{,}0005 & 0{,}0009 & -0{,}0001 & 0{,}0014 & -0{,}0005 & -0{,}0005 \\ 0{,}0000 & 0{,}0005 & 0{,}0000 & 0{,}0005 & 0{,}0001 & 0{,}0002 & -0{,}0005 & 0{,}0003 \end{pmatrix}$$

Foram encontrados três vetores de candidatos:

$$Cand1 = \begin{pmatrix} -8{,}0 \\ 2{,}0 \\ 0{,}0 \\ -5{,}0 \\ 2{,}0 \\ 5{,}0 \\ 2{,}0 \\ -2{,}0 \end{pmatrix} \quad Cand2 = \begin{pmatrix} -7{,}0 \\ 2{,}0 \\ 0{,}0 \\ -5{,}0 \\ 2{,}0 \\ 5{,}0 \\ 2{,}0 \\ -2{,}0 \end{pmatrix} \quad Cand3 = \begin{pmatrix} -7{,}0 \\ 3{,}0 \\ 0{,}0 \\ -5{,}0 \\ 2{,}0 \\ 5{,}0 \\ 2{,}0 \\ -2{,}0 \end{pmatrix}$$

com os respectivos indicadores de qualidade (sigmas), calculados de acordo com a equação (9.48), e com os seguintes valores de χ^2:

$$\sigma_{Cand1} = \sqrt{d_i^{-1}} = \sqrt{1608{,}15} = 40{,}10; \; \chi^2_{Cand1} = 480$$

$$\sigma_{Cand2} = \sqrt{d_i^{-1}} = \sqrt{1823{,}77} = 42{,}70; \; \chi^2_{Cand2} = 1250$$

$$\sigma_{Cand3} = \sqrt{d_i^{-1}} = \sqrt{1999{,}82} = 44{,}29; \; \chi^2_{Cand3} = 1300$$

Dessa forma, obtêm-se três vetores de ambiguidades reduzidas e estimadas como valores inteiros:

$$\breve{N}_1 = \left(Z^T\right)^{-1} Cand1 = \begin{pmatrix} -1 \\ -1 \\ 1 \\ -1 \\ 1 \\ -1 \\ -2 \\ 1 \end{pmatrix}; \quad \breve{N}_2 = \left(Z^T\right)^{-1} Cand2 = \begin{pmatrix} -2 \\ 3 \\ -3 \\ 3 \\ -2 \\ -1 \\ -1 \\ -4 \end{pmatrix}; \quad \breve{N}_3 = \left(Z^T\right)^{-1} Cand3 = \begin{pmatrix} 9 \\ 5 \\ -4 \\ 8 \\ -4 \\ -4 \\ 8 \\ -1 \end{pmatrix}.$$

Somando as ambiguidades inteiras reduzidas aos seus respectivos incrementos, têm-se os três melhores vetores de ambiguidades originais estimadas como valores inteiros:

$$\breve{N}_1 = \begin{pmatrix} 73154008 \\ 8220292 \\ 23809003 \\ 14270898 \\ 26947803 \\ -4858096 \\ -4830670 \\ 55348390 \end{pmatrix}; \quad \breve{N}_2 = \begin{pmatrix} 73154007 \\ 8220296 \\ 23808999 \\ 14270902 \\ 26947800 \\ -4858096 \\ -4830669 \\ 55348385 \end{pmatrix}; \quad \breve{N}_3 = \begin{pmatrix} 73154018 \\ 8220298 \\ 23808998 \\ 14270907 \\ 26947798 \\ -4858099 \\ -4830660 \\ 55348388 \end{pmatrix}.$$

Note-se que as ambiguidades inteiras obtidas no segundo e terceiro candidatos se afastaram bastante do vetor de ambiguidades real (*float*). Também é importante observar que o valor do χ^2 do primeiro candidato é menor que os respectivos valores do segundo e terceiro candidatos.

Em relação à validação dessa solução, o teste *ratio* dado pela equação (9.51), ou seja, a razão da norma ao quadrado dos resíduos do vetor das ambiguidades da melhor ($\breve{N}_1$) e da segunda melhor ($\breve{N}_2$) solução inteira, foi 4,04. Se o valor crítico considerado for três, esse teste indica que a solução fixa é confiável. Em relação ao teste das diferenças, apresentado na equação (9.54), o valor da diferença entre R_2 e R_1 foi 1417,03.

Exemplo 3: Ajustamento de uma rede GPS

O exemplo a ser apresentado envolve a rede GPS implantada no assentamento Florestan Fernandes, na região do município de Presidente Bernardes (Leite, Souza, Anjolete, 2005). A Figura 9.7 apresenta a configuração da rede, com as distâncias aproximadas entre as estações. A rede é composta por nove estações, das quais duas dispõem de coordenadas conhecidas (A0005 e A0006). Embora não se trate de uma configuração ideal, isto não prejudicará o caráter ilustrativo do exemplo.

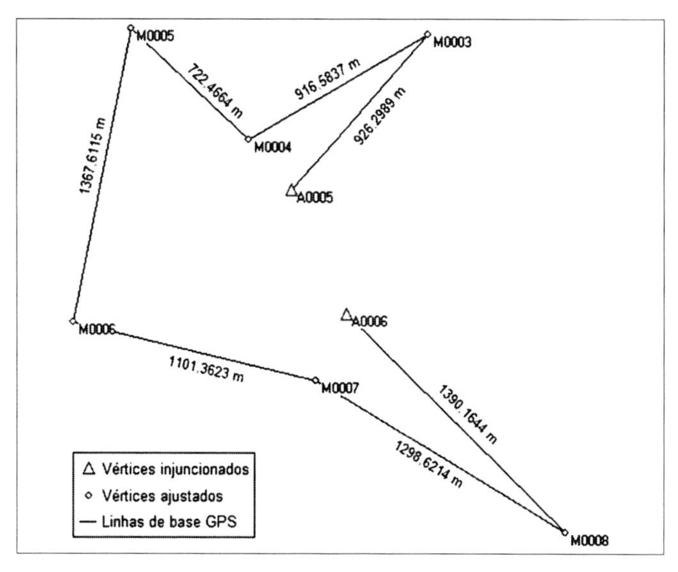

Figura 9.7 – Rede GPS ajustada.

De posse das diferenças de coordenadas ΔX, ΔY e ΔZ das linhas-base e suas respectivas MVCs, obtidas a partir do processamento das linhas-base GPS, realiza-se o ajustamento utilizando o método paramétrico (seção 6.2). O modelo matemático para o caso de suas estações i e j é dado por:

$$\Delta X_{ij} = X_j - X_i,$$

$$\Delta Y_{ij} = Y_j - Y_i,$$

$$\Delta Z_{ij} = Z_j - Z_i.$$

onde ΔX, ΔY e ΔZ são as observações e X, Y e Z as incógnitas, que são as coordenadas das estações.

Os dados dessa rede GPS foram processados no software TGO (*Trimble Geometrics Office*). Para o ajustamento da rede GPS foi utilizado o software AJURGPS (Silva e Monico, 2006; 2007), desenvolvido na FCT/UNESP. A realização do ajustamento no software AJURGPS leva em consideração as informações estocásticas das coordenadas consideradas conhecidas, ou seja, a precisão e a correlação das coordenadas dos pontos de controle.

As Tabelas 9.12 e 9.13 mostram as observações advindas do processamento das linhas-base (LB*i*, *i* = 1,...,7) e suas MCVs, respectivamente.

Tabela 9.12 – Observações do levantamento

Estação	Visada	ΔX(m)	ΔY(m)	ΔZ(m)
A0005	M0003	646,3430	145,0650	647,4770
M0003	M0004	–733,7680	–334,8870	–435,3860
M0004	M0005	–277,2570	–472,2140	471,2750
M0005	M0006	–531,4800	240,4580	–1236,9600
M0006	M0007	776,6090	737,2210	–257,6480
M0007	M0008	697,4150	880,8220	–651,2930
A0006	M0008	524,3560	881,9720	–937,9410

Tabela 9.13 – Submatrizes da MVC das observações

Linhas-base	MVC de cada linha-base (m²)		
A0005 – M0003 LB_1	$5,170151 \cdot 10^{-7}$	$-5,712642 \cdot 10^{-7}$	$-4,763265 \cdot 10^{-7}$
	$-5,712642 \cdot 10^{-7}$	$1,449985 \cdot 10^{-6}$	$1,007172 \cdot 10^{-6}$
	$-4,763265 \cdot 10^{-7}$	$1,007172 \cdot 10^{-6}$	$1,266298 \cdot 10^{-6}$
M0003 – M0004 LB_2	$1,120707 \cdot 10^{-6}$	$-1,059393 \cdot 10^{-6}$	$-5,459223 \cdot 10^{-7}$
	$-1,059393 \cdot 10^{-6}$	$1,876963 \cdot 10^{-6}$	$6,279326 \cdot 10^{-7}$
	$-5,459223 \cdot 10^{-7}$	$6,279326 \cdot 10^{-7}$	$7,940082 \cdot 10^{-7}$
M0004 – M0005 LB_3	$9,742306 \cdot 10^{-7}$	$-7,697171 \cdot 10^{-7}$	$-2,116239 \cdot 10^{-7}$
	$-7,697171 \cdot 10^{-7}$	$1,063341 \cdot 10^{-6}$	$2,867773 \cdot 10^{-7}$
	$-2,116239 \cdot 10^{-7}$	$2,867773 \cdot 10^{-7}$	$2,81024 \cdot 10^{-7}$
M0005 – M0006 LB_4	$7,575991 \cdot 10^{-7}$	$-5,77263 \cdot 10^{-7}$	$-3,788114 \cdot 10^{-7}$
	$-5,77263 \cdot 10^{-7}$	$1,043512 \cdot 10^{-6}$	$5,603746 \cdot 10^{-7}$
	$-3,788114 \cdot 10^{-7}$	$5,603746 \cdot 10^{-7}$	$7,881839 \cdot 10^{-7}$

Continua na página seguinte

Tabela 9.13 – *Continuação*

M0006 – M0007 LB_5	$5{,}309041 \cdot 10^{-7}$	$-3{,}852626 \cdot 10^{-7}$	$-1{,}661212 \cdot 10^{-7}$
	$-3{,}852626 \cdot 10^{-7}$	$7{,}813039 \cdot 10^{-7}$	$2{,}811077 \cdot 10^{-7}$
	$-1{,}661212 \cdot 10^{-7}$	$2{,}811077 \cdot 10^{-7}$	$3{,}653048 \cdot 10^{-7}$
M0007 – M0008 LB_6	$2{,}131936 \cdot 10^{-6}$	$-2{,}702323 \cdot 10^{-6}$	$-4{,}69884 \cdot 10^{-7}$
	$-2{,}702323 \cdot 10^{-6}$	$6{,}891139 \cdot 10^{-6}$	$9{,}68191 \cdot 10^{-7}$
	$-4{,}69884 \cdot 10^{-7}$	$9{,}68191 \cdot 10^{-7}$	$1{,}021596 \cdot 10^{-6}$
A0006 – M0008 LB_7	$3{,}723904 \cdot 10^{-6}$	$-3{,}182273 \cdot 10^{-6}$	$-8{,}804676 \cdot 10^{-7}$
	$-3{,}182273 \cdot 10^{-6}$	$4{,}718818 \cdot 10^{-6}$	$1{,}260376 \cdot 10^{-6}$
	$-8{,}804676 \cdot 10^{-7}$	$1{,}260376 \cdot 10^{-6}$	$1{,}143965 \cdot 10^{-6}$

No ajustamento da rede, os vértices A0005 e A0006 (Figura 9.7) tiveram suas coordenadas injuncionadas em valores previamente conhecidos, considerando-se as respectivas MVCs. As coordenadas das estações injuncionadas com suas MVCs são mostradas nas Tabelas 9.14 e 9.15. Não foi considerada a correlação entre as coordenadas das estações A0005 e A0006.

Tabela 9.14 – Coordenadas conhecidas

Vértices	X (m)	Y (m)	Z (m)
A0005	3660028,3774	–4633215,5703	–2404948,4882
A0006	3660081,8926	–4632901,0605	–2405473,0681

Tabela 9.15 – MVC das coordenadas das estações A0005 e A0006 (m^2)

Estação	MVC das coordenadas *X*, *Y* e *Z*		
A0005	$(0{,}0797)^2$	$-4{,}040982162 \cdot 10^{-5}$	$-9{,}143475297 \cdot 10^{-6}$
	$-4{,}040982162 \cdot 10^{-5}$	$(0{,}0997)^2$	$1{,}868825983 \cdot 10^{-5}$
	$-9{,}143475297 \cdot 10^{-6}$	$1{,}868825983 \cdot 10^{-5}$	$(0{,}0542)^2$
A0006	$(0{,}0786)^2$	$-3{,}812835263 \cdot 10^{-5}$	$-8{,}664604345 \cdot 10^{-6}$
	$-3{,}812835263 \cdot 10^{-5}$	$(0{,}0982)^2$	$1{,}766487276 \cdot 10^{-5}$
	$-8{,}664604345 \cdot 10^{-6}$	$1{,}766487276 \cdot 10^{-5}$	$(0{,}0535)^2$

Apresenta-se a seguir a matriz A para o caso em questão. As 21 linhas iniciais referem-se aos sete conjuntos de observações (Tabela 9.12), e as seis últimas às injunções das coordenadas das duas estações conhecidas (Tabela 9.14).

$$A=\begin{bmatrix}
-1 & 0 & 0 & 0 & 0 & 0 & 1 & 0 & 0 & 0 & 0 & 0 & 0 & 0 & 0 & 0 & 0 & 0 & 0 & 0 & 0 & 0 & 0 & 0 \\
0 & -1 & 0 & 0 & 0 & 0 & 0 & 1 & 0 & 0 & 0 & 0 & 0 & 0 & 0 & 0 & 0 & 0 & 0 & 0 & 0 & 0 & 0 & 0 \\
0 & 0 & -1 & 0 & 0 & 0 & 0 & 0 & 1 & 0 & 0 & 0 & 0 & 0 & 0 & 0 & 0 & 0 & 0 & 0 & 0 & 0 & 0 & 0 \\
0 & 0 & 0 & 0 & 0 & 0 & -1 & 0 & 0 & 1 & 0 & 0 & 0 & 0 & 0 & 0 & 0 & 0 & 0 & 0 & 0 & 0 & 0 & 0 \\
0 & 0 & 0 & 0 & 0 & 0 & 0 & -1 & 0 & 0 & 1 & 0 & 0 & 0 & 0 & 0 & 0 & 0 & 0 & 0 & 0 & 0 & 0 & 0 \\
0 & 0 & 0 & 0 & 0 & 0 & 0 & 0 & -1 & 0 & 0 & 1 & 0 & 0 & 0 & 0 & 0 & 0 & 0 & 0 & 0 & 0 & 0 & 0 \\
0 & 0 & 0 & 0 & 0 & 0 & 0 & 0 & 0 & -1 & 0 & 0 & 1 & 0 & 0 & 0 & 0 & 0 & 0 & 0 & 0 & 0 & 0 & 0 \\
0 & 0 & 0 & 0 & 0 & 0 & 0 & 0 & 0 & 0 & -1 & 0 & 0 & 1 & 0 & 0 & 0 & 0 & 0 & 0 & 0 & 0 & 0 & 0 \\
0 & 0 & 0 & 0 & 0 & 0 & 0 & 0 & 0 & 0 & 0 & -1 & 0 & 0 & 1 & 0 & 0 & 0 & 0 & 0 & 0 & 0 & 0 & 0 \\
0 & 0 & 0 & 0 & 0 & 0 & 0 & 0 & 0 & 0 & 0 & 0 & -1 & 0 & 0 & 1 & 0 & 0 & 0 & 0 & 0 & 0 & 0 & 0 \\
0 & 0 & 0 & 0 & 0 & 0 & 0 & 0 & 0 & 0 & 0 & 0 & 0 & -1 & 0 & 0 & 1 & 0 & 0 & 0 & 0 & 0 & 0 & 0 \\
0 & 0 & 0 & 0 & 0 & 0 & 0 & 0 & 0 & 0 & 0 & 0 & 0 & 0 & -1 & 0 & 0 & 1 & 0 & 0 & 0 & 0 & 0 & 0 \\
0 & 0 & 0 & 0 & 0 & 0 & 0 & 0 & 0 & 0 & 0 & 0 & 0 & 0 & 0 & -1 & 0 & 0 & 1 & 0 & 0 & 0 & 0 & 0 \\
0 & 0 & 0 & 0 & 0 & 0 & 0 & 0 & 0 & 0 & 0 & 0 & 0 & 0 & 0 & 0 & -1 & 0 & 0 & 1 & 0 & 0 & 0 & 0 \\
0 & 0 & 0 & 0 & 0 & 0 & 0 & 0 & 0 & 0 & 0 & 0 & 0 & 0 & 0 & 0 & 0 & -1 & 0 & 0 & 1 & 0 & 0 & 0 \\
0 & 0 & 0 & 0 & 0 & 0 & 0 & 0 & 0 & 0 & 0 & 0 & 0 & 0 & 0 & 0 & 0 & 0 & -1 & 0 & 0 & 1 & 0 & 0 \\
0 & 0 & 0 & 0 & 0 & 0 & 0 & 0 & 0 & 0 & 0 & 0 & 0 & 0 & 0 & 0 & 0 & 0 & 0 & -1 & 0 & 0 & 1 & 0 \\
0 & 0 & 0 & 0 & 0 & 0 & 0 & 0 & 0 & 0 & 0 & 0 & 0 & 0 & 0 & 0 & 0 & 0 & 0 & 0 & -1 & 0 & 0 & 1 \\
0 & 0 & 0 & -1 & 0 & 0 & 0 & 0 & 0 & 0 & 0 & 0 & 0 & 0 & 0 & 0 & 0 & 0 & 0 & 0 & 0 & 1 & 0 & 0 \\
0 & 0 & 0 & 0 & -1 & 0 & 0 & 0 & 0 & 0 & 0 & 0 & 0 & 0 & 0 & 0 & 0 & 0 & 0 & 0 & 0 & 0 & 1 & 0 \\
0 & 0 & 0 & 0 & 0 & -1 & 0 & 0 & 0 & 0 & 0 & 0 & 0 & 0 & 0 & 0 & 0 & 0 & 0 & 0 & 0 & 0 & 0 & 1 \\
1 & 0 & 0 & 0 & 0 & 0 & 0 & 0 & 0 & 0 & 0 & 0 & 0 & 0 & 0 & 0 & 0 & 0 & 0 & 0 & 0 & 0 & 0 & 0 \\
0 & 1 & 0 & 0 & 0 & 0 & 0 & 0 & 0 & 0 & 0 & 0 & 0 & 0 & 0 & 0 & 0 & 0 & 0 & 0 & 0 & 0 & 0 & 0 \\
0 & 0 & 1 & 0 & 0 & 0 & 0 & 0 & 0 & 0 & 0 & 0 & 0 & 0 & 0 & 0 & 0 & 0 & 0 & 0 & 0 & 0 & 0 & 0 \\
0 & 0 & 0 & 1 & 0 & 0 & 0 & 0 & 0 & 0 & 0 & 0 & 0 & 0 & 0 & 0 & 0 & 0 & 0 & 0 & 0 & 0 & 0 & 0 \\
0 & 0 & 0 & 0 & 1 & 0 & 0 & 0 & 0 & 0 & 0 & 0 & 0 & 0 & 0 & 0 & 0 & 0 & 0 & 0 & 0 & 0 & 0 & 0 \\
0 & 0 & 0 & 0 & 0 & 1 & 0 & 0 & 0 & 0 & 0 & 0 & 0 & 0 & 0 & 0 & 0 & 0 & 0 & 0 & 0 & 0 & 0 & 0
\end{bmatrix}.$$

A MVC das observações será bloco-diagonal (Σ_{LB_i}), com cada um deles composto pelos elementos que constam da Tabela 9.13, indo de 1 a 7. A MVC das coordenadas das estações conhecidas (Σ_{XYZ}) também pode fazer parte da MVC das observações. Para cada estação conhecida insere-se um bloco na MVC das observações, que no caso em questão são os dos últimos blocos (Tabela 9.15). A matriz a seguir representa a MVC para o caso apresentado.

$$\Sigma_{Lb} = \begin{pmatrix} \Sigma_{LB_1} & 0 & \cdots & & & & & & 0 \\ 0 & \Sigma_{LB_2} & & & & & & & \cdots \\ \cdots & & \Sigma_{LB_3} & & & & & & \\ & & & \Sigma_{LB_4} & & & & & \\ & & & & \Sigma_{LB_5} & & & & \\ & & & & & \Sigma_{LB_6} & & & \\ & & & & & & \Sigma_{LB_7} & & \\ & & & & & & & \Sigma_{XYZ_{A0005}} & 0 \\ 0 & 0 & \cdots & & & & & 0 & \Sigma_{XYZ_{A0006}} \end{pmatrix}.$$

A matriz de peso é dada por:

$$P = \sigma_0^2 \cdot \Sigma_{L_b}^{-1}$$

onde σ_0^2 é o fator de variância *a priori*, o qual pode ser arbitrado. No caso desse ajustamento foi adotado como 1.

O vetor dos parâmetros ajustados é expresso por (seção 6.2):

$$X_a = (A^T PA)^{-1}.A^T PL_b$$

onde L_b é o vetor das observações obtido a partir dos valores que constam das Tabelas 9.12 e 9.14 e

$$L_b^T = \left[\Delta X_{LB_1}\ \Delta Y_{LB_1}\ \Delta Z_{LB_1}\ \Delta X_{LB_2}\ \Delta Y_{LB_2}\ \Delta Z_{LB_2} \cdots X_{A0005}\ Y_{A0005}\ Z_{A0005}\ X_{A0006}\ Y_{A0006}\ Z_{A0006}\right]$$

Os parâmetros ajustados e respectivas precisões fornecidos pelo AJURGPS são mostrados na Tabela 9.16.

Tabela 9.16 – Coordenadas ajustadas e respectivas precisões

Vértices	X (m)	σ_X (mm)	Y (m)	σ_Y (mm)	Z (m)	σ_Z (mm)
A0005	3660028,3821	7,6086	–4633215,5618	9,5124	–2404948,4811	5,1771
A0006	3660081,8881	7,6084	–4632901,0688	9,5122	–2405473,0751	5,1770
M0003	3660674,7251	7,6086	–4633070,4968	9,5124	–2404301,0041	5,1771
M0004	3659940,9571	7,6086	–4633405,3838	9,5124	–2404736,3901	5,1770
M0005	3659663,7001	7,6085	–4633877,5978	9,5124	–2404265,1151	5,1770
M0006	3659132,2201	7,6085	–4633637,1398	9,5124	–2405502,0751	5,1770
M0007	3659908,8291	7,6085	–4632899,9188	9,5124	–2405759,7231	5,1770
M0008	3660606,2441	7,6085	–4632019,0968	9,5123	–2406411,0161	5,1770

Embora as coordenadas das estações A0005 e A0006 tenham sofrido pequenas alterações, na prática elas devem ser mantidas iguais às originais, pois fazem parte da realização do referencial. Para detalhes consultar Vasconcelos (2003).

As informações relacionadas ao controle de qualidade, a partir do teste Qui-quadrado, podem ser vistas na Tabela 9.17.

Tabela 9.17 – Qualidade do ajustamento

Fator de variância *a posteriori* (σ_0^2)	$\chi^2_{\text{calculado}}$	χ^2_{tabelado}	Ajustamento aceito ao nível de confiança de 95%?
0,0231	0,5547	36,4164	SIM

Na Tabela 9.17 pode-se observar que o fator de variância *a posteriori* teve o valor de 0,0231, sendo então o ajustamento aceito no contexto do teste Qui-quadrado a um nível de confiança de 95% de probabilidade. Se o ajustamento não fosse aceito nesse teste, a etapa seguinte seria a detecção de erros pelos métodos apresentados (seção 6.2.3), como o *Data Snooping* e o Teste *Tau*, bem como a procura de outras possíveis causas.

O leitor interessado em realizar implementação computacional do método deve estar atento para otimizar as rotinas a serem desenvolvidas. Por exemplo, não há necessidade de armazenar elementos nulos e as injunções podem ser introduzidas simplesmente utilizando-se a característica aditiva na composição da matriz normal, entre outras opções.

10
Fundamentos básicos envolvidos na integração GNSS e topografia

10.1 Introdução

Nos levantamentos com GNSS, há ocasiões em que é impossível ocupar com os receptores todos os vértices a ser levantados, em razão da ocorrência de obstrução do sinal. Essa situação é mais crítica em levantamentos que objetivam definir o limite de um imóvel, para fins de georreferenciamento ou outra finalidade. Nessas situações, a combinação, ou a integração, de métodos de posicionamento GNSS com topográficos, como poligonação, irradiação, intersecção, parece ser a solução mais viável. Trata-se efetivamente de levantamentos terrestres integrados com GNSS.

A integração de resultados advindos dos levantamentos topográfico e GNSS requer que estes sejam compatibilizados, o que exige a conversão para um mesmo referencial. Existem diferentes opções para tratar o assunto. Uma delas é converter as diferenças de coordenadas ΔX, ΔY e ΔZ advindas do levantamento GNSS para os mesmos tipos de observações obtidas em um levantamento topográfico, usando uma estação total, por exemplo, ou seja, medidas de distâncias, diferenças de altura e direções ou azimutes. Em uma etapa posterior, todas as observações são ajustadas (medidas e convertidas) em conjunto, injuncionando-se as coordenadas de estações conhecidas. Outra possibilidade é realizar a integração partindo da transformação do levantamento topográfico, vinculado a um sistema topográfico local (STL), para o referencial geodésico. Neste caso, alguns pontos do levantamento topográfico, com distribuição adequada e identificáveis no terreno, são levantados com GNSS, adotando-se um método que proporcione precisão adequada, como o posicionamento relativo. De posse das coordenadas desses pontos no STL e no referencial geodésico, uma transformação apropriada é feita para o referencial de interesse (Pinto, 2000). Essa última opção abre perspectivas para o aproveitamento de levantamentos topográficos já realizados, de qualidade aceitável, que podem ser transformados do STL para o referencial geodésico. Pode-se ainda empregar as medidas advindas do levantamento topográfico no transporte de coordenadas a partir dos vértices levantados com GNSS.

O mercado já dispõe de equipamentos que permitem fazer essa integração de forma automática, no coletor do receptor ou da estação total.

Em outra perspectiva, há situações em que se deseja estabelecer alguns pontos de controle que servirão de apoio para levantamentos topográficos. Na construção de rodovias de grande extensão, onde poligonais topográficas são estabelecidas para dar apoio em várias fases do projeto, essa integração é bastante relevante. Nesse caso, as coordenadas das estações levantadas com GNSS, referenciadas em um sistema de coordenadas geodésico, devem ser transformadas para o STL. A realização dos cálculos no STL facilita o trabalho de locação em campo, haja vista que não há necessidade de realizar reduções das medidas.

A seguir apresentam-se alguns fundamentos necessários para a integração de levantamentos GNSS com levantamentos topográficos.

10.2 Sistema de coordenadas terrestre local

A origem do sistema de coordenadas local pode ser definida com relação à normal ao elipsoide em um ponto de coordenadas geodésicas conhecidas, ou com relação à vertical (vetor de gravidade local). No primeiro caso, tem-se o Sistema Geodésico Local (SGL), enquanto o segundo é conhecido como Sistema Astronômico Local. Para mais detalhes consultar a seção 3.9.

O sistema local é cartesiano, consistindo de três eixos ortogonais, entretanto suas direções principais nem sempre seguem definições convencionais (Jekeli, 2002). No caso do Brasil o sistema adotado em levantamentos municipais para fins de cadastro é denominado de Sistema Topográfico Local (STL), cuja definição é dada pela Norma Técnica NBR 14166/98 da ABNT, que diz que o STL é um:

> Sistema de representação, em planta, das posições relativas de pontos de um levantamento topográfico com origem em um ponto de coordenadas geodésicas conhecidas, onde todos os ângulos e distâncias de sua determinação são representados em verdadeira grandeza sobre o plano tangente à superfície de referência (elipsoide de referência) do sistema geodésico adotado, na origem do sistema, no pressuposto de que haja, na área de abrangência do sistema, a coincidência da superfície de referência com a do plano tangente, sem que os erros decorrentes da abstração da curvatura terrestre ultrapassem os erros inerentes às operações topográficas de determinação dos pontos do levantamento.

Com base na definição, observa-se que se trata mais de um sistema de representação do que de um referencial propriamente dito. Ainda segundo a NBR 14166/98, o STL é representado pelo sistema de coordenadas plano-retangulares (X, Y), que define a localização planimétrica dos pontos e tem a mesma origem do STL, a qual corresponde a um ponto de coordenadas geodésicas conhecidas. Neste sistema, os eixos X e Y estão jacentes no plano do horizonte local (plano tangente ao elipsoide de referência), o eixo Y coincide com a linha meridiana (norte--sul) geográfica e está orientado positivamente para o norte geográfico. O eixo X coincide com a linha leste-oeste orientado positivamente para leste. O plano topográfico local deve ser elevado ao nível médio do terreno da área de abrangência do STL, segundo a normal à superfície de referência no ponto origem do sistema. Levando em consideração a definição da NBR 14166/98, pode-se verificar que se trata de um SGL, bastante próximo daquele apresentado por Jekeli (2002) e descrito na seção 3.9. A fim de reduzir problemas com simbologia e nomenclatura, os eixos X e Y definidos na NBR 14166/98 serão substituídos por E e N, respectivamente, mas será incorporada ainda a terceira componente, que no caso será denotada por U (*Up* – para cima).

As coordenadas no sistema local podem ser determinadas a partir das coordenadas cartesianas geodésicas, por meio de rotações e translações. Considerando as coordenadas geodésicas do ponto origem

P (Φ, λ e h) e a diferença de coordenadas geodésicas cartesianas entre os pontos P e P_1 (ΔX, ΔY, ΔZ), pode-se realizar a transformação dessas coordenadas para o SGL da seguinte expressão (Jekeli, 2000; Seeber, 2003; Leick, 2004):

$$\begin{bmatrix} N_1 \\ E_1 \\ U_1 \end{bmatrix} = P_2 R_2(\Phi_P - 90^0) R_3(\lambda_P - 180^0) \begin{bmatrix} \Delta X \\ \Delta Y \\ \Delta Z \end{bmatrix}. \quad (10.1)$$

A longitude λ_P é contada de 0 a 180° a leste de Greenwich e de 0 a –180° a oeste. Para obter os valores de latitude (Φ) e longitude (λ), consultar a seção 3.8.4.2.

10.3 Integração com base em observáveis

Nesse tipo de integração, os resultados advindos do processamento de dados GNSS devem ser convertidos para os tipos de observações coletadas em um levantamento topográfico, utilizando-se uma estação total ou outro equipamento similar. Envolve, por exemplo, distância, diferença de altura ou ângulo vertical e direção/azimute. Nesse caso, o processamento dos dados é feito como se fosse um levantamento geodésico ou topográfico convencional, mas, na realidade, parte dessas observáveis foi gerada por levantamentos GNSS.

Então, se as coordenadas cartesianas de uma estação-base (P_i) forem conhecidas, pode-se posicionar um receptor nessa estação e um outro receptor móvel em uma estação de interesse (P_j), de maneira que as componentes ($\Delta X_{i,j}$, $\Delta Y_{i,j}$ e $\Delta Z_{i,j}$) do vetor de diferenças de coordenadas cartesianas entre os pontos P_i e P_j sejam determinadas (posicionamento relativo – seção 9.3). Essas componentes podem ser transformadas em ΔN, ΔE e ΔU a partir da aplicação da equação (10.1). Propagação de covariâncias deverá ser apropriadamente aplicada.

$$\begin{bmatrix} \Delta N_{i,j} \\ \Delta E_{i,j} \\ \Delta U_{i,j} \end{bmatrix} = \begin{bmatrix} -\operatorname{sen}\Phi_i \cos\lambda_i & -\operatorname{sen}\Phi_i \operatorname{sen}\lambda_i & \cos\Phi_i \\ -\operatorname{sen}\lambda_i & \cos\lambda_i & 0 \\ \cos\Phi_i \cos\lambda_i & \cos\Phi_i \operatorname{sen}\lambda_i & \operatorname{sen}\Phi_i \end{bmatrix} \begin{bmatrix} \Delta X_{i,j} \\ \Delta Y_{i,j} \\ \Delta Z_{i,j} \end{bmatrix}. \quad (10.2)$$

Posteriormente, pode-se ainda obter o azimute (Az_{ij}) da seção normal entre P_i e P_j, bem como a distância (D_{ij}) entre os pontos e o ângulo vertical v_{ij} (medido no plano do horizonte do vértice *i*), medidas que em geral são obtidas a partir de uma estação total, ou de um teodolito e medidores de distância. O azimute é dado por:

$$Az_{ij} = arctg\left(\frac{-\operatorname{sen}\lambda_i \Delta X_{ij} + \cos\lambda_i \Delta Y_{ij}}{-\operatorname{sen}\Phi_i \cos\lambda_i \Delta X_{ij} - \operatorname{sen}\Phi_i \operatorname{sen}\lambda_i \Delta Y_{ij} + \cos\Phi_i \Delta Z_{ij}}\right). \quad (10.3)$$

O valor da distância D_{ij} é dado por:

$$D_{ij} = (\Delta N_{ij}^2 + \Delta E_{ij}^2 + \Delta U_{i,j}^2)^{1/2} = (\Delta X_{ij}^2 + \Delta Y_{ij}^2 + \Delta Z_{i,j}^2)^{1/2}, \quad (10.4)$$

e o ângulo vertical v_{ij} por (z_{ij} é o ângulo zenital da direção *ij*):

$$v_{ij} = 90^0 - z_{ij} = \operatorname{arcsen}\left(\frac{\Delta U_{ij}}{D_{ij}}\right) =$$

$$\operatorname{arc\,sen}\left(\frac{\cos\Phi_i \cos\lambda_i \Delta X_{ij} + \cos\Phi_i \operatorname{sen}\lambda_i \Delta Y_{ij} + \operatorname{sen}\Phi_i \Delta Z_{ij}}{D_{ij}}\right). \quad (10.5)$$

Pode-se também usar a diferença de altura geométrica ($\Delta h_{ij} = h_j - h_i$), obtida da seguinte expressão:

$$\Delta h_{ij} = \sqrt{D_{ij}^2 + (R_\alpha + h_i)^2 + 2(R_\alpha + h_i)\Delta U_{ij}} - (R_\alpha + h_i). \quad (10.6)$$

Na expressão (10.6), R_α é o raio de curvatura para uma seção normal de azimute A_{ij}, ou seja:

$$R_\alpha = \frac{\overline{N}}{1 + e'^2 \cos^2\Phi_i \cos^2 Az_{ij}}. \quad (10.7)$$

$\overline{N}$ é o raio de curvatura da seção primeiro vertical (Eq. 3.37), com e' sendo a segunda excentricidade do elipsoide envolvido.

De posse do azimute, da distância e do ângulo vertical ou da diferença de altura geométrica advindos do levantamento GNSS, com aqueles advindos do levantamento topográfico ou geodésico, pode-se fazer um ajustamento que combine os mesmos tipos de observáveis, obtidas de forma diferente. Essas equações (10.3; 10.4 e 10.5) são fundamentais para os modelos geodésicos tridimensionais (Leick, 2004, p.46).

Para os casos em que se consideram as coordenadas cartesianas, apresentam-se a seguir as derivadas parciais que serão empregadas no ajustamento dos dados. Elas advêm da linearização do modelo, pois eles são não lineares. Seguindo procedimento similar ao apresentado na seção (6.3.4) e considerando as observáveis Az_{ij}, v_{ij} e D_{ij}, tem-se:

$$\begin{aligned} Az_{ij} &= Az_{ij_0} + a_{11}\Delta X_i + a_{12}\Delta Y_i + a_{13}\Delta Z_i + \ldots + a_{14}\Delta X_j + a_{15}\Delta Y_j + a_{16}\Delta Z_j \\ v_{ij} &= v_{ij_0} + a_{21}\Delta X_i + a_{22}\Delta Y_i + a_{23}\Delta Z_i + \ldots + a_{24}\Delta X_j + a_{25}\Delta Y_j + a_{26}\Delta Z_j . \\ D_{ij} &= D_{ij_0} + a_{31}\Delta X_i + a_{32}\Delta Y_i + a_{33}\Delta Z_i + \ldots + a_{34}\Delta X_j + a_{35}\Delta Y_j + a_{36}\Delta Z_j \end{aligned} \quad (10.8)$$

A Tabela 10.1 apresenta as derivadas parciais com respeito às coordenadas cartesianas, as quais foram obtidas de Leick (2004, p.47). O leitor deve estar atento para o fato de que, na equação (10.8), ΔX_i, ΔY_i e ΔZ_i são correções às coordenadas aproximadas X_{io}, Y_{io} e Z_{io} e ΔX_j, ΔY_j e ΔZ_j são correções às coordenadas aproximadas X_{jo}, Y_{jo} e Z_{jo}. Por outro lado, ΔX_{ij}, ΔY_{ij} e ΔZ_{ij} são as observações.

Tabela 10.1 – Derivadas parciais das equações de observações de azimute, ângulo vertical e distância com respeito às coordenadas cartesianas

$a_{11} = \frac{\partial Az_{ij}}{\partial X_i} = -\frac{\partial Az_{ij}}{\partial X_j} = -a_{14} = \frac{-\operatorname{sen}\Phi_i \cos\lambda_i \operatorname{sen} Az_{ij} + \operatorname{sen}\lambda_i \cos A_{ij}}{D_{ij}\cos v_{ij}}$
$a_{12} = \frac{\partial Az_{ij}}{\partial Y_i} = -\frac{\partial Az_{ij}}{\partial Y_j} = -a_{15} = \frac{-\operatorname{sen}\Phi_i \operatorname{sen}\lambda_i \operatorname{sen} Az_{ij} - \cos\lambda_i \cos Az_{ij}}{D_{ij}\cos v_{ij}}$
$a_{13} = \frac{\partial Az_{ij}}{\partial Z_i} = -\frac{\partial Az_{ij}}{\partial Z_j} = -a_{16} = \frac{\cos\Phi_i \operatorname{sen} Az_{ij}}{D_{ij}\cos v_{ij}}$
$a_{21} = \frac{\partial v_{ij}}{\partial X_i} = -\frac{\partial v_{ij}}{\partial X_j} = -a_{24} = \frac{-D_{ij}\cos\Phi_i \cos\lambda_i + \operatorname{sen} v_{ij}\Delta X_{ij}}{D_{ij}^2\cos v_{ij}}$
$a_{22} = \frac{\partial v_{ij}}{\partial Y_i} = -\frac{\partial v_{ij}}{\partial Y_j} = -a_{25} = \frac{-D_{ij}\cos\Phi_i \operatorname{sen}\lambda_i + \operatorname{sen} v_{ij}\Delta X_{ij}}{D_{ij}^2\cos v_{ij}}$
$a_{23} = \frac{\partial v_{ij}}{\partial Z_i} = -\frac{\partial v_{ij}}{\partial Z_j} = -a_{26} = \frac{-D_{ij}\operatorname{sen}\Phi_i + \operatorname{sen} v_{ij}\Delta Z_{ij}}{D_{ij}^2\cos v_{ij}}$
$a_{31} = \frac{\partial D_{ij}}{\partial X_i} = -\frac{\partial D_{ij}}{\partial X_j} = -a_{34} = \frac{-\Delta X_{ij}}{D_{ij}}$
$a_{32} = \frac{\partial D_{ij}}{\partial Y_i} = -\frac{\partial D_{ij}}{\partial Y_j} = -a_{35} = \frac{-\Delta Y_{ij}}{D_{ij}}$
$a_{33} = \frac{\partial D_{ij}}{\partial Z_i} = -\frac{\partial D_{ij}}{\partial Z_j} = -a_{36} = \frac{-\Delta Z_{ij}}{D_{ij}}$

O leitor poderá observar que com as equações apresentadas poderá integrar vários tipos de levantamentos, de forma relativamente fácil.

10.4 Integração com base em transformações

A transformação de coordenadas consiste em relacionar as coordenadas de um ponto com dois sistemas de referência. Nesse sentido, na integração com base em transformações, faz-se a correspondência de cada ponto no STL com a posição correspondente no sistema de referência geodésico.

A mais simples das transformações é a que permite apenas uma translação da origem do sistema. Porém, há outras mais complexas que permitem efetuar simultaneamente translações, reflexões, rotações, mudança de escala. No que concerne à escala, ela pode ser a mesma para todos os eixos, ou ter valores diferentes para cada um deles, podendo ainda considerar a não perpendicularidade entre os eixos de um dos sistemas (Lugnani, 1987).

Lugnani (1987) apresenta uma descrição de algumas transformações muito utilizadas em fotogrametria, que podem ser adequadas para o propósito das aplicações discutidas neste capítulo. São elas:

- transformação de corpo rígido, que envolve apenas translação e rotação;
- transformação de similaridade, também conhecida como isogonal ou conforme de Helmert, a qual envolve translação, rotação e escala igual para todos os eixos (ver seção 3.71, equação (3.26));
- transformação ortogonal, que é similar à isogonal, mas apresenta fator de escala unitário; e
- transformação afim, caso mais geral da transformação de similaridade, em que cada eixo possui um fator de escala específico, admitindo também a não perpendicularidade entre os eixos coordenados.

A escolha do modelo depende da realidade física e do rigor de precisão exigido (Lugnani, 1987). Para o caso de integração de que se está tratando, a transformação de similaridade pode ser suficiente. No entanto, apresenta-se a seguir a transformação afim, a mais completa delas. A adoção de outro tipo de transformação poderá ser efetivada pelo leitor, que deve seguir os passos apresentados para o caso da afim.

10.4.1 Transformação afim aplicada na integração GNSS e topografia

Para apresentar a metodologia envolvida neste caso, supõe-se que o usuário dispõe de um levantamento topográfico, com vinte vértices, referenciado em um referencial arbitrário, com coordenadas planas dadas por $(x_1, y_1, x_2, y_2, ..., x_{20}, y_{20})$. Alguns desses vértices (cinco para apresentar o exemplo) foram levantados com GNSS e dispõem de coordenadas no sistema UTM (Universal Transversa de Mercator) $(E_1, N_1, h_1, E_5, N_5, h_5, E_{10}, N_{10}, h_{10}, E_{12}, N_{12}, h_{12}, E_{20}, N_{20}, h_{20})$ no referencial apropriado. Assim, o levantamento topográfico é bidimensional, enquanto o outro é tridimensional. Uma solução para esse problema poderia ser a adoção da altitude média da área levantada (h_m), o que permitiria realizar a transformação, sem alterar de forma expressiva a área levantada. Uma outra opção seria o uso de uma transformação no espaço bidimensional, que envolveria as coordenadas levantadas com GNSS no sistema de coordenadas UTM, desprezando-se as alturas. Apenas o primeiro caso será apresentado, ficando a cargo do leitor o desenvolvimento do segundo, o qual deverá ser mais utilizado na prática. Considerando-se a transformação afim, as equações para o vértice 1 são dadas por:

$$\begin{pmatrix} E_1 \\ N_1 \\ h_1 \end{pmatrix} = \begin{pmatrix} T_E \\ T_N \\ T_h \end{pmatrix} + \begin{pmatrix} a & b & c \\ d & e & f \\ g & h & i \end{pmatrix} \begin{pmatrix} x_1 \\ y_1 \\ h_m \end{pmatrix}. \tag{10.9}$$

Para os demais vértices, procede-se de maneira similar. As coordenadas do vértice considerado são alteradas, exceto para o valor de h_m, o qual está sendo adotado como constante para a região do levantamento. Dessa forma, para os cinco vértices, quinze equações poderão ser formadas, para um total de doze incógnitas (vetor dos parâmetros $X^T = [T_E, T_N, T_h, a, b, c, d, e, f, g, h, i]$). Pode-se, portanto, aplicar o MMQ para estimar o vetor dos parâmetros. Na situação em consideração, a matriz peso das observações será adotada como identidade. A matriz A e o vetor L_b do método de equações de observações (seção 6.2.1), para o caso da estação 1, serão dados por:

$$A = \begin{pmatrix} 1 & 0 & 0 & x_1 & y_1 & h_m & 0 & 0 & 0 & 0 & 0 & 0 \\ 0 & 1 & 0 & 0 & 0 & 0 & x_1 & y_1 & h_m & 0 & 0 & 0 \\ 0 & 0 & 1 & 0 & 0 & 0 & 0 & 0 & 0 & x_1 & y_1 & h_m \end{pmatrix}; L_b = \begin{pmatrix} E_1 \\ N_1 \\ h_1 \end{pmatrix}. \tag{10.10}$$

Procedimento similar é adotado para os demais vértices. O sistema de equações normais ($NX=U$; $N = A^TA$; $U=A^TL_b$) é dado por:

$$
\begin{pmatrix}
5 & 0 & 0 & \sum_i x_i & \sum_i y_i & 5*h_m & 0 & 0 & 0 & 0 & 0 & 0 \\
0 & 5 & 0 & 0 & 0 & 0 & \sum_i x_i & \sum_i y_i & 5*h_m & 0 & 0 & 0 \\
0 & 0 & 5 & 0 & 0 & 0 & 0 & 0 & 0 & \sum_i x_i & \sum_i y_i & 5*h_m \\
\sum_i x_i & 0 & 0 & \sum_i x_i^2 & \sum_i x_i y_i & \sum_i x_i h_m & 0 & 0 & 0 & 0 & 0 & 0 \\
\sum_i y_i & 0 & 0 & \sum_i x_i y_i & \sum_i y_i^2 & \sum_i y_i h_m & 0 & 0 & 0 & 0 & 0 & 0 \\
5*h_m & 0 & 0 & \sum_i x_i h_m & \sum_i y_i h_m & 5*h_m^2 & 0 & 0 & 0 & 0 & 0 & 0 \\
0 & \sum_i x_i & 0 & 0 & 0 & 0 & \sum_i x_i^2 & \sum_i x_i y_i & \sum_i x_i h_m & 0 & 0 & 0 \\
0 & \sum_i y_i & 0 & 0 & 0 & 0 & \sum_i x_i y_i & \sum_i y_i^2 & \sum_i y_i h_m & 0 & 0 & 0 \\
0 & 5*h_m & 0 & 0 & 0 & 0 & \sum_i x_i h_m & \sum_i y_i h_m & 5*h_m^2 & 0 & 0 & 0 \\
0 & 0 & \sum_i x_i & 0 & 0 & 0 & 0 & 0 & 0 & \sum_i x_i^2 & \sum_i x_i y_i & \sum_i x_i h_m \\
0 & 0 & \sum_i y_i & 0 & 0 & 0 & 0 & 0 & 0 & \sum_i x_i y_i & \sum_i y_i^2 & \sum_i y_i h_m \\
0 & 0 & 5*h_m & 0 & 0 & 0 & 0 & 0 & 0 & \sum_i x_i h_m & \sum_i y_i h_m & 5*h_m^2
\end{pmatrix}
\begin{pmatrix} T_X \\ T_Y \\ T_Z \\ a \\ b \\ c \\ d \\ e \\ f \\ g \\ h \\ i \end{pmatrix} =
$$

$$
\begin{pmatrix}
\sum_i E_i \\
\sum_i N_i \\
h_m \sum_i h_i \\
\sum_i x_i E_i \\
\sum_i y_i E_i \\
h_m \sum_i E_i \\
\sum_i x_i N_i \\
\sum_i y_i N_i \\
h_m \sum_i N_i \\
\sum_i x_i h_i \\
\sum_i y_i h_i \\
h_m \sum_i h_i
\end{pmatrix}, \text{ para } i = 1, 5, 10, 12 \text{ e } 20 \qquad (10.11)
$$

Uma vez estimados os parâmetros de transformação, basta aplicar a equação (10.9) para todos os vértices da propriedade. O leitor deve ficar atento para discenir que aspectos de controle de qualidade, conforme apresentado no Capítulo 6, devem ser considerados.

Se a conclusão após a análise da qualidade dos resultados conduz ao uso de uma transformação de menor complexidade, basta reescrever a equação (10.9) de acordo com o modelo a ser adotado e readequar as equações (10.10) e (10.11).

10.5 Exemplo de integração GPS e topografia no contexto das observações

As informações para este exemplo foram adaptadas de um levantamento realizado em uma área-teste localizada no assentamento Florestan Fernandes, no município de Presidente Bernardes (Marques et al., 2005). Essa área-teste é resultante de uma parceria entre a FCT/Unesp e o Instituto de Terras do Estado de São Paulo (Itesp). Nela foram implantados dois vértices de apoio básicos (A0001 e A0002) (Leite; Souza; Anjolete, 2005).

As coordenadas dos vértices de apoio básico foram determinadas por transporte direto, a partir da RBMC, usando-se o receptor GPS Ashtech ZXII (dupla frequência), com um intervalo de tempo de coleta de quatro horas, tal como preconiza a norma técnica do INCRA (INCRA, 2003). Após o ajustamento e a análise dos resultados pôde-se constatar que a precisão das coordenadas desses vértices, 1,2 cm e 2,6 cm para A0001 e A0002, respectivamente, atende ao que é preconizado para os vértices de apoio básico (precisão posicional melhor que 10 cm).

Os vértices M0001, M0002, M0003, M0004, M0005 e M0006 simulam uma propriedade, em que os vértices M0005 e M0006 não tinham como ser ocupados por receptor GPS. A Figura 10.1 ilustra o levantamento simulando a integração GPS e topografia.

O posicionamento relativo estático foi utilizado para determinar as coordenadas dos vértices M0001, M0002, M0003 e M0004 e dos vértices de apoio imediato P1, P2, P3 e P4. Todos esses vértices foram duplamente irradiados com GPS a partir dos vértices de apoio básico (A0001 e A0002). As coordenadas do vértice M0006 foram determinadas a par-

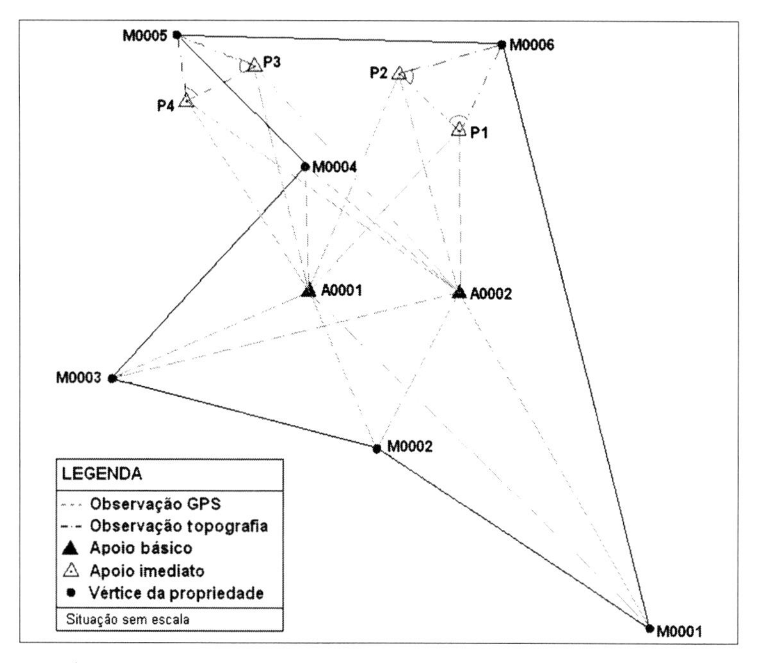

Figura 10.1 – Área com integração de dados GPS e topografia.

tir dos vértices P1 e P2, com medidas de ângulos e duas distâncias (ver Figura 10.1). Procedimento similar ocorreu para o vértice M0005, determinado a partir dos vértices P3 e P4.

O processamento dos dados GPS proporciona os vetores (ΔX_{ij}, ΔY_{ij} e ΔZ_{ij}) de todas as linhas de base independentes, bem como as respectivas MVCs. Pode-se então a partir desses dados formar equações do tipo (10.8). Com as observações de ângulos horizontal e vertical (ou diferença de altura geométrica) e distâncias, pode-se também formar equações do tipo (10.8). O passo seguinte é realizar o ajustamento integrado de todas as observações envolvidas.

Vale ressaltar que não há ainda no mercado software adequado, com custo acessível, para realizar essa integração. Em geral, o procedimento adotado envolve apenas o ajustamento dos dados GPS, separadamente daqueles advindos da topografia. O ideal é que o ajustamento dos dois tipos de observáveis ocorra de modo simultâneo. Na FCT/Unesp encontra-se em desenvolvimento software para esse fim, o qual deverá ser disponibilizado em breve para o público. Os interessados devem ficar atentos ao sítio do GEGE na internet (http://gege.prudente.unesp.br).

11
Integração SIG e GNSS: coleta simultânea de atributos e posições

11.1 Introdução

Embora o assunto deste Capítulo possa ser inserido no Capítulo 12, onde serão tratadas algumas possibilidades de aplicações do GNSS, em especial o GPS, parece-nos oportuno dedicar um capítulo especial ao tema em questão, pois faz-se necessária a introdução de alguns conceitos que ainda não foram apresentados, bem como a discussão de alguns cuidados e necessidades especiais para o bom desenvolvimento da integração, que apresenta grande potencialidade para a coleta e a atualização de dados geográficos.

Entre os vários desenvolvimentos tecnológicos ocorridos na última década, o GNSS e o GIS (*Geographic Information System*) estão, sem dúvida, entre os mais importantes. Como, em língua portuguesa, a designação equivale a Sistema de Informação Geográfica, adota-se a sigla SIG.

O SIG, em um enfoque orientado a processos, pode ser definido como coleções de subsistemas integrados, em que dados espaciais passam por uma sequência de processos de conversão, coleta, armazenamento e manipulação. Pode-se ainda, entre outras possibilidades, apresentar uma definição segundo sua aplicação, tal como SIG para apoio à tomada de decisões ou para a análise de dados geográficos (Câmara et al., 1996). Outra definição está em Burrough (1986). Ele descreve um SIG como um poderoso conjunto de ferramentas para coleta, armazenamento, recuperação e posterior transformação e exibição dos dados geográficos, com base no mundo real, para um conjunto particular de objetivos. Os dados que representam o mundo real devem ter alto grau de fidelidade, para que sejam úteis. Em consequência, outra necessidade para o funcionamento coerente de um SIG é que essas informações sejam atualizadas sistematicamente.

Considerando o que foi apresentado sobre GNSS nos capítulos anteriores e as definições sobre SIG deste capítulo, pode-se perceber que o sistema resultante da integração de ambos é extremamente poderoso. Enquanto o GNSS proporciona meios de obtenção de dados precisos e com registro digital, o SIG permite que se realizem análises com base nos dados, auxiliando na tomada de decisões. Wells e Lee (1992) traduzem da seguinte forma a potencialidade dessa integração:

Um SIG integrado ao GPS pode caminhar.
O GPS Integrado ao SIG pode pensar.
Um pensador andarilho não conhece limites.

Pode-se dizer que essas três frases se tornaram atualmente uma realidade. Basta ver os últimos desenvolvimentos nessa área, em que se encontrará o termo *Mobile GIS* (SIG Móvel) e os serviços LBS (*Location Based Service* – Serviço Baseado em Posição), já disponíveis no mercado. SIG Móvel é uma expansão do conceito original de SIG, saindo do escritório para o campo.

O avanço nessa área tem sido bastante intenso e vários receptores foram desenvolvidos para esse fim específico. No que concerne à literatura especializada, várias publicações foram colocadas à disposição dos interessados. Ver, por exemplo, Kennedy (1996), Monico et al. (1998), Taylor e Blewitt (2006), além de uma infinidade de informações na internet (busque por “Mobile GIS” ou “SIG Móvel”).

11.2 Sistema de Informação Geográfica e o GNSS

A breve introdução apresentada mostra que a tecnologia SIG abrange um campo amplo e complexo, envolvendo entrada, armazenagem, recuperação, análise e representação da informação geográfica, que depende do conceito de posicionamento. Para tanto, é essencial a etapa que envolve o levantamento das necessidades do usuário, a partir das quais se estabelece a concepção do sistema.

A integração das tecnologias SIG e GNSS, se implementada e empregada de modo adequado, com toda certeza possibilitará aos usuários maior eficiência na capacidade de elaboração de análise, no gerenciamento e na otimização dos trabalhos em todas as fases que integram atividades que têm, como componente, o espaço geográfico.

Os dados que produzem as informações em um SIG são os mais variados e dependem do propósito a que se destinam. Por exemplo, em um SIG destinado à educação, há interesse não só pela idade das pessoas, por infraestrutura, sistemas de transporte, segurança, qualificação dos professores e renda das pessoas, entre outros, mas também pela localização (posição) de alguns ou de todos os dados envolvidos.

Um SIG permite integrar dados coletados em diferentes instantes e escalas e com diferentes métodos de aquisição. No que se refere à base cartográfica, a qual relaciona a posição espacial dos objetos que a compõem, ela tem sido obtida, na maioria das vezes, via digitalização de mapas ou cartas existentes. Podem-se citar ainda as imagens obtidas por sensores remotos, câmeras CCD (*Charge-Coupled Device*), entrada de dados via teclado e arquivos de dados digitais, entre outros.

De maneira simplista, uma mesa digitalizadora pode ser definida como uma mesa de desenho eletrônica, por meio da qual o operador traça linhas ou cria pontos, fazendo a coincidência do cursor com a feição representada no mapa. Por analogia, pode-se pensar que o receptor GNSS e uma mesa digitalizadora têm a mesma função: a superfície terrestre é uma grande mesa digitalizadora e a antena GNSS desempenha a função do cursor do digitalizador. E o mais importante: o receptor GNSS registra a posição da feição propriamente dita, uma vez que sua antena é colocada diretamente sobre a mesa (realidade física), e não sobre sua representação sobre um mapa que teve de passar por várias transformações (Kennedy, 1996). Uma aplicação específica da integração SIG e GPS, para o caso do cadastro da Sabesp de Presidente Prudente, é apresentada em Araújo (1999).

11.3 Obtenção de dados em um SIG

Em um SIG podem-se prover novas informações ou dados por meio da integração de diferentes níveis de informação existentes, o que permite que os dados originais sejam visualizados e analisados com uma perspectiva mais ampla e completa. Isso leva o leitor a perceber que os dados são os elementos essenciais de um SIG. Simplesmente, sem uma base de dados que sustente a aplicação para a qual ele foi concebido, não haverá nenhum tipo de resposta, nem geração de qualquer informação.

Uma das características básicas de um SIG é tornar viável a integração dos mais variados tipos de dados, coletados das mais diversas formas e instantes. Eles, em geral, são capturados, conforme já citado, pela digitalização de mapas existentes (dados vetoriais) e entrada manual ou automática de dados tabulares. Uma limitação desse processo é que muitas vezes os mapas estão desatualizados, com alguns erros, e mesmo em escala não adequada. E se os dados não são de boa qualidade, também não são o SIG ou a informação gerada a partir dele. Podem-se ainda obter dados de mapas e fotos, via scanners (dados matriciais) e imagens de satélite, entre outros.

O GNSS permite coletar dados atualizados e com diversos níveis de acurácia, quando e onde se desejar, a um custo relativamente baixo. Com as várias possibilidades de registros disponíveis nos receptores construídos para esse fim, pode-se definir um dicionário de dados e coletar atributos no campo, ao mesmo tempo que a posição é coletada.

11.3.1 Tipos de dados

Há dois tipos de dados em um SIG: os cartográficos, que se referem aos arquivos gráficos, e os dados não cartográficos ou tabulares, também denominados descritivos.

11.3.1.1 Dados cartográficos

Os dados cartográficos são as feições geográficas representadas no mapa, armazenadas na forma digital. Essas feições são representadas pelas entidades gráficas: pontos, linhas ou polígonos (áreas). Qualquer feição pode ser representada em um mapa por uma dessas entidades. De maneira geral tem-se:

- ponto: feição que necessita apenas de uma posição geográfica para sua representação;
- linha (arcos): construída a partir de uma série de pontos conectados; e
- polígono: uma área limitada por linhas.

11.3.1.2 Dados não cartográficos

O segundo tipo de dados usados em um SIG são os dados não gráficos. Trata-se de dados descritivos sobre as feições representadas em mapas ou cartas. Essa informação descritiva é chamada atributo. Um atributo comum a todas as feições é a posição geográfica, a qual pode ser denominada posição. Outros atributos dependem do tipo de feição e de quais características são importantes para um propósito particular. Por exemplo:

- um imóvel rural tem um proprietário, uma dimensão e um ou mais tipos de uso; e
- uma rodovia tem um nome, um tipo de pavimento, bem como uma designação numérica.

Cada uma dessas características pode ser especificamente identificada em um SIG partindo-se dos nomes dos atributos.

11.4 Coleta de atributos para um SIG com a tecnologia GNSS

Os receptores GNSS destinados a dar apoio às atividades de cadastro e mapeamento, além de proporcionarem posições de objetos, permitem coletar outros dados. Trata-se dos atributos que comporão parte da base de dados do SIG. Em face da facilidade com que essa tarefa pode ser realizada, os SIGs, que se encontram em estágio avançado de desenvolvimento, mas muitas vezes necessitando de dados atualizados e precisos, poderão se beneficiar sobremaneira da tecnologia GNSS. A forma de representação de uma feição em um SIG (ponto, linha e polígono) orientou a evolução dos receptores desenvolvidos, de modo que estes, além de determinar as posições de objetos, também coletam seus atributos.

Em resumo, com o GNSS determinam-se posições sobre a superfície terrestre. Interessa-nos agora descrever o que são essas posições. Elas são, na realidade, os objetos que serão mapeados, referidos como feições (*features*), os quais são usados na construção de um SIG. Dessa forma, a integração de GNSS e SIG fará que ambos os sistemas se beneficiem um do outro.

11.4.1 Feições, atributos e valores: dados a serem coletados

Pode-se dizer que uma feição é um ente geográfico sobre o qual se deseja coletar dados. Os tipos (classes) de feições existentes na realidade física serão representados por pontos, linhas ou áreas (polígonos). As questões acerca da feição constituem seus atributos (categorias), tratando-se de uma descrição mais detalhada da feição. Assim, uma feição pode ter vários atributos. Logicamente, cada questão levantada sobre uma feição deve ter uma resposta. As respostas às questões levantadas pelos atributos constituem os valores. Por exemplo, se a feição é uma casa, pode-se ter várias questões acerca desta (cor?, área construída?, número de ocupantes?, ...), podendo as respostas (azul, 256, 5, ...) representar valores. A Tabela 11.1 apresenta um exemplo que ilustra a relação entre feições, atributos e valores, para feições tipo ponto, linha e área.

Tabela 11.1 – Ilustração de atributos e valores de feições tipo ponto, linha e área

Feição	Tipo	Atributos	Valores
Casa	Ponto	Cor Área construída Nº de ocupantes Valor venal	Azul 256 5 115.000,00
Estrada	Linha	Nome Nº de vias Qualidade do asfalto Nº acidentes/ano	BR 116 2 Péssimo 350
Quadra	Área	Número Identificação Nº casas construídas Nº casas em construção	26 S22N54 12 12

A Figura 11.1 mostra as fases envolvidas durante o processo de uso do GNSS para coleta de dados para posicionamento e atributos. O dicionário contém todos os atributos que deverão ser coletados, podendo já ter disponíveis algumas opções de respostas (valores). Uma vez preparado no escritório, ele é transferido para o coletor acoplado ao receptor GNSS. Dessa forma, no levantamento de campo, ao se posicionar a antena sobre a feição de interesse, enquanto se coletam os dados dos satélites, procede-se à coleta dos atributos de interesse. No retorno ao escritório, os dados são transferidos para uma plataforma computacional adequada, com software específico para processamento e exportação dos resultados no formato apropriado para o SIG que fará parte da integração.

Cabe ressaltar que, com o avanço da tecnologia, pode-se atualmente utilizar o método de posicionamento relativo RTK, não havendo necessidade de processamento dos dados, haja vista que essa tarefa já é realizada em campo.

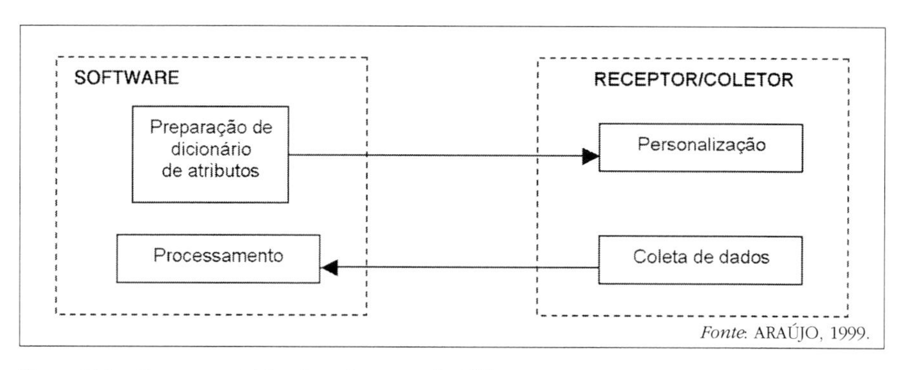

Figura 11.1 – Fases envolvidas durante o uso do GPS.

11.5 Considerações especiais na coleta de dados

Deve ter ficado claro para o leitor que a integração do GNSS com o SIG resulta em um produto extremamente útil para os mais diversos setores que necessitam de informações georreferenciadas. Para que a integração funcione de modo adequado, alguns cuidados devem ser tomados no planejamento da coleta de dados. Por exemplo, o banco de feições (dicionário de dados), que contém os atributos e os possíveis valores, deverá estar estruturado de acordo com a modelagem elaborada para o banco de dados que compõe o SIG, ou seja, deve haver compatibilidade de número e tamanho de campos, níveis e tipos de caracteres.

No que concerne ao receptor GNSS, os seguintes fatores devem ser considerados (Gilbert, 1996a; 1996b):

- facilidade de uso em campo;
- número de atributos para cada feição;
- controle de qualidade dos dados em campo;
- informações sobre hora e data;
- correções de dados inseridos incorretamente; e
- tratamento automático dos dados.

Os receptores GNSS têm realmente facilitado o trabalho de campo, a ponto de a obtenção da posição de uma feição passar despercebida pelo operador, que se concentra mais na coleta de atributos. Quanto ao número de atributos permitido para cada feição, os receptores, em geral, permitem um número suficiente para a maioria das atividades. Os dados temporais, de extrema importância em um SIG, são armazenados com a posição estimada. A qualidade dos resultados pode ser garantida durante a coleta de dados em campo. Para tanto, a equipe de campo deve ter treinamento adequado e o receptor ser personalizado de modo que atenda à precisão desejada. Isso envolve a configuração do receptor no que diz respeito ao intervalo de tempo para a coleta de observações, intervalo entre observações (taxa de coleta), PDOP e ângulo de elevação mínimo.

No que concerne ao tratamento automático dos dados (posições e atributos), devem-se considerar, entre outros fatores, as possibilidades de coleta das posições de feições pontuais, lineares e poligonais. No primeiro caso, enquanto se coletam os atributos associados a um objeto, várias posições podem ser registradas. É importante que o sistema permita exportar um único valor para o SIG. No caso de feições lineares, a saída deve permitir ao SIG a manipulação de uma única linha, e não um conjunto de pontos interligados. Quanto a feições poligonais, o sistema deve, no mínimo, fechar o polígono automaticamente. A associação de atributos a uma feição tipo área requer alguns cuidados especiais. Alguns SIGs associam os atributos de um polígono a um ponto interno a ele, denominado *Label Point*, que normalmente é o centroide do polígono. Como não é possível, em geral, ocupar tal ponto com a antena do receptor GPS, o software em uso no processamento dos dados deve possibilitar a criação desse ponto automaticamente, facilitando a integração ao SIG.

11.6 Aspectos práticos e funções importantes

Decidir o que se deve coletar é uma parte crítica da operação de aquisição de dados. Isso deve ser planejado com muito cuidado antes da operação propriamente dita. No caso de grandes projetos, é importante discuti-los com outras agências que também possam vir a usar os dados.

A coleta de dados em campo deve ser a mais simples possível, haja vista se tratar de uma atividade que nem sempre é desenvolvida nas melhores condições de trabalho. Elaborar uma lista com feições, seus atributos e valores possíveis, necessária a cada projeto, ainda em gabinete, é fator indispensável para a dita simplificação. Trata-se de um dicionário de dados, que lista todas as feições que se deseja coletar, bem como os atributos de interesse. O número de feições do dicionário fica limitado pela capacidade do coletor utilizado. Esse dicionário é transferido para o coletor de dados que o operador utilizará em campo. Dessa forma, o operador terá apenas de escolher feições, atributos e às vezes valores, de uma lista previamente estabelecida. Isso assegura que os dados coletados em campo apresentem o mínimo possível de erros.

Durante a coleta de dados em campo, a possibilidade de parar momentaneamente, e depois retornar, é de grande utilidade. Trata-se da função *pause* (parar). Ela facilitará nos casos em que o percurso a ser levantado não pode ser percorrido totalmente, em razão de alguma dificuldade. O contorno do trecho onde não se coletaram os dados será ligado por uma linha reta (Gilbert, 1996c).

Outra função de extrema utilidade é a denominada *Nest* (ninho). Imagine-se que surja a necessidade de coletar as posições de uma feição reta (estrada) e que ao longo da mesma existam vários pontos (postes) que devam ser cadastrados. Uma forma, não tão adequada, seria armazenar os dados referentes à estrada, e depois retornar para o cadastro dos postes. Mas a função *Nest* permite que isso seja feito concomitantemente com a coleta dos dados da estrada. Aciona-se a função *pause*, e então coletam-se os dados como *nested points*, para em seguida ser retomada a coleta original.

Algumas vezes não é possível coletar os dados do ponto de interesse, pelo fato de este estar em local inacessível, ou não propício para a recepção dos sinais GNSS. Pode-se, nesse caso, utilizar a função *Offset*, devendo-se introduzir os dados necessários para o cálculo da posição do ponto de interesse. Isso pode ser feito usando-se um equipamento Laser (com inclinômetro e bússola) integrado ao receptor GNSS, ou pela introdução manual das informações. No caso de um ponto, deve-se informar distância e azimute. Para o caso de uma linha ou área, basta informar a distância, e se o receptor se encontra à direita ou à esquerda da feição. Essa situação está relacionada com a integração de levantamentos GNSS e terrestres (seção 10.3).

Muitas vezes ocorrem casos em que se precisa coletar dados sobre centenas de feições, apenas com pequenas variações nos atributos de cada uma delas. Nesses casos, é importante dispor de uma função que permita recuperar os atributos registrados e alterar apenas o que for diferente. Nem todos os sistemas dispõem dessa facilidade, que em geral é acionada com a função *Repeat* (repetir). Em feições do tipo linear e polígono, os valores dos atributos a elas associados podem se alterar. Como exemplo, pode-se citar o atributo velocidade permitida em uma rodovia, cujo valor se altera ao longo dela. Essa característica é tratada em um SIG na forma de segmentação dinâmica (Gilbert, 1997). Para casos que envolvem feições lineares, alguns receptores dispõem da função *Segment* para realizar essa tarefa. Ao se usar essa função, a feição ativa é fechada e uma nova é aberta imediatamente, aplicando-se todos os atributos da anterior à nova. Nesse momento, apenas o valor do atributo que se alterou é corrigido.

Convém ressaltar que essas funções não seguem um padrão em todos os receptores. Mas o leitor, tendo-as em mente, poderá identificar quais funções em outro receptor equivalerão às aqui apresentadas.

No que se refere à exportação dos dados processados para o formato específico do SIG, é importante que os softwares de processamento ofereçam grande variedade de opções, além de permitir que o usuário estabeleça seu próprio formato de interesse. Em geral, trata-se de uma fase que frequentemente apresenta algum tipo de problema, requerendo a intervenção de especialistas das duas tecnologias envolvidas na integração.

11.7 Considerações finais

Foram apresentados alguns conceitos básicos relacionados à integração SIG e GNSS. Aspectos relacionados com a coleta de atributos para um SIG pelo uso do GNSS foram abordados. Muitos outros poderiam ter sido introduzidos, como:

- as facilidades implementadas nos softwares para facilitar o trabalho de campo;
- os modelos semânticos envolvidos em alguns softwares de processamento de dados GNSS etc.

A lista seria imensa, fugindo do escopo deste livro. O usuário deve, no entanto, estar atento para as novas funções implementadas pelos fabricantes e, sempre que possível, aplicá-las em seu dia a dia de trabalho.

12
Aspectos práticos do GNSS: planejamento, coleta e processamento dos dados

12.1 Introdução

Neste capítulo são apresentados alguns dos aspectos práticos relacionados com o GNSS, sobretudo no que concerne ao planejamento, à coleta e ao processamento de dados. Os assuntos abordados nos capítulos anteriores visaram proporcionar ao leitor o embasamento teórico necessário para que ele, ao executar levantamentos GPS, tenha um entendimento razoável das nuanças envolvidas no processo. Esgotar todos os aspectos envolvidos não é possível nem é a intenção, pois a cada projeto surgem novos elementos a ser tratados. Além disso, a tecnologia envolvida está em constante evolução, o que faz que o usuário tenha novas técnicas à sua disposição, antes mesmo de dominar as mais antigas. Dessa forma, o importante é a apresentação dos aspectos fundamentais.

12.2 Planejamento, reconhecimento e monumentação

No planejamento de levantamentos GNSS, como em qualquer método de posicionamento convencional, é essencial ter à disposição a documentação cartográfica, fotos aéreas e outros elementos afins mais recentes da região de trabalho. Atualmente o interessado poderá encontrar várias opções na própria internet, como o *Google Earth* (earth. google.com) e *Google Maps* (maps.google.com), entre outros. Eles darão apoio na tarefa de definição dos pontos a serem levantados, definição dos trajetos a serem seguidos etc. A condição e a existência do apoio geodésico básico na região do levantamento devem ser verificadas, para que possam ser definidos os vértices do sistema geodésico a serem usados como estações-base no levantamento GNSS. No caso do Brasil, considerando-se sua dimensão territorial e a distribuição das estações do SGB, muitas vezes tais vértices poderão estar localizados a uma grande distância da região de trabalho. Trata-se, portanto, de uma questão fundamental na composição dos custos do projeto.

O planejamento da coleta de dados destinada ao transporte de coordenadas para densificação, isto é, o estabelecimento de novas estações, a partir do apoio fundamental, depende de diversos fatores, entre eles a precisão exigida no levantamento e os equipamentos disponíveis etc. Se o usuário dispuser de dois equipamentos de dupla frequência, e a precisão exigida for, por exemplo, decimétrica ou mesmo centimétrica, o transporte poderá ser realizado em um único lance, ligando um vértice da rede básica do SGB ao da região de trabalho. A duração da coleta de dados, dependendo das distâncias envolvidas, pode variar de 30 minutos a 2 horas para linhas-base de até 500 km. Usuários com equipamentos de simples frequência (portadora L1 e código C/A), que necessitem desse mesmo nível de precisão, deverão executar essa tarefa estabelecendo linhas de bases de no máximo 10 a 20 km, cada uma com intervalo de coleta de dados de pelo menos 20 minutos. Para garantir a confiabilidade, mais do que um vértice da rede fundamental deverá ser empregado para realizar o transporte. É evidente que, quanto maior o número de equipamentos, maior deverá ser a produtividade.

Ainda com relação à densificação, deve-se ter em mente as várias alternativas existentes de estações de referência. No caso do Brasil, há pelo menos três: RBMC, as Redes GPS Estaduais e a Rede Fundamental de Triangulação. Mas esta última não é mais recomendada.

Para o primeiro caso, os usuários poderão realizar o posicionamento adotando o conceito de posicionamento ativo, isto é, não terão de ocupar estações da rede geodésica brasileira. Essa situação será extremamente favorável para os usuários que dispõem de pelo menos um receptor de dupla frequência, haja vista que eles poderão transportar coordenadas para a região de interesse em um único lance. Para usuários que dispõem de receptores de frequência única, essa facilidade só será proveitosa se a região do projeto estiver localizada próxima a pelo menos uma das estações permanentes da RBMC. Os dados coletados serão combinados com os de uma ou mais estações da RBMC, o que permitirá conectar o(s) ponto(s) de interesse ao SGB de forma bastante eficiente. Isso é decorrência da não exigência de ocupação de vértices da rede passiva (rede clássica), normalmente situados em locais de difícil acesso. O usuário interessado nessa facilidade deverá acessar os dados das estações da RBMC, o que atualmente pode ser feito com bastante facilidade e eficiência via internet. Acessando o sítio do IBGE em www.ibge.gov.br, o usuário poderá localizar facilmente, após cadastramento, os dados de interesse.

No planejamento do levantamento GNSS, o responsável deve também ter em mente as facilidades oferecidas por esse sistema de posicionamento em relação aos métodos convencionais, nos quais havia a necessidade de implantar vértices em regiões apropriadas para visadas angulares e de distâncias. Com o GNSS, o ideal é que os pontos (vértices) estejam situados em locais de fácil acesso, sobretudo por carro e motocicleta, evitando deslocamentos desnecessários, cansativos e até mesmo perigosos.

Definidos os vértices a serem implantados, deve-se estabelecer o planejamento das observações. Esse foi um fator limitante durante a fase experimental do GNSS, mais especificamente do GPS, pois, em virtude do reduzido número de satélites, era necessário saber o período com disponibilidade de satélites na região. Atualmente, com o sistema completo, tem-se no mínimo quatro satélites visíveis a qualquer hora do dia ou da noite. Portanto, o plano de observação é praticamente independente da configuração do sistema, o que deixa o planejador mais livre para sua definição. Ele poderá definir um planejamento bastante otimizado, levando em consideração eficiência, precisão, custos e confiabilidade. Embora não essencial nos dias atuais, faz parte dessa etapa a confecção de gráficos que mostram os diversos *DOP*s e a elevação dos satélites, entre outros. Vale a pena também estar atento às condições da atmosfera, em especial da ionosfera, a qual é decisiva na qualidade do levantamento. Ainda não está disponível um sistema eficiente para a predição das condições da ionosfera, mas pesquisas caminham nessa direção. Logo, o usuário deverá também estar atento a mais essa nuança, consultando na internet sítios especializados, como gege.prudente.unesp.br.

O modo de posicionamento a ser adotado, em se tratando de atividades para fins geodésicos, topográficos ou cadastrais, é o relativo, em razão da acurácia exigida. Na densificação, usa-se essencialmente o posicionamento relativo estático. O levantamento dos demais pontos na área de interesse, dependendo da acurácia exigida, poderá ser efetuado utilizando-se uma das técnicas apresentadas no posicionamento relativo estático rápido, semicinemático, cinemático ou mesmo DGPS. A duração da coleta de dados será também definida de acordo com precisão estipulada, distância da estação de referência e equipamentos e softwares disponíveis.

Quando estiver envolvida coleta de dados de longa duração, deve-se sempre considerar, no estabelecimento do plano de trabalho, a capacidade de armazenamento de dados, que é função do intervalo de coleta e da durabilidade da carga das baterias dos receptores.

Na fase de planejamento também é essencial ter à disposição as normas estabelecidas para os levantamentos geodésicos. No caso do Brasil, as normas preliminares foram estabelecidas pelo IBGE (IBGE, 1996). Em face da grande inovação tecnológica ocorrida nessa área, é essencial que elas sejam revistas, algo que está sendo feito atualmente. Para fins de georreferenciamento, as normas do INCRA (INCRA, 2003), também em fase de revisão, devem ser tomadas como referência.

O reconhecimento também é uma fase muito importante nos levantamentos de precisão geodésica e topográfica, bem como naqueles destinados ao SIG. Para todas as técnicas de posicionamento aplicáveis, devem ser verificadas as condições locais para que sejam identificados objetos que possam obstruir sinais, produzir multicaminho etc. Como regra, a linha de visada acima do horizonte deve estar livre em todas as direções. Muitas vezes tais condições não são verificadas, e um ponto localizado nessa região pode ser essencial para o levantamento. Nesse caso, as obstruções devem ser registradas por meio de um diagrama na folha de reconhecimento, o que auxiliará na definição do planejamento das observações. Como os efeitos da refração troposférica são críticos para ângulos de elevação muito baixos, adota-se, em geral, um ângulo de elevação mínimo de 10°, abaixo do qual não se coletam dados. Isso pode também eliminar alguns problemas relacionados à obstrução do sinal. Em alguns tipos de levantamentos, cadastrais, por exemplo, nem sempre é possível ocupar todos os pontos necessários, por causas diversas, mas essencialmente em razão de os pontos estarem em locais não suscetíveis de ser levantados por GNSS (sob uma árvore, ao lado de um prédio etc.). Há alguns tipos de equipamentos que podem ser integrados ao coletor de dados de alguns receptores, como um telêmetro a laser. Caso contrário, é essencial dispor de equipamentos convencionais para completar o levantamento. Apenas o reconhecimento *in loco* propiciará tais informações. Durante essa fase, todas as informações essenciais devem ser registradas em uma folha de reconhecimento, a saber: nome da estação, código de identificação, descrição da localização, coordenadas aproximadas, acesso (carro, estrada), diagrama de obstruções etc.

Todas as informações obtidas no reconhecimento proporcionarão ao planejador melhor definição das técnicas de posicionamento e plano de observação a serem adotados. O estabelecimento do plano de observação inclui a duração de cada sessão,[1] seu início e fim, dados que balizam o deslocamento das equipes de campo, entre outras informações.

Alguns tipos de levantamento requerem que após o planejamento e o reconhecimento seja estabelecida a monumentação. É uma forma de materializar o ponto de interesse. Isso ocorre geralmente em trabalhos que envolvem densificação, levantamentos para fins cadastrais, redes para controle de deformações etc. Um monumento pode ser materializado por uma chapa de bronze ou aço que é fixada na própria rocha, calçada, ou em um pilar de concreto. Algumas aplicações exigem centragem forçada, caso da maioria dos levantamentos destinados à detecção de deformações. Resumindo, cada tipo de levantamento exige um tipo de monumento específico. Mas o mais importante é que seja fácil de ser encontrado e tenha razoável proteção contra a destruição. O IBGE apresenta um documento em que consta a padronização de marcos geodésicos (IBGE, 2006). No que se refere ao cadastro rural, o usuário pode encontrar normas sobre a construção dos marcos em INCRA (2003).

1 Uma sessão corresponde ao intervalo de tempo em que os receptores envolvidos coletam dados simultaneamente.

Para encerrar esta seção, convém lembrar que há alguns tipos de levantamento que não exigem planejamento extensivo. Pode-se citar, por exemplo, um levantamento de pontos para apoio fotogramétrico, em que não há necessidade de deixar um monumento cravado no terreno. O reconhecimento ocorre praticamente com a coleta de dados. Como, em geral, não envolve uma região muito grande, o usuário pode instalar a estação-base, caso não haja uma estação ativa na região, e se deslocar para o campo munido com as fotos aéreas e o receptor GNSS. Uma vez reconhecido o ponto de interesse, coletam-se os dados em seguida.

12.3 Estabelecimento do plano de coleta dos dados

O estabelecimento de um esquema para a coleta de dados é essencial em levantamentos que exigem razoável nível de precisão. Em geral, trata-se de posicionamento relativo estático, que envolve o levantamento de redes geodésicas. No entanto, isso não significa que nas demais técnicas tal procedimento não deva ser praticado. Trata-se de uma tarefa essencial para alcançar os objetivos almejados. Nessa fase, define-se o número de equipes de campo, o número de membros de cada equipe, equipamentos, veículos etc.

O número mínimo n de sessões de uma rede com s estações com r receptores é dado por (Hoffman-Wellenhof; Lichtenegger; Collins, 1997):

$$n = \frac{s - o}{r - o}, \tag{12.1}$$

com o (12.1) representando o número de estações comuns entre as sessões. O número de receptores envolvidos deve ser pelo menos dois. Se n for um número real, deve ser arredondado para o maior inteiro próximo. Se for adotado outro procedimento, em que, por exemplo, cada estação da rede deve ser ocupada pelo menos m vezes, o número mínimo de sessões é dado por:

$$n = \frac{ms}{r}, \tag{12.2}$$

com as mesmas considerações a respeito de n. O número de estações ocupadas mais de uma vez (estações redundantes) s_r, para o caso em que o número de estações comuns entre sessões é apenas um, isto é, $o = 1$, é dado por:

$$s_t = nr - [s + (n - 1)] . \qquad (12.3)$$

Quanto maior o valor de s_t, maior será a confiabilidade da rede em questão.

No caso de uma rede com doze estações igualmente espaçadas (Figura 12.1), que tem à disposição quatro receptores (A, B, C e D), há várias possibilidades de estabelecer o plano de coleta dos dados.

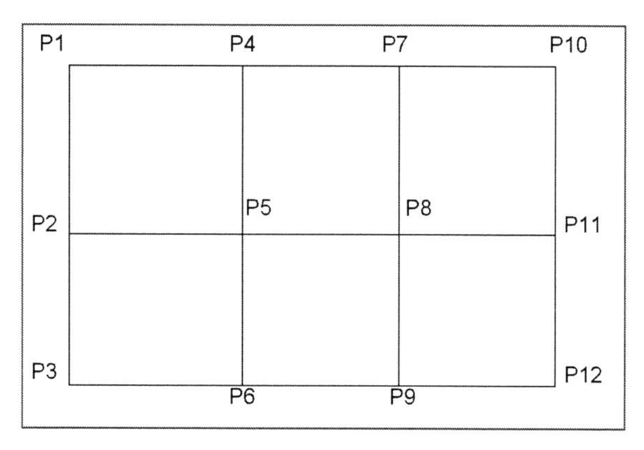

Figura 12.1 — Distribuição das estações de uma rede geodésica.

Se se optar por ter uma estação comum em cada sessão, então, da equação (12.1) tem-se $n = 4$, que seria o número mínimo de sessões. As primeiras quatro sessões identificadas na Tabela 12.1 representam uma das possíveis soluções, em que as estações P5, P8, P11 e P12 foram reocupadas. Quando todas as estações devem ser ocupadas pelo menos duas vezes, isto é, $m = 2$, então a equação (12.2) proporciona $n = 6$. Assim, outras duas sessões devem ser observadas, as quais são identificadas como sessões 5 e 6 na Tabela 12.1. Outros esquemas são possíveis. O ideal é que todas as linhas-base entre estações adjacentes sejam sempre as mais curtas. Isso proporciona acuracidade homogênea na rede. O intercâmbio de equipamentos entre as sessões, de modo que uma estação não seja reocupada com o mesmo equipamento, é recomendado. Tal procedimento pode eliminar alguns erros sistemáticos do receptor ou da antena, além de permitir detectar possíveis problemas com a medida da altura da antena.

Tabela 12.1 – Exemplo de um plano de observação

	Sessões					
Receptor	1	2	3	4	5	6
A	P1	P5	P8	P11	P9	P1
B	P2	P3	P9	P12	P6	P2
C	P4	P6	P11	P7	P7	P3
D	P5	P8	P12	P10	P10	P4

O plano de observações também depende do tipo de rede. Há basicamente dois tipos: com fechamento de figuras geométricas e o radial. O exemplo apresentado anteriormente segue o primeiro tipo, pois todas as figuras foram fechadas, o que garante a detecção da maioria dos problemas que possam ocorrer em relação às observações. Além disso, deve-se garantir um mínimo de três pontos de controle horizontal, os quais devem ser diretamente ocupados, no caso de redes passivas, ou ter os dados disponibilizados, no caso de redes ativas. No que concerne à altimetria, o ideal é que quatro referências de nível, bem distribuídas, sejam ocupadas, as quais permitirão, ao ser integradas com modelos geoidais disponíveis, proporcionar altitude ortométrica para todas as estações (Monico et al., 2000; Arana, 2000).

Nos levantamentos radiais, um receptor é instalado em um ponto com coordenadas conhecidas e outro receptor é deslocado para coletar dados nos pontos de interesse. A Figura 12.2 mostra um exemplo típico desse tipo de levantamento. Não há considerações geométricas no planejamento, exceto que pontos próximos uns dos outros poderiam ser conectados diretamente. Trata-se de caso similar ao da Figura 12.2, onde se assume que as estações 2 e 3 estão a aproximadamente 10 km da estação-base 1 e distantes 100 m uma da outra. No levantamento radial, as estações 2 e 3 são determinadas independentemente. Se o erro relativo do levantamento é 2 ppm, cada uma dessas estações apresentaria precisão da ordem de 20 mm. Assim, o erro esperado na distância entre os vértices 2 e 3 seria de 28 mm, ou seja, ($\sqrt{20^2 + 20^2}$), o que corresponderia a uma precisão relativa da ordem de 1:3500, valor muito alto para um levantamento GNSS. Logo, em um caso similar, é importante que os vértices próximos tenham ocupações extras. No caso em questão, deve-se realizar uma ocupação simultânea entre os vértices 2 e 3.

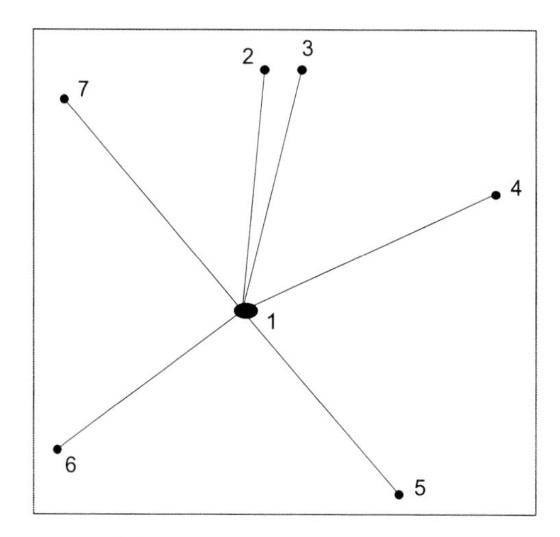

Figura 12.2 – Levantamento radial.

O leitor deve estar atento ao fato de que, para cada vértice estabelecido em um levantamento radial, não há meios de realizar uma verificação adequada para detectar erros grosseiros. Se, eventualmente, a leitura da antena for realizada de modo incorreto, não há como detectar o problema. Trata-se, portanto, de um tipo de levantamento de reduzida confiabilidade. Para reduzir o problema, uma solução é adotar sempre a mesma altura da antena, utilizando um bastão.

Esse tipo de levantamento é apropriado para o posicionamento relativo estático rápido e semicinemático. O estabelecimento de pontos de apoio fotogramétrico pode ser realizado com o tipo radial, adotando-se uma das duas técnicas de posicionamento apresentadas neste livro. No processo fotogramétrico é possível realizar uma verificação independente, quer quando se realiza a fototriangulação, quer no processo de orientação do modelo.

12.4 Coleta e análise preliminar dos dados

A equipe envolvida na coleta de dados deve ser capaz de efetuar todas as operações necessárias para a execução do trabalho. Elas incluem desde as mais simples, como a montagem e a centragem do tripé, medida da altura e orientação da antena, até as atividades um pouco mais elaboradas, que envolven a operação do receptor e a coleta de atributos. Um conhecimento adequado do receptor a ser usado é imprescindível. Isso poderá auxiliar na identificação e na correção de alguns problemas que venham a ocorrer durante as atividades de campo. Cuidado especial deve ser tomado com a leitura e o registro da altura da antena, caso não sejam mantidos durante o levantamento. Esse é um tipo de erro bastante comum nos levantamentos GNSS, que poderá não ser detectado, caso a estratégia de observação não considere aspectos de confiabilidade referentes a ele. No que concerne à orientação das antenas, elas devem ser orientadas para uma mesma direção. Caso sejam do mesmo fabricante, esse procedimento praticamente elimina problemas relacionados com o centro de fase (seção 5.2.3.3). No posicionamento de alta precisão, cujas antenas em uso são calibradas, mas não são necessariamente da mesma marca, a direção a ser utilizada é o norte geográfico.

Alguns receptores modernos dispõem de coletor de dados que permite o registro dos atributos das feições que estão sendo levantadas (seção 11.4). Isso exige que o técnico encarregado dessa tarefa tenha um pouco de conhecimento sobre a descrição de dados gráficos. Um dicionário de dados deve ser definido em escritório para facilitar o trabalho de campo.

Em campanhas de longa duração, é imprescindível ter à disposição, na região de trabalho, um microcomputador para armazenagem e análise inicial dos dados, de preferência um notebook, o qual, se possível, deve fazer parte dos equipamentos de campo. Desse modo, pelo menos um dos técnicos responsáveis pela coleta de dados deve ter habilidade computacional e conhecimento mínimo sobre o processamento de dados GNSS. A análise preliminar deve ocorrer pelo menos uma vez por dia, podendo incluir o posicionamento por ponto e o processamento de cada linha de base. Tal procedimento pode propiciar a detecção e a correção de problemas ainda em campo.

Boa alternativa para assegurar que as identificações das estações e alturas das antenas não apresentem erros é o preparo, durante essa fase, de um boletim com todas as informações relevantes. Elas serão usadas para dirimir dúvidas durante a fase de processamento dos dados. A identificação das estações deve seguir o procedimento comum, isto é, deve-se utilizar os quatro primeiros dígitos do nome da estação, seguidos do dia do ano e do número da sessão (1, 2,..., 9, A, B,...).

12.5 Processamento dos dados

As atividades que envolvem o processamento dos dados coletados são tão importantes quanto as descritas anteriormente. Elas incluem, em especial, a análise da qualidade dos resultados obtidos, o que também requer um engenheiro ou técnico com conhecimento apropriado para realizar essa tarefa. Os softwares que acompanham os equipamentos proporcionam até sugestões sobre os resultados mais adequados, porém isso nem sempre é suficiente quando se pretende realizar trabalhos de alta qualidade.

O primeiro passo no processamento dos dados é a transferência dos dados do receptor para o disco rígido do computador, por software que acompanhe o equipamento, caso isso ainda não tenha sido realizado em campo. Se alguma estação ativa fizer parte do levantamento, os dados desta devem ser obtidos. Em caso de adotar efemérides precisas, elas devem ser transferidas do IGS. Dos arquivos contidos em uma sessão, o das observáveis é o arquivo principal. Nos receptores Trimble, esses arquivos apresentam extensão DAT (*DATa*) ou SSF (*Standard Storage File*). A extensão DoY (*Day of Year* — dia do ano) é típica dos receptores Ashtech, atualmente Thales Navigation. Tem-se, além destes, os arquivos de efemérides (EPH), de mensagens (MES) etc. Em resumo, cada fabricante tem seu próprio formato residente.

Os passos seguintes dependem essencialmente do método de posicionamento adotado. Em uma densificação, ou mesmo no estabelecimento de uma nova rede geodésica, utilizam-se os métodos relativo estático ou estático rápido. Se forem empregados receptores de diferentes fabricantes, todos os arquivos devem ser convertidos para o formato RINEX, e deste para o formato específico do programa a ser adotado no processamento.

As atividades apresentadas são comuns em processamento de dados com softwares comerciais. Nos casos em que se utilizam softwares mais sofisticados (científicos), outros tipos de informações são necessários para o processamento, como parâmetros de orientação da Terra (seção 3.2.1.2), DCB (seção 5.2.1.4) e parâmetros para correções de cargas oceânicas (seção 5.2.4.4), entre outros. Para detalhes, ver Dach et al. (2007).

Na coleta de atributos para SIG, levantamentos de áreas etc., é comum o uso do método relativo semicinemático ou cinemático (RTK), ou mesmo o DGPS ou WADGPS. Nesses casos, em geral, utilizam-se apenas dois receptores e o processamento é mais simples de ser feito. No caso de RTK, DGPS e WADGPS, o processamento, a menos que haja algum problema, pode ser realizado durante a coleta de dados. A utilização de RTK em rede também vem se tornando uma realidade, devendo o usuário estar atento para descobrir onde essas facilidades estão disponíveis.

12.5.1 Densificação de redes geodésicas

No estabelecimento de uma densificação, caso que envolve uma rede GNSS, estabelecida com o uso de dois ou mais receptores, o passo seguinte à transferência e organização dos dados e produtos necessários é o processamento das linhas-base, individualmente, destinado à detecção de perdas de ciclos ou erros grosseiros (*outliers*). Pode-se também, se for de interesse, realizar o processamento por ponto. Em geral, nos programas comerciais, é possível realizar todas as tarefas automaticamente, sem interferência do operador.

Nem todos os softwares disponíveis realizam o ajustamento da rede envolvendo, diretamente, os dados GNSS. Essa é uma característica dos softwares científicos (GAS, Bernese, GIPSY, GAMIT etc.) e não será abordada aqui. Em geral, nos softwares comerciais, processa-se cada linha de base individualmente e adota-se no ajustamento como observáveis as componentes ΔX, ΔY e ΔZ das várias linhas-base ou as variáveis derivadas delas (azimute, distância e diferença de elevação – seção 10.3), associadas às respectivas MVCs. Se apenas dois receptores forem adotados na coleta de dados, trata-se de uma estratégia matematicamente correta. Caso contrário, as correlações entre o conjunto de observáveis (DD) estarão sendo negligenciadas (seção 6.3.3), o que afetará a qualidade dos resultados.

Os resultados obtidos a partir das bases individuais, nos casos em que elas formem uma rede, permitem efetuar algum tipo de análise para avaliar a qualidade deles. Por exemplo, com as bases que formam um polígono fechado, pode-se avaliar seu erro de fechamento, que deve ser pequeno (1 a 3 ppm). Essas informações, com as quantidades estatísticas advindas do processo de ajustamento das bases individuais e da rede (desvio-padrão, fator de variância *a posteriori*), são essenciais para analisar a qualidade do levantamento.

Uma rede de alta precisão é, em geral, aquela em que a coleta de dados envolve mais que dois receptores, combinados de modo a proporcionar possibilidades de detectar e localizar a maioria dos erros envolvidos nos levantamentos. Portanto, trata-se de uma rede com boa confiabilidade. Diversos tipos de análises são possíveis de serem aplicados. Deve-se, nesse caso, quando o teste Qui-quadrado dado pela equação (6.27) não for aceito, aplicar testes de hipóteses para a detecção de erros, como o *Data Snooping* e o teste *Tau* (seção 6.2.3.1). Quando um erro é localizado e a rede apresenta redundância suficiente, a observável pode ser eliminada sem a necessidade de retorno a campo.

Essas análises envolvem aspectos relacionados à precisão e à confiabilidade da rede. Quando se deseja avaliar a exatidão (acurácia), deve fazer parte das estações levantadas uma ou mais estações com coordenadas conhecidas em um nível de qualidade igual, ou de preferência superior, ao que se pretende determinar. As discrepâncias entre os valores conhecidos e estimados, com o indicativo da precisão alcançada, proporcionarão o nível de acurácia atingido. Trata-se, portanto, de um aspecto a ser considerado durante o planejamento das observações.

Outro aspecto envolvido na análise da qualidade dos resultados pode ser realizado com base nas soluções de tripla diferença (solução TRD), DD com o vetor de ambiguidades real (solução FLT) e DD com ambiguidades injuncionadas como inteiras (solução FIX). Em condições normais, é de se esperar que a solução TRD proporcione resultados de pior qualidade em termos de desvios-padrão das coordenadas, os quais melhoram na solução FLT. Se a solução FIX for corretamente obtida, a precisão das coordenadas será ainda melhor do que a da solução FLT, haja vista que o número de incógnitas é menor. Mas se as ambiguidades selecionadas forem incorretas, obtêm-se também resultados altamente precisos, mas totalmente errados. Essas considerações podem ser aplicadas tanto no processamento de uma linha de base quanto no processamento rigoroso de dados de várias estações simultâneas. No último caso, a solução FIX deve ser mais fácil de ser obtida.

No processo de obtenção da solução FIX, primeiro estima-se a solução FLT, a qual deve ser aceita no ajustamento pelo teste Qui--quadrado. Em seguida, define-se e testa-se um conjunto de vetores de ambiguidades, os quais são considerados candidatos. O candidato mais provável, entre todos os possíveis, é aquele que proporciona fator de variância *a posteriori* mínimo, o qual será denominado de $\breve{N}_1$, estando a ele associado o valor $\hat{\sigma}_{01}^2$. Uma questão a ser respondida é se o segundo candidato mais provável, denominado de $\breve{N}_2$, não proporciona um valor para o fator de variância *a posteriori*, nesse caso $\hat{\sigma}_{02}^2$, muito próximo ao da solução mais provável. Caso isso ocorra, não há bom discernimento entre os dois candidatos, o que pode conduzir a uma escolha incorreta. Para verificar essa condição, é usual aplicar o teste dado pela equação (9.51) (seção 9.7.3.1).

Deve-se escolher um valor crítico para o termo *c* da equação (9.51). Note-se que *c* é sempre maior que 1. Se o valor da razão for maior que 3, por exemplo, diz-se que a solução escolhida ($\breve{N}_1$) tem alta probabilidade de ser a correta. Caso contrário é mais aconselhável adotar a solução FLT. Convém ressaltar que, quanto maior o valor da razão, mais confiável seria a solução. Outra possibilidade é adotar o teste dado pela equação (9.54).

Tendo o processamento sido aceito, em determinado nível de confiança, deve-se efetuar a transformação de coordenadas para o referencial de interesse, caso seja necessário, e daí, para a projeção cartográfica de interesse. Pode-se, por exemplo, passar de coordenadas cartesianas WGS 84 (G1150), o referencial associado ao GPS, para geodésicas em SAD69, o referencial ainda em uso no Brasil. Para o caso de obtenção de coordenadas no SIRGAS 2000, não há necessidade de realizar transformações.

Como normalmente os dados coletados devem servir a projetos de engenharia, mapeamento etc., as coordenadas estimadas devem ser transformadas em coordenadas planas, em geral UTM (Universal Transversa de Mercator), ou em um Plano Topográfico Local. Assim, deve-se dispor de um programa computacional para executar essa transformação. Em geral, o pacote de programas que acompanha os equipamentos dispõe desse tipo de aplicativo.

Como etapa final de uma campanha GNSS, deve-se produzir um relatório com todas as informações pertinentes a ela.

12.5.2 Posicionamento e coleta de atributos para SIG

Em geral, essa aplicação não requer precisão ao nível da exigida no estabelecimento de redes geodésicas. Tanto que as técnicas adotadas são aquelas que proporcionam maior produtividade, em detrimento da alta precisão. Os softwares disponíveis permitem que o processamento seja realizado quase automaticamente, ou mesmo em campo. O usuário deve, no entanto, informar as coordenadas da estação-base, definir os arquivos a serem combinados no processamento, estratégia de processamento etc. Em geral, obtém-se uma lista de coordenadas com os respectivos desvios-padrão.

Encerrado o processamento, o usuário pode verificar se a precisão exigida foi alcançada; realizar, se necessário, alguma filtragem; alterar atributos das feições; transformar para o referencial (Datum) e a projeção cartográfica de interesse etc. A etapa final diz respeito à exportação dos dados em um formato compatível com o SIG em que será usado. Em geral, os softwares permitem exportar para vários tipos de formatos, sendo o DXF (*Drawing Interchange Format*) comum a todos.

13
Aplicações do GNSS: algumas possibilidades

13.1 Introdução

O GNSS, em particular o GPS, tem facilitado amplamente todas as atividades que envolvem posicionamento, de alta, média ou baixa precisão. Com os sistemas de comunicação têm-se criado novos conceitos de posicionamento, os chamados sistemas de posicionamento ativos. É difícil enumerar atividades que necessitam de posicionamento que não estejam envolvidas, ou em fase de envolvimento, com alguns dos sistemas incluídos no GNSS. Portanto, as aplicações do GNSS são inúmeras e vêm crescendo continuamente. Convém lembrar ainda que o GPS é usado de modo extensivo na transferência de tempo, e existem equipamentos exclusivos para esse fim.

Algumas atividades em que o GNSS tem sido empregado de modo extensivo são:

- geodinâmica;
- navegação global e regional;
- estabelecimento de redes geodésicas locais, regionais, continentais e globais (ativas e passivas);
- levantamentos geodésicos para fins de mapeamento, apoio fotogramétrico, controle de deformações; e
- determinação altimétrica.

Outras atividades em que tem demonstrado grande potencialidade incluem:

- agricultura de precisão;
- estudos relacionadas à atmosfera; e
- turismo, pesca etc.

A seguir são apresentadas descrições gerais relacionadas a algumas aplicações do GNSS.

13.2 Geodinâmica

O IGS (*International GNSS Service*) é um serviço internacional permanente, estabelecido em 1990 pela IAG. Os objetivos principais do IGS são (Mueller, 1993):

- prover a comunidade científica com órbitas dos satélites GNSS altamente precisas;
- prover parâmetros de rotação da Terra de alta resolução;
- expandir geograficamente o ITRF mantido pelo IERS; e
- monitorar globalmente as deformações da crosta terrestre.

Faz parte do IGS uma rede global, com cerca de quatrocentas estações GNSS, rastreando continuamente os satélites GNSS (Figura 4.5). Todos os receptores são de dupla frequência, com capacidade de obter quatro observáveis (C/A, L1, L2, P2). Alguns receptores já dispõem da modernização do GPS, sendo também capazes de rastrear satélites GLONASS, aumentando o número de observáveis.

As observações coletadas pelo IGS têm permitido estudar a dinâmica da Terra em nível global, regional e local. Em várias regiões do planeta foram estabelecidas redes GNSS contínuas para monitorar as deformações da crosta em nível local.

Um exemplo de redes no âmbito local é o *The Southern California Integrated GPS Network* (SCIGN), um projeto que conta com mais de 250 estações GPS permanentes na região da bacia de Los Angeles. A rede visa proporcionar, continuamente, informações de alta acurácia sobre as deformações da região e com isso melhorar a predição de ocorrência de terremotos. Trata-se de projeto que envolve as seguintes organizações: Nasa/JPL, *The United States Geological Survey* (USGS) e *The University of California San Diego (Scripps Institution of Oceanography)*. Elas formam o *Southern California Earthquake Center* (SCEC), ou seja, o Centro de Terremotos do Sul da Califórnia. A Figura 13.1 ilustra a disposição das estações.

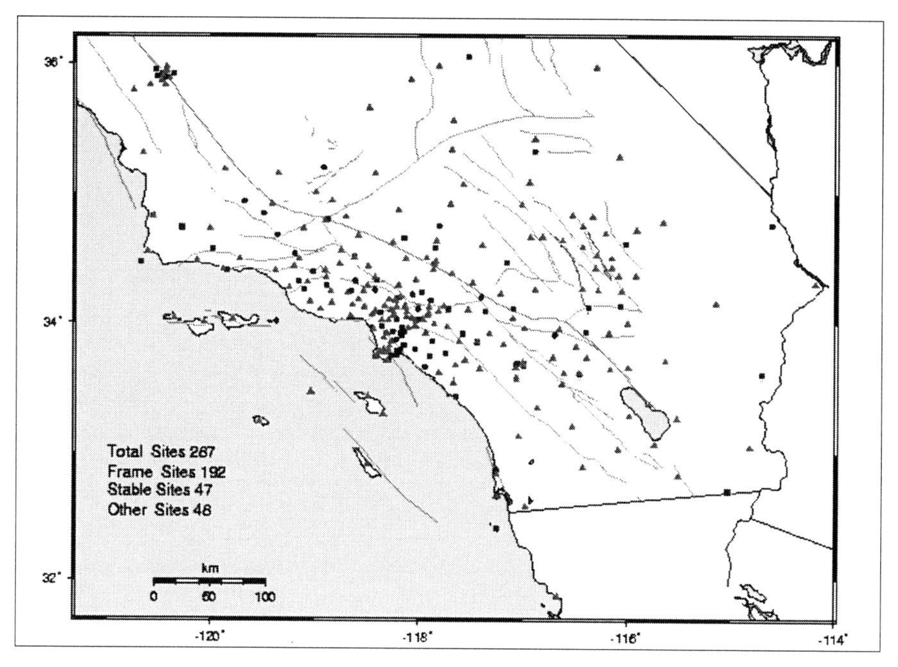

Figura 13.1 – *The Southern California Integrated GPS Network* (SCIGN).

Alguns resultados já estão disponíveis no sítio do projeto na internet e incluem determinação de velocidade das estações, séries temporais das coordenadas e análise após ocorrência de sismos. Detalhes podem ser encontrados em http://www-gpsg.mit.edu/~tah/SCIGN_MIT/SCIGN_96_0309_Results.html.

Outros exemplos similares foram implantados em várias regiões do planeta. Pode-se citar o caso do Japão, onde foi estabelecida a Geonet (*GPS Earth Observation NETwork*), uma rede para monitoramento de deformações da crosta que conta hoje com 1.224 estações GPS (http://mekira.gsi.go.jp/ENGLISH). A Figura 13.2 mostra deformações da crosta nos últimos dez anos (1997-2007) detectadas com estações GPS.

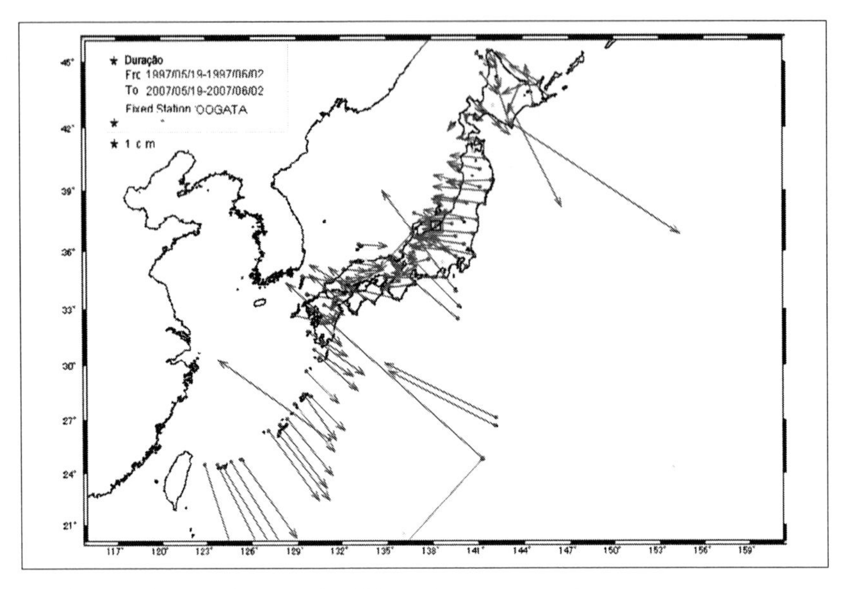

Figura 13.2 – Movimentos da crosta dos últimos dez anos no Japão.

13.3 Estabelecimento de redes geodésicas ativas e passivas

A RBMC, já implantada no Brasil, é o resultado de mais uma aplicação do GNSS (Figura 3.15). Em junho de 2007, a RBMC encontrava-se em fase de modernização e integração com a Ribac, devendo até o final de 2007 contar com mais de cem estações contínuas em operação, as quais apresentarão algumas características de um sistema de controle ativo. Trata-se de uma concepção moderna, que integra os mais recentes desenvolvimentos na área de posicionamento. Ela permite que os usuários integrem seus levantamentos à rede de coordenadas do Sistema Geodésico Brasileiro (SGB), sem a necessidade de ocupar nenhuma estação desta. Além disso, faz parte de uma rede mundial, reduzindo os custos das participações brasileiras em campanhas internacionais. Em razão da coleta contínua de dados, podem-se realizar análises temporais das posições das estações com alta precisão. Trabalhos com esse fim têm sido desenvolvidos (Costa, 1999; Monico, 1999; Perez; Monico; Chaves, 2000).

É importante também salientar a possibilidade de se usar a RBMC para o desenvolvimento de WADGPS (*Wide Area Diferential* GPS), com possibilidades de produzir órbitas em tempo real com melhor qualidade que as das efemérides transmitidas. Vários exemplos já estão disponíveis no mundo (seção 7.4). Há também a possibilidade de desenvolver modelos regionais para a ionosfera, a partir dos dados GNSS de redes ativas, o que auxiliará sobremaneira os usuários que dispõem apenas de receptores de frequência simples. Trabalhos nessa área já têm sido desenvolvidos com sucesso (Camargo, 1999; Aguiar, 2004). Outra possibilidade é o emprego dos dados das estações contínuas terrestres para estimativa do vapor d'água atmosférico (Sapucci, 2005).

Atualmente são numerosas as redes GNSS ativas disponíveis pelo mundo. Um exemplo pioneiro de Rede de Controle Ativa é a denominada *Canadian Active Control System* (Delikaraglou et al., 1986), que está em plena operação no Canadá. As estações desse sistema, com as de outras redes similares e do IGS, fazem parte das realizações do ITRS.

Na FCT/Unesp, encontra-se em fase de testes iniciais uma rede GNSS ativa, composta atualmente por seis estações (Figura 13.3), a qual deverá ser expandida para todo o estado de São Paulo. Os dados estão sendo disponibilizados em tempo real via NTRIP Caster, além de arquivos horários e diários. Mais detalhes podem ser obtidos no sítio do Gege (Grupo de Estudos em Geodésia Espacial – http://gege.prudente.unesp.br).

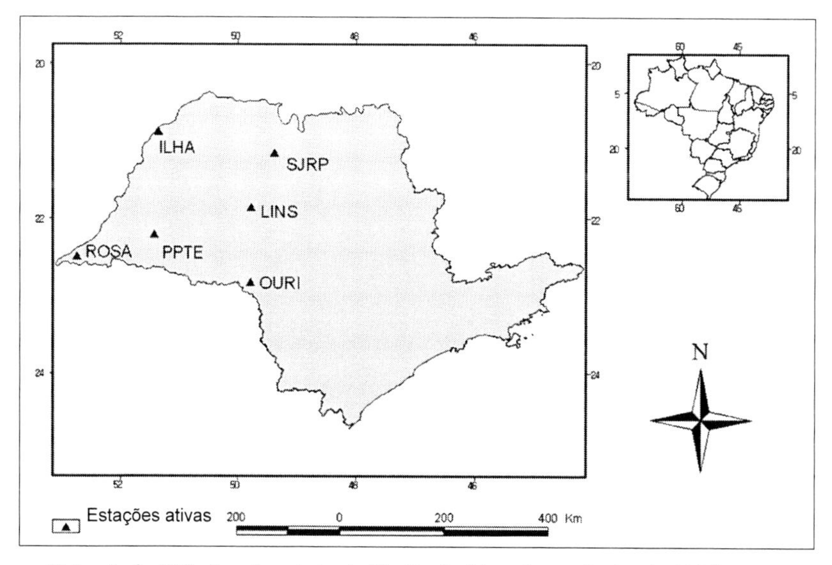

Figura 13.3 – Rede GPS ativa do estado de São Paulo (situação em junho de 2007).

No que concerne ao estabelecimento de Redes Geodésicas Passivas, os exemplos são ainda mais numerosos. No Brasil, podem ser citadas as redes GPS dos estados de São Paulo (Fonseca, 1996), Paraná (Sema, 1996), Santa Catarina, Rio de Janeiro, Mato Grosso e Minas Gerais, entre outras, as quais perfazem um total de treze redes estaduais até dezembro de 2006, abrangendo dezoito estados (http://www.ibge. gov.br/home/geociencias/geodesia/estadual.shtm). Há ainda a densificação dessas redes, como a Rede Geodésica do Itesp e do Município de Paulínia (RGMP) (Monico et al., 1998), estabelecida com a finalidade de dar apoio à implantação e manutenção de um SIG naquele município.

No caso da Rede GPS do estado de São Paulo, ela foi integrada ao SGB, mas antes passou por uma série de processamentos, descritos em Fonseca (1996). Essa rede é composta de 24 estações (Figura 13.4). Durante a coleta de dados, a Estação Chuá, origem do SAD69, também foi ocupada. Os dados foram coletados durante duas campanhas. Na primeira, cada sessão teve duração de 8 horas, o intervalo de coleta foi 15 segundos e foram utilizados sete receptores de dupla frequência. Na segunda, adotaram-se cinco receptores, também de dupla frequência, e cada sessão teve duração de 6 horas, com o mesmo intervalo de coleta. Em cada uma das campanhas foi levantado um total de dezoito estações. A precisão resultante para as coordenadas de cada estação é de poucos centímetros, servindo para dar apoio a uma série de atividades.

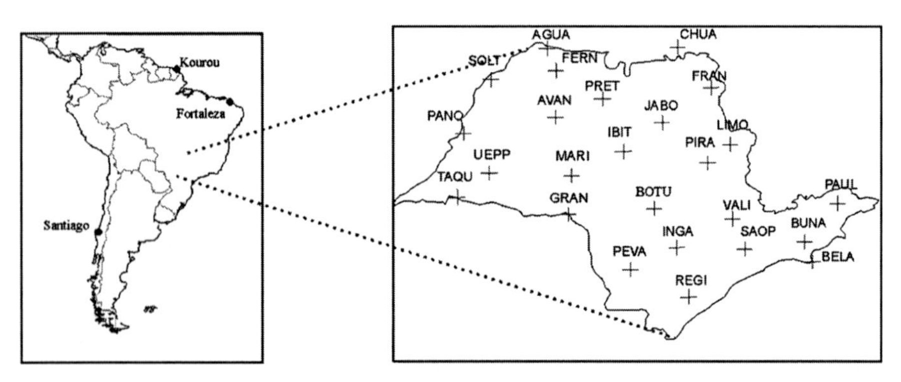

Figura 13.4 – Rede GPS do estado de São Paulo.

Em outra etapa, a Rede GPS do estado de São Paulo foi densificada, para dar apoio às atividades de regularização fundiária do Itesp (Instituto de Terras do Estado de São Paulo). A Figura 13.5, extraída de Marini (2002), mostra as estações da Rede GPS do estado de São Paulo e as estações da rede GPS Itesp.

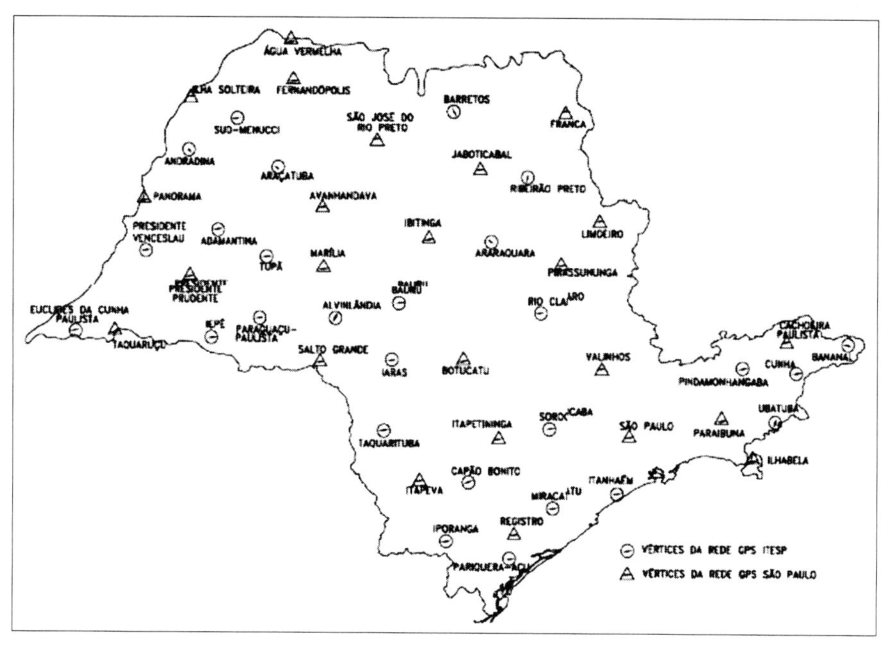

Figura 13.5 – Densificação da rede GPS do estado de São Paulo com as estações da Rede GPS Itesp.

A RGMP é composta por 31 estações. A Figura 13.6 ilustra a distribuição das estações. A distância média entre elas é da ordem de 4,516 km, sendo a distância mínima e máxima iguais a 0,623 e 11,097 km, respectivamente. Na coleta dos dados da RGMP optou-se pelo irradiamento a partir de um ponto central, conjugado com observações de linhas-base que permitissem o fechamento de figuras internas à rede. Sendo n o número de vértices, tem-se $(2n\text{-}2)$ linhas-base observadas. Isso permite detectar qualquer erro que possa ser cometido na leitura da altura da antena, desde que este não se repita da mesma forma em uma mesma estação. Cada linha-base foi observada por um intervalo de tempo da ordem de 50 minutos com intervalo de coleta igual a 15 segundos. A RGMP foi integrada à Rede GPS do estado de São Paulo, via ocupação de uma de suas estações, e a RBMC, pela inclusão dos dados de três de suas estações. As coordenadas das estações estimadas a partir da Rede GPS passiva do estado de São Paulo e da RBMC foram compatíveis na ordem de poucos centímetros. O resultado final envolveu a conexão com ambas as redes.

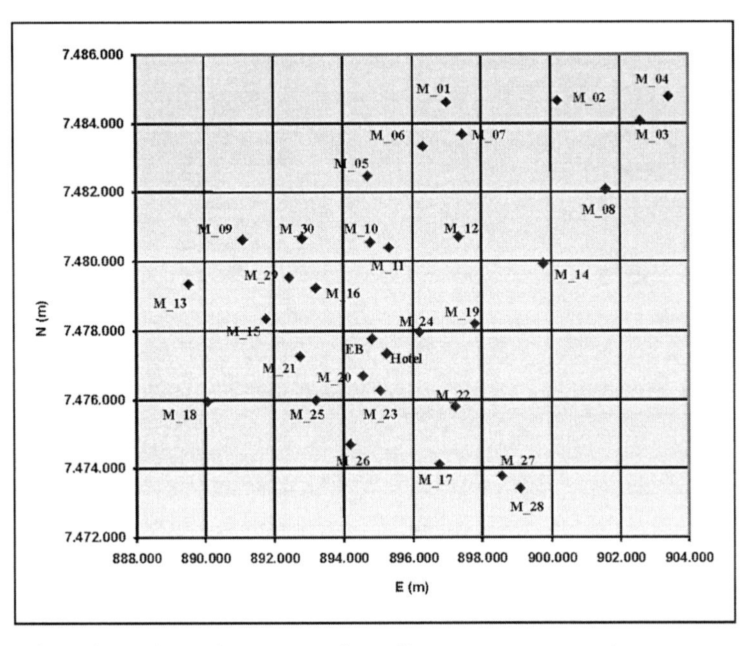

Figura 13.6 – Rede geodésica do município de Paulínia.

Vários outros exemplos se inserem nessa categoria, no âmbito municipal, estadual ou nacional. Mas as concepções e finalidades não fogem muito ao que foi aqui apresentado. Ver, por exemplo, a rede cadastral do município de Hortolândia em Monico; Silva; Bonadio (2004).

13.4 Determinação altimétrica

O GNSS, mais especificamente o GPS, conforme já foi dito várias vezes no transcorrer deste livro, está sendo usado para as mais variadas atividades de posicionamento. No entanto, as atividades relacionadas ao nivelamento de precisão ainda necessitam de soluções. Mas grandes avanços já foram obtidos. O GNSS proporciona altitudes de natureza puramente geométrica, ao passo que, na maioria das atividades práticas, o que é de interesse são as altitudes vinculadas ao campo gravidade da Terra, ou seja, as altitudes ortométricas, as quais possuem ligação com a realidade física. Para determinar altitudes ortométricas (H), a partir das geométricas (h), determinadas com o GNSS, é indispensável o conhecimento da ondulação geoidal (N). De uma forma simplificada, mas com aproximação muito boa (equação 3.32), tem-se Gemael (1999):

$$H = h - N. \tag{13.1}$$

Diversos trabalhos voltados à determinação e validação de modelos geoidais vêm sendo realizados, quer no Brasil (Santos e Sá, 2006; Lobianco, 2005; Silva, 2002; Castro, 2002), quer no exterior (Rapp e Rumel, 1975; Reigber; Balmino; Schwintzer, 2002; McDonald, 2004). Entre os modelos globais disponíveis podem-se citar, entre outros, o OSU91A (*Ohio State University* 1991), EGM96 (*Earth Goddard Model* 96), Eigen2/EGM96, UCPH2/EGM96 e PGM2000A. No Brasil, inicialmente adotou-se o mapa geoidal MGB-92 (IBGE/Epusp) (Blitzkow et al., 1992), que proporciona ondulação geoidal com precisão absoluta e relativa da ordem de 3 m e 1 cm/km, respectivamente. A versão mais recente, Mapgeo2004, permite obter ondulação geoidal com respeito ao SIRGAS2000 e SAD69. Um programa computacional desenvolvido para esse fim está disponível em http://www.ibge.gov.br/home/geociencias/geodesia/modelo_geoidal.shtm. Essa nova versão proporciona acurácia da ordem de 50 cm (Blitzkow e Lobianco, 2004).

Alguns dos modelos geoidais citados têm sido derivados com base em dados das missões espaciais, como CHAMP (*CHalllenging Mini-satellite Payload*) (Eigen3S) e GRACE (*Gravity Recovery And Climate Experiment*) (GGM02S, Grace2S e Eigen-GLO4C), combinados com dados gravimétricos terrestres. Análises com base em dados obtidos com nivelamento GPS têm proporcionado acurácia da ordem de 10 cm (Huang e Véronneau, 2005).

No Canadá e Estados Unidos, o nível de precisão absoluta do geoide é da ordem de 10 cm e a relativa varia de 4 a 0.1 ppm para distâncias de até 1000 km (Sideris e She, 1995). No Canadá, o NRCAN (*Natural Resource Canada*) disponibiliza um aplicativo *on-line*, denominado

GPS·H 2.1 (*Geoid Height Transformation Program*), em que os usuários canadenses obtêm os valores de H para os pontos de interesse (http://www.geod.nrcan.gc.ca/apps/gpsh/gpsh_e.php), dadas as coordenadas horizontais e a altura geométrica. Estima-se que a acurácia seja da ordem de 5 cm, com 95% de probabilidade.

Entre outros modelos disponíveis, para o caso do Brasil pode-se citar o Geoide Gravimétrico do Estado de São Paulo (MDG95) (Sá e Molina, 1995), que, em uma comparação com alturas geoidais obtidas a partir do posicionamento GPS sobre pontos pertencentes à rede altimétrica fundamental do Brasil, apresentou desvio-padrão da ordem de 38 cm. Mais recentemente ficou disponível o MDG02, determinado por Souza (2002), com precisão similar à do MDG95.

Os valores de acurácia dos modelos geoidais citados são adequados para uma série de aplicações, em especial aquelas em que o nível de precisão requerido é próximo ao proporcionado pelo próprio modelo geoidal. Para o caso do Brasil, atendem às prescrições de nivelamento de baixa e média precisão. No entanto, a determinação de altitudes ortométricas via GNSS, capaz de substituir o nivelamento geométrico de alta precisão, ainda é um objetivo de longa duração. Até isso ocorrer, soluções locais e técnicas aproximadas devem ser adotadas em aplicações que requeiram um nível de precisão intermediário em relação às citadas anteriormente, desde que a região do projeto não seja muito extensa e não existam evidências de que possam ocorrer variações bruscas no geoide. Uma solução pode ser a interpolação a partir de estações levantadas utilizando-se GNSS e com altitudes ortométricas conhecidas. Trata-se de uma técnica que tem sido bastante empregada. No entanto, deve-se chamar a atenção para o fato de que nem sempre tem sido adotada, pela maioria dos usuários, uma metodologia adequada, o que pode gerar problemas maiores. A seguir, apresenta-se uma metodologia que poderá ser adotada pelos usuários, de modo que se integrem todas as informações disponíveis, desde que alguns cuidados especiais sejam tomados. Mesmo quando modelos geoidais mais refinados estiverem disponíveis, essa metodologia também poderá ser aplicada.

As referências de nível e demais vértices nivelados para o propósito em questão são ocupados com GNSS, adotando-se métodos de posicionamento adequados. Se a localização de alguma referência de nível não for propícia para a coleta de dados GNSS, pode-se transportá-la para um local ideal, via nivelamento, que garanta, praticamente, o mesmo nível de qualidade da altitude do vértice original. Dessa forma, têm-se disponíveis as coordenadas horizontais das referências de nível (E, N), bem como as altitudes ortométrica (H) e geométrica (h) e as informações sobre a qualidade das mesmas (MVC). As ondulações geoidais das referências de nível podem ainda ser obtidas a partir do modelo geoidal disponível para a região. Esses dados podem ser integrados para produzir um modelo local do geoide para a região do projeto, usando-se, por exemplo, uma das seguintes superfícies:

$$\begin{aligned} z &= aE + bN + c & \text{(a)} \\ z &= aE + bN + cEN + d & \text{(b)} \\ z &= aE + bN + cE^2 + dN^2 + e & \text{(c)} \end{aligned} \quad . \qquad (13.2)$$

Nessa expressão, a integração ocorre ao se obterem os valores de z, o qual é dado por:

$$z = H - h + N, \qquad (13.3)$$

estando envolvidas, portanto, todas as informações disponíveis. Os termos a, b, c, d e e são parâmetros a estimar com base em técnicas de ajustamento. Portanto, é importante a adoção de uma MVC adequada para os elementos de z. A variância de H, se não fornecida pelo órgão responsável pela sua obtenção, pode ser aproximadamente obtida pelas informações a respeito da precisão do método adotado na execução do nivelamento geométrico e dos comprimentos das linhas niveladas no trecho em questão. Um exemplo é apresentado em Monico et al. (2000). No que concerne à qualidade das alturas geométricas, o processamento dos dados GNSS pode produzir essas informações, as quais têm sempre se mostrado muito otimistas. O problema maior fica por conta da precisão da ondulação geoidal. Caso se adote o valor estipulado pelo modelo, a precisão de z será muito baixa, deteriorando a qualidade dos parâmetros a serem estimados. O melhor a fazer é assumir que a ondulação geoidal tem de fato um erro, mas que este se comporta, dentro da região de interesse, de forma quase sistemática. Dessa forma, os valores de N são assumidos como conhecidos. Usuários com bom conhecimento em ajustamento de observações podem até atribuir variância (pequena) para eles. A componente sistemática do modelo geoidal fará parte dos parâmetros que descrevem a superfície geoidal local.

Usando os parâmetros estimados é possível determinar as ondulações geoidais das demais estações de interesse, o que possibilita a obtenção das correspondentes altitudes ortométricas. É importante ressaltar que as estações utilizadas para estimar os parâmetros da superfície devem ser cuidadosamente selecionadas. Elas devem, sempre que possível, estar localizadas nos extremos da região de estudo, em posições adequadas à determinação da superfície em questão. Exemplos são apresentados em Monico et al. (1997b; 2000) e Arana (2005).

13.5 Agricultura de precisão

O conceito empregado em agricultura de precisão é conhecido desde 1929 (Stafford, 1996), mas apenas recentemente tecnologias apropriadas tornaram-se disponíveis para realizá-lo em campo. Trata-se do processo da busca do crescimento em eficiência por gerenciamento localizado da agricultura. Envolve a aplicação de novas tecnologias que modificam técnicas existentes, as quais são utilizadas para medir o rendimento, determinar as condições do solo e da cultura e realizar o mapeamento da propriedade, entre outras possibilidades.

A agricultura de precisão utiliza, entre outras, três tecnologias principais: GNSS, SIG e VRT (*Variable Rate Technology*), além dos dispositivos denominados "barras de luz". O GNSS possibilita a localização e a orientação das máquinas em qualquer lugar do campo, por exemplo, durante a colheita. Se um sensor para detectar a produtividade for instalado na máquina, ao final da colheita pode-se gerar um mapa da produção. Essas e outras informações podem alimentar um SIG da propriedade, o que permitirá analisar vários aspectos relacionados a ela. O VRT integrado ao GNSS e ao SIG possibilita a aplicação de insumos em local específico, com doses variáveis. Enfim, essa integração fornece informações que permitem aos produtores aplicar insumos, como fertilizantes, herbicidas e inseticidas, em doses e locais apropriados, o que favorece a proteção do meio ambiente. A "barra de luz" associada ao GNSS permite a orientação de percursos em faixas paralelas, cujo primeiro usuário brasileiro foi a aviação agrícola, a partir de 1995.

Outra aplicação do GNSS, muito adotada em agricultura, é a coleta de amostras georreferenciadas. Isso possibilita a geração de mapas de distribuição dos elementos de interesse, mediante o uso de Geoestatística. A Figura 13.7, extraída de Monico et al. (1999), é um exemplo desse tipo de aplicação. Trata-se da distribuição do Nematoide do Cisto da Soja (NCS), larva que vive como parasita nas raízes dos pés de soja, prejudicando de forma acentuada sua produtividade.

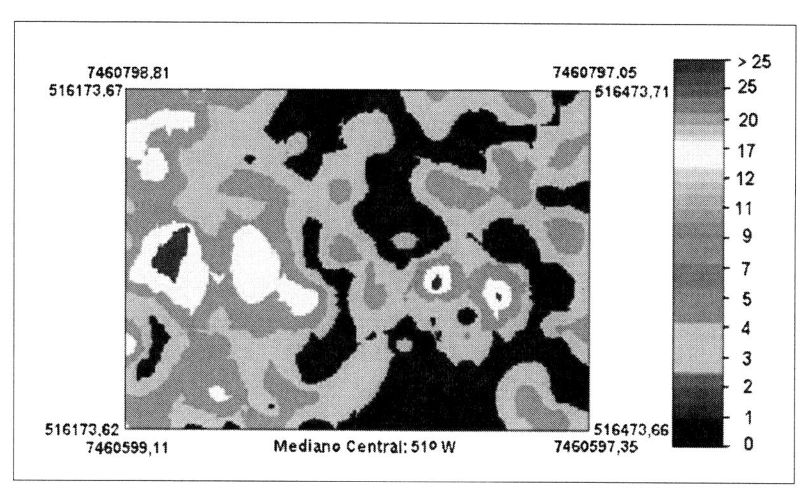

Figura 13.7 – Mapa do número de ocorrências do NCS.

A Embrapa Soja vem desenvolvendo pesquisas voltadas, entre outros aspectos, a determinar as áreas infestadas e o prejuízo causado pelo cisto, bem como o estudo da dinâmica de sua população no Brasil. Para tanto, vem utilizando o GPS desde 1997.

No Brasil, a Escola Superior de Agricultura Luiz de Queiroz (ESALQ) da USP tem sido pioneira em aplicações do GPS na agricultura e desde seu início tem-se observado carência de informação técnica sobre os recursos e limitações disponíveis. Vários trabalhos têm sido publicados sobre o assunto. O leitor interessado pode consultar Molin (1998a; 1998b), onde poderá obter outras referências para consulta.

O mercado de receptores GNSS para a agricultura de precisão tem-se expandido muito e várias empresas desenvolvem equipamentos específicos para aplicações na agricultura. Dessa forma, o usuário interessado nessa aplicação encontrará várias alternativas.

13.6 Estudos relacionados com a atmosfera

Outra área em que o GNSS vem ganhando espaço é nos estudos relacionados com a atmosfera. Eles abrangem tanto a ionosfera como a troposfera.

Vários estudos e projetos foram realizados para melhorar o entendimento da ionosfera e sua influência nos dados (Wanninger, 1993; Langley, 2000). Atualmente, o GNSS passou a ser uma poderosa ferramenta em estudos relacionados ao comportamento da ionosfera. Ele é utilizado para estimar o TEC (Conteúdo Eletrônico Total). Vários trabalhos têm sido realizados nesse sentido, em especial com dados coletados pelo IGS. O JPL vem explorando esses recursos desde 1993, quando foi desenvolvido um algoritmo para mapeamento global da ionosfera, denominado GIM (*Global Ionospheric Mapping*) (Wilson et al., 1999). Esse tipo de produto também faz parte do IGS (seção 5.2.2.2).

No Brasil, o GPS também já tem sido extensivamente utilizado para estimativa do TEC. Trata-se de trabalhos desenvolvidos no Instituto Nacional de Pesquisas Espaciais (INPE) (Fredizzi, 1999 e 2003; Rodrigues, 2003), USP (Fonseca Junior, 2002) e Unesp (Camargo, 1999; Camargo e Dal Póz, 2002; Matsuoka, 2003; Matsuoka; Camargo; Dal Póz, 2003; Aguiar, 2005; Matsuoka, 2007), os quais apresentaram resultados bastante coerentes com os que são citados na literatura internacional e têm colocado o Brasil em lugar de destaque no que diz respeito aos estudos da ionosfera.

No que se refere aos estudos e pesquisas relacionados à troposfera, com base em observações GPS, trata-se do GPS Meteorologia (*GPS Meteorology* em inglês), nome atribuído à linha de pesquisa que faz uso do GPS para monitorar remotamente a atmosfera da Terra. Esse nome vem sendo substituído por GNSS Meteorologia. Cientistas desenvolveram metodologias baseadas em dados de receptores GNSS sobre a superfície terrestre, obtendo medidas precisas do vapor d'água integrado (IWV – *Integrated Water Vapor*), a partir da estimativa do atraso troposférico úmido (seção 5.2.2.1) (Bevis et al., 1992). Em outra alternativa, dados de receptores GNSS a bordo de satélites de baixa órbita (satélites LEO – *Low Earth Orbits*) são usados para recuperar perfis de pressão, temperatura e umidade da atmosfera, sendo esse procedimento denominado de ocultação GPS (GPS *occultation*). Detalhes sobre essas duas metodologias podem ser encontrados em Monico e Sapucci (2003).

Vários centros de pesquisa no mundo estão envolvidos com pesquisas relacionadas com GNSS Meteorologia. Nos Estados Unidos há um consórcio de universidades para pesquisas atmosféricas (*University Corporation for Atmospheric Research* – UCAR), que vem atuando de forma significativa nessa área.

Com a República de Formosa (Taiwan), eles desenvolveram o projeto Cosmic/Formosat-3 (*Constellation Observing System for Meteorology, Ionosphere & Climate/ Taiwan's Formosa Satellite Mission #3*), que explora o conceito de ocultação GPS. Seis satélites LEO foram lançados em abril de 2006 e vários trabalhos sobre ocultação GPS vêm sendo desenvolvidos, tanto para recuperação de perfis da troposfera quanto da ionosfera. Detalhes podem ser obtidos no sítio do projeto (http://www.cosmic.ucar.edu). O número típico de ocultações que ocorrerão por dia é da ordem de 4 mil, as quais são bem distribuídas ao longo do globo terrestre (Figura 13.8). Os pontos mais escuros da Figura 13.8 referem-se aos locais onde são lançadas radiossondas, em número muito inferior ao de ocultações (pontos mais claros). Os perfis resultantes dessas ocultações estão sendo assimilados em modelos de previsão numérica

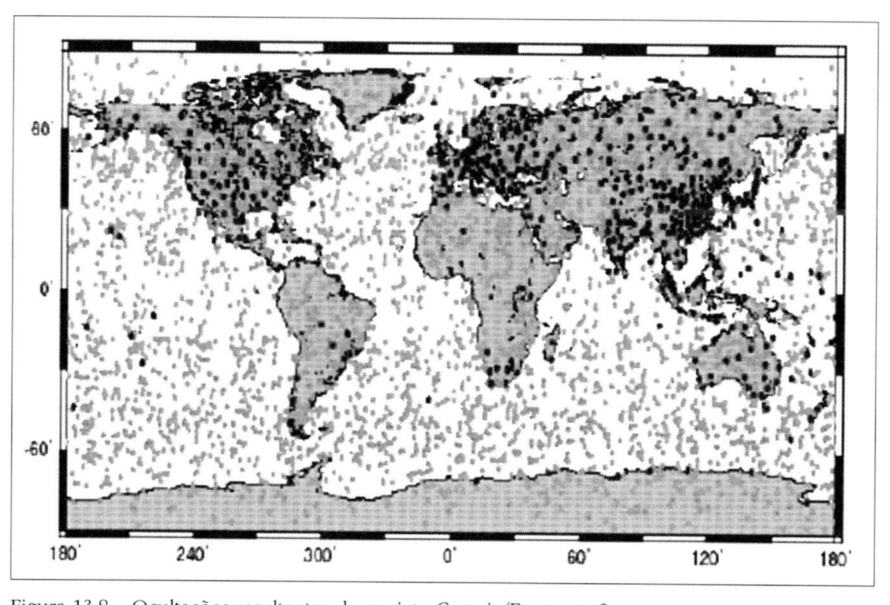

Figura 13.8 – Ocultações resultantes do projeto Cosmic/Formosat-3.

de tempo (PNT). Os resultados têm sido promissores, de forma que essas atividades também deverão ser realizadas no Brasil, via CPTEC/Inpe.

Outro projeto de alcance mundial em que a UCAR também está envolvida é o Suominet (*GPS Network for Real-time Atmospheric Sensing*), projeto que envolve dados de receptores GNSS instalados sobre a superfície terrestre. O objetivo principal do projeto é a recuperação do vapor d'água (IWV ou PWV – *precipitable water vapor*) praticamente em tempo real para que ele possa ser assimilado em modelos de PNT.

Há também outro projeto no âmbito internacional que tem o GPS como uma das tecnologias principais, o Genesis (*GPS Environmental & Earth Science Information System*), que proporcionará aos usuários uma série de serviços relacionados à atmosfera, além de outros. Em especial, trata-se de um banco de dados com informações de ocultações das missões CHAMP e SAC/C, bem como de dados de estações GNSS terrestres. Mais detalhes podem ser encontrados em http://genesis.jpl.nasa. gov/zope/GENESIS.

Nessa discussão não se pode também esquecer dos satélites CHAMP e GRACE, que dispõem também de receptores a bordo para realização de ocultação, além de outros equipamentos. Detalhes sobre o CHAMP podem ser obtidos em http://www.gfz-potsdam.de/pb1/op/champ/ e sobre o satélite GRACE em http://www.gfz-potsdam.de/pb1/op/grace.

No Brasil, no que se refere à troposfera, vários trabalhos já foram desenvolvidos. Nestes, objetiva-se, principalmente, estimar o vapor d'água da troposfera a partir de dados GNSS coletados pela RBMC e demais estações contínuas disponíveis no Brasil. Um trabalho pioneiro nesta área foi desenvolvido na FCT/Unesp (Sapucci, 2001), em que são apresentados os fundamentos de GNSS Meteorologia, bem como algumas avaliações preliminares sobre a qualidade dos resultados obtidos. Mais recentemente, com a tese de doutorado ainda sobre este tema, também defendida na FCT/Unesp (Sapucci, 2005), a metodologia se consolidou, devendo o próximo passo ser a assimilação de resultados de PWV advindos das estações GNSS contínuas no Brasil no modelo de PNT do CPTEC/Inpe. Deve-se também destacar que se encontra em desenvolvimento no Brasil o satélite EQUARS (*Equatorial Atmosphere Research Satellite*). Entre suas possibilidades está a realização de ocultação. Ver detalhes em http://www.laser.inpe.br/equars/.

13.7 Outras aplicações

Têm-se verificado várias outras aplicações do GNSS, quer científicas, quer de caráter prático. No que concerne ao último aspecto, pode-se citar o uso do GNSS no controle de frota de veículos. Na realidade o GNSS é apenas um componente do sistema, mas essencial, pois fornece ao interessado o trajeto realizado pelo veículo. Se essas informações estiverem integradas a um SIG apropriado, várias decisões podem ser tomadas de forma otimizada, como o melhor caminho a ser seguido. Essa é uma resposta que pode auxiliar no salvamento de vidas (ambulâncias, bombeiros, viaturas policiais), no turismo (locação de veículos com sistema de navegação) etc. De forma geral, todas essas atividades se inserem no escopo de LBS (*Location Based Service* – serviço baseado na posição), permitindo a existência do chamado SIG Móvel (Mobile GIS).

O GPS também já mostrou sua potencialidade na aviação civil, podendo auxiliar nas tarefas de pouso e decolagem. Como no caso anterior, o GPS é um dos componentes do sistema maior, que nesse caso específico é denominado WAAS (*Wide Area Augmentation System*), um WADGPS com características adicionais. O desenvolvimento do GNSS visa essencialmente dar apoio à navegação global.

Apenas algumas possibilidades de aplicação foram citadas. Numerosas outras existem, além das várias que vêm surgindo e se aprimorando no dia a dia. A desativação da SA também expandiu o número de aplicações em atividades em que precisão da ordem de 10 m é suficiente, em razão da redução dos custos. A modernização do GPS, com Galileo, GLONASS e os sistemas de aumento, deverá expandir ainda mais o número de aplicações. O próprio leitor poderá identificar várias possibilidades, até mesmo para atender suas próprias necessidades.

14
O futuro do GNSS

14.1 Introdução

Muito do que deverá ocorrer no futuro com o GNSS já foi apresentado nos capítulos anteriores. No que concerne ao GPS, já foram descritos vários aspectos referentes à sua modernização, restando fazer alguma especulação sobre o que deverá vir após essa fase. E pode-se especular também sobre o GLONASS. No que se refere ao Galileo, muitos aspectos também já foram abordados. Faltou um pouco mais de informações sobre o sistema Compass, da China, porque estas não estão disponíveis. Quanto aos aumentos dos sistemas (SBAS), não foram apresentados muitos detalhes em razão de estes não serem muito explorados na Geodésia, em Meteorologia e em Cartografia, ao contrário do que ocorreu, em especial, na Navegação. Neste capítulo pretende-se fazer um breve resumo do que foi apresentado para cada um dos sistemas, descrever as possibilidades de integração deles e fazer algumas especulações sobre como deverá ser o cenário para o futuro. Assim, os três segmentos deverão estar envolvidos, com ênfase especial no segmento de usuários, que deverá se expandir ainda mais nos próximos anos.

14.2 NAVSTAR-GPS

No que diz respeito ao segmento especial do GPS, havia em dezembro de 2007 cinco satélites modernizados em órbita, os quais pertencem ao bloco IIR, denominado IIR-M (M remete a modernizado). Novos lançamentos deverão ocorrer em breve, haja vista que, da constelação em órbita atualmente, dezessete satélites têm mais de dez anos de uso. Um deles tem, efetivamente, dezesseis anos (PRN 24, SVN 24). Logo, os quatro satélites restantes do Bloco IIR-M deverão ser lançados em breve, o que permitirá explorar melhor o segundo código civil. Em seguida, entrarão em cena os satélites do bloco IIF, dos quais alguns já se encontram em construção. Com esses satélites, abrir-se-á a oportunidade de realizar medidas sob três frequências diferentes (L1, L2 e L5).

Os fabricantes de receptores já colocaram no mercado equipamentos com capacidade de rastrear o novo código civil L2C, bem como a nova portadora, quer com a capacidade já instalada, quer com algum tipo de atualização de *firmware*.

Após os satélites do Bloco IIF deverá ser iniciada nova fase no contexto do GPS, que vem sendo denominada de GPS III. A arquitetura desse sistema deverá atender aos requisitos militares e civis e garantir aos Estados Unidos o mais preciso e seguro sistema de navegação, posicionamento e de transferência de tempo. Essa nova geração de satélites deverá ter potência de transmissão aproximada 500 vezes superior à do sistema atual, aumentando sua resistência ao *jamming*, e deverá proporcionar acurácia em tempo real da ordem de 1 m (com um receptor de mão). Várias outras especulações sobre as capacidades do sistema podem ser encontradas em http://www.globalsecurity.org/space/systems/gps_3.htm. Em resumo, os atuais sistemas chamados de aumento do GPS, como o WAAS e MSAS, deverão estar integrados no GPS III.

Uma questão que pode até passar despercebida é que a tecnologia disponível para os satélites em órbita atualmente, com exceção dos satélites GPS modernizados, é do início da década de 1980, apesar dos excelentes resultados e inovação que têm proporcionado. Logo, muita inovação tecnológica poderá ainda fazer parte dos satélites das constelações futuras, pois muitos avanços ocorreram na eletrônica, na computação e em outras tecnologias nas duas últimas décadas.

Outra modernização que ocorreu em setembro de 2007 com o GPS diz respeito ao sistema de controle, denominado AEP (*Architecture Evolution Plan* – Plano de Evolução da Arquitetura). A estação de controle central, com tecnologia da década de 1970, foi totalmente substituída por um sistema com tecnologia atual. Essa mudança é também um requisito para a próxima geração de satélites (Bloco IIF). Os receptores e sistemas de comunicação também foram atualizados.

14.3 GLONASS

Embora o sistema GLONASS, atualmente sob administração da Rússia, não esteja com sua constelação completa, a expectativa é de que o sistema retorne à operacionalidade completa em breve. No dia 25 de dezembro de 2005, 2006 e 2007 nove satélites foram lançados, três em cada ocasião. Para que a constelação fique completa, vários outros lançamentos deverão ocorrer em breve. Atualmente, no Brasil, há períodos com cinco satélites GLONASS sendo observados, o que auxilia sobremaneira os levantamentos GNSS.

14.4 Galileo

No que diz respeito ao Galileo, quase tudo que foi apresentado deverá ainda ocorrer, sendo, portanto, um sistema futuro. A estrutura do sistema deverá ser de fato da forma descrita no Capítulo 2. Recentemente ocorreram muitas especulações sobre o fracasso da implementação do sistema, em razão de divergências entre empresas e governantes dos países envolvidos. Aparentemente isso foi resolvido e a estratégia de uma gestão PPP (*public-private partnership* – parceria público-privada) deverá ser acionada só quando o sistema estiver em fase de operação. Assim, os governos dos países envolvidos deverão aplicar mais recursos nessa fase de desenvolvimento do sistema.

14.5 Interoperacionalidade do GNSS

Uma vez que cada nação ou conjunto de nações desenvolve seu próprio sistema de navegação e posicionamento, buscando introduzir o que há de mais moderno no sistema, paralelamente surge a necessidade de acordos que atendam aos aspectos de compatibilidade e de interoperacionalidade dos sistemas. Muitas notícias e especulações sobre esse tema têm sido publicadas em jornais e revistas especializadas.

Recentemente, os Estados Unidos e a União Europeia anunciaram um acordo sobre um sinal comum para o GPS e o Galileo, denominado MBOC (*Multiplexed Binary Offset Carrier*), para uso civil. Desse modo, no futuro, receptores poderão rastrear os sinais GPS e Galileo com melhor acurácia, mesmo em ambientes totalmente adversos, o que abrirá oportunidades para várias aplicações. Esses sinais serão implementados no Galileo (*Open Service*) e no GPS III.

Vários outros tipos de acordos deverão ser assinados nos próximos anos, para o benefício dos usuários, ficando garantidos aspectos de segurança e independência de cada sistema.

14.6 A indústria de receptores

A indústria de receptores GNSS deverá avançar muito diante das várias possibilidades que se concretizarão à medida que novos sinais foram se tornando de fato disponíveis para uso. Há uma expectativa de que três linhas principais de receptores dominarão o mercado, duas delas já bem conhecidas dos leitores: receptores geodésicos e de navegação. Uma terceira linha não deverá envolver apenas GNSS, mas sua integração com outros sensores passíveis de realizar posicionamento, buscando o posicionamento a qualquer instante e em qualquer lugar. Para tanto podem-se utilizar como sistemas auxiliares os sinais de redes sem fio (*Wi-Fi* ou *Wi-Max*) *pseudolites* (dispositivo local que gera um sinal similar ao do GPS – PRN 33 a 37), INS (*Inertial Navigation System* – Sistema de Navegação Inercial) e outros dispositivos, quer fixos (torres de celulares), quer móveis. Mas os novos sinais GNSS também deverão colaborar de modo efetivo com esse desenvolvimento.

Os receptores geodésicos e para fins de mapeamento têm um mercado menor, mas exigem softwares mais complexos por causa da necessidade de levantamentos de alta acurácia. Os receptores com capacidade para levantamentos no modo RTK em rede deverão ser o padrão, tendo como referência uma rede de estações ativas, todas conectadas à internet ou com algum outro tipo de comunicação. Os custos desses receptores não deverão ser reduzidos de forma acentuada.

Os receptores de navegação, por envolver grande quantidade de usuários, deverão continuar apresentando redução de custos. A miniaturização deles deverá continuar com melhorias na qualidade, haja vista que o uso das pseudodistâncias na portadora L1 (código C/A) e L2 (código L2C) deverá ser o padrão, o que permitirá reduzir os efeitos da ionosfera, a maior fonte de erro para os equipamentos atuais.

Os receptores GNSS que terão algum tipo de auxílio para permitir posicionamento a todo instante e em qualquer lugar deverão dominar o mercado e serão aqueles que efetivamente popularizarão de forma abrangente o uso de informações georreferenciadas para as mais variadas aplicações. Logo, seus custos deverão ser bastante atrativos.

14.7 Uma perspectiva do futuro baseada nas experiências passadas e atuais

Desde que estive envolvido com GNSS, mais especificamente GPS para a área de Geodésia e Mapeamento, tive a oportunidade de constatar grande evolução, quer em termos de equipamentos, quer de algoritmos e métodos para processamento e análise das observações. Os receptores pesavam algo em torno de 20 kg e consumiam muita energia. A armazenagem dos dados era feita em fitas cassete. Em acréscimo, tinha-se de fazer o planejamento da missão (coleta de dados em campo) e muitas vezes ir a campo durante a madrugada. Atualmente, receptores para a mesma finalidade não passam de 700 g e são capazes de proporcionar acurácia muito melhor, dispondo de sinais dos satélites a qualquer momento e com boa geometria. Predominavam os métodos de posicionamento relativo estático, com longa duração e necessidade de ocupar uma estação de referência muitas vezes em locais de difícil acesso. Hoje se tem disponíveis as estações ativas que coletam dados continuamente, disponibilizando-os em tempo real (utilizando NTRIP, por exemplo, via internet) ou em um modo *off-line*, de maneira que o usuário só se preocupa em instalar o receptor no local (ponto, linha, polígono) de interesse para a determinação de coordenadas. Métodos rápidos e robustos para a solução das ambiguidades permitem que a ocupação em uma estação seja apenas o suficiente para inserir sua identificação. O controle de qualidade ainda requer pesquisas adicionais. Aliás, o processamento pode envolver não apenas os dados de uma estação de referência ativa, mas de uma rede de estações ativas. Logo, o RTK em rede já é quase uma realidade. Para tanto, vários receptores possuem dispositivos para conexão sem fio.

Nas atividades que exigem nível de acurácia mais baixo, o desenvolvimento alcança o mesmo nível de inovação tecnológica, talvez até melhor. Celulares com receptores GPS já são realidade. Os receptores de custo mais baixo permitem expandir o uso da tecnologia GNSS de forma acelerada e para tipos de usuários que querem apenas usá-lo como assistem TV, sem se preocupar como funciona. Os usos podem ser para recreação (pesca, trilhas etc.), auxílio em viagens (sistema de navegação do tipo comercializado por guias de viagens), gestão de frotas, segurança etc.

Outra área em expansão aborda o problema do posicionamento em qualquer instante e em qualquer lugar, além dos casos em que o sinal GNSS é fraco, pelo fato de o receptor estar dentro de construções, em uma floresta densa, túneis, ambiente espacial etc. As indústrias de receptores vêm atuando com bastante interesse nessa fatia de mercado GNSS e apresentando soluções. Ver, por exemplo, Ziedan (2007) para alguns detalhes.

Diante dessa situação, o que se poderia especular sobre o futuro do GNSS? Acredita-se que, em face do que foi apresentado, o leitor poderá observar que boa parte do que teremos no futuro foi apresentado nos vários capítulos deste livro. O que realmente deverá ser uma realidade é a integração dos três sistemas, GPS, GLONASS e Galileo, quiçá quatro (*Compass* da China), via interoperabilidade e compatibilidade, o que levará a precisões nunca alcançadas antes, mesmo em ambientes hostis. Em outra linha, conforme já citado, o posicionamento poderá ocorrer em qualquer lugar, a qualquer instante, tornando-se realidade o conceito de UbiPos (*Ubiquitous Positining*[1]), essencial na realização do conceito de *Ubiquitous Computing* (Weiser, 1996). Apesar dos

1 O objetivo do UbiPos é a localização de pessoas, objetos, ou ambos, em qualquer instante e em qualquer lugar (*outdoor or indoor* — ao ar livre ou dentro de uma construção), com o auxílio de sensores de localização, possuindo o GNSS importantes funções e limitações.

avanços, essa situação poderá deixar muitas pessoas apreensivas, em razão da efetiva possibilidade de monitoramento de indivíduos.

A seguir apresentam-se alguns textos extraídos da página da Editora Mundogeo (www.mundogeo.com.br), ou partes deles, transcritos com pequenas alterações. Esses textos exemplificam um pouco do que foi apresentado por meio de aplicações iminentes e futuras do GNSS.

O *GPS nas mãos do povo* (Gurgel, A., 2007).

Cada vez mais pessoas comuns estão se familiarizando com os benefícios das tecnologias de posicionamento. São usuários sem propensão para aplicações técnicas; a maioria nem sequer tem ideia de como uma televisão funciona. Eles querem usar um receptor GPS apenas para passear, chegarem a lugares sem endereço, marcarem pontos e trilhas favoritas e poderem retornar seguramente ao ponto de partida. Uma boa parte compra receptores de navegação com tela colorida apenas para saber em que ponto do mapa ela se encontra durante uma viagem. O sistema GPS, que o leitor típico desta publicação conhece em profundidade, irá passar por um inevitável e amplo processo casado de popularização e simplificação, de modo a satisfazer uma demanda de alto consumo e baixo custo, aliada à necessidade de esconder do usuário detalhes irrelevantes e ressaltar a usabilidade. Tal tendência já é sentida por vários setores de profissionais que lidam há tempo com GPS. ... De longe, o telefone celular é o que oferece o maior potencial para a incorporação e disseminação das funções básicas de um GPS. Primeiro, por sua capilaridade, o que o torna um alvo fácil para a adição de novas funcionalidades, como câmera digital, MP3 player e muitas outras. Segundo, pela óbvia vantagem de não precisar carregar dados localmente, como mapas de fundo, pois o processamento está nos servidores dos provedores de serviço. Além disso, a facilidade de instalação e atualização de softwares no celular faz que numerosas aplicações voltadas a atividades que usem os dados de posicionamento possam ser desenvolvidas e usadas com razoável dinamismo. Finalmente, a comunicação bidirecional confere um poder ao aparelho que supera a soma de suas características independentes. A utilidade de um celular com câmera e GPS é algo que irá despertar todo um novo mercado e o seu efeito de realimentação na demanda será sentido rapidamente. ...

EGNOS orienta pousos de helicópteros de emergência na Suíça

Vários testes bem-sucedidos foram feitos recentemente em Lausanne, na Suíça, com o uso do EGNOS para orientação de um helicóptero na aproximação e pouso em um heliponto para emergências médicas. As características dos helicópteros, de serem adaptáveis e de pousarem em qualquer local, fazem que sejam veículos ideais para serviços de emergência, porém quando a visibilidade é baixa, as operações podem ficar limitadas. O posicionamento preciso com sistemas de navegação, como o EGNOS, pode ser a solução para esse tipo de problema, pois possibilita saber a localização exata de aeronaves e helipontos, além de obter dados sobre a integridade dos sinais GNSS, ajudando assim o resgate em qualquer local e com condições climáticas variadas. Segundo os pilotos, o sistema torna o voo mais fácil, sobretudo pela orientação tridimensional proporcionada pelo EGNOS, e em especial pela orientação vertical, uma vantagem em relação ao GPS.

Controle de tráfego por GNSS pode ser a solução para o caos aéreo no Brasil

O uso do posicionamento baseado na tecnologia GNSS para o controle do tráfego aéreo, ao invés do radar, pode ser a solução para a organização do crescente aumento no número de aeronaves em todo o mundo. O custo da mudança de tecnologia, apenas nos Estados Unidos, seria de 40 bilhões de dólares nas próximas duas décadas.

Atualmente, a Administração Federal de Aviação (FAA) norte-americana está testando o controle de tráfego baseado em GPS. Segundo a FAA, com o crescente número de aeronaves no ar — que ainda usam o arcaico controle de tráfego baseado em radar — o sistema está lentamente rumando para um colapso total. Enquanto o radar pode levar até meio minuto para determinar a localização de um avião, com a tecnologia GNSS, conhecida como ADS-B (Automatic Dependent Surveillance Broadcast), a posição das aeronaves é informada para os controladores e para os pilotos quase em tempo real. Se o sistema funcionar como planejado, será possível aumentar o número de voos sem diminuir a segurança, o que poderia ser a solução para o atual caos aéreo brasileiro.

Tabela 14.1 – Requisitos de acurácia para a realização de aproximações e pousos na aviação civil

Procedimento	Categorias	Acurácia (m) 95%	
		Horizontal	Vertical
Aproximação e pouso precisos	I	18,2	4,4 - 7,7
	II	6,5	1,7
	III	4,1	0,6

Vale aqui citar os requisitos de acurácia (Tabela 14.1) para a realização de pousos na aviação civil, diferentes daqueles exigidos para a localização de um avião.

Neste caso, para a categoria III, deve-se buscar o que se tem de mais sofisticado na área de equipamentos e modelos matemáticos para a coleta e o processamento dos dados em tempo real, um desafio que ainda está sendo pesquisado.

Depois do que foi apresentado, a importante constatação é que o posicionamento por satélite tem-se popularizado de forma bastante abrangente, atingindo várias camadas da população, auxiliando de modo efetivo todas as atividades que requerem informações georreferenciadas. Logo, abrange desde aplicações mais simples, em que o usuário na maioria das vezes não tem de se preocupar em ter conhecimento sobre o sistema em si, mas apenas usá-lo, até aquelas inovadoras que requerem profundo conhecimento dos envolvidos. Acompanhar as novidades relativas a algoritmos e aplicações exigirá do interessado dedicação e curiosidade.

Essa tendência deverá continuar, e o número de aplicações está limitado apenas pela imaginação dos envolvidos com GNSS. Segundo a famosa frase de Einstein, *a imaginação é mais importante que o conhecimento*. À medida que há sinergia entre imaginação e conhecimento, o qual se expandiu muito ao longo dos últimos anos na área de GNSS, a imaginação dos envolvidos deverá continuar muito produtiva nos próximos anos. Isso deverá resultar em produtos de melhor qualidade com custos menores, que trarão ganhos para toda a sociedade.

Referências bibliográficas

AFONSO, A. J. G. *Implementação de uma Rede de Estações de Referência GPS para Posicionamento em Tempo Real.* Dissertação de Mestrado. Universidade de Lisboa, Faculdade de Ciências, 2006, 139p.

AGUIAR, C. R. *Modelo Regional da Ionosfera (Mod_Ion): Implementação em Tempo Real.* Mestrado. Programa de Pós-graduação em Ciências Cartográficas, FCT/Unesp, 2005.

ALTAMIMI, Z.; SILLARD, P.; BOUCHER, C. ITRF2000: A new release of the International Terrestrial Reference Frame for Earth Sciences applications. *Journal of Geophysical Research*, v.107, n.B10, p.2214-24, 2002.

ALVES, D. B. M.; SOUZA, E. M.; FORTES, L. P.; MONICO, J. F. G. Formulação Matemática para o Cálculo da VRS no RTK em Rede. In: *Anais do XXII Congresso Brasileiro de Cartografia,* 2005, Macaé, RJ.

ANGERMANN, D. et al. ITRF Combination – Status and Recommendations for Future GPS, *Proceedings of IAG Scientific Assembly,* Saporo, Japan, 2003.

AQUINO, M. Avanços em WADGPS e WASS, *Fator GIS 13,* p.49-50, 1996.

________. Montando o Quebra-Cabeça, *Fator GIS 20,* p. 62-63, ago./set./out. 1997.

ARANA, J. M. *O Uso do GPS nas Determinações de Altitudes ortométricas.* Geodésia on-line, (http://geodesia.ufsc.br/Geodesia-online/arquivo/2005/02.1/Arana2005.htm) 02/2005.

________. *Uso do GPS na elaboração de carta geoidal,* Tese de Doutorado, Programa de Pós-graduação em Ciências Geodésicas. Curitiba. 2000.

BAARDA, W. A testing procedure for use in geodetic networks. *Netherlands Geodetic Commission – Publication on Geodesy* – News Series, Delft, v.2, n.5, 1968.

BAKER, T. F.; CURTIS, D. J.; DODSON, A. H. Ocean Tide Loading and GPS, *GPS World,* p. 54-59, March 1995.

________. Tidal deformation of the Earth, *Sci. Prog., Oxf.* v.69, p.197-233, 1984.

BAZLOV, Y. A. et al. GLONASS to GPS: A New Coordinate Transformation, *GPS World*, v.10, n.1, p.54-8, January 1999.

BEDRICK, S. et al. *Design of the precise time facility for Galileo.* Disponível em http://tycho.usno.navy.mil/ptti/ptti2004/paper31.pdf. 2004.

BEVIS, M. G. et al. GPS Meteorology: Remote of Atmospheric Water Vapor Using the Global Positioning System. *Journal of Geophysical Research*, v.97, n.D14, Pages 15.787-15.801, October 20. 1992.

BIRD, P. An updated digital model of plate boundaries. Geochem. Geophys. Geosyst. (G3) 4(3), 1027, doi:10.1029-2001GC000252. 2003.

BLEWITT G. GPS Data Processing Methodology, In: TEUNISSEN, P. J. G.; KLEUSBERG, A. *GPS for Geodesy*, 2nd ed. Berlin: Springer, 1996, p.231-70.

BLITZKOW, D. Toward a 10' resolution geoid for South America: a comparison study. *Physics and Chemistry of the Earth*, Oxford, v.24, n.1, p.33-9, 1999.

BLITZKOW, D.; LOBIANCO, C. *Modelo de Ondulação Geoidal MAPGEO2004.* II Seminário sobre referencial geocêntrico no Brasil. IBGE. Rio de Janeiro. 2004.

BLITZKOW, D. et al. *GPS Network in Brazil*, In: IAG General Meeting, Beijing, China, *Proceedings...*, 1993.

BLITZKOW, D.; CINTRA, J. P.; FONSECA JÚNIOR, E. S. *Mapa Geoidal do Brasil – 1992. IBGE* – Diretoria de Geociências, EPUSP/PTR. São Paulo, SP. 1993.

BOCK, Y. Reference System, In: KLEUSBER, A.; TEUNISSEN, P. J .G., *GPS For Geodesy*. 2nd Edition, Berlin: Springer, 1996, p.3-36

BOEHM, J. et al. Global Mapping Function (GMF): *A New Empirical Mapping Function Based on Numerical Weather Model* Data. *Geophysical Research Letters.* v.33. 2006.

BORRE, K. et al. *A software- defined GPS and Galileo Receiver – A single-frequency approach.* Birkhäser. Boston, Basel, Berlin.176p. 2007.

BOUCHER, C.; ALTAMIMI, Z.; SILLARD, P. *Results and Analysis of the ITRF96*, IERS Technical Note 24, May 1998, Observatoire de Paris, 166p. 1998.

________. et al. *Results and Analysis of the ITRF94*, IERS Technical Note 20, March 1996, Observatoire de Paris, p. irregular 1996.

________. ALTAMIMI, Z.; DUHEM, L. *Results and Analysis of the ITRF93*, Technical Note 18, October 1994, Observatoire de Paris, 1994

________. *ITRF92 and its associated field*, Technical Note 15, October 1993, Observatoire de Paris, 1993.

________. *ITRF91 and its associated field*, Technical Note 12, October 1992, Observatoire de Paris, 1992.

________. ALTAMIMI, Z. *The Initial IERS Terrestrial Reference Frame*, IERS Technical Note 1, June 1989, Observatoire de Paris, 1989.

________. International Terrestrial Reference Frame, *GPS World*, p.71-4, September 1996.

BRAASH M, S. Multipath Effects, In: PARKINSON, B. W.; SPILKER, J .J., *Global Positioning System: Theory and Applications*, Cambridge: American Institute of Aeronautics and Astronautics, 1996, v.II, p.547-68.

BRASIL. *Decreto nº 4.449*, de 30 de outubro de 2002. Dispõe sobre a regulamentação da lei nº 10.267, de 28 de agosto de 2001. Disponível em <http://www.planalto.gov.br>. Acesso em 06 de set. de 2005.

________. *Portaria nº 954*, de 13 de novembro de 2002. Diário Oficial – n. 222 – Seção 1, segunda-feira, 18 de novembro de 2002. Disponível em <http://www.incra.gov.br>. Acesso em 6 de set. de 2005.

BRASIL. *Lei n. 10.267*, de 28 de agosto de 2001. Altera dispositivos das Leis n°s 4.947, de 6 de abril de 1966, 5.868, de 12 de dezembro de 1972, 6.015, de 31 de dezembro de 1973, 6.739, de 5 de dezembro de 1979, 9.393, de 19 de dezembro de 1996, e dá outras providências. Disponível em: < http://www.planalto.gov.br>. Acesso: 7 abril 2005.

BREACH, M. C. The importance of accurate coordinates of a known station in precise relative positioning, *Survey Review*, v.30, 238, p.398-403, 1990.

CAMARGO, P. O. *Modelo Regional da Ionosfera para Uso em Posicionamento com Receptores de Uma Frequência,* Tese de Doutorado, Curso de Pós-graduação em Ciências Geodésicas, UFPR, Curitiba, PR, 191p. 1999.

________. ISHIKAWA, M. I.; PIOVESAN, E. C., *Lei Nº 10.267/01* Análise e Aplicação. In: Cobrac 2004. Florianópolis: Congresso Brasileiro de Cadastro Técnico Multifinalitário. *Anais...*, CD. 2004

________. & Dal Póz, W.R. Produção de mapas da ionosfera para o Brasil: primeiras experiências na FCT/UNESP. In: Mitishita, E. A. (Ed.). *Série em Ciências* Geodésicas. Curitiba, Imprensa Universitária. v.2, p.80-99. 2002.

CASTILLO, D. R. M. *Recepção de Sinais GPS: Simulação e Análise por Software.* Dissertação (Mestrado em Engenharia Eletrônica e Computação) – Instituto Tecnológico de Aeronáutica. 129p. 2002.

CASTRO, A. L. P. *Nivelamento através do GPS: avaliação e proposição de estratégias.* Dissertação de Mestrado. Programa de Pós-graduação em Ciências Cartográficas. Faculdade de Ciências e Tecnologia – FCT/UNESP. Presidente Prudente, 174p. 2002.

COM 2006. *LIVRO VERDE sobre aplicações de navegação por satélite.* COMISSÃO DAS COMUNIDADES EUROPEIAS, *Bruxelas, 2006.*

COSTA, S. M.; SANTOS, M. C.; GEMAEL, C. *A velocity field estimation of the Brazilian portion of the SOAM plate.* GPS Solution, v.7, n.3, p.186-93. 2003.

COSTA, S. M. A.; PEREIRA, K. D.; BEATTIE, D. S. Processamento da Rede GPS Brasileira e ajustamento combinado com a Rede Clássica. In: 18ª Reunião da Associação Argentina de Geodésia e Geofísica, La Plata, Argentina, 1994. *Anais...* 1994.

________. FORTES, L.P.S. Resultados preliminares do ajustamento da Rede Planimétrica do Sistema Geodésico Brasileiro. In: XVI Congresso Brasileiro de Cartografia, Rio de Janeiro, RJ, 1993, *Anais...* Rio de Janeiro: Sociedade Brasileira de Cartografia, 1993.

________. FORTES, L. P. S. *Ajustamento da Rede Planimétrica do Sistema Geodésico Brasileiro,* Departamento de Geodésia, IBGE, Rio de Janeiro, Brasil. 1991.

CZOPEK, F.; MADER, G. Calibrating Antenna Phase Centers, *GPS World*, p.1-3. May 2002.

DACH, R. et al. *Bernese GPS Software Version 5.0,* Astronomical Institute, University of Bern. 2007.

DAL PÓZ, W. R *Posicionamento Retativo na Região Equatorial em Diversas Condições Ionosféricas.* Dissertação de Mestrado, Programa de Pós-graduação em Ciências Cartográficas. FCT/UNESP. 2006.

________. e CAMARGO, P. O. Consequências de Uma Tempestade Geomagnética no Posicionamento Relativo com Receptores GPS de Simples Frequência. *Bol. Ciênc. Geod.*, sec. Artigos, Curitiba, v.12, n.2, p.275-94, jul.-dez., 2006.

De JONGE, P. *A Processing Strategy for The Application of the GPS in Networks*, PhD Thesis, Technical University of Delft, Delft, The Netherlands, 225p., 1998.

DING, X. et al. Surface Deformation Detection Using GPS Multipah Signals, In: 12th Int. Technical Meeting of the Satellite Division of the U.S. Inst. Of Navigation GPS ION'99, Nashville, TN, USA, *Proceedings...* p. 53-62, 1999.

DMA – Defence Mapping Agency. *Department of Defence World Geodetic System 1984 – Its Definition and Relationships With Local Geodetic Systems*, DMA Technical Report 8350.2, 1987.

DOTORI, M.; NEGRAES, R. *GPS: Global Positioning System*. Fitipaldi, 64p. 1997.

ENGE, P. GPS Modernization: Capabilities of the New Civil Signals. In: *Proceedings of Australian International Aerospace Congress*. Invited paper. 2003.

EULER H, J.; LANDAU, H. Fast GPS Ambiguity Resolution On-The-Fly for Real-Time Applications. In: 6th Int. Geod. Symp. on Satellite Positioning. Columbus, Ohio, *Proceedings* ..., p.650-9, 1992.

FEDRIZZI, M. *Observações do Conteúdo Eletrônico Total com Dados do GPS*, Dissertação de Mestrado, INPE, São José dos Campos, 142p. 1999.

________. *Estudo do efeito das tempestades magnéticas sobre a ionosfera utilizando dados do GPS*. São José dos Campos. Tese de Doutorado em Geofísica Espacial, Divisão de Geofísica Espacial, Instituto Nacional de Pesquisas Espaciais. 223 p., 2003.

FONSECA JUNIOR, E. S. *O sistema GPS como ferramenta para avaliação da refração ionosférica no Brasil*. São Paulo. Tese de Doutorado em Engenharia de Transportes, Departamento de Engenharia de Transportes, Escola Politécnica da Universidade de São Paulo. 176p., 2002.

FORTES, L. P. S. *Operacionalização da Rede Brasileira de Monitoramento Contínuo do Sistema GPS (RBMC)*, Dissertação de Mestrado, IME, 152p., 1997.

________. Brazilian Network for Continuous Monitoring of the Global Positioning System: RBMC, In: MADER, G.L. (Ed.). *Permanent Satellite Tracking Networks for Geodesy and Geodynamics*, Springer, New York, Berlin, Heidelberg, London, Paris, Tokyo, Hong Kong, p. 95-101 [Torge W. (Ed.). IAG Symposia 109], 1991.

FOTOPOULOS, G. *Parameterization of DGPS Carrier Phase Errors Over a Regional Network of Reference Stations*. 2000a. 202f. Dissertação (MSc) – University of Calgary, Calgary.

FREI, E.; BEUTLER, G. Rapid Static Positioning Based on the Fast Ambiguity Resolution Approach FARA: Theory and First Results. *Manuscripta Geodaetica*, v.15, n.6, 1990.

FREIBERGER JUNIOR, J. et al. Calibração de Antenas GPS em diferentes Estações. *Bol. Ciênc. Geod.*, Curitiba, v.11, n.2, p.157-77, jul.-dez., 2005.

GEMAEL, C. *Introdução à Geodésia Física*. Editora da UFPR, Curitiba, 302p., 1999.

________. *Introdução ao Ajustamento de Observações: Aplicações Geodésicas*, Editora da UFPR, Curitiba, 319p., 1994.

________. *Referenciais Cartesianos Utilizados em Geodésia*, Curitiba, Curso de Pós-graduação em Ciências Geodésicas, UFPR, p. Irregular, 1981.

GENDT, G. *IGS Combination of Tropospheric Estimates*, IGS Annual Report, p.30, 1997.

GEORGIADOU, Y. Ionospheric Delay Modelling for GPS Relative Positioning, In: International Symposium on Precise Positioning with the Global Positioning System, Ottawa, Canada, *Proceedings*... Ottawa, Sep. 3-7, p.403-10, 1990.

GIBBONS, G. A National GPS Policy, *GPS World*, May, 1996.

GOAD, C. C.; GREJNER-BRZEZINSKA, D. A.; YANG, M. Determination of high-precision GPS orbits using triple differencing technique. *Journal of Geodesy*. v.70, n.11. p.655-22. 2004.

GURGEL A. *O GPS nas mãos do povo*. InfoGPSonline.com. Editora Mundogeo. http://www.infogpsonline.com/revistas-interna.php?id_noticia=7310. Acessado em 02 de agosto de 2007. 2007.

________. Single Site GPS Models, In: KLEUSBERG, A.; Teunissen, P. *GPS for Geodesy*, Berlin: Verlag, p.437-457, 1996.

GREGORIUS, T. *How it works...* GIPSY OASIS II, Departament of Geomaties University of Newcastle upon Tyne, 1996.

HAN, S. Quality control issues relating to ambiguity resolution for real-time GPS kinematic positioning. *Journal of Geodesy*, 71(6), p.351-61, 1997.

HAN, S.; RIZOS, C. GPS Network Design and Error Mitigation for Real-Time Continuous Array Monitoring Systems. In: ION GPS 1996, Kansas City, Missouri. *Proceedings...*, 1997.

HERNÁNDEZ-PAJARES, M. et al. *Impact and implementation of the second order ionospheric term in GPS positioning* (Summary). Barcelona, Spain. Research group of Astronomy and Geomatics – Technical University of Catalonia, 2005.

HIGGINS, M. B. An Australian Pilot Project for a Real Time Kinematic GPS Network Using the Virtual Reference Station Concept. In: Annual Working Meeting of the International Federation of Surveyors, Seoul, Corea. *Proceedings...*, 2001.

HILLA, S. *The Extended Standard Product 3 Orbit Format (SP3-c)*. Disponível em ftp://igscb.jpl.nasa.gov/igscb/data/format/sp3c.txt. Consultado em Março de 2007.

HOFMANN-WELLENHOF, B.; LICHTENEGGER, H.; COLLINS, J. *GPS Theory and Practice*, Wien: Spring-Verlag, Fifth Revised Edition, 2001, 382p.

________. *GPS Theory and Practice*, Spring-Verlag, Wien, Fourth Revised Edition, 389p., 1997.

HUANG, J.; VERONNEAU, M. GPS-leveling and CHAMP&GRACE geoid models.

IBGE *Padronização de marcos geodésicos*. Diretoria de Geociências. Disponível em http://www.ibge.gov.br/home/geociencias/geodesia/default_normas.shtm. 2006.

________ (2000) *Proposta Preliminar para adoção de um referencial Geocêntrico no Brasil*. Disponível em <http://www.ibge.gov.br/home/geociencias/geodesia/pmrg/>. Acesso em abril de 2005.

________. *SIRGAS. Relatório Final: Grupos de Trabalho I e II*, Rio de Janeiro, 1997. 99p.

________. *Especificações e Normas Gerais para Levantamentos Geodésicos*, Diretoria de Geodésia. Rio de Janeiro, 1996.

IERS 1999 *International Earth Rotation Service Annual Report*, Observatoire de Paris, Paris, 1999.

IGS. www.igscb.jpl.nasa.gov 2005. (acessada em abril de 2005)

INCRA. *Norma Técnica para Georreferenciamento de Imóveis Rurais*. Brasília, nov. 2003.

ION GNSS 2006. 2006, Fort Worth. *Proceedings...*, Fairfax: Institute of Navigation, 2004. CD-Rom.

ION GNSS 2005. 2005, Long Beach. *Proceedings ...*, Fairfax: Institute of Navigation, 2004. CD-Rom.

ION GNSS 2004. 2004, Long Beach. *Proceedings...*, Fairfax: Institute of Navigation, 2004. CD-Rom.

ION GPS 2003. 2003, Oregon. *Proceedings...*, Fairfax: Institute of Navigation, 2003. CD-Rom.

JEKELI, C. *Geometric Reference Systems in Geodesy*. Ohio State University, Lecture Note. 2002.

KEDAR, S. et al. The effect of the second order GPS ionospheric correction on receiver positions, *Geophys. Res. Lett.*, v.30, n.16, 2003.

KEE, C. Wide Area Differential GPS, In: PARKINSON, B. W. e SPILKER, J. J. *Global Positioning System: Theory and Applications*, v.II, p.81-115, American Institute Aeronautics and Astronautics, Cambridge, 1996.

KELLEY, C.; BAKER, D. *OpenSource GPS – A Hardware/Software Platform for Learning GPS: Part II*, Software. GPS World. Feb. 2006.

KIM, D.; LANGLEY, R. B. A reliable approach for ambiguity resolution in real-time long-baseline kinematic GPS applications. *Proceedings* of ION GPS 2000, 13th International Technical Meeting of the Satellite Division of The Institute of Navigation, Salt Lake City, Utah, 19-22 September, p.1081-91. 2000.

KIRCHHOFF, V. W. J. H. *Introdução à geofísica espacial.* São Paulo, USP/FAPESP, 1991. 149p.

KLOBUCHAR, J. A. Design and Characteristics of the GPS Ionospheric Time Delay Algorithm for Single Frequency Users, In: PLANS-86 conference, Las Vegas, *Proceedings...* p.280-6, 1986.

KOUBA, J.; HÉROUX, P. *GPS Precise Point Positioning Using IGS Orbit Products.* 2000. Disponível em <http://www.geod.nrcan.gc.ca/index_e/products_e/publications_e/papers_e/papers_e.html>. Acesso maio de 2005.

KRARUP, T.; KUBIK, K. The Danish Method for adjustment; discussion. In: *Suplement to the Proceedings – Symposium Mathematical Models, Accuracy Aspects and Quality Control,* Otaniemi, Helsinki University of Tecnology, p.26-29, 1982.

KRUEGER, C. P.; SEEBER, G.; SOARES, C. R. Aplicações do DGPS Preciso em Tempo Real no Âmbito Marinho. In: *Anais do IXX Congresso Brasileiro de Cartografia. Sociedade Brasileira de Cartografia,* Rio de Janeiro, 1997.

KUNYSZ, W. *High Performance GPS Pinwheel Antenna.* NovAtel Inc. 2001. Disponível em <http://www.novatel.com/Documents/Papers/gps_pinwheel_ant.pdf>. Acesso abril de 2005.

LACHAPELLE, G.; ALVES, P. Multiple Reference Station Approach: Overview and Current Research. *Journal of Global Positioning System,* v.1, n.2, p.133-6, 2002.

LANDAU, H.; VOLLATH, U.; CHEN, X. Virtual Reference Station Systems. *Journal of Global Positioning Systems,* Vol. 1, No. 2, p.137-43, 2002.

LANGLEY, R. B. GPS, the ionosphere, and the Solar Maximum. *GPS World* 11 (7): p.44-9. 2000.

________. RTK GPS, *GPS World,* p.70-6, September 1998.

________. Propagation of the GPS Signals, In: KLEUSBERG, A and TEUNISSEN, P. *GPS for Geodesy,* Berlin: Verlag, p.103-40, 1996a.

________. GPS Receivers and the Observables, In: KLEUSBERG, A and TEUNISSEN P. *GPS for Geodesy,* Berlin: Verlag, p.141-74, 1996b.

LEANDRO, R.; SANTOS, M. C.; LANGLEY, R. UNB Neutral Atmosphere Models: Development and Performance, *Proceedings of ION NTM 2006, the 2006 National Technical Meeting of The Institute of Navigation,* Monterey, California, 18-20 January 2006; p.564-73.

LEICK, A. *GPS Satellite Surveying.* 2nd ed., New York: Wiley, 2004. 435 p.

________. *GPS Satellite Surveying.* New York: John Wiley & Sons, 560p. 1995.

LEITE, C. C. P.; SOUZA, C. R. R.; JÚNIOR, N. A. *Metodologias para Levantamentos de Propriedades Rurais para Atender a Lei 10.267/01.* 2005. Trabalho de conclusão de curso (Graduação em Engenharia Cartográfica) – Faculdade de Ciências e Tecnologia, Universidade Estadual Paulista, Presidente Prudente, 2005.

LOBIANCO, C. M. C. B. *Determinação das alturas do geoide no Brasil.* Tese de Doutorado. Escola Politécnica da USP. São Paulo. 165p. 2005.

LUGNANI, J. B. *Introdução à fototriangulação.* UFPR. 134p. Curitiba PR. 1987.

MADDER, G. L. GPS Antenna calibration at the National Geodetic Survey. *GPS Solutions,* 2(1):50-8. 1999.

MALYS, S. et al. Refinements of the World Geodetic System, In: ION GPS 97, Kansas, *Proceedings...* p.841-50, 1997.

MALYS, S.; SLATER, J. A. Maintenance and Enhancement of the World Geodetic System 1984, In: ION GPS-94, Salt Lake City, Utah, *Proceedings...*, v.I,p.17-24, 1994.

MANNING, J.; HARVEY, B. A National Geodetic Fiducial Network, *The Australian Surveyor*, v.3 37, n.2, p.87-90, June 1992.

MARINI, M. C. *Integração da Rede GPS ITESP ao Sistema Geodésico Brasileiro*. Dissertação de Mestrado em Ciências Cartográficas, Faculdade de Ciências e Tecnologia, Unesp, Presidente Prudente, São Paulo. 146p. 2002.

MARQUES, H. A. et al. *Metodologias Rápidas Para Levantamento de Propriedades Rurais em Atendimento a Lei 10.267/2001*. 2005. Trabalho de conclusão de curso (Graduação em Engenharia Cartográfica) – Faculdade de Ciências e Tecnologia, Universidade Estadual Paulista, Presidente Prudente, 2005.

________.; MONICO, J. F. G. Avaliação da Qualidade das Efemérides Transmitidas dos Satélites GPS. In: *Resumos do XII Colóquio Brasileiro de Dinâmica Orbital, 2004*, Ubatuba – SP, 2004.

MATSUOKA, M.T.; CAMARGO, P. O.; DAL PÓZ, W.R. Declínio do número de manchas solares do ciclo 23: Redução da atividade ionosférica e melhora da performance do posicionamento com GPS. *Boletim de Ciências Geodésicas*, 10, v.2,141-57. 2004.

MATSUOKA, M. T. *Influência de Diferentes Condições da Ionosfera no Posicionamento por ponto com GPS: Avaliação na região brasileira*. Tese de Doutorado. Programa de Pós-graduação em Ciências Cartográficas FCT/UNESP, 2007.

________. *Avaliação de funções para modelagem do efeito da refração ionosférica na propagação dos sinais GPS*. Dissertação de Mestrado. Programa de Pós-graduação em Ciências Cartográficas FCT/UNESP, 167p. 2003.

McCARTHY, D. D.; PETIT, G. *IERS Conventions (2003)*, IERS Technical Note 32, IERS Convention Center, Frankfurt am Main. 2004. 127p.

McCARTHY, D. D. *IERS Conventions* (1996), IERS Technical Note 21, Central Bureau of IERS – Observatoire de Paris, 95p., 1996.

________. *IERS Standards (1992)*, IERS Technical Note 13, Central Bureau of IERS – Observatoire de Paris, 150p., 1992.

McDONALD, A. M. *Which Geoid Model Should Be Used For GPS Heighting On The Toowoomba Bypass Project?* Dissertation. Faculty of Engineering and Surveying, University of Southern Queensland. 311p. 2004.

MENDES, V. de B. *Modeling the Neutral-Atmosphere Propagation Delay in Radiometric Space Techniques*. 1998. Tese (PhD) – Department of Geodesy and Geomatics, University of New Brunswick.

MERRIGAN, M. et al. A Refinement to the World Geodetic System 1984 Reference Frame. In: ION GPS, 15, 2002. Portland, Sept., 2002. *Proceedings...*, Fairfax, Institute of Navigation, 2002.

MILBERT, D. *Solid Earth Tides*. Available at http://mywebpages.comcast.net/dmilbert/softs/solid.htm. 2007.

MOELKER, D. Multiple Antennas for Advanced GNSS – Multipath Mitigation and Multipath Direction Finding, In: ION GPS-97, Kansas City, *Proceedings...*, p.541-50, 1997.

MOLIN, J. P. Utilização de GPS em agricultura de precisão. *Engenharia Agrícola, Jaboticabal*, v.17, n.3, p.121-32, mar. 1998a.

________. Orientação de aeronave agrícola por DGPS comparada com sistema convencional por bandeiras. *Engenharia Agrícola, Jaboticabal*, v.18, n.2, p.62-70. 1998b.

MONICO, J. F. G. Fundamentos matemáticos envolvidos na realização do ITRS. *Boletim de Ciências Geodésicas*. Curitiba, v.12, n.2, p.337-51, jul.-dez, 2006.

________. O estado da arte em referenciais geodésicos: ITRF2000 e as próximas realizações do ITRS. *Boletim de Ciências Geodésicas*. Curitiba, v.11, n.2, p.261-77, jul.-dez, 2005.

MONICO, J. F. G. *High Precision Inter-continental GPS Network*, Nottingham, PhD Thesis, University of Nottingham, 205p. 1995.

________. MATSUOKA, M. T.; SAPUCCI, L. F. Confiabilidade interna e externa em Aplicações Geodésicas: Exemplo de uma Rede de Nivelamento. *Geodésia on-line*. http://geodesia.ufsc.br/Geodesia-online. N.02. 2006.

________, SILVA, E. F.; BONADIO, J. D. B. Rede Geodésica do Município de Hortolândia: Processamento e ajustamento de dados GPS envolvidos na integração ao Sistema Geodésico Brasileiro. In: *Anais do Cobrac 2004*. Florianópolis, SC. 2004.

________; SAPUCCI, L. F. GPS Meteorologia: Fundamentos e possibilidades de aplicação no Brasil. In: *Anais do XXI Congresso Brasileiro de Cartografia*. Belo Horizonte. 2003.

________; SILVA, E. F. Controle de qualidade em levantamentos no contexto da Lei n. 10267/01 de 28 de agosto de 2001. In: CONGRESSO BRASILEIRO DE CIÊNCIAS GEODÉSICAS, 3, 2003, Curitiba. *Anais*... Curitiba: Universidade Federal do Paraná, 2003. p.69-84.

________; PEREZ, J. A. Integration of a Regional GPS Network within ITRF Using Precise Point Positioning. In: SCHWARZ, K. *Vistas for Geodesy in the New Millennium: IAG 2001 Scientific Assembly*, Budapest, Hungary: Springer Verlag, 2001. p.66-72, ISBN:3540434542.

________. et al. A. Atualização Cartográfica Utilizando a Tecnologia GPS. *In. Anais do cobrac 98*. 1998.

________; ASHKENAZI, V., MOORE, T. Matriz Peso das Observações GPS: Aspectos Teóricos e Práticos, In: XVI Congresso Brasileiro de Cartografia, Salvador, *Anais*... p.496-500, 1995.

MULLER, I. I.; BEUTLER. The International GPS Service for Geodynamics – Development and Current Status, In: Sixth International Geodetic Symposium on Satellite Positioning, Columbus, Ohio, March 1992, *Proceedings*... p.823-35, 1992.

NADAL, C. A.; HATSCHBACH, F. *Introdução aos Sistemas de Medição do Tempo*, Curso de Pós-graduação em Ciências Geodésicas, UFPR, Curitiba, PR, 49p. 1997.

NBR 13133. Execução de levantamento topográfico. Rio de Janeiro: ABNT – Associação Brasileira de Normas Técnicas, maio 1994.

NBR 14166. Rede de Referência Cadastral Municipal – Procedimentos. Rio de Janeiro: ABNT – Associação Brasileira de Normas Técnicas, ago. 1998.

NEWBY, S. P.; LANGLEY, R. B. Three Alternative Empirical Ionospheric Models – Are They Better Than the GPS Broadcast Model? In: Sixth International Geodetic Symposium on Satellite Positioning, *Proceedings* ... v.1, p.240-4, 17 to 20 March 1992.

________. Ionospheric Modelling for Single Frequency Users of the Global Positioning System: A Status Report, In: *Second International Symposium on Precise Positioning with the Global Position System*, Ottawa, Canada. *Proceedings*... p. 429-43, 1990.

NIELL, A. E. Global Mapping Functions for the Atmosphere Delay at Radio Wavelengths. *Journal of Geophysical Research*, v.101, n.B2, p.3227-46, 1996.

________; PETROV, L. Using a Numerical Weather model to improve Geodesy. In: The State of GPS Vertical Positioning Precision, Luxembourg. *Proceedings*... 2003.

OLIVEIRA, L. C. *Realizações do Sistema Geodésico Brasileiro Associadas ao SAD69: Uma Proposta Metodológica de Transformação*, Tese de Doutorado, Departamento de Transporte, EPUSP, 197p., 1998.

PAJARES, M. H.; JUAN, J. M.; SANZ, J.; COLOMBO, O. L. Tomographic Modeling of GNSS Ionospheric Corrections: Assessment and real-time applications. In: ION GPS 2001, Salt Lake City, UT. *Proceedings*..., 2001.

PARKINSON, B. W. Introduction and Heritage of NAVSTAR, the Global Positioning System, In: PARKINSON, B. W.; SPILKER, J. J., *Global Positioning System: Theory and Applications*, v.1, p.3-28, American Institute of Aeronautics and Astronautics, Cambridge, 1996.

PARKINSON, B. W.; ENGE, P. K. Differential GPS, In: *Global Positioning System: Theory and Applications*, v.II, p.1-50, American Institute of Aeronautics and Astronautics, Cambridge, 1996.

PEREZ, J. A. S.; MONICO, J. F. G.; CHAVES J. C. Velocity Field Estimation Using GPS Precise Point Positioning: The South American Plate Case. *Journal of Global Positioning System*, v.2, n.2, p.90-9, 2003.

PESSOA, L. M. C. WADGPS: Maior Precisão a Longas Distâncias, Fator GIS 13, p.47-8, 1996.

PINTO, J. R. M. *Potencialidades do uso do GPS em obras de engenharia*. 2000. 161p. Dissertação (Mestrado em Ciências Geodésicas) – Faculdade de Ciências e Tecnologia de Presidente Prudente, Universidade Estadual Paulista, Presidente Prudente-SP.

POLEZEL, W. G. C.; SOUZA, E. M. Methodology for Multipath Reduction at Permanent GPS Stations: Analysis in the PPP and DGPS context. In: *Proceedings of ION GNSS 2007*. Salt Lake City. 2007.

POPE, A. The statistics of residuals and the detection of outliers. *NOAA Technical Report*. NOS 65 NGS 1, Rockville, Md. 1976.

RAMOS, A. M. *Aplicação, investigação e análise da metodologia de reduções batimétricas através do método diferencial GPS preciso*. Dissertação de Mestrado. Curso de Pós-graduação em Ciências Geodésicas. UFPR. 221p. 2007.

RAPP, R. H. R. *Methods for the computation of detailed geoids and their accuracy*, Rep. 233, Dept. of Geodetic Science and Surveying, The Ohio State University, Columbus, 1975.

REIGBER, CH.; BALMINO, G.; SCHWINTZER, P. A high-quality global gravity field model from CHAMP GPS tracking data and accelerometry (EIGEN-1s), *Geophys. Res. Lett.*, 29, 14, doi:10.1029/2002GL015064, 2002.

RETSCHER, G. Accuracy Performance of Virtual Reference Station (VRS) Networks. *Journal of Global Positioning System*, v.1, n.1, p.40-7, 2002.

RODRIGUES, F. S. R. *Estudo das irregularidades ionosféricas equatoriais utilizando sinais GPS*. São José dos Campos. Dissertação de Mestrado em Geofísica Espacial, Divisão de Geofísica Espacial, Instituto Nacional de Pesquisas Espaciais. 151p. 2003.

SÁ, N. S. et al. Rede GPS no Estado de São Paulo: um projeto orientado para aplicações cotidianas. In: Simpósio Brasileiro de Geomática, 2002, Presidente Prudente. *Anais*... Presidente Prudente, SP: Departamento de Cartografia, 2002. v.1, p.100-4.

SANTOS, M. S. T.; SÁ, N. Metodologia para determinação de altitude ortométrica com uso do GPS e de modelo geoidal gravimétrico. In: *Anais do COBRAC 2006*. Florianópolis, SC. 2006.

SANTOS, N. P.; ESCOBAR, I. P. Gravimetric geoid determination in the municipality of Rio de Janeiro and nearby region. *Rev. Bras. Geof.*, v.18, n.1, p.50-62. Mar. 2000.

SANTOS, M. C. *On Real Orbit Improvement for GPS Satellites*, Fredericton, PhD Thesis, The University of New Brunswick, 125p., 1995.

SAPUCCI, L. F. *Estimativa do ZWV utilizando receptores GPS em bases terrestres no Brasil: Sinergia entre a Geodésia e Meteorologia*. Tese de Doutorado. (Doutorado em Ciências Cartográficas) FCT/Unesp, Presidente Prudente.

________. *Estimativa do vapor d'água atmosférico e a avaliação do atraso zenital troposférico utilizando GPS*. 2001. 167 f. Dissertação (Mestrado em Ciências Cartográficas) FCT/Unesp, Presidente Prudente.

SAPUCCI, L. F. et al. GPS Performance in the quantification of Integrated Water Vapour in Amazonian Regions. In: ION GNSS 2004, 2004, Long Beach. *Proceedings...* Fairfax: The Institute of Navigation, 2004. v.1, 2004, p.2362-9. CD-Rom.

________; MONICO, J. F. G. Transformação de Helmert generalizada no posicionamento de alta precisão: fundamentação teórica e exemplificações. *Rev. Bras. Geof.*, v.18, n.2, p.161-72. maio/ago. 2000.

________; MONICO, J. F. G. Avaliação dos modelos de Hopfield e de Saastamoinen para a modelagem do atraso zenital troposférico em território Brasileiro utilizando GPS. *Séries em Ciências Geodésicas* 30 anos de Pós-Graduação em Ciências Geodésicas no Brasil. Curitiba, 2001b, v.1, p.47-61.

SCHMID, R.; MADER, G.; HERING, T. From Relative to Absolute Antenna Phase Center Corrections. In: *Proceedings of 2004 IGS Berne Workshop & Symposium.* 2004.

SCHWARZ, C. R. *North American Datum 83*, NOAA Professional Paper NOS 2, Rockwille, MD, 256p. 1990.

SEEBER, G. *Satellite Geodesy: foundations, methods and applications*. 2nd. *ed.*, Berlin, New-York: Walter de Gruyter, 2003. 589p.

________. *Satellite Geodesy: foundations, methods and applications*, Berlin, New-York: Walter de Gruyter, 356p.,1993.

SEJAS, M. I. et al. Análise da qualidade de um posicionamento empregando estações de referência virtuais. In: *Anais do III Colóquio Brasileiro de Ciências Geodésicas*, Curitiba. 2003.

SEMA – Secretaria de Estado do Meio Ambiente e Recursos Hídricos, *Rede Geodésica de Alta Precisão do Estado do Paraná – GPS*, Curitiba, PR, 18p. 1996.

SHRESTHA, S. M. *Investigations into the Estimation of Tropospheric Delay and Wet Refractivity Using GPS Measurements.* 2003. 156f. Dissertação (MSc) – University of Calgary, Calgary.

SILVA, H. A.; MONICO, J. F. G. *Adequação de softwares comerciais às exigências da lei 10.267/2001.* Relatório de Iniciação Científica (Fapesp) – Faculdade de Ciências e Tecnologia, Universidade Estadual Paulista, Presidente Prudente-SP, 2007.

________; ________. Adequação de softwares comerciais às exigências da lei 10.267/2001. In: COBRAC. 2006. Presidente Prudente. *Anais...* Florianópolis: UFSC, 2006.

SILVA, M. A. *Obtenção de um modelo geoidal para o Estado de São Paulo.* Dissertação de Mestrado. Escola Politécnica da USP. São Paulo. 90p. 2002.

SILVA, N. C. C. *Análise do Efeito dos Modelos de Refração Troposférica no Posicionamento Geodésico Usando Dados da RBMC*, Dissertação de Mestrado, IME, Rio de Janeiro, RJ, 137p., 1998.

SOBEL, D. *Longitude: a verdadeira história de um gênio solitário que resolveu o maior problema científico do Século XVIII*, Tradução de Bazán Tecnologia e Linguística. Rio de Janeiro: Ediouro, 144p., 1996.

SOLER, T. Transformações Rigorosas entre sistemas de Referência de coordenadas: Aplicação ao GPS (ITRF, WGS84) e GLONASS (PZ90) *GeoConvergência*, p.30-8, Março, 1999.

SOUZA, E. M. *Efeito de multicaminho no GPS: Detecção e atenuação usando Wavelets.* 2004a. 162 f. Dissertação (Mestrado em Ciências Cartográficas) – Programa de Pós-graduação em Ciências Cartográficas, FCT/Unesp, Pres. Prudente.

________. Multipath Reduction from GPS Double Differences Using Wavelets: How Far Can We Go? In: ION GNSS 2004b, 17. Long Beach. *Proceedings...* Fairfax: Institute of Navigation, 2004.p. CD-Rom.

SOUZA, E. M. MONICO, J. F. G.; MACHADO, W. C. Avaliação de Estratégias de Detecção e Correção de Perdas de Ciclos na Portadora L1. In: *Anais do II Colóquio Brasileiro de Geomática e V Colóquio Brasileiro de Ciências Geodésicas*. Presidente Prudente. 2007.

________. et al. Formulação Matemática para o Cálculo da VRS no RTK em Rede. In: *Anais do XXII Congresso Brasileiro de Cartografia*, 2005, Macaé:o. Anais do XXII Congresso Brasileiro de Cartografia, 2005.

________; MONICO, J. F. G. Validação da solução da ambiguidade GPS: fundamentos, implementação e resultados. In: *Anais do IV CBCG*. UFPR. Curitiba. 2005.

________. Wavelet shrinkage: high frequency multipath reduction from GPS relative positioning. *GPS Solutions*, Heidelberg, v.8, n.3, p.152-9, 2004.

SOUZA, S. F. de. *Contribuição do GPS para o aprimoramento do geoide no Estado de São Paulo*. Tese de Doutorado, Curso de pós-graduação em Geofísica do IAG/USP, São Paulo, 204p., 2002.

SPILKER, J. J. Tropospheric Effects on GPS. PARKINSON, B. W.; SPILKER, J. J. *Global Positioning System: Theory and Applications*, v.1, Cambridge, American Institute of Aeronautics and Astronautics, p.517-46, 1996.

________. DIERENDONCK, A. J. VAN. Proposed New Civil GPS Signal at 1176,45 MHz, In; 12th Int. Technical Meeting of the Satellite Division of the U.S. Inst. Of Navigation GPS ION'99, Nashville, TN, USA, *Proceeding* ... p.1717-25, 1999.

SPOFFORD, P. R.; REMONDI, B. W. *The National Geodetic Survey Standard GPS Format SP3*, http://www.ngs.noaa.gov, 1996.

STAFFORD, J. V. Essential Technology for Precision Agriculture. In: ASA-CSSA-SSSA, Precision Agriculture, Madison, *Proceedings* ..., p.595-604, 1996.

STANSELL, T. et al. BOC or MBOC? The Common GPS/Galileo Civil Signal Design: A Manufacturers Dialog, Part 1. *Inside GNSS*, p.30-7. July/August 2006. Part 1

STEWART, M.; TSAKIRI, M. GLONASS Broadcast Orbit Computation. *GPS Solutions*, v.2, n.2, p.16-27. 1998

TALBOT, N. C. *Real Time High Precision GPS Positioning Concepts: Modelling, Processing and Results*, PhD Thesis, Royal Melbourne Institute of Technology, Department of Land Information, Melbourne, Australia, 222p., 1991.

TAYLOR, G.; BLEWITT, G. Intelligent Positioning: GIS-GPS Unification. Willey. 176p. 2006.

TEUNISSEN, P. J. G. *Dynamic Data Processing: recursive least squares*. Delft: Delft University Press, 2001. 241p.

________. *Testing Theory: an introduction*. Delft: Delft University Press. 145p. 2000.

________. Quality Control and GPS. In: TEUNISSEN, P. J. G.; KLEUSBERG, A. *GPS for Geodesy*. 2.ed. Berlin: Springer Verlag, 1998a [1996a], p.271-318.

________. GPS Carrier Phase Ambiguity Fixing Concepts. In: TEUNISSEN, P. J. G.; KLEUSBERG, A. *GPS for Geodesy*. 2.ed. Berlin: Springer Verlag, 1998b [1996b], p.319-88.

________. Towards a Unified Theory of GNSS Ambiguity Resolution. *Journal of Global Positioning Systems*, 2(1), p.1-12, 2002a.

________. The Parameter Distributions of the Integer GPS Model. *Journal of Geodesy*, 76, p.41-8, 2002b.

________; KLEUSBERG, A. GPS Observation Equations and Positioning Concepts, In: Kleusberg, A and Teunissen, P. *GPS For Geodesy*, Berlin, Verlag, 1996, p.175-217, 1996.

TORGE, W. *Geodesy*. Berlin. Walter de Gruyter, 1991.

UNDERHILL AND UNDERHILL, USHER CANADA LIMITED AND UGC CONSULTING LTD. *ACS Applications Definition & Feasibility Study*, British Columbia Ministry of Environment and Parks Survey & Resource Mapping Branch, ISBN 0-7726-1626-4, 1993.

VAN DAM, T. M.; WAHR, J. M. Displacements of the Earth's Surface Due to Atmospheric Loading: Effects on Gravity and Baseline Measurements, *Journal of Geophysical Research*, v.92, n. B2, p.1281-6, 1987.

VAN DIERENDONCK, A. J. W. GPS Receivers. In: PARKINSON, B. W.; SPILKER, J. J., *Global Positioning System: Theory and Applications,* Cambridge: American Institute of Aeronautics and Astronautics, 1996, v.1, p.329-407.

VAN GRAAS, F.; BRAASCH, S. M. Selective Availability. In: PARKINSON, B. W.; SPILKER, J. J. *Global Positioning System: Theory and Applications,* Washington, Institute of Aeronautics and Astronautics, 1996, v.1, p.601-22.

VASCONCELOS, J. C. P. *Estudo de metodologia para vinculação e homogeneização de redes geodésicas GPS – implementação de um programa de ajustamento.* Tese de Doutorado (Doutorado em Engenharia de Transportes) – EPUSP. 2003.

VERHAGEN, S. *The GNSS integer ambiguities: estimation and validation.* Ph.D. Thesis, Delft Institute of Earth Observation and Space Systems, Delft Univerty of Technology. 2005.

VOLLATH, U. et al. Multi-base RTK Positioning Using Virtual Reference Stations. In: *Proceedings ION-GPS-2000.* p.123-31. 2000.

WEBSTER, I. *A Regional Model for Prediction of Ionospheric Delay for Single Frequency Users of the Global Positioning System.* New Brunswick. Thesis, Department of Surveying Engineering, University of New Brunswick. 1993.

WEILL, L. R. Conquering Multipath: The GPS Accuracy Battle, *GPS World*, April 1997, p.59-66, 1997.

WEISER, M. *Open house.* ITP Review 2.0. http://www.ubiq.com/hypertext/weiser/wholehouse.doc/ March 1996.

WELLS, D. et al. *Guide to GPS Positioning*, Canadian GPS Associates, Fredericton, New Brunswick, Canada, 1986.

WILSON, J. I.; CHRISTIE, R. R. *A New Geodetic Datum for Great Britain:* The Ordinance Survey Scientific GPS Network: SCINET92, Ordnance Survey, Southampton, UK, 1992.

WILSON, B. D. et al. New and Improved: The Broadcast Interfrequency Biases, *GPS World*, v.10 n.9, p.56-66, September 1999.

WÜBBENA, G. et al. A New Approach for Field Calibration of Absolute Antenna Phase Center Variations, *NAVIGATION*, Journal of the Institute of Navigation, Summer 1997, v.44, n.2.

________. Automated Absolute Field Calibration of GPS Antennas in Real Time. In: *Proccedings of ION GPS 2000*, 2000.

ZHANG, K.; ROBERTS, C. Network-Based Real-Time Kinematic Positioning System: Current Development in Australia. In: Geoinformatics and Surveying Conference, 2003, The Institute of Surveyor, Malasia. *Proceedings...*, 2003.

ZIEDMAN N, I. *GNSS Receivers for Weak Signals.* Boston: Artech House, 2007. 234p.

ZUMBERGE, J. B.; BERTIGER, W. I. Ephemeris and Clock Navigation Message Accuracy, In: PARKINSON, B. W.; SPILKER, J. J., *Global Positioning System: Theory and Applications*, v.1, Cambridge, American Institute of Aeronautics and Astronautics, p.585-600, 1996.

Índice remissivo

S

T

U

V

W

Z

SOBRE O LIVRO

Formato: 16 x 23 cm
Mancha: 26 x 48,6 paicas
Tipologia: Gatineau 11/14
Papel: Off-set 75g/m² (miolo)
Supremo 250 g/m² (capa)
2ª edição: 2007
5ª reimpressão: 2017

EQUIPE DE REALIZAÇÃO

Edição de Texto
Regina Machado (Preparação de Texto)
Ana Cecília Água de Mello e Giuliana Gramani (Revisão)

Editoração Eletrônica
Eduardo Seiji Seki

Assistência Editorial
Alberto Bononi

Impressão e acabamento